水资源与水文地质工程地质环境地质研究

王现国　著

黄河水利出版社

内 容 提 要

本书内容主要涉及水资源、水文地质、工程地质、环境地质领域，是作者多年从事的科研、生产项目成果的总结，既有理论研究又有实际科学问题的解决方法。对水文地质、工程地质、环境地质领域不同研究方向的研究现状与进展进行综述，对开展相关领域的科研工作具有一定的指导意义。

本书可供从事水资源、水文地质、工程地质、环境地质领域科研、生产的研究人员、专业技术人员，以及相关专业的大中专院校师生参考使用。

图书在版编目(CIP)数据

水资源与水文地质工程地质环境地质研究/王现国著.
郑州:黄河水利出版社,2008.9
ISBN 978-7-80734-454-4

Ⅰ.水… Ⅱ.王… Ⅲ.①水资源-研究②水文地质-研究③工程地质-研究④环境地质-研究 Ⅳ.TV211 P641 X141

中国版本图书馆 CIP 数据核字(2008)第 140829 号

组稿编辑:王路平　电话:0371-66022212　E-mail:hhslwlp@126.com

出 版 社:黄河水利出版社
地址:河南省郑州市金水路 11 号　邮政编码:450003
发行单位:黄河水利出版社
发行部电话:0371-66026940、66020550、66028024、66022620(传真)
E-mail:hhslcbs@126.com
承印单位:河南第二新华印刷厂
开本:787 mm×1 092 mm　1/16
印张:22.5
字数:520 千字　印数:1—1 000
版次:2008 年 9 月第 1 版　印次:2008 年 9 月第 1 次印刷

定价:56.00 元

前 言

水是生命之源，是社会发展和人类进步必不可少的自然资源，是生态环境系统中最活跃和影响最广泛的因素。随着人类进步和社会经济的迅速发展，水资源需求不断增长，供需矛盾日益突出，水资源危机日趋严重，已经严重影响了社会经济的发展和人类生存。进入 20 世纪以来，随着世界人口的骤增和工农业及城市化的迅猛发展，用水量急剧增长，需水量激增与可用水量不断减少的矛盾已成为当今世界各国面临的最大问题之一，水资源研究已成为世界各国科学研究中的重大课题。1987 年世界环境与发展委员会在《我们共同的未来》中明确提出了"可持续发展"的概念；1992 年里约热内卢"联合国环境与发展大会"上，"可持续发展"得到了国际社会和各国政府高层的承诺。随着人们对社会进步、经济发展和环境改善问题认识的提高，走可持续发展之路已经得到了各行业和各部门的广泛认同。1992 年在爱尔兰召开的"国际水和环境大会——21 世纪的发展与展望"（ICWE），提出了水资源系统及可持续研究问题。

当今的水文地质、工程地质与环境地质工作，已经发生了一系列重大变化。工业革命以来，科技的迅猛发展使人类忘乎所以，妄想征服自然与主宰自然，以耗竭资源与损害生态环境为代价的、掠夺自然的发展道路，危及了人类的生存与发展，促使人类对自身行为进行反思，终于认识到，人与自然只有协调相处才能共存共荣。

以 1856 年达西定律的建立作为标志，水文地质学奠基至今还不到 150 年。第二次世界大战以来，随着生产力与科学技术的迅猛发展，以及人口的爆炸式增长，人类活动以空前的规模改造自然，资源大量消耗，生态环境急剧恶化。与此同时，水文地质学所要解决的问题愈来愈复杂，原有的概念、理论与方法愈来愈难以满足需求；水文地质学面临着巨大的挑战与良好的发展机遇。

水文地质学是研究地下水的科学。20 世纪 60 年代以来，水文地质学进入了快速发展时期，在研究主题上，大致可以 20 世纪 80 年代为分界线，此前侧重水流的研究，此后愈来愈重视水质。绝非巧合的是，20 世纪 80 年代以来，环境和可持续发展问题得到世界范围的重视。地下水是人类最主要的供水水源之一和全球水循环的重要环节，开发利用地下水、研究地下水、保护地下水自然就成为地球科学工作者永恒的主题。

当代水文地质学与相邻学科不断交叉融合，学科的界限愈来愈模糊，传统意义上纯粹的水文地质学正在消亡，由地质学和水文学结合形成的水文地质学，正在向地球系统科学的一个组成演变。随着核心课题转移与研究视野的扩展，水文地质学从以往的以单一学科处理单一问题的阶段进入了跨学科方式处理复杂课题的新阶段。

一个地区的水资源是难以分割的，撇开水资源系统的整体分析，孤立地研究其中的一个组成——地下水系统，是无法进行正确评价与科学管理的。在分析、处理与地下水密切相关的地质环境损害、地质灾害与生态退化时，需要涉及地球化学、物理学、生物学、微生物学、生态学、岩土力学、土壤学，以及相关的修复技术与处理技术等。在分析与水土有关的各种地方性疾病时,水文地质学家不仅需要了解元素在水土中的迁移积聚规律,还需要了解元素的生物学功能以及有关的医学知识。从事城市地质工作的水文地质学家,需要对城市规划与管理有所了解。有效利用土壤水的研究是解决水资源短缺的重要途径,此时需要将地下水科学与农学、土壤学,乃至基因改良技术相结合。包括地下水在内的水循环及其所支撑的生态系统对全球变化的响应是当代水文地质学需要关注的课题。作为水循环组成以及生态系统支撑的地下水,可与地球各层圈(大气圈、水圈、生物圈、岩石圈、地幔、地核)以及人类活动构成的地球系统有着千丝万缕的联系,以地球科学系统理论为指导,推动水文地质学的发展是一个必然趋势。

地下水环境演化是国际水文地质、环境科学研究的前沿和热点领域,主要通过研究地下水化学特性的时空分布规律刻画地下水化学分区和各种水文地球化学过程,重建和预测地下水系统地球化学演化过程。因此,在大时间尺度上确定地下水化学演化的总体格局,研究处于不同地质条件下的地下水系统地球化学演化规律,进而科学认识天然过程和人为扰动对地下水环境的影响,合理解释各种水文地球化学现象(包括地下水化学异常、人为活动对水环境的影响等)是地下水环境演化研究的发展趋势。

工程地质学作为地质科学服务于工程建设的独立分支学科,始创于20世纪20年代。半个多世纪以来,伴随着工业化的发展,工程地质学从无到有,逐步发展,在广泛的实践中实现了为工程建设服务的价值。我国工程地质学家重视在广泛而深入实践的基础上总结经验,开展科学试验,在理论研究上不断创新,推出和发展了以地质学为基础和以地质学和工程相结合为基础的一系列理论和概念,形成了工程地质学的基础理论框架和从工程地质条件评价到工程地质作用的变化预测再到工程地质问题的决策与防治的完整学科体系。

人类利用地下水已有悠久的历史,随着抽水时间的延长、抽水量的增加,人们逐渐觉察到过量抽水引起地面沉降的一些迹象。但直到1924年,日本为研究1923年的关东地震后地壳变动而进行的重复精密水准测量才肯定了地面沉降与抽取地下水之间的关系。此后,世界许多国家的城市都陆续发现了这一问题,如意大利威尼斯、美国加利福尼亚圣华金(San Joaquin)谷地、中国上海、泰国曼谷等。

最初,由于地下水的取用量较少,地面沉降的速率和数量都不大,对过量开采地下水引起地面沉降的认识主要局限于现象的描述,而对沉降的形成机理、沉降量及沉降发展过程预测的研究基本没有开展。随着城市化、工业化的发展,对地下水的需求量急剧增加,在1950~1970年,地面沉降的发展达到了顶峰,如圣华金谷地的沉降量达到9 m,沉降的影响范围达到9 900 km^2。地面沉降给人们的生产和生活造成了极大的不便,引起了各国政府和学者的重视,一方面努力控制地下水的抽水量,一方面积极开展地面沉降的研究,分别于1969年、1976年、1984年、1991年、1995年、2000年、2005年召开了7届地面沉降国际讨论会,进行了专门的交流和探讨。地面沉降模型是地面沉降研究的重要内容,我国的上海、天津均进行过有关地面沉降模型的研究。近年来,随着我国经济建设的发展,地下水的需求量激增,伴随着过量开采地下水引发地面沉降的地区日益增多,成为制约当地可持续发展的一个重要因素。因此,建立合理的数学模型,对地下水开采可能引起地面沉降的大小和分布作出预测,为制定合理的地下水开采规划提供可信的理论依据是非常有意义的，也是迫切需要解决的一个问题。

软土工程作为一门实用性很强的技术工程，其工程实践的发展往往领先于理论上的探索，这一点已成为工程师和科研人员的共识。回顾软基加固的历史，我们可以清楚地看到：在持续不断的工程实践中，工程师对软土固结沉降本质的认识不断加深，而经验认识不断积累又升华成为理论，这些理论又成为指导工程实践的有力武器。目前与软土固结沉降预测研究有关的热点主要有软土沉降固结模型、机理及预测方法研究。

水－岩相互作用（Water－Rock Interaction，缩写为 WRI）这个术语，是水文地球化学学科的奠基人之一苏联 A. M. 奥弗琴尼柯夫在 50 年代末提出的。水－岩相互作用即水与岩石之间的物理、化学作用。

在地下水地球化学演化由定性研究到定量研究的发展过程中，水文地球化学模拟起到了重要的推动作用。水文地球化学模拟的研究对象为水－岩之间相互作用的地球化学过程，目前主要以化学热力学为理论基础。它可以定量模拟各种天然过程和人类活动影响下的水－岩相互作用，研究地下水系统在不同时间尺度上的演化过程；也可以模拟地下水中污染物的运移过程，分析地下水污染的产生原因与发展趋势（陈宗宇，1995）。水文地球化学模拟方法可分为物理模拟与计算机模拟两大类。其中，物理模拟通过实验条件来恢复现实水－岩反应系统中化学组分的迁移和转化，并可在不同的模拟条件下实现一系列特定的水－岩反应，以分析实际地下水化学组分的形成机理。近几十年来，人类活动强烈介入地下水化学组分的形成过程，地下水地球化学环境的研究渐趋复杂化，控制水－岩相互作用的因素也趋于多样化，物理模拟已经难以再现复杂的水－岩反应，于是基于计算机数值模型的水文地球化学模拟应运而生。自 1962 年 Garrets 等建立海水的离子缔合模型以来，水－岩相互作用的计算机模拟技术得到了迅速发展，已经先后出现了几十种模拟软件。

环境地质学正式作为一门学科产生于 20 世纪 70 年代，它随环境、系统科学的形成、发展而不断丰富自身的内容，是一门综合性很强的应用地质学。

地质环境是人类环境的一个组成部分，是指与人类的生存与发展有着紧密联系的地质条件。地震、滑坡、泥石流、地面沉降及地下水污染等现象在 20 世纪 50 年代、60 年代曾被称为不良的水文地质、工程地质问题，是水文地质、工程地质人员在工程建设和地下水资源开发过程中经常遇到的。然而，随着理论的发展和人们对自然现象认识的不断深入，特别是环境科学的出现和环境保护呼声的日益强烈，使其与生态环境相结合。地质灾害不再只是被视为一种不良的工程现象受到各界关注，而是与人类环境相联系的一大类问题。虽然各种现象产生的背景条件、发生的机理各不相同，但它们都从客观系统、环境科学角度阐明了原理规律和演化过程。环境地质学主要研究两大方面的问题：一方面是地质环境中自然系统和自然过程对人类的意义和影响；另一方面是人类活动引起环境变化的地质学基础及其社会学问题。

美国、西欧国家自 60 年代末、70 年代初就开始了以滑坡灾害为主体的地质灾害危险性区划研究。60 年代末，美国西部多滑坡的加利福尼亚州的滑坡敏感性预测区划及县行政级别的斜坡土地使用立法研究；70 年代初法国提出的斜坡地质灾害危险性分区系统（ZERMOS）等。进入 80 年代，世界大部分国家和地区都开始了区域地质灾害危险性分区及预测问题的研究,如意大利、瑞士、美国、法国、澳大利亚、西班牙、新西兰、印度等。从90年代起,围绕国际减灾十年计划行动,北美及欧洲许多国家在原地质灾害危险性分区研究的基础上开展了地质灾害危险性与土地使用立法的风险评价研究,把原来单纯的地质灾害危险性研究拓展到了综合减灾效益方面的系统研究。由于GIS技术的空间分析、制图功能和可视化特点,GIS技术在地质灾害区划研究方面正得到快速发展,以GIS软件为技术平台的地质灾害危险性、易损性和风险评价的系统研究则逐步成为本领域研究的发展方向,并有可能在不远的将来与网络技术相结合。

水环境污染已成为全球性问题,可以分为点源污染和非点源污染。有关非点源污染的定义,有多种提法。1972年美国《联邦水污染控制法(修正案)》(The Water Pollution Control Act Amendment)对非点源作了如下解释:非点源是一种分散的污染源,其污染物的构成来自一个大范围或者大面积,故早期一些中文文献称非点源为面源,实质上非点源包括线源和面源。美国《水清洁法》(Clean Water Act,简称CWA,1987年)的第502(14)条款中对点源进行了明确的规定,即任何可识别的、限定的和不连续的输送途径,包括但不限于管道、沟渠、集中养殖场、汽车或其他流动交通工具等,不包括农业暴雨及农业灌溉回水,并认为不符合以上点源定义的污染源,便是非点源。这是目前国际较为公认的说法。从上述定义可以看出,即使在美国点源与非点源的区分界定也不是十分清楚。由于非点源包括很多小的点源,所以美国科学家提出了扩散污染(diffuse pollution)的概念,既包括非点源也包括一部分特定点源。也有定义非点源是指由于土地利用活动产生溶解的或固体的污染物(地面的各种污染物质,如城市垃圾、农村家畜粪便、农田中的化肥、农药、重金属及其他有毒物或有机物),从非特定的地点随着降水产生的径流进入受纳水体产生的污染。本人认为以下定义比较准确:非点源污染是指由于人类活动引起溶解的或固体污染物从非特定的地域,在降水和径流冲刷作用下,通过径流过程而汇入受纳水体(如河流、湖泊、水库、海湾等)引起的水体污染。主要起源于土壤侵蚀、农药与化肥的施用、农村家畜粪便与垃圾、农田污水灌溉、城镇地表径流、林区地表径流和大气干湿沉降等污染源。

多年来,我撰写的论文包括与其他同志合作撰写的论文,共计90余篇,其中参加国际、国内会议进行交流的论文20余篇。书中选入了一些有代表性的论文。20世纪80年代以来,我负责或参加完成了数十项部、省级生产和科学研究项目,研究的内容大体上包括水资源开发利用规划与评价,区域水文地质、工程地质、环境地质(简称水工环地质)评价,城镇工矿集中供水水源地供水水文地质勘探,重大工程的工程地质勘察评价,地质灾害防治工程勘察与设计,地质灾害防治工程施工与监理,重大建设工程的地质灾害危险性评估,地热资源勘察与评价等。大部分论文的内容在书中已有反映。通过对水工环地质领域的大量研究工作以及学习他人的研究成果,使我对水工环地质有了较清晰的认识。但是,从现代水工环地质的发展趋势来看,还有大量的工作可做。野外的调查、勘探、试验是认识地质规律的主要手段,但受到自然因素和人为因素的影响,所获取的资料中不可避免地存在系统误差和随机误差,如何取准野外第一手资料、减少误差,这是我们一直思考和研究的问题。经济社会发展要求正确处理资源、环境、工程三者之间的关系,全面协调可持续发展的科学发展观,给水工环地质工作提出了新的要求。水工环地质工作的目标已经由局部性的问题转向全局性的课题；由当前的问题转向长期的可持续发展课题；由解决具体生产问题转向构建人与自然协调的、良性循环的地下水系统、水文系统、地质环境系统、地质工程系统和生态地质系统将是今后的一项具有挑战性的任务。这些是我多年来从事专业技术工作的一些体会，此次把这些成果和经验公开出版，其主要目的是与同行学习提高。

值此该书出版之际，我还想说明的是，本人之所以能取得这样一点成绩，主要是得到了我的父母亲及妻子徐雪凤同志无微不至的关怀和她对全部家庭生活的精心料理，使我能一心一意地投入工作。回首过去，在学习、生活、专业上都得到了老师、同事、同学们的支持和帮助，特别是我的博士研究生导师靳孟贵教授和共同攻读的师兄弟、师姐妹们曾给予我许多帮助；同时，在平常的工作中，也参考和引用了大量的同行的成果，在此向他们表示衷心的感谢并致以崇高的敬意。

作　者

2008 年 6 月

目 录

一、水资源与水文地质

水文地质研究现状与展望 …… (3)
洛阳市地下水位下降及防降对策研究 …… (7)
我国基岩地下水开发利用和研究现状 …… (13)
偃师市水资源开发潜力分析与可持续利用对策 …… (17)
郑州市中深层地下水集中开发研究 …… (21)
洛阳市水资源供需平衡与可持续利用对策研究 …… (26)
农村浅层地下水污染特征及防治对策 …… (32)
洛阳市浅层地下水硬度的灰色数列预测 …… (38)
洛阳市水资源现状及地下水动态分析预测 …… (44)
洛阳盆地地下水人工调控试验研究 …… (48)
三门峡库区上游黄河水与地下水转化量计算 …… (52)
黄河岸边浅层地下水开发利用研究 …… (57)
洛阳盆地地下水动力场环境演化研究 …… (61)
三门峡市地下水水质特征及机理初探 …… (65)
中牟县浅层地下水资源评价 …… (70)
开封凹陷区地下热水的化学特征 …… (80)
洛阳盆地地热资源形成条件与开发利用研究 …… (86)
开封凹陷区地热资源开发利用与保护 …… (91)
Visual Modflow 在郑州沿黄水源地地下水资源评价中的应用 …… (95)
洛阳龙门地热田形成条件与开发利用研究 …… (99)
新郑市浅层地下水流数值模拟及评价 …… (104)
黄河冲积扇平原(河南部分)地热资源开发保护研究 …… (110)
豫西龙涧泉岩溶水系统分析研究 …… (115)
包气带中污染物自净规律研究 …… (121)
Research on the Self-purification of Contamination in the Unsaturated Zone of LuoYang City …… (128)
人类活动对洛阳盆地地下水环境的影响研究 …… (136)
三门峡水库低水位运行对岸边地下水环境的影响 …… (142)
三门峡地区地下热水资源开发利用现状及保护对策 …… (148)
洛阳市浅层孔隙地下水化学环境演化分析 …… (152)

二、工程地质

豫西东部黄土工程特性研究 …… (161)
河南省西部湿陷性黄土地基勘察与处理 …… (167)
万家寨水利枢纽区层间剪切带工程地质特征 …… (173)
地下水对栾川炉场沟尾矿坝稳定性影响分析 …… (177)
金盘洞水库库区渗漏及坝址选线分析 …… (182)
塘口水电站坝基岩体透水性和渗漏问题分析 …… (186)

三、环境地质

三门峡市地质灾害发育特征与防治对策研究 …… (193)
灵宝市大湖滑坡灾害特征及防治对策 …… (201)
黄河下游环境地质问题及其对堤防的影响 …… (204)
平顶山矿区地面塌陷灾害发展趋势及防治对策研究 …… (208)
开采地下水对黄河郑州段大堤稳定性的影响 …… (214)
平顶山矿区环境地质问题及防治对策 …… (216)
豫西黄河流域土壤侵蚀现状研究 …… (224)
小秦岭矿区泥石流灾害特征及其防治 …… (228)
国道连霍高速公路(河南段)地质灾害发育特征及治理原则 …… (231)
龙门石窟主要变形破坏原因及保护对策 …… (236)
豫西黄河流域土壤侵蚀环境特征研究 …… (240)

四、综合研究

水文地质、工程地质、环境地质研究现状与进展 …… (247)

一、水资源与水文地质

水文地质研究现状与展望

我国人民在4 000年前的龙山文化时期就已经凿井开发利用地下水了,但直到新中国成立前,从事水文地质工作的人员还极少,也没有什么设备,只能零星地进行一些地下水调查工作。新中国成立40多年来,水文地质事业得到了较大发展,全国已勘察的大中型水源地近1 000个,其中大型以上近500个,中型有500个左右,近70%的水源地已开采利用。据20世纪80年代初期对全国180余座大中城市统计,已有60余座城市开采利用地下水水源,40余座城市地下水与地表水并用,完全采用地表水的城市有30座。目前,南方许多城镇,由于河水污染日趋严重,也转为开采地下水水源。

由于对地下水资源大量开发利用,又缺乏合理规划,某些地区过量开采地下水,已造成地下水位大幅度下降,出现了水源枯竭、水井报废、地面沉陷等危害。同时,由于工业"三废"的不合理排放,加之农田施用化肥、农药等因素,地下水已遭受到不同程度的污染,使原已不足的水资源更加紧张。

如何做到合理规划、开采、评价地下水资源已成为近几年来水文地质研究的重要课题。据不完全统计,从1978年以来,中国地质学会、中国建筑学会、中国水利学会、中国地理学会等部门先后组织召开了地下水资源概念和评价方法会议、全国地下水资源评价学术会议、西北干旱地区地下水资源学术讨论会、全国水文专业会议等。重点讨论了地下水资源的概念、分类、评价方法、开发利用及其他水文地质问题,并出版了相应的学术会议论文集。

基岩山区裂隙水与岩溶水的开发利用也日益受到重视。在全国性的岩溶水和裂隙水学术会议上,着重讨论了岩溶地区岩溶发育规律,岩溶水和裂隙水的运移机制及其评价方法。在环境地质方面,召开了全国性的环境水文地质经验交流会、水文地球化学学术讨论会、地质灾害研究与防治学术讨论会等。探讨了我国不同地区地下水污染现状、评价方法,地质灾害的成因、特征及防治措施,出版了相应的学术会议论文集。此外,还召开了地下水人工补给、地面沉降学术研讨会。所有这些不仅反映了我国水文地质研究的新方向,同时也可看出水文地质研究已进入一个新的发展阶段。

1 水文地质研究现状

从20世纪50年代起,地质部门就在全国有计划地开展了1∶20万区域水文地质普查,到目前为止,已出版了大量的1∶20万分幅综合水文地质图和文字报告,此项工作仍在进行中。这些资料基本上反映了我国不同地区的地下水赋存条件,初步查明了地下水资源的分布概况,在此基础上,有关部门开展了农田供水、城镇供水、水资源区划等水资源评价工作,出版了各种文字报告和图件。

1.1 地下水资源的基本概念

对于地下水资源的基本概念,不同观点有各种不同的解释,其分类及有关的术语名称也较混乱(见表1)。到目前为止,地下水资源分类还是个未完全解决的问题,有待进一步研究和完善。

表1 地下水资源分类沿革

序号	书刊名称	地下水资源分类	说明
①	H. A. 普洛特尼科夫分类(1959年)	天然储量、调节储量、静储量、开采储量	20世纪50年代引用
②	水文地质手册(1978年) 供水水文地质手册(1983年)	补给量、储存量、可开采量 补给量、储存量、允许开采量	
③	专门水文地质学(1981年)	天然资源、开采资源	杨成田等
④	供水水文地质学(1986年)	补给资源、储存资源、开采资源	武汉地质学院
⑤	供水水文地质勘察规范(1988年)	补给量、储存量、允许开采量	现行国家标准

地质部门把地下水资源分为天然资源和开采资源。前者是指天然条件下地下水各项补给量的总和或排泄量的总和;后者是指除上述天然补给量外,在一定的开采技术条件下,扩大(袭夺)的一部分补给量(激发补给资源)。例如,在傍河型水源地勘探中,激发河流补给往往是水文地质工作者关注的重要课题。

1.2 地下水资源计算与评价

在地下水资源计算和评价问题上,所采用的计算方法都以水均衡法为主,在评价水资源时,对有关参数(降水入渗系数、给水度、蒸发系数、导水系数等)的研究是一个关键性问题。为此,各部门都采用了不同的手段如非稳定流抽水试验、均衡试验场、室内试验、动态研究等,建立健全了地下水动态观测网点及试验基地,如河南郑州、商丘的均衡试验场等,都获得了大量的研究成果,在科研和生产工作中起到了积极的作用。因此,多年来为了合理地规划开采地下水资源,对“三水”转化进行了研究并取得了重要进展。

近10年来,由于应用数学和地下水动力学两门学科的互相渗透以及计算机技术(数值法)在资源计算中的推广和应用,大大丰富了原有水文地质学的内容,使资源计算从稳定流发展到非稳定流,从一般的均衡法、比拟法到解析法、数值法等。因而,不论在理论上还是在计算方法上都取得了重要的突破,数值法已被作为常规方法编入国家工程建设标准《供水水文地质勘察规范》(GBJ 27—88)并得到推广和普及。例如,在一些边界条件比较清楚、研究程度较高的地区,数值法(有限元、有限差)已经在水资源评价中得到普遍应用。据不完全统计,到目前为止,全国已有数百个水源地和水文地质单元建立了地下水模拟、预测模型,其中地下水优化管理模型有近百个。如利用三维有限元在郑州北郊水源地勘探中成功解决了地下水资源计算和评价中地下水三维流流动问题,取得了较好的效果。

在水质评价方面,尤其是针对水质污染问题,近年来加强了地下水污染机理的研究和城市地下水污染现状的调查研究。许多城市已开展了地下水环境质量评价,并由定性评价进入定量评价,由现状评价到预测趋势评价,由数理统计发展到建立数学模型。如北京、沈阳、长春、新乡、平顶山等城市都建立了数学管理模型,取得了很好的效果。

1.3 裂隙水和岩溶水的研究

近年来对裂隙水、岩溶水的研究从赋存规律、渗流理论到资源评价都有显著的进展。

地质力学、数理统计学等方法在裂隙水、岩溶水的研究中得到广泛应用,提出了网络学说和各种储水构造等新概念。通过室内模拟试验,提出了裂隙水的偏流理论。在岩溶地区,对地下暗河及岩溶大泉进行了大量的调查研究工作,如广西都安的地下河系、山西的岩溶大泉、山东济南的岩溶大泉等都投入了大量的研究工作,在陕西渭南北旱塬地区,也发现了具有开采价值的隐伏岩溶水。

1.4 地下水的人工补给

人工补给是扩大地下水资源的一个重要途径,亦是水文地质研究的一门重要分支学科。上海在采取人工回灌、防治地面沉降的基础上,进一步开展地下水储能技术的机理研究,建立了采灌条件下动态变化的数学模型,实行了冬灌夏用或夏灌冬用,发挥了地下水的储能作用。郑州市西部棉纺区采用冬灌夏用已取得了很好的经济效益和社会效益。洛阳市在引地表水回渗补给地下水方面也进行了试验研究,取得了一定的进展。

1.5 地热资源的研究

地热资源是一个重要的补充水资源。近几年来,我国对地下热水的分布及形成机理进行了比较深入的研究。如北京、天津、西安等地对地下热水进行了大量的调查研究,在工农业生产、生活及医疗等方面得到广泛应用;我省郑州、开封、漯河、新乡等城市,经过勘探也发现了热水资源,具有较好的开发前景。

1.6 同位素技术方法

同位素水文地质是水文地质学中以微观技术解决宏观问题的最典型范例。实际上就是通过示踪,测定水分子或水中某些化学物质的同位素组成或放射性的强弱分布、变化特征,以查明地下水的"来龙去脉"。世界发达国家早在20世纪50年代就开始把同位素技术用于解决水文地质问题,起初主要使用人工放射性同位素方法,60年代以后发展到应用环境同位素方法。相比之下,我国到80年代才取得了一些实际的同位素水文地质应用成果。但近年来发展很快,全国很多大、中型水源地勘察及区域水文地质研究等都不同程度地应用了同位素技术。迄今,同位素技术在水文地质工作中的应用不仅能有效确定地下水的成因和补给排泄关系,测定地下水年龄、流向、流速、流量和水文地质参数,还能查明某些水化学组分的成因和污染物的来源。如河南省地矿厅水文地质二队在新密岩溶水资源评价及郑州北郊水源地勘探中运用同位素技术在查清地下水补排及年龄等方面都取得了较好的效果。

1.7 遥感技术的应用

遥感技术在我国水文地质工作中的应用亦得到了长足的发展,主要用于对水文地质条件的定性和宏观研究,如研究地下水的分布、埋藏深度;确定地下水的补给、径流、排泄地段;饱气带岩性及厚度;评价人为因素和自然因素对地下水动态的影响等。国家工程建设标准《供水水文地质勘察规范》(GBJ 27—88)对遥感影像资料的选用、判识与填图等作了具体的规定,大大推动了该技术在水文地质调查和普查阶段中的普及应用。我们在1:20万内乡幅进行水文地质普查中应用遥感图像解释技术填图取得了很好的效果。此外,近几年来遥感技术与地理信息系统结合形成的一体化技术在寻找地下水水源,编制水文地质电子信息图件等方面也取得了一定进展。

1.8 编图理论和方法

在水文地质编图方面,不同的部门出版了大量的水文地质图件和文字报告,如1:20万综合水文地质图、中国水文地质图集等,在国民经济建设中都起到了应有的作用。在编图理论和编图方法上,也逐渐形成我国自创的一套理论体系。出版了水文地质编图方法与图式、图例和有关的水文地质普查、勘察规范以及大量的会议论文汇编、专著、工具书等。所有这些,对推动我国水文地质科学的发展,都发挥了积极的作用。

此外,在地方病与地质环境、航空物探找水方面,理论上和技术上也都取得了重要突破。

2 今后发展趋势

随着我国改革开放政策的实施,同国际水文地质界的学术交流也得以加强,根据水文地质研究现状,联系实际情况对今后的工作方向提出如下意见:

(1)区域水文地质研究方面:在已积累大量实际资料的基础上,做好对资料的二次开发,编制相应成果,以供生产部门应用。

(2)地下水资源评价方面:在地表水、地下水综合考虑的原则下,按照地下水系统进行评价。

(3)在地下水动力学与计算技术方面:要加强基本理论的研究,研究建立在各种复杂条件下的水文地质模型及其相对应的数学模型,研究建立水文地质数据库及相应的储存系统,运用计算机技术进行地下水评价、预测、预报等。

(4)对环境水文地质问题的研究、人工补给的理论和方法的研究、遥感技术、同位素技术的应用、裂隙水和岩溶水的研究以及目前所存在的城市供水不足、地面沉降、海水入侵、水质污染等各种复杂的水文地质问题都是水文地质工作者当前或将来所面临的重要研究课题。

(5)根据现代水文地质专业发展的系统性、网络性和综合性特点,现职水文地质人员应在继承和发展传统水文地质理论和方法的基础上,尽快了解和掌握给排水工程、环境工程、计算机、自动化控制以及经济学、管理学、运筹学和法学等方面的专业知识,不断学习新技术、新理论,掌握新方法,以提高对专业发展的适应能力。要从思想上转变传统的专业或行业观念,认清水文地质工作目前所面临的形势,用发展的眼光来审视专业进步,将专业的主要任务从单纯的勘察找水中解脱出来,转移到如何促进地下水资源的可持续开发和利用上。

本文与葛雁合作,发表于1999年第3期《河南地质》。

洛阳市地下水位下降及防降对策研究

洛阳市是我国历史文化名城，重要的铁路交通枢纽。随着国民经济的不断发展，对地下水的需求量与日俱增。目前，洛阳市以地下水为主要饮用水源，约占总供水量的98.5%，地下水水位持续下降已是洛阳市主要的环境水文地质问题，并诱发了诸如地面沉降等环境地质问题。

1 水文地质概述

洛阳市区地处洛阳盆地西端，据洛$_1$孔资料，第四系松散层厚230余m。目前，城市供水主要开采100 m以浅的第四系孔隙水；沿城市边缘已开采300 m以浅的第四系孔隙水，这部分主要是农业开采。依据含水层的组合特征及埋藏条件等可划分为两个含水层组。

1.1 浅层含水层组

浅层含水层组指埋藏在100 m以浅的松散岩类孔隙潜水。含水层由上更新世及全新世组成，岩性为砂、砂砾石、卵石，厚度6～60 m不等，主要接受地表水入渗和大气降水的补给。地下水位变化周期与降水变化周期明显一致，潜水位变化对降水的反应十分敏感，每次降水量只要大于10 mm，过2～8 h后潜水位立即上升，年变幅一般在1～2.5 m，单井出水量大于5 000 m^3/d（降深按5 m计算）。该层是区内目前工农业用水的主要开采层。

1.2 中深层含水层组

中深层含水层组指埋藏在100～350 m的松散岩类孔隙承压水，局部为层间潜水，主要由下更新世、上第三系组成，岩性为砂、砂砾石、中细砂、粉细砂等，单层厚度1.5～15 m，含水层总厚度20～90 m。水位埋深一般6～90 m，最深达100余m。承压水头与20世纪60年代初相比下降40～90 m不等。补给来源主要来自邻区承压含水系统的地下径流，少量来自上覆黄土孔隙裂隙水的补给。人工开采是主要排泄途径。

2 地下水变化特征及趋势

2.1 浅层地下水位变化特征及趋势

洛阳市用水历年来以开采浅层地下水为主，1997年市区地下水开采量已达21 980.83万m^3/a（不包括农业开采量）。市区供水主要靠偏居市区西部的张庄、临涧、洛南、后李、王府庄、白马寺及东部的五里堡、李楼等8个水源地，1997年平均日供水量达42.80万m^3，最高日供水量为49.70万m^3，用水高峰时已显供水能力不足。新建的东郊水源地设计供水能力4万m^3/d；陆浑水库引水工程设计引水量24万m^3/d，均未完全投入运行。1957年以来，由于长期大量开采地下水，使区域地下水位比大规模开采前大幅度下降，如张庄、临涧水源地水位下降13.26 m和14.31 m（见表1），最早施工的部分生产井甚至出现吊泵停采现象。据1984～1998年历年地下长期观测资料，浅层地下水动态年内变化随季节变化明显，变幅2.1～10.65 m，从多年动态变化特征看，水位呈逐年下降趋势，降幅在3.37～6.61 m 不等(见表2)。由于全市地下水开采量逐年增大,1984 年为2.04 亿 m^3,1990 年为2.82 亿 m^3,1997 年为3.12 亿 m^3(均包括农业开采量),只有个别年份水位埋深有所变小,如1996 年属丰水年,全市地下水位普遍回升 0.01～2.10 m,多年水位变化的总趋势处于下降状态(见图1)。

表1　洛阳市浅层地下水位下降情况

编号	开采前水位		开采后水位		降幅(m)
	埋深(m)	时间(年-月)	埋深(m)	时间(年-月)	
后李2#	19.95	1954	25.80	1997-05	5.85
王府庄8#	15.41	1955	23.04	1997-05	7.63
张庄9#	5.90	1956-12	19.16	1997-05	13.26
临涧10#	11.48	1956	25.79	1997-05	14.31
洛南18#	8.20	1973-11	14.40	1997-05	6.20
五里堡5#	9.00	1971-01	17.39	1997-05	8.39
李楼	2.00	1961-05	6.38	1997-05	4.38
白马寺	5.15	1961-05	8.00	1997-05	2.85

表2　洛阳市地下水位降幅统计

位置	孔号	水位埋深(m)		降幅(m)	说明
		1998 年5 月	1984 年5 月		
人造板厂	L17	19.24	14.22	5.02	洛河北岸
张庄	L31	21.39	15.67	5.72	洛河北岸
外语学院	L63	23.97	20.60	3.37	涧河河谷
焦屯	L46	16.17	9.56	6.61	伊、洛河河间地块
孙村	L2	11.77	8.30	3.47	洛河北岸
聂湾	L50	13.76	9.66	4.10	伊、洛河河间地块

2.2　中深层地下水动态特征及变化趋势

洛阳市中深层承压含水系统开采井主要分布在周边丘陵区和洛河北岸二级阶地及位屯—李屯以西的平原区。自20 世纪60 年代以来,因开采水井的不断增加,开采量亦逐渐增大,中深层水位有所下降。现根据含水层岩性及补给、排泄条件的不同分区述之。

邙山丘陵区:据60 年代末到70 年代初水位观测资料,中深层水水位高于顶板,具承压性,埋深30 m 左右,到1984 年,水位埋深下降至40～90 m 不等,到1997 年,水位埋深已大于100 m。上部含水层已由承压状态转为无压、微压状态,普遍存在层间潜水。

小秦岭区:据70 年代初期资料,水位埋深20～30 余 m,到1984 年已降至70 余 m,到目前已降至100 m。

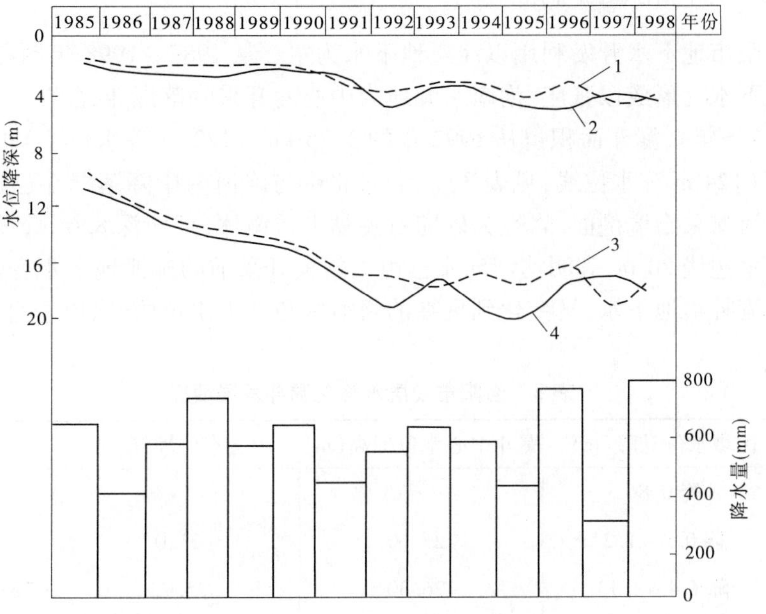

1—伊、洛河河间地块丰水期;2—伊、洛河河间地块枯水期;

3—洛河北岸丰水期;4—洛河北岸枯水期

图1 洛阳市地下水位变化曲线

龙门丘陵区:据区内1974年钻井资料,水位埋深2.82 m,到1984年降至40~70 m,到1997年降至90 m左右。

总之,在丘陵承压水区,由于大量开采,水位不断下降,已使上部承压含水层转变为无压或微压状态。

涧西冲洪积平原区:承压含水系统在50年代末,水位埋深3~12.2 m(自喷泉水头高)。由于大量开采,水位降低,目前水位埋深达30 m以深。

位于位屯—李屯以西的洛河冲积平原区,承压水位在1984年仍高出地面1.3 m,可到目前,自流孔全部消失,水头下降到地面以下数十米。位屯—李屯以东的伊洛河冲积平原区承压含水系统开采规模很小,当地主要开采丰富的浅层潜水。但据邻区偃师境内少数中深层钻孔资料,水位比建井时均有所下降,年降幅0.5~1.0 m。

承压含水系统的水位动态变化与降水补给有关,但反应迟缓。从多年动态资料分析,承压水位在每年9月开始上升,12月~翌年3月为维持高水位期,4月开始下降,至6~8月达低值,年变幅2~3 m;其变化周期与降水周期相比,水位上升期较雨期滞后2~3个月;水位下降期较非雨期滞后5个月左右。另外,承压水位高峰值与年降水量的大小亦有关,丰水年水位高于枯水年水位。这些动态特征说明,承压含水系统间接地受到大气降水补给,故水位变化周期滞后于降水周期。

1984~1998年,中深层水开采量逐年增大,1984年为14 894.4万m^3,1997年为21 980.83万m^3。由于大量开采,全区中深层地下水位一直处于下降状态。

3　地下水开采降落漏斗特征

由于洛阳市地下水开发利用以浅层地下水为主。从1987～1998年动态资料分析，在市区浅层地下水已形成以张庄、洛南水源地为中心的开采降落漏斗，漏斗中心水位埋深逐年增大（除特丰年），漏斗面积也从1992年的3.75 km^2（122 m等水位线）扩大到1997年的10.0 km^2（124 m等水位线，见表3）。洛河北岸与洛河南岸降落漏斗已连成一个降落漏斗。据洛河滩采石坑剖面，岩性为砂卵石夹黏土透镜体，剖面深8.6 m，没见地下水，剖面仅距洛河水边线20 m，表明洛河河水已由大规模开采前的排泄地下水变化到开采后洛河水侧向径流补给地下水，又变化到现在的洛河水与地下水位脱开，以垂直渗漏的形式补给地下水。

表3　洛阳市浅层水降落漏斗发展情况

年份	区域水位升降(m)	漏斗中心水位标高(m)	中心水位埋深(m)	漏斗面积(km^2)
1990	降0.86			扩大
1991	降0.2～1.2	127.60	23.0	扩大
1992	降1.4～3.13	126.30	25.72	3.75/122(等水位线)
1993	降0.4～2.0	127.80	22.80	扩大
1994	降0.15			扩大
1995	降0.83～1.40	123.56	27.04	6.0/124(等水位线)
1996	升0.56～4.48	129.44	21.16	缩小
1997	降1.2～3.78	125.19	25.41	10.0/124(等水位线)
1998	升0.2～2.20	124.10	26.35	

注：表中区域水位升降是指伊洛河冲积平原区。

3.1　地下水降落漏斗的形成机制

（1）水质污染加剧了地下水资源开发利用。根据环保部门近几年的资料，伊河、洛河等河水已受到严重污染，洛阳市区各主要河流水质均在Ⅳ级以上，部分河段已达Ⅴ级，地表水已不能饮用和用于农田灌溉，再加上多年来地表水引水灌溉工程的破坏，多数已失去效用或效益降低，导致农业用水以开采地下水为主，并呈逐年增加趋势，最终导致了区域地下水位下降。

（2）随着城市规模的扩大，城市地下水开采量逐年增加。《洛阳市地下水资源评价研究报告》（1986年）中提出洛阳市地下水可开采量为3.243亿 m^3/a。而1997年实际开采量已达3.28亿 m^3，1998年实际开采量已达3.46亿 m^3。因此，必然引起地下水位下降，以致在市区形成了跨洛河的地下水开采降落漏斗，漏斗面积呈逐年增大趋势。此外，在涧西地区引起地面沉降，累积最大沉降量100 mm，据“洛阳市涧西地面沉降分析研究报告”认为地面沉降与地下水位下降有关。

3.2　因地下水超采而产生的环境地质问题

由于超采无度，地下水位持续下降，浅层地下水已形成复合的开采降落漏斗并逐年扩大,中心水位持续下降。区内已产生了不良的环境地质问题,其危害严重程度已引起有关部门的关注。

(1)水位下降使部分取水工程出水量减少或报废,被迫更换原取水设备,制水成本提高。

(2)产生地面沉降,导致建筑物开裂,洛阳市建筑设计院 1981 年 9 月对地面沉降区内 70 幢建筑物调查统计表明,发生开裂的建筑物 41 幢,占调查总数的 58.6%,建筑物的开裂已影响到人们的正常生活和安全。

(3)改变了地下水的流场特征,使原来没有污染的地下水造成污染。洛阳市浅层水逐年硬化,尤其是位于市区棉纺厂—机车厂地下水低槽带,总硬度升高最大。已从 60 年代的 274.7 ~274.7 mg/L 增加到目前的 325.9 ~520.7 mg/L,年均上升 2.0 ~7.2 m/L。

4 地下水位下降的防治对策

目前,洛阳市需水量约为 3.12 亿 m^3/a,预计到 2010 年需水量将达到 4.48 亿 m^3/a;陆浑水库引水工程建成后将达到 4.02 亿 m^3/a,供需矛盾仍很突出。届时,若地表水引水工程不能充分发挥效益,必将加大对地下水的开采量,引起地下水位再度下降、降落漏斗扩大等,环境地质问题更加突出。据此,对如何防治地下水位下降提出如下对策,仅供有关部门参考。

4.1 科学管理提高水资源整体效益

水资源管理应纳入法制轨道,使管理法制化、制度化,以科学技术为依据,促进和保持水资源可持续开发利用。充分利用洛阳市自然地理条件和水资源分布特点,以系统的观点建立用水立体化系统,统一认识,联合调度水资源,把地表水开发与地下水开发有机结合起来,取长补短,发挥各自优势,则可以取得比较好的效果;充分运用现代科学技术,使水资源管理模型化,采用系统分析方法和最优化技术建立水资源管理模型,拟定最佳用水方案。

4.2 充分挖掘水资源潜力开辟新水源

开辟新水源是控制地下水位下降的有效措施之一。洛阳市过境水资源有较大的开发潜力,黄河、伊河、洛河等过境水资源丰富,扩大开发潜力较大,近期开发应以黄河水、伊河水为主。首先加快黄河小浪底南岸、陆浑水库引水工程的建设,以缓和区内水资源供需矛盾的紧张局面。

地下水作为洛阳市水资源的重要组成部分,在开发利用程度上还有一定潜力,进一步开发地下水资源,对缓和城市供水紧张局面有着相当大的作用。目前,由地矿部门进行的地下水开发利用规划,在市区附近已提交几处有远景开采价值的集中供水水源地。地下水具易采、易供、制水成本低等优势,若及时投入供水水文地质勘探和开发可满足近期的需水量要求。

4.3 人工补给地下水

地下水人工补给是解决地下水资源不足和控制地下水位持续下降最有效的方法之一。洛阳市在引地表水回灌试验研究方面已经取得了成功的经验。据粗略统计,洛阳市兴隆寨回灌场回灌量可达 7.0 万 m^3/d,受回灌影响区水位回升 0.52 ~4.99 m,社会效益和经济效益非常可观。另据有关资料报告，洛阳市棉纺厂在冬灌夏用方面亦取得了成功经验，有效地控制了开采区地下水位。但值得注意的是，回灌用水必须是水质合乎要求的地表水，以免引起地下水污染。

4.4 把节水当做战略问题来抓

除了开源，节流亦是缓和水资源供需矛盾和控制水位下降的基本措施之一。洛阳市水资源紧缺将是长期的，无论现在还是将来都要节约用水。目前，区内万元产值用水量在 101.2 ~ 1 593.69 m^3，若将万元产值用水量降低到 100 m^3 以下，可大大减少对地下水的开采量。另从区内农业用水情况看，节水潜力巨大，农村农田仍采用传统的渠道漫灌方式，有 30% ~60% 的水不能被农作物吸收，而白白地消耗于蒸发和渗入地下，推广喷灌、滴灌和微灌等节水技术，灌水有效利用率可达 75% ~90%，可见农业节水可大大缓解地下水位下降趋势。

4.5 加强对水资源的防治保护措施，以增加可利用量

监测资料表明，洛阳市伊河、洛河、涧河已受到严重污染，洛河水已达地面水Ⅴ级水质，沿岸地下水也已受到不同程度的污染。因此，应加强水资源保护，限制工业和生活废水向河流排放，改善地表水水质，扩大地表水可利用量。今后应严禁上污染严重的建设项目。

总之，洛阳市地下水位从 50 年代以来呈持续下降趋势，应引起主管部门重视，尽快开展新一轮地下水开采潜力评价，控制地下水位下降，防止水资源枯竭，保护水资源可持续开发利用，为实施洛阳经济可持续发展战略提供可靠保障。

本文与吴东民、葛雁、王建力合作，发表于 2000 年第 3 期《河南地质》。

我国基岩地下水开发利用和研究现状

1 我国基岩地下水开发利用和研究现状

20世纪60年代以来,为了满足山区人民群众的生活、灌溉水源以及山区工矿的用水要求,我国对基岩地下水进行了大面积、大规模的勘探和开发工作,从而使我国的基岩地下水的勘探找水理论、开发利用裂隙水资源计算评价等方面的研究都达到较高的水平。

1.1 开采裂隙水的规模在世界上名列前茅

根据《世界各国地下水开发和国际合作指南》(1996年),美国1985年全国地下水的开采量为1 013亿 m^3/a;苏联1984年对地下水的开采量为450亿 m^3/a。我国在20世纪80年代末期全国地下水开采量为874.8亿 m^3/a,仅次于美国,居世界第二位,据美国各种类型地下水水源的开采量占地下水总开采量的比例为:①松散岩类孔隙水约占80%;②基岩地下水约占10%;③其他类型地下水占10%。可推知美国对基岩地下水的开采量约为101.3亿 m^3/a,假若单井平均出水量按每天960 m^3 计算,估计美国约有2.89万眼基岩地下水井,约占美国机井总数(78.8万眼)的3.7%。1988年我国共拥有机井400多万眼,如基岩井与孔隙井的比例按1∶50计算,则我国基岩地下水井数为8万余眼。在国内很多县的基岩井少则有百余眼,多则上千眼,如河南省新密市基岩井近两千眼,尤其是近几年来随着山区找水手段的提高,基岩井数量迅猛增加。

20世纪80年代末期,我国北方地区地下水开采总量约710亿 m^3/a,其中井采量占40亿 m^3/a,基岩地下水开采量约为160亿 m^3/a,仅此一项就超过美国基岩地下水的开采量,也就是说,我国基岩地下水的开采量很可能位居世界第一位。

1.2 我国对基岩地下水的开采方法多种多样

有关资料显示,目前国外,垂直管井是开采基岩地下水的唯一手段。在我国对基岩地下水的开采方法多种多样,主要是根据裂隙水的水文地质条件、埋藏分布条件等选择确定多种有效的取水方式。如河南巩义、山西太行山区等地开采深埋岩溶水的斜井工程,施工方便,提水经济,易于成井,出水量大;山东胶东半岛及河南新乡西北太行山麓的大池和平塘,对弱含水层或陡窄不易成井的脉状含水带,选用大池,可起到汇积、蓄水的双重功能。此外,河南巩义对特别复杂的脉状水采用竖井、坑道联合开采;河南偃师在变质岩、砂岩山区沟底的截潜工程都是很有效的取水方式;河南新乡的愚公大泉池,长120 m,宽30 m,深达45~47 m,并配有坑道和其他两个大池连通,每小时的开采水量最高达3 600 m^3;在河南豫西山区人民群众多采用大池集水,开采利用基岩地下水,取得了丰富的经验和良好的社会效益。

1.3 我国基岩地下水的理论研究现状

我国现已形成一套有关基岩地下水的寻找、勘探、评价的科学理论,也就是以裂隙水的形成条件、运移富集条件、勘探、开发利用、资源评价与管理为中心的裂隙科学理论已经形成,发展成为水文地质学的一个分支科学,在生产实践中已发挥了巨大的作用。

基岩地下水的理论核心就是以地质构造条件为基础,认真研究岩性含水条件及水交替条件。我国在地质构造分析的找水方法理论方面已有重大突破,在世界上处于领先地位,积累了在各种复杂条件下寻找、勘探和开采基岩地下水的经验。第一次提出了一个较完整的基岩地下水地质构造类型划分方案,对基岩裂隙控水机理、富水带类型划分有了系统的认识和界定,基岩储水构造的类型主要有:单斜储水构造、顶托储水构造、褶曲储水构造、断裂储水构造、侵入—接触储水构造、脉岩储水构造、联合储水构造、火山岩大孔洞储水构造。根据裂隙带分布范围及富水带形成的相关构造形迹,基岩储水构造又进一步划分为不同类型的富水带。

在基岩地下水研究方法上亦有了重大突破。近年来,在寻找勘探裂隙水方面广泛应用了电法勘探方法以及先进的大型放射性探测方法,如 α 径迹、γ 强度、同位素镨 210 和汞气浓度测定法等,尤其是通过井下电视、井下流速和物探测井等方法在裂隙含水带直接定量的研究中得到广泛的应用,极大地丰富了裂隙水学科的内容。在基岩地下水资源计算和评价上,除了过去传统的评价方法又得到不断完善,数值模拟方法的出现和应用也大大提高了裂隙水资源计算的精度,如河南新密岩溶水资源评价成功地运用了数值法评价,取得了满意的效果和成功的经验。此外,地下水系统理论的引进,使裂隙水资源计算评价更加符合实际。

2 控制基岩地下水的主要因素

2.1 岩性因素的影响

岩石的岩性特征对裂隙水的形成有很大的影响。因为岩性特征决定着裂隙的成因类型(如成岩裂隙、构造裂隙、风化裂隙、溶蚀裂隙)、裂隙的发育密度、张开程度,从而影响着岩石的含水性能。这里值得注意的是,岩性的影响只能导致不同类型岩层间含水性能的差别,而不能造成同一岩层内部各部位性能的差别。因此说岩性严格决定着区域含水性的好坏,也就是说,岩性在确定一个地区的层状或似层状含水层时是一个重要的依据;但岩性不能解答裂隙水在同一岩层的具体富集部位问题。

2.2 构造因素的影响

构造因素对基岩地下水富集的重要影响主要表现在以下四个方面:

(1)构造提供了裂隙水储存的空间。在坚硬岩石中构造成因的裂隙乃是各种成因类型裂隙中数量最多、分布最广、延伸最好、空隙较大的裂隙,所以是最有意义的含水空间。其他成因的裂隙也多只有在构造作用改造下具有含水意义。

(2)不同性质的构造裂隙总是有规律地出现于某一构造体系或某一构造形迹的特定部位上,因此构造条件直接控制着富水带的分布。

(3)构造控制着裂隙水的储存特征,储水环境对裂隙水储存富集、运移的影响是很重要的。假若没有储水的环境条件,裂隙空间也只能成为临时性的过水通道,储水条件对裂隙水富集的影响在补给量较大的地区(如地下水补给区)表现最为明显。没有适宜的储水条件,地下径流就很难相对集中富集。

所谓适宜的储水条件,除了地形条件,还主要取决于构造条件,如各种有利于地下水富集的向斜盆地或其他构造断陷,各种隔水岩层在空间上所形成的封闭环境,各种阻水界面(岩体、断层等)在垂直地下水流动方向上所形成的阻水墙等,都是明显有利的储水构造环境。

(4)各种构造的空间组合特征在极大程度上影响着裂隙水的交替、聚集、补给条件,这些条件既控制着富水带的形成,亦控制着富水带的富水性大小。

基岩地下水富集过程中构造因素的影响是最主要的因素之一,即区域地下水的分布规律主要受各种构造体系所控制,而裂隙水的局部富集主要受构造形迹所控制。目前,在国内已形成多种学术观点,如胡海涛等提出的“地下水网络”理论即是构造体系控水论的代表。肖楠森教授提出的构造裂隙控水论,以及储水构造理论都是属于裂隙水局部富集的构造控水理论。不论哪种观点,这里需要指出的是,必须承认构造条件对裂隙水富集的重要作用,但也不能把构造条件的影响绝对化,忽视补给条件、水交替条件及各种原生结构裂隙对裂隙水富集的影响,如果不考虑这些因素的影响,也就把我们的找水工作置于“张性断裂储水,压性断裂不富水,扭性断裂介于其间”的纯构造控水论的狭窄胡同中。

2.3 水交替条件的影响

过去人们对水交替条件对裂隙水富集的影响重视不足,而且常狭义地理解为补给条件,其实水交替条件除包括补给条件,还包括裂隙水流的循环方式、循环途径、深度及强度等方面。水交替条件对裂隙水富集条件的影响主要表现在以下几个方面:

(1)裂隙水交替强度极大地影响着裂隙的张开度和连通性。裂隙水提供了地下水流动与赋存空间;相反,地下径流又反过来对裂隙空间的扩展起着促进作用。在可溶岩地区,水流的交替强度是促进岩溶发育的极重要因素,从某种意义上看,这种影响比碳酸盐岩的矿物成分、化学成分,水的侵蚀性对岩溶发育的影响还重要。

在难溶岩地区,地下水流的交替强度是岩石物理化学风化作用和冲刷作用加剧的主要因素。无论哪一种作用,其结果都是促进岩石裂隙进一步增多、扩展,连通性变好,含水性能改善,富水性增大。正因如此,通常在地下径流的局部或区域排泄区附近,岩石裂隙或岩溶发育条件最好,裂隙水最易密集,从地下水流网图上看,这些地区流线集中,等水头线密集,亦即说明这些地段径流集中,地下水流速大,径流条件好,在地下径流滞缓区,径流的“死角区”常发生水中的碎屑或化学物质沉淀造成裂隙的充填阻塞,如在分水岭地区以及几个径流的汇合区常有此情况发生。

(2)水交替深度决定着区域主要含水裂隙带或富水带的分布深度,水交替深度除了与构造带发育的深度有关,还与地下径流场内岩层的导水性和边界条件有关。也就是说,岩石的区域渗透性越好,补给区和排泄区相距越远水头差越大,则水交替深度越大,在不同地区,水交替深度在弱透水岩层地区较小,在强透水的岩溶区较大,在深大断裂带附近水交替深度最大,可达数千米。

(3)地下径流的特征直接控制着裂隙水的富集过程。其中最重要的是径流的汇流条件和阻水条件。汇流条件是指地下水径流经某处和向某处汇集的条件。裂隙水富水带总是出现在汇流条件最好的地方,裂隙潜水的汇流条件主要取决于地形地貌条件;裂隙承压水除了与地形地貌条件有关,与构造条件的关系更密切,同时还与渗流场内的水流运动特征有关。

裂隙水的聚集条件(储存条件)是指地下水在径流方向上受到阻止而相对集中的条件,表现为水位上升或以泉水溢出地表。地下水径流受阻原因很多,可以是某种阻水界面的存在,如阻水断层,岩层裂隙发育程度由强变弱,弱透水岩层、岩体、岩脉;也可能是径流运动方向或速度改变受阻,一般情况下,地下径流越是受阻就越是富集,地下水受阻地带往往是地下水富集带。

(4)地下水流域的面积和补给强度直接影响着富水带水量的多少。地下水流域的面积与地形有关,与构造条件关系密切。基岩地区地下水流域的范围常与地表流域范围不一致,经常是前者大于后者,但是若被阻水断裂分割时也可能出现前者小于后者的情况,在岩溶裂隙水地区,地下水流域面积往往随着补给强度的季节变化而变化,如岩溶潜水分水岭,在丰水季节出现而在枯水季节消失。在确定岩溶含水系统或进行区域水资源评价时,要特别注意区域内有无深度不同的循环系统,各个岩溶水系流的补给条件是否一致,因此不能简单地根据浅部循环系统的潜水位来确定区域汇水面积。

从以上分析可以看出,岩性、构造、水交替条件等因素都不同程度地对裂隙水的富集起着控制作用。在确定似岩层状含水层的存在以及计算评价裂隙水资源时,要考虑岩性和水交替条件的影响,但在解决裂隙水特别是脉状裂隙水赋存的具体部位时,构造条件则是首要考虑的条件之一。

3　基岩地下水理论发展方向展望

(1)基岩地下水的形成、运移机理的研究将受到水文地质学者的关注,裂隙水科学体系将更加完善。

(2)基岩地下水的储水构造类型划分尚不统一,需要水文地质工作者进一步研究,进行科学划分。

(3)基岩地下水编图方法需要改革过去的传统方法,更有效地指导我们寻找和勘探基岩地下水。

(4)计算机科学技术与水文地质学的有机结合将使基岩地下水的评价方法有更大突破。

(5)岩溶裂隙水中的水岩作用对碳循环影响程度的研究将会引起水文地质界的关注。

(6)新的地球物理勘探方法将会被广泛应用到缺水山区找水工作中,在山区找水工作中发挥作用。

本文与田秋菊、牛波、务宗伟合作,发表于2004年第2期《地下水》。

偃师市水资源开发潜力分析与可持续利用对策

偃师市位于河南省西部洛阳盆地东隅，是我国古代文明的发祥地之一，总面积约948.4 km^2，总人口约77.9万人。域内地貌类型复杂多样，南部为嵩山山脉，由元古界和古生界构成基岩山地地貌景观，山前为冲洪积平原；北部为邙山，由中晚更新世黄土组成黄土地貌景观；中部为开阔的伊洛河冲积平原。降水量时空分布不均，年降水量在500～600 mm，7～9月的降水量占全年的一半。水资源分布不均，地表水主要有伊河、洛河，从伊洛河冲积平原流过，年径流量约11.47亿 m^3；地下水主要分布在伊洛河冲积平原区。

1 偃师市水资源开发利用现状

偃师市地处豫西山地与豫东平原过渡地带，地形高低悬殊，历来旱涝灾害频繁。区内多年平均降水量524.1 mm。地表水资源1.37亿 m^3/a，地下水资源3.75亿 m^3/a，扣除两者重复量0.41亿 m^3/a，全市水资源总量为4.71亿 m^3/a。人均水资源量602.1 m^3，约为全国平均水平的1/4，单位面积水资源量10 041 m^3/hm^2，约为全国平均水平的38%，是水资源比较匮乏的地区之一。

受自然条件限制，偃师市水资源开发利用以地下水为主。据资料分析，全市水资源可利用量4.69亿 m^3/a，地下水约占80%，地表水约占20%，含调节入境地表水资源0.97亿 m^3/a。若除去客水，地表水在可利用水资源中仅占2.5%。在地下水开发利用中，又以浅层水为主(即含水层底板埋深小于80 m)，开采量为1.80亿 m^3/a，占地下水可开采量的92.6%。浅层地下水的开采主要集中在伊洛河冲积平原区。全市有机井7 816眼，其中城关、岳滩、翟镇机井密度最大，大于15眼/km^2，开采强度达41.93万～45.69万 $m^3/(km^2 \cdot a)$；由于开采井分布不合理，井间干扰明显，局部超采，形成地下水开采降落漏斗，如市区已形成以化肥厂、水泵厂、电视台为中心的地下水复合降落漏斗，面积已达25.6 km^2，且有逐年增大趋势，漏斗中心水位埋深28.0 m，且逐年增加，年降幅1.0 m左右。据多年统计资料，区内浅层地下水位呈下降趋势，与1979～1995年同期水位相比，水位降低2.56～35.7 m，年均下降0.14～2.06 m。南部山前倾斜平原区由于开采量的增加，导致地下水位持续下降，70～80 m深的浅井不能满足使用，近年来，洛河北岸地下水位年降幅达0.5～1.0 m，地下水位埋深已超过10余m。

2 偃师市水资源开发利用潜力分析

2.1 地表水资源开发利用潜力分析

地表水可利用资源是指通过各种方法得到利用的地表水量，它不同于地表水的径流量，目前尚无法控制利用全部流量。根据区内地表水资源特征，分析评价如下：

(1)自产地表水资源是由大气降水产生的，受降水的时空分布和地形、土壤、植被、水文地质条件以及水利化程度的影响。境内已建中型水库 2 座，小型水库 11 座，总库容 5 075万 m^3，兴利库容 2 425 万 m^3，灌溉面积 582.7 km^2。据资料计算，偃师市自产地表水可利用量为 1 188.48 万 m^3/a；而市域内多年平均降水量为 43 057.36 万 m^3/a，可利用量仅占多年平均降水量的 2.8%。

(2)调节入境地表水资源量是指通过水利工程从境外引入境内的地表水量。区内主要有东一干渠、伊东渠、中州渠、黄河渠。多年平均引水量约 1.0 亿 m^3/a，可利用量约为 3 011.0万 m^3/a，仅占引水量的 30.1%。

(3)过境地表水资源量主要有洛河和伊河，据洛河白马寺水文站和伊河龙门水文站资料，洛河、伊河多年平均流量分别为 24.16 m^3/s 和 12.2 m^3/s。区内已建成的千亩以上引伊、洛河水提灌站和几处自流灌区，但均在 20 世纪 90 年代初不能使用。由此本区过境地表水资源基本上没有利用。

综上所述，可以认为水资源总量偏低的偃师市地表水资源开发利用的总体水平很低。根据地表水资源特征，充分挖掘地表水资源利用潜力，是缓解区内水资源供需矛盾的主要途径之一。

2.2 地下水资源开发利用潜力分析

全区地下水可采资源量为 3.48 亿 m^3/a，目前开采量为 1.96 亿 m^3/a，占可开采量的 56.3%，尚有 1.52 亿 m^3/a 的开采潜力。若考虑到首阳山电厂三期用水和偃师第二水厂完全建成等因素，区内还有 0.84 亿 m^3/a 的开采潜力。由于本区地下水资源分布和开采布局极不均一，地下水开采程度差别较大。按现状开采量占可采资源量的比例可分为基本平衡区（开采程度 85% ~ 100%）、超采区（开采程度 >100%）、有潜力可扩大开采区（开采程度 <85%）。

(1)基本平衡区分布在南部山区，地下水类型为基岩裂隙水和岩溶裂隙水，分布极不均一，且富水性相对较差，主要以泉水和人工开采排泄。地下水多年平均可采量为 0.07 亿 m^3/a，目前开采量为 0.06 亿 m^3/a。本区地下水不具备集中开采条件，仅可分散性开采供当地居民生活用水。

(2)有潜力可扩大开采区分布在伊洛河漫滩及一级阶地。地下水可采资源量约为 3.17 亿 m^3/a（偃师市市区除外），目前开采量为 1.24 亿 m^3/a；开采程度为 39.1%，尚有 1.25 亿 m^3/a 的开采潜力。本区地下水类型为松散岩类孔隙水，富水性强。目前，该区以农灌用水、电厂用水、农村生活用水为主，以开采浅层水为主，区内中深层地下水开采程度和研究程度低，水质好，可达到现行国标天然饮用矿泉水标准。因此，应加大中深层地下水勘探开发力度，为本区经济可持续发展提供水资源保障。

根据本区水文地质条件分析，在龙虎滩、岳滩、康庄、杨村等地建立傍河水源地，规划远景开采量达 32.4 万 m^3/d，其中龙虎滩、岳滩距市区较近，应尽早进行供水水文地质勘探，为市区提供后备水源地。

(3)超采区分布在山前倾斜平原区、黄土丘陵区、偃师市区。①山前倾斜平原区地下水多年平均可采量 0.21 亿 m^3/a，目前开采量为 0.44 亿 m^3/a，已超采 0.23 亿 m^3/a，导致地下水位持续下降，年均下降幅度 0.3 ~ 0.76 m，造成许多浅井（70 ~ 80 m 深）水量变小或吊泵，甚至报废。②黄土丘陵区，多年平均可采量为 303.16 万 m^3/a，目前开采量为

1 904.04万 m^3/a,已超采1 600.88万 m^3/a。地下水年降幅 0.39 ~ 2.06 m,水位埋深已超过 120 余 m。③偃师市区地处洛河北岸一级阶地区,市区地下水可采量为 7.35 万 m^3/d,目前开采量为 7.85 万 m^3/d,超采 0.5 万 m^3/d。地下水位年降幅 1.0 m 左右,市区已形成以化肥厂、水泵厂、电视台为中心的地下水开采降落漏斗,漏斗中心水位埋深 28.0 m,漏斗面积 25.6 km^2,范围已覆盖整个市区。应尽快调整现有开采方案,调减自备井开采量,控制地下水位再下降,防止市区地下水资源枯竭。

3 偃师市水资源供需平衡分析

偃师市是河南省西部重要的粮食生产基地,历年开采资料显示:农业用水及农村生活用水为 6 315.73 万 m^3/a,占总用水量的 31.6%;城镇工业生活用水 4 927.5 万 m^3/a,占总用水的 23.7%;乡镇企业用水 6 963.3 万 m^3/a,占总用水的 44.7%。偃师市现有供水能力约 28 313.0 万 m^3/a,其中 69.7% 以上用来满足农业用水。

全区现有耕地 4.8 万 hm^2,有效灌溉面积 3.038 万 hm^2,农业需水量将达到 1.03 亿 m^3,加之地表水资源在时间分布上的不均,水利工程开发能力的局限和基本生态环境的抑制等因素,农业用水供需矛盾将随着农业经济的发展愈加突出。

工业及城镇用水供需矛盾将更为突出,以偃师市区为例,第一水厂现状供水量为 1 万 m^3/d,自备井供水量为 2.5 万 m^3/d,夏季城区供水紧张,水压不足,自来水断流。第二水厂现供水量仅为 1.0 万 m^3/d,设计规模 5.0 万 m^3/d。2010 年市区预计需水量达 16.6 万 m^3/d,届时缺水达 12.1 万 m^3/d。若首电三期如期建成,需水量将达 0.83 亿 m^3/a,市区供水形势将会更加严峻。

据上述可知,偃师市水资源总量偏少且分布极不均一,只有伊、洛河滩区可供水量与需水量尚可保持平衡或略有盈余。但是,随着本区经济的发展,需水量的增加,区内水资源供需矛盾将会更加突出(见表 1)。因此,应以水资源为基础条件,规划全市的经济发展和调整生产结构,使水资源可持续开发利用。

表 1 偃师市水资源供需平衡

可供水资源量(亿 m^3/a)	2010 年需水量(亿 m^3/a)	2015 年需水量(亿 m^3/a)	剩余水量(亿 m^3/a)	
			2005 年	2015 年
4.69	4.41	6.30	0.28	-1.61

注:到 2010 年节水灌溉可节水 0.48 亿 m^3/a。

4 偃师市水资源开发利用中的主要问题

(1)井灌工程缺乏统一规划,井位布局不合理,不能充分发挥现有井的取水能力。有的井不按打井技术和施工工艺施工,存在含水层厚度不足、出水量小或废病井。机电井管理差,出现设备毁坏、线路被盗等现象。区内现有机井 7 816 眼,已有数百眼井报废,或设备、井孔存在一定的问题,对农田灌溉有很大影响。

(2)地表水引(提)灌溉工程主要集中在伊、洛河沿岸,千亩以上引(提)灌区有 34 处,曾具有一定的灌溉规模,现都停用或报废。主要原因有:枯水期河水水位下降,引(提)水量减少；建站缺乏规划设计，管理不善，工程毁坏严重等。

(3)严重超采地下水，导致地下水位持续下降。邙岭区、山前倾斜平原区、市区地下水开采强度大，地下水位持续下降，已形成覆盖整个市区的地下水降落漏斗，漏斗面积和中心水位埋深逐年增加，造成水资源枯竭、地面沉降等地质灾害。

(4)水质污染限制了水资源的开发利用。随着工农业生产的发展，大量废水排入地表水体，造成严重污染，区内洛河、伊河及其主要支流均已受到不同程度的污染，多个监测断面水质劣于地面水Ⅳ类标准，个别已劣于Ⅴ类标准。地面环境污染加剧，使地下水也受到不同程度污染。据多年来水质监测资料，区内有 NH_4^+、Cr^{6+}、NO_2^-、SO_4^{2-}、总硬度等污染引起的超标检出，如1989年以来市区水质逐年硬化，总硬度已超过现行国家标准。

(5)存在水资源管理问题。长期以来，偃师市存在“多龙治水”的问题，不利于水资源统一管理。如局部打井过密，井多效益差；城镇工业打井开采层位不合理，与农业争水等。近年来节水灌溉得到发展，但规模尚小，农业用水大多采用大水漫灌方式，造成水资源严重浪费。在工业上亦存在耗水大，重复利用率低的问题，市区万元产值耗水量126.80 m^3，高于全省平均水平；工业用水重复利用率72%，低于全省平均水平。

5　偃师市水资源可持续开发利用对策

(1)调减市区、邙岭区、山前地区的地下水开采量，防止地下水位再下降。为了满足各区用水要求，应开辟新水源。邙岭区和山前地区应增加地表水利用量，减少地下水开采量，市区应尽快调整现状开采方案，自备井开采应严格按计划控制。今后市区建井要严禁混层开采，要从严控制浅井建设，建议取100～350 m深的中深层水，以减少对浅层地下水的开采，使浅层水得以恢复。

(2)合理利用水资源，防治水污染。区内河谷一级阶地地下水开采潜力大，应增加开采量；地下水开发利用规划提出几处有远景开采价值的集中供水水源地，应尽快进行勘探，为城市发展提供后备水源；在地下水超采区，应充分开发利用地表水，做到科学合理地开发利用全区水资源。在水污染防治上，一是划分饮用水资源保护区，严禁兴建有污染水源的项目；二是加强“三废”治理，严格执行排放标准；三是加速排水管网和污水处理设施的建设，使污水资源化。

(3)注重节水。节水是缓和水资源供需矛盾的基本措施之一，应建立循环水系统，提高重复利用率，降低万元产值耗水量。农业节水潜力巨大，应大力推广喷灌、滴灌、管道灌等节水设备和技术，使有限的水资源发挥最大的效益。同时，要加强地下水动态监测，为政府提供决策依据。区内蕴藏有较丰富的地热水资源，政府应投入资金，加快勘探和开发利用。

参考文献

[1] 偃师市统计局．偃师市统计年鉴[Z]．北京：中国统计出版社，1997.
[2] 温彦．河南水资源[M]．郑州：河南教育出版社，1994.

本文与靳孟贵合作，发表于2004年《地理与地理信息科学》增刊。

郑州市中深层地下水集中开发研究

郑州市地处黄河冲积扇平原西部边缘,面积1 010多km^2。近十几年来,由于水资源时空分布不均,境内地表水体及浅层地下水污染严重,使可以开发利用的地表水资源锐减,在枯水年或枯水季节水资源尤为匮乏。尽管地下60 m以内的浅层孔隙潜水因能充分接收大气降水和地表水体的入渗补给,资源相对较丰富,但因缺乏科学规划和管理,市区长期集中开采中深层地下水资源,再加上对深层和超深层地下水的开采,已经引发了一系列环境地质问题[1]。

1 中深层地下水资源分布及开采现状

1.1 地下水类型划分

郑州市地下水资源按埋藏条件,可划分为浅层地下水,即埋深在60 m以内的孔隙潜水;中深层地下水,即埋深在60~300 m的承压水;深层地下水,即埋深在300~800 m的承压水;超深层地下水,即埋深在800~1 200 m的承压水。其中,中深层地下水是市区工业和生活用水的主要开采水源。

1.2 中深层地下水含水层岩性及开采现状

中深层地下水含水层主要有3个含水岩组,上层含水岩组为第四系中上更新世,岩性为细砂、粉细砂,厚度为5~25 m;中层含水岩组为第四系下更新世,岩性为细砂、中细砂,厚度一般为10~30 m;下层含水岩组为上第三系,岩性以细砂、中细砂为主的三层总厚度为60~80 m。据调查,郑州市现有开采井1 300余眼,其中城区600余眼,单井出水量为500~2 000 m^3/d,水位埋深10~70 m,目前该含水层已采补失调。中深层地下水含水层组是在浅层地下水含水层组水位下降、出水量减少、水质受到污染不能满足需水的情况下,于1977年开始开采的;随着开采量逐渐增加,水位持续下降,1982~1989年城市地下水开采开始统一管理,开采量逐渐有所减少,水位相应回升;其后,随着城市规模不断增大,开采量大幅度增加,导致地下水位再度下降。据统计,2002年郑州市深中层地下水开采量为0.293 5亿m^3。2004年,郑州市已形成中深层地下水位降落漏斗,面积达172.55 km^2,并有逐年扩大的趋势。

2 中深层地下水开采引起的环境地质问题

2.1 地下水位大幅下降,水量减少

影响中深层地下水动态变化的因素主要是人工开采,其次是天气。中深层含水层埋藏较深,其地下水交替条件较差,径流途径长,受气象因素影响不十分明显,降水入渗对其虽有影响,但滞后时间较长,因此人工开采是造成地下水位降低的主要因素。据调查,20世纪50年代市区南部和西北部,水位埋深大于10 m,而须水、国棉六厂、火车站、七里河一带为自流区,北、东、东南部水位埋深大于1.0 m,随着地下水开采量的增加,水位持续

下降。多年调查资料显示:1976 年以前,开采量基本稳定,水位也处于相对稳定状态;1977 年开始,开采量逐渐增加,水位持续下降,年均下降 2.2 m;1982 ~ 1989 年,城市地下水开采开始统一管理,开采量逐渐有所减少,水位相应回升,年均回升 2.71 m;其后,随着城市规模不断增大,逐年增加其开采井数量,开采量大幅度增加,导致地下水位再度下降,到 1998 年,平均水位埋深已达44.29 m,年均下降 0.92 m。过量开采造成中深层含水层组的开采井单井出水量锐减,在用水高峰期造成吊泵现象,直接影响正常供水。鉴于此,用水单位不得不投入巨资开采更深层的地下水。1996 年以后,市区开始将钻凿孔深大于 800 m 的水井投入运行,即使这样,中层地下水位下降趋势仍得不到控制。

2.2 地下水位持续下降,形成不稳定的下降漏斗

郑州市区在 20 世纪 60 年代就形成了以郑州国棉三厂为中心的棉纺开采区降落漏斗、以郑州市加油站为中心的降落漏斗、以文化路和建材研究所为中心的降落漏斗。此后,随着开采量的不断增大,各漏斗扩大相互连通,形成一个统一的复合降落漏斗,至 2002 年,漏斗面积达 182.76 km^2,而且漏斗面积随开采量的变化而变化(见表 1),表 1 中漏斗面积为 70 m 等压线闭合的面积。

表 1　郑州市中深层地下水开采降落漏斗情况

年份	年开采量（万 m^3）	平均水位埋深（m）	年变幅（m）	漏斗面积（km^2）
1971	4 802	—	—	2.60
1972	6 132	—	—	11.88
1975	6 696	36.10	-2.17	43.06
1981	8 306	50.61	-4.81	109.00
1985	5 851	38.60	3.67	81.30
1990	6 098	32.46	-0.21	59.90
1995	7 000	46.86	-3.49	139.10
2000	3 055	73.79	-2.00	166.90
2001	3 153	58.17	2.00	147.40
2002	2 935	42.86	-2.00	182.76
2003	—	45.47	-2.03	186.00
2004	—	43.81	1.12	172.55

注:2000 年以来年开采量为城市开采量,未包含农村开采量。

2.3 地下水位大幅下降,诱发地面沉降

由于中深层地下水大量开采,水位大幅度下降,孔隙水压力大幅度减小,致使松散的地层发生压缩变形,产生地面沉降。据临近的开封市、新乡市地面测量,因开采中深层地下水,已产生了地面沉降,新乡市自 1981 年 1 月至 1984 年 6 月下沉了 45 mm。另据郑州市北郊水源地勘探预测,开采地下水有诱发地面沉降的可能性。郑州市区目前虽未做沉降观测,但从地质条件分析,其具备发生地面沉降的背景,目前出现的地下水漏斗中心的开采井井管抬升,使部分房屋出现明显裂缝、市区雨水排泄不畅等现象,是否为地面沉降所致,有待进一步研究。如此发展下去,势必造成开采井错位,甚至剪断损坏而报废,还可

能造成黄河大堤下沉、降低其防洪能力等一些环境地质灾害。

2.4 地下水水质恶化

由于水资源不合理开发利用及地表水体的污染，致使地下水水质恶化并进一步加剧。郑州市对已开采的水源地水资源保护没有足够的重视，也未按规范要求进行有序止水和建立卫生防护带，更为严重的是，城市垃圾堆放点与排污道大多修建在水源地内部，而水源地的开采又加剧了污水下渗，使得被污染的地表水体入渗补给浅层地下水，导致浅层地下水污染，浅层地下水总硬度超标率达46.75%、硝酸盐超标率达15.38%、挥发酚超标率达7.69%、细菌总数超标率达15.38%。而浅层地下水通过水源井越流、弱透水层越流，污染中深层地下水。另外，郑州市中深层地下水因长期超采，水质硬度和矿化度均呈逐年上升的趋势，总硬度最高达485.4 mg/L，总硬度超标率达1.19%，总铁超标率达8.33%，细菌总数超标率达16.67%。

3 主要环境地质问题成因分析

3.1 中深层地下水补给量减少

(1)侧向径流补给。市区中深层地下水的侧向径流补给路径远、运动缓慢，但周边地区也在进行地下水开采，侧向补给量将会减少；倘若其开采强度比本区大，则地下水将倒流而被邻区袭夺。

(2)弹性释水量。中深层地下水弹性释水量来源于长年累月的积蓄，受外力影响而压缩深埋于相对隔水层中。据测算，本地区弹性释水系数很小，仅为0.001 1；其释水量也很小，对于中深层地下水来说，若把弹性释水量作为资源补给量，显然微乎其微。

(3)越流补给。中深层地下水的越流补给主要来自于降水入渗形成的浅层孔隙潜水的越流补给，而其补给量的大小取决于相对隔水层的岩性、厚度以及深浅层的水头差。据测算，本地区相对隔水层厚度较大，为26.6～45.2 m；而隔水层黏土的渗透系数较小，其值为0.001 25 m/d；深、浅层水头差也较小，为0～40.0 m，这就决定了其越流补给十分缓慢，跟不上深井抽水强度的需要。据1996年“郑州市地下水资源开发利用与保护规划报告”，该地区浅层地下水资源量为1.87亿 m^3/a，中深层地下水资源量为1.11亿 m^3/a，其中浅层越流补给量为9 260万 m^3/a，占中深层地下水总量的83%，如果没有浅层水的补给，则中深层地下水资源量仅有1 840万 m^3/a，数量小且有限。据评价结果分析，郑州市的中深层地下水中有80%以上源自浅层地下水的越流补给，就是说抽取能有补给部分的中深层地下水，极大部分来自浅层，实际上郑州市浅层地下水一直处于开采利用状态，其用于补给中深层地下水的量不断减少，这就不可避免地影响中深层地下水资源的补给。

3.2 水资源管理处于多龙治水

水资源管理处于多龙治水状态，缺乏统一管理，对中深层地下水的开采利用缺乏系统认识。管理人员少，业务水平不高，缺乏管理经验；管理手段落后，目前仍采用皮尺、绳尺等方法进行地下水监测；环境地质的监测工作尚未起步，水资源管理工作主要是征收水资源费。

3.3 中深层地下水严重无序超采

随着用水量的逐年增加，因水污染导致可利用的地表水资源丧失了其使用功能，浅层地下水难以满足城区用水要求，再加上城区还有很多水井没有纳入管理，存在偷采现象，造成了超量开采中深层地下水。据调查分析,城区中深层地下水处于超采状态,且供水水源井布局严重不合理,如在齐礼闫、柿园南一带集中开采,水位埋深已达90余m。如大力度地开采地下水资源将会酿成生态环境的恶化,影响地下水资源可持续开发利用。

4 缓解环境地质问题进一步恶化的对策[2~9]

(1)加强领导,广泛宣传,依法管水。建立较为完善的水资源管理体系,加速城乡水务一体化的改革步伐,执行国家有关法律法规,制定和完善《城市节约用水管理规定》实施细则,做到有法可依、执法严明,促进水资源工作健康发展。

(2)制定区域性水资源规划。加快中深层地下水资源的研究步伐,对市区地下水资源开发利用现状进行科学评估,制定切实可行的区域性水资源规划,实行水资源统筹安排,合理调配,规范管理,充分发挥水资源的最大经济效益和社会效益。

(3)尽快限制和适当压缩市区中深层地下水的开采。现状开采近期中深层含水层组累计开采量可控制在3 662万m^3/a以内。深层含水层组累计开采量可控制在316万m^3/a以内。

(4)加强供水水源的监测,对地下水资源进行科学评价,保护水资源。建立地下水资源档案,及时、准确地掌握市区地下水资源动态变化,为水资源开发利用提供科学依据。同时,应设置地面沉降观测网络,进行环境地质观测。

(5)调整开采地段。据水资源的承载能力和城市总体规划并结合地下水的富水性调整现有开采方案,禁止在市区内乱打深井。

(6)实行计划用水、配置用水和超额加价用水制度。对不同用途的用水实施定量用水,对用水大户建立用水档案,根据用水定额和用水分配方案进行适时调整,对超计划用水实施加价收费。

(7)调整产业结构,建立节水体系。通过结构调整提高水的重复利用率,降低单位产值耗水量,缓解水资源紧张的压力。实施治污达标排放、改善水质,使地表水不白白流失而得到利用,可大大减轻开采中深层地下水的压力,同时加快污水资源化利用。

(8)实行分质供水。将优质的中深层地下水作为饮用水和要求较高的用水水源,以浅层地下水或经过处理的工业和生活废污水作为再生水源,用于洗涤、卫生、绿化等用途,分管道送水,以减轻中深层地下水开采的压力。

(9)加快郑州市城市地质调查工作进度,寻找新的后备水源,提高城市的供水保障程度。

参考文献

[1] 温彦. 河南水资源[M]. 郑州:河南教育出版社,1994.

[2] 刘昌明,陈志恺. 中国水资源现状评价和供需发展趋势分析[M]. 北京:中国水利水电出版社,2001.

[3] 刘燕华. 柴达木盆地水资源合理利用与生态环境保护[M]. 北京:科学出版社,2000.

[4] 林学钰,陈梦熊,王兆馨,等. 松嫩盆地地下水资源与可持续发展研究[M]. 北京:地震出版社,2000.

[5] 周年生. 流域环境管理规划方法与实践[M]. 北京:中国水利水电出版社,2000.

[6] 秦钰慧,等. 饮用水卫生与处理技术[M]. 北京:化学工业出版社, 2002.
[7] Clark,John William. Supply and Pollution Control[M]. New York. Harper and Row,1997.
[8] 马力珊. 苏南太湖水系农业面源污染及其控制对策研究[M]. 北京:中国环境科学出版社,1997.
[9] 高超,张桃林. 欧洲国家控制农业养分水环境的管理措施[J]. 农村生态环境,1999,15(2):50-53.

本文与李桂荣、郭有琴、庞振山合作,发表于2005年第5期《人民黄河》。

洛阳市水资源供需平衡与可持续利用对策研究

洛阳市是我国历史文化名城，九朝古都。优越的地理位置，丰富的土地资源、农业资源、矿产资源为洛阳市的经济发展奠定了雄厚的基础条件。国家中部崛起政策的实施和黄河小浪底水利枢纽工程的建成，给该市的经济发展带来了新的机遇，作为陇海、焦枝两大铁路交通枢纽城市，在区域生产力的布局中，真正起着承东启西、连通南北的独特作用。根据洛阳市第十个五年经济发展规划，预计 2010 年全市工业产值将达到 1 410 亿元（不变价为 870 亿元），届时洛阳将成为河南省西部主要的人才、科技、物质、信息交流中心，经济发展的重要支柱。但是，在规划发展市域经济的同时，也不难看到，洛阳地处严重缺水的豫西山区，地表水及地下水均较贫乏，在水资源开发利用过程中，供需缺口日益扩大，尤其是城镇。1992 年豫西大旱惨景记忆犹新，水资源总量偏少、采补失调的矛盾在很大程度上束缚着经济的发展。本文立足于全市自然地理条件及水资源特征，以可持续发展为目标，提出了全区水资源的开发利用和保护对策。

1　水资源开发利用现状

1.1　可利用量及分布特征

地处河南省西部的洛阳市，属豫西山区，地形起伏不平，高差悬殊，历史上就是一个水旱灾害频繁发生的地区。据统计，自明末（公元 17 世纪）以来，水旱灾害共发生 83 次，特别是 20 世纪的前半叶，平均 2 年就发生一次大旱或大水，1990 年秋至 1992 年夏的持续大旱，河水断流，土地干裂，禾苗枯焦，农业减产，至今人们还记忆犹新。全区多年平均降水量 710.21 mm；多年平均地表水资源为 27.8 亿 m^3，多年平均地下水资源为 15.5 亿 m^3，地表水与地下水重复量为 10.5 亿 m^3，全区拥有水资源总量为 32.8 亿 m^3，仅占全省水资源总量的 7.7%。人均拥有水资源量为 546.7 m^3，每公顷平均拥有量为 2 157 m^3，人均拥有水量与全省人均拥有量相当，约是全国人均拥有量的 1/4；每公顷平均拥有量为全省平均的 36.4%。可见，该区水资源量偏少，人均、每公顷平均拥有量均低于全国平均水平[1]。

据现有资料分析，全区可利用水资源量为 27.92 亿 m^3，占全区水资源量的 85%。其中，地表水资源可利用量为 15.68 亿 m^3，包括规划引黄水量 4.67 亿 m^3 和已引黄水量 5.48 亿 m^3；地下水可利用量为 11.17 亿 m^3（见表 1）。若除去过境水，地表水在可利用量中仅占 20.2%；而在地下水开发利用上，以开采浅层地下水为主（即含水层埋深在 80 m 以上），约占可开采量的 91.3%；埋深在 80 ~ 350 m 之间的中深层地下水开发利用程度较低；埋藏在 350 ~ 1 500 m 的深层水仅在洛河区有一眼井开采，其研究和开发程度更低。

1.2　开发利用现状及预测

洛阳市农业资源丰富，农业用水一直是该区的用水大户。全区现有耕地 44 万 hm^2，有效灌溉面积 20.18 万 hm^2，预计 2015 年有效灌溉面积将增加到 26.21 万 hm^2，占总耕地面积的59.5%。历年来开采统计资料显示,仅农业需水一项将达到9.57亿m^3/a,农业用水占全区总用水量的62%以上,地表水主要用于农业(目前仅引地表水4万m^3/d用于城市供水),水资源在保证全市粮食丰收上起到了关键作用。应该说,搞好农业节水,是保证该区水资源可持续开发利用的重点。洛阳市现有水利工程的供水能力在12.13亿m^3/a左右,预计将来形成17.02亿m^3/a的供水能力(陆浑引水工程、黄河小浪底南岸引水工程、新安黄河引水工程全部建成后),其中52.8%以上供水量将用来满足农业用水(见表2)。

表1 洛阳市浅层地下水资源分布简表

地名	面积(km^2)	地下水可利用量(亿m^3)
洛阳市区(含郊区)	544.0	2.90
偃师市	948.4	3.48
新安县	1 160.0	0.81
孟津县	667.0	0.67
伊川县	1 243.0	0.69
汝阳	1 360.0	0.19
嵩县	2 866.0	0.30
洛宁	2 394.0	0.78
栾川	2 365.0	0.28
宜阳	1 666.5	1.07
合计	15 213.9	11.17

表2 洛阳市水资源供需平衡表

(亿m^3/a)

可供水资源量	2010年需水量	2015年需水量	2010年缺水量	2015年缺水量
23.25	24.00	30.35	-0.75	-2.43

注:2015年缺水量计算中已扣除小浪底南岸引水量和新安黄河引水工程引水量,总计4.67亿m^3/a。

资料来源:洛阳市地质矿产资源勘察开发规划。

农业是用水大户。若加上地表水资源在时空分布上的不均,过境水的减少或已有水利工程的减少,或拟建水利工程不能如期完成或受当地生态环境的抑制等影响,农业需水量和可供水量的矛盾将会愈加突出。

工业及城镇生活用水方面,因供水的不可间断性,供需矛盾将比农业用水更为突出。以偃师市为例,目前供水量为8.5万m^3/d,2010年规划需水量为16.61万m^3/d,缺水量达8.11万m^3/d。又如孟津县城缺水1.45万m^3/d,因为缺水,工业发展和人民生活的改善已受到一定限制,不得不到较远的黄河岸边取水。按照规划,全市人口将达到700万人,其中,城镇人口为220万人,将占总人口的31.4%,预计到2015年,随着城镇规模的不断扩大,人民生活水平的不断提高,非农业用水比例会有较大幅度的提高,城镇及工业用水压力会愈来愈大。

从现有资料分析:水资源总量偏小的洛阳市,除市区和偃师市,目前可供水量和需水量尚可保持平衡或略有节余。但是,随着地区经济的发展、需水量的增加,到2010年和

2015 年，全区年缺水量将达到 0.75 亿 m^3 和 2.43 亿 m^3。届时，水资源必将成为制约洛阳市国民经济可持续发展的主要因素之一。因此，从现在起就应该做好“水”的文章，以水资源为基础条件之一，规划全区的经济发展和产业结构的调整，在发展经济的同时，使水资源得以可持续开发利用。

2　存在的主要问题

2.1　水资源贫乏，未来水资源不足

洛阳市水资源总量为 32.8 亿 m^3，水资源可利用量为 27.92 亿 m^3，占水资源总量的 85%，总水资源贫乏。在未来的 2015 年将缺水近 2.43 亿 m^3，解决途径只能依靠引用过境水（兴建引黄工程、引洛工程等），一旦过境水量减少、各种已有水利工程减少或拟建水利工程不能如期完成，水资源将会严重不足，影响经济发展。

2.2　水资源时空分布不均限制了水资源开发利用

洛阳市水资源主要来自降水和地表过境水。地处南北气候过渡带的洛阳辖区，降水强度南北差异较大，南部山区大，北部平原小，洛阳盆地最小。降水 50% ~ 70% 集中在 7 ~ 9 月份，其他月份很少。然而，降水时间及分布与农业需水期不相一致。如汛期正是农田灌水量最少的时期，丰富的地表水资源得不到充分利用，形成地表径流排出境外，水资源大量弃泄；枯水期多数河流干涸，水源奇缺，却又是农田用水季节。又如，山区的地表水资源比平原区丰富，而山区耕地面积比平原区少得多，需水量差异很大。这种时空分布不均的特点，极大地限制了地表水资源的利用。

就地下水而言，河谷平原区为地下水强富水区，但由于该区地表水资源贫乏，而工业生产发展迅速、需水量大，使地下水成为主要开发利用对象。强烈集中开采地下水使地下水位持续下降，局部地下水已处于超采状态，漏斗面积逐年扩大。截至目前，洛阳市区（含郊区）机井密度最大为 5.06 眼/km^2，已有各类机井 2 338 眼，开采地下水 3.11 亿 m^3/a，而可供开采量为 2.9 亿 m^3/a，因入不敷出，导致浅层地下水位持续下降[2]，在张庄、洛南的水源地已形成复合的地下水降落漏斗，漏斗中心水位埋深 16.9 m，从位屯桥到洛阳桥之间地下水位与洛河水完全“脱开”，河水由侧渗变为垂直渗漏的方式补给两岸地下水；在洛河北岸市区形成了向东开口的地下水低槽带，低槽带跨越市区，人工开采改变了原来的流场特征和水交替条件，导致低槽带水质污染加重，水质逐年变差。区内偃师市区地下水超采的结果已形成地下水开采降落漏斗，漏斗中心水位埋深已达 28 m，漏斗面积 25.6 km^2。从多年来降落漏斗发展情况分析，漏斗面积逐年扩大，中心水位逐年下降，降幅 0.5 ~ 1.0 m，目前漏斗面积仍在发展，应适度控制城区地下水的开采量，关停一些自备井，增加第二水厂供水量。第二水厂现供水量为 1 万 m^3/d，设计供水量达 5 万 m^3/d[3]，是控制偃师市城区地下水持续下降趋势的有效措施之一。预计 2015 年洛阳市年需水量将达到 30.35 亿 m^3，计划从黄河引水 4.67 亿 m^3/a 以解决区内供水不足问题，但仍满足不了需水量的要求。

2.3　水质污染，水资源质量急剧下降

随着工农业生产发展，大量的废水排入地表水体，造成地表水严重污染，区内洛河、伊河、涧河、瀍河均已受到不同程度的污染，多个监测断面水质超过现行Ⅳ级标准，个别已达

到Ⅴ级标准。

地面环境污染加剧,使地下水也受到不同程度污染。根据部分县城地下水水质资料,地下水污染已相当普遍。如洛阳市区地下水硬度逐年升高,年平均升高值为7.8 mg/L($CaCO_3$),最高值达1 992.3 mg/L($CaCO_3$),现已超过现行国家标准。

2.4 水资源管理不善,浪费严重

洛阳长期以来存在"多龙治水"的问题,它既不利于水资源统一协调、优化,又导致开发中一些难题的出现。如局部出现打井过密、井多效益差、城镇工业用水打井开采层位不合理、与农业争水等问题。近年来,区内节水灌溉虽得到了发展,但是规模尚小,农业用水多采用大水漫灌等传统方式,造成水资源严重浪费。在工业上,亦存在耗水大、重复利用率低等问题,重复利用率在13.56% ~67.14%之间,不同地区差别较大。

3 对策

合理开发利用水资源是一项十分复杂的系统工程,它不仅受水资源本身条件的制约,同时又涉及社会、经济环境及技术等方方面面[4,5]。因此,搞好水资源的开发利用,最大限度地发挥水资源效益,必须从开源、节流、保护和管理上统一运筹。洛阳水资源总的形势是:水资源短缺、污染、浪费严重,开发不均衡,管理欠科学,水资源难以满足社会经济发展的需要。针对这种水资源形势和开发利用存在的问题提出以下建议,供有关部门参考。

3.1 充分挖掘当地水资源潜力,开辟新水源

洛阳水资源分布不均,南富北贫,开发利用程度南低北高。南部山区地表水资源丰富,开发潜力很大,在有利地段建坝蓄水可缓解当地水资源供需矛盾,要加强地表水多梯级开发的可行性研究,最大限度地开发利用地表水资源。洛阳过境水资源有较大开发潜力,黄河、洛河等过境水资源丰富,开发潜力较大,近期开发应以黄河水为主,首先加快黄河小浪底南岸引水口等引水工程的建设,以缓和区内水资源供需矛盾的紧张状态。

据地质资料,区内可供规划利用的地下水源地总远景可开采量为44.8亿 m^3/a,地下水具有易开采、水质好等优点。因此,建议洛阳市应加紧全区地下水勘察、开发利用研究,为城市发展寻找新的地下水供水水源地。与此同时,应加紧规划远景水源地的勘探工作,为水源地建设提供设计依据。

地下水作为洛阳水资源的重要组成部分,在开发利用程度上还有一定潜力,进一步开发地下水资源,对缓和城市供水紧张局面起着相当大的作用。目前,由地矿部门进行的地下水开发利用规划,已提交几处有远景开采价值的集中供水水源地,若及时投入供水水文地质勘探和开发,可满足当地近期的需水要求。今后,城市发展规划布局应首先考虑区内水资源分布的特点,根据水资源条件合理布局。

开源的另一重要途径就是污水资源化[6]。城市、农村大量污水的随意排放,既污染了水资源又污染了土壤。全市每年排放废水总量17 289万t,其中工业废水9 402.7万t,如加以处理,使污水资源化,既可增加供水量,又可净化环境。目前,洛阳市已建成涧西污水处理厂,日处理污水10万 m^3;开始兴建瀍东污水处理厂,建成投产后日处理污水20万 m^3,可基本保证洛河下游水质达到Ⅲ类水体标准,使现有洛河水质得到很大改善。

3.2　要把节水当做战略问题来抓，开源节流

除了开源，节流亦是缓和水资源供需矛盾的基本措施之一，洛阳水资源匮乏、紧缺将是长期的，无论现在还是将来都要节约用水，把节水与建设项目放在同一水平上齐抓共管，从宏观上研究节水的实施规划和经济效益。

建设节水型城市是缓解水资源紧张的重要途径之一。城市节水的重点在工业，工业节水要从提高水资源重复利用率和降低万元产值耗水量等方面入手，这是建设节水型城市的一条途径。目前，区内万元产值用水量为 101.2 ~ 1 593.69 m^3，除洛阳市区，其他各县市万元产值用水量均大于 200 m^3，与先进城市相比有很大差距。如大连市和青岛市 1984 年工业万元产值用水量均低于 200 m^3，若将区内万元产值用水量降低到 100 m^3 以下，可大大缓解城市供水紧张局面[7]。

提高农业用水技术，建立节水型农业。从全区用水情况看，农业用水量占全部用水量的 62% 以上，节水潜力巨大。目前，农村采用传统的渠道漫灌方式，使 30% ~60% 的水不能被农作物吸收，而白白地消耗于蒸发和渗入地下。区内现已推广喷灌技术，灌水的有效利用率可达75% ~90%，具有节水高产的优点，采用喷灌或滴灌方式可使灌水定额降低到 1 500 $m^3/(hm^2 \cdot a)$以下。所以，随着农村经济的发展，改变旧的灌水形式，逐步推广喷灌、滴灌技术，使有限的水资源在总体上发挥最大的效益。

3.3　加强对水资源的保护，防止水资源污染

监测资料表明，洛阳水资源已受到严重污染。废气、废水和有害固体的任意排放是环境和水体的主要污染源。洛河、伊河、黄河等河流与浅层地下水关系密切，河水正在受污染，并对地下水造成不同程度的影响。因此，加强水资源保护，限制工业废水和生活污水向河流排放尤为重要。今后，应严禁审批污染严重的建设项目，防止水资源进一步污染。

3.4　科学管理，提高水资源整体效益

水资源管理应纳入法制化轨道，使管理法制化、制度化、科学化，促进和保证水资源可持续开发利用。充分利用洛阳市自然地理条件和水资源分布特点，以系统的观点建立用水立体化系统，目的在于利用降水、地表水和地下水互相转化的规律，因地、因时拦蓄降水，调节地表水和地下水，以增加水资源的可利用量。

统一认识，联合调度水资源。从调控水资源整体功能讲，单纯依靠地表水体，或单纯依靠地下水含水层组都不能很好地完成水调蓄任务[8]。如果把两者结合起来，取长补短，发挥各自优势，则可以取得比较好的效果。从洛阳水资源分布特征发展的观点看，只有联合调度水资源，才能缓解用水不足的紧张局面。

充分运用现代科学技术，使水资源管理模型化。采用系统分析方法和最优化技术建立水资源管理模型，拟定最佳用水方案，是科学管水的最有效手段之一。因此，洛阳市应加快建立以流域或城市为单元的水资源多目标规划管理模型，将水资源和宏观经济调控有机结合起来，使水资源利用达到整体最优化。

4　供水前景

洛阳市作为区内经济发展的中心，无论是在基础设施建设上，还是在产业布局、城市结构、城市规划上，都处于先进水平；丰富的矿产资源、农业资源、旅游资源等为城市发展

提供了雄厚的物质基础，借国家中部崛起政策实施的机遇，抓住承东启西的优势地理位置，加快城市发展。同时，要注重对市区资源可持续利用和保护，尤其是对水资源的开发和保护。如前所述，洛阳市地下水局部超采已引发了一些环境地质问题，如水位下降、水质污染、水质硬化等。根据规划，洛阳市区供水量达到92万 m^3/d，为解决供水不足，拟引黄河水4.23亿 m^3/a，其中2.84亿 m^3/a 向市区供水，其余发展灌溉，这对洛阳市来讲，无疑增添了资源活力，届时可使城市水资源供需矛盾大大缓解。但是，根据市区水文地质条件，市区地下水开采布局若不做调整，如此下去（自备水源和集中供水水源混合开采），必然会雪上加霜，市区水环境将更加恶化。因此，对于洛阳市供水问题，应在现有基础上适度调减市区地下水开采量，维持在17万~22万 m^3/d，在扩大集中供水面积的同时，加快伊南（康庄—石坝）地下水水源地供水水文地质勘探，预计可提供地下水可开采量8.9万 m^3/d。从现有资料分析，洛阳市区（包括郊区）地下水开采量维持在80万 m^3/d 左右，这样才能保证水资源可持续开发利用。

众所周知，实现一个区域的经济可持续发展的关键是合理配置和利用自然资源，而洛阳水资源总量和利用现状都与可持续发展不协调，这一态势给整个市域经济发展增加了难度。从洛阳的实情出发，建立适水型产业结构和城镇布局，利用和保护好该地水资源，是实现该地区可持续发展的必由之路[9,10]。针对水资源总量偏少的实际，厉行节约用水、科学用水，在充分挖掘该区水资源的基础上，加快引黄、引陆浑水的步伐，建立地表水、地下水联合运用方案，是实现经济可持续发展的主要因素，也是实现洛阳水资源可持续开发利用的关键。

参考文献

[1] 温彦．河南水资源[M]．郑州：河南教育出版社，1994.
[2] 洛阳市统计局．洛阳市统计年鉴[Z]．北京：中国统计出版社，1997.
[3] 偃师市统计局．偃师市统计年鉴[Z]．北京：中国统计出版社，1997.
[4] 刘燕华．柴达木盆地水资源合理利用与生态环境保护[M]．北京：科学出版社，2000.
[5] 林学钰，陈梦熊，王兆馨，等．松嫩盆地地下水资源与可持续发展研究[M]．北京：地震出版社，2000.
[6] 周年生．流域环境管理规划方法与实践[M]．北京：中国水利水电出版社，2000.
[7] 秦钰慧，凌波，张晓健．饮用水卫生与处理技术[M]．北京：化学工业出版社，2002.
[8] Clark，John William. Supply and Pollution Control[M]. New York：Harper and Row，1997. 623-627.
[9] 马力珊．苏南太湖水系农业面源污染及其控制对策研究[M]．北京：中国环境科学出版社，1997.
[10] 高超，张桃林．欧洲国家控制农业养分水环境的管理措施[J]．农村生态环境，1999，15(2)：50-53.

本文与务宗伟、牛波、周春生合作，发表于2005年第4期《地域研究与开发》。

农村浅层地下水污染特征及防治对策

目前,浅层地下水是农村乡镇居民的主要生活饮用水水源,其水质的好坏直接影响人们身体健康。在当今农村经济快速发展的时期以及随着国家"三农"政策的逐步落实,农民的生活需水量将会越来越大。与此同时,农村工农业污水排放量也会不断增加,研究农村浅层地下水污染特征和防治对策,对改善和提高农村生活环境十分必要。

1 环境地质条件

偃师市位于河南省西部,地处洛阳盆地东隅,地理坐标东经 112°29′40″~112°58′52″,北纬 34°27′18″~34°49′03″,总面积 948.4 km^2,总人口约 78 万人。

1.1 气象水文

研究区气候属温带季风气候,四季分明。据偃师市气象局资料,多年平均气温 14.2 ℃,多年平均降水量 524.1 mm,降水量主要集中在 7、8、9 三个月,约占全年降水量的一半。多年平均蒸发量为 1 451.7 mm。

洛河和伊河是区内最大河流,从西侧洛阳市流入境内,在顾县镇杨村西北两河汇合,向东出境经巩义市流入黄河。据白马寺水文站资料,洛河最大年平均流量 120.00 m^3/s(1984 年),最小年平均流量 13.63 m^3/s(1995 年),多年平均流量为 45.04 m^3/s;据龙门水文站资料,伊河最大年平均流量为 54.80 m^3/s(1975 年),最小年平均流量为 5.22 m^3/s(1981 年),多年平均流量为 22.89 m^3/s。此外,还有发源于南部山区的马涧河、浏涧河、酒流沟河等,均为季节性河流,常年大都无水。

1.2 地质概况

偃师市地处嵩山北坡、洛阳盆地东部,南北高,中间低,南部为低山丘陵,山前冲洪积倾斜平原;北部为黄土台塬丘陵,中间为伊洛河冲积平原。

偃师市地处华北地层区,地表大部分被第四系松散层覆盖,南部山区和北部邙岭区有基岩出露,地层除缺失下奥陶系、下石炭统、侏罗系,其他地层均有发育。从老到新依次有:太古界登封群,元古界嵩山群、汝阳群、洛峪群,古生界寒武系、奥陶系、石炭系、二叠系,中生界三叠系,新生界第三系、第四系等。

研究区位于嵩山复背斜北翼,洛阳断陷盆地的东部,区内断裂构造比较发育。北部有近东西向展布的首阳山断裂,南部有北西向展布的嵩山断裂,近东西向展布的山前大断裂,以及北东向展布的宜阳—关林断裂在本区的延伸部分。此外,还有诸葛断裂、张庄断裂等。这些断裂对区内地层的分布起着明显的控制作用。

1.3 水文地质条件

研究区地下水类型主要有松散岩类孔隙水、碎屑岩类裂隙水、碳酸盐类裂隙岩溶水三大类,其中松散岩类孔隙水分布在中部伊洛河冲积平原、山前冲洪积倾斜平原区,分布面积大。浅层地下水易开采,是区内农村生活用水的主要水源,也是区内工业用水的主要开采层。碳酸盐类岩溶裂隙水，主要分布在南部山区，在地貌构造适宜部位有泉水出露。泉流量大者可达 48.6 L/s，泉水是当地人们的生活用水水源。近些年，当地居民为解决饮水问题，在构造适宜部位打井开采岩溶地下水，取得了一些成功经验，从一定程度上缓解了人们生活用水矛盾。单井涌水是可达 100 m^3/h。碎屑岩类裂隙水主要分布在北部邙岭山区，南部山区有少量分布，北部邙岭区上部为第四系黄土覆盖，厚度 0 ~ 120 m 不等，当地居民多以混合开采的形式开发利用地下水。

2 浅层地下水污染现状及特征

2.1 浅层地下水水化学特征

研究区浅层地下水化学类型主要有 HCO_3 - Ca · Mg、HCO_3 - Ca · Na · Mg 及 HCO_3 - Ca 三种类型，见图 1。其 pH 值为 7.0 ~ 8.22，矿化度为 252.97 ~ 744.55 mg/L，总硬度为 166.55 ~ 522.66 mg/L（以 $CaCO_3$ 计），为低矿化度、中性淡水（见表 1）。

表 1 偃师市浅层地下水化学成分统计表

项目	范围值	均值	项目	范围值	均值
K^+、Na^+(mg/L)	11.50 ~ 74.80	27.30	总硬度(mg/L)	166.65 ~ 522.66	320.96
Ca^{2+}(mg/L)	38.68 ~ 137.27	86.27	暂时硬度(mg/L)	166.65 ~ 474.21	293.11
Mg^{2+}(mg/L)	14.0 ~ 57.48	25.64	负硬度(mg/L)	0 ~ 30.52	1.89
Cl^-(mg/L)	20.0 ~ 145.0	81.53	永久硬度(mg/L)	0 ~ 79.88	27.82
SO_4^{2-}(mg/L)	20.0 ~ 216.2	38.84	总碱度(mg/L)	203.0 ~ 474.21	292.16
HCO_3^-(mg/L)	244.07 ~ 578.47	356.44	矿化度(mg/L)	252.27 ~ 744.55	417.94
F^-(mg/L)	0.1 ~ 1.2	0.35	pH 值	7.0 ~ 8.22	7.4
NO_3^-(mg/L)	0.30 ~ 54.0	14.114	可溶性 SiO_2(mg/L)	10.0 ~ 28.0	16.96
NO_2^-(mg/L)	< 0.002 ~ 0.212		灼烧残渣(mg/L)	178.1 ~ 348.42	271.51
Fe^{3+}(mg/L)	< 0.002 5 ~ 0.44		灼烧碱量(mg/L)	100.4 ~ 174.70	139.13
Fe^{2+}(mg/L)	< 0.002 ~ 0.12		耗氧量(mg/L)	0.08 ~ 1.83	0.744
NH_4^+(mg/L)	< 0.01 ~ 0.15		溶氧量(mg/L)	4.00 ~ 5.30	4.858

2.2 浅层地下水污染特征

研究区内除相对集中的乡镇所在地、居民及城市区居民饮用较清洁的自来水和中深层地下水，大部分农村居民均饮用受到不同程度污染的地表水和浅层地下水。城关镇及首阳山镇的东部是市政府所在地及城市规划区，人口集中，工业发展迅速。第一水厂水源地位于市区南部的郊区，以开采浅层地下水为主，因近年来城区地下水开采量不断增加，地下水位持续下降，年降幅 0.5 ~ 1.0 m，目前已形成以电视台为中心的地下水开采降落漏斗，漏斗面积达 25 km^2，漏斗中心水位埋深已超过 30 m，同时市区浅层地下水质量向逐步恶化的趋势发展，地下水的硬度逐年上升，目前已超过现行的《生活饮用水卫生标准》（GB 5749—85）。为了改善市区的饮水条件，不得不到首阳山纸庄一带建立第二水厂供

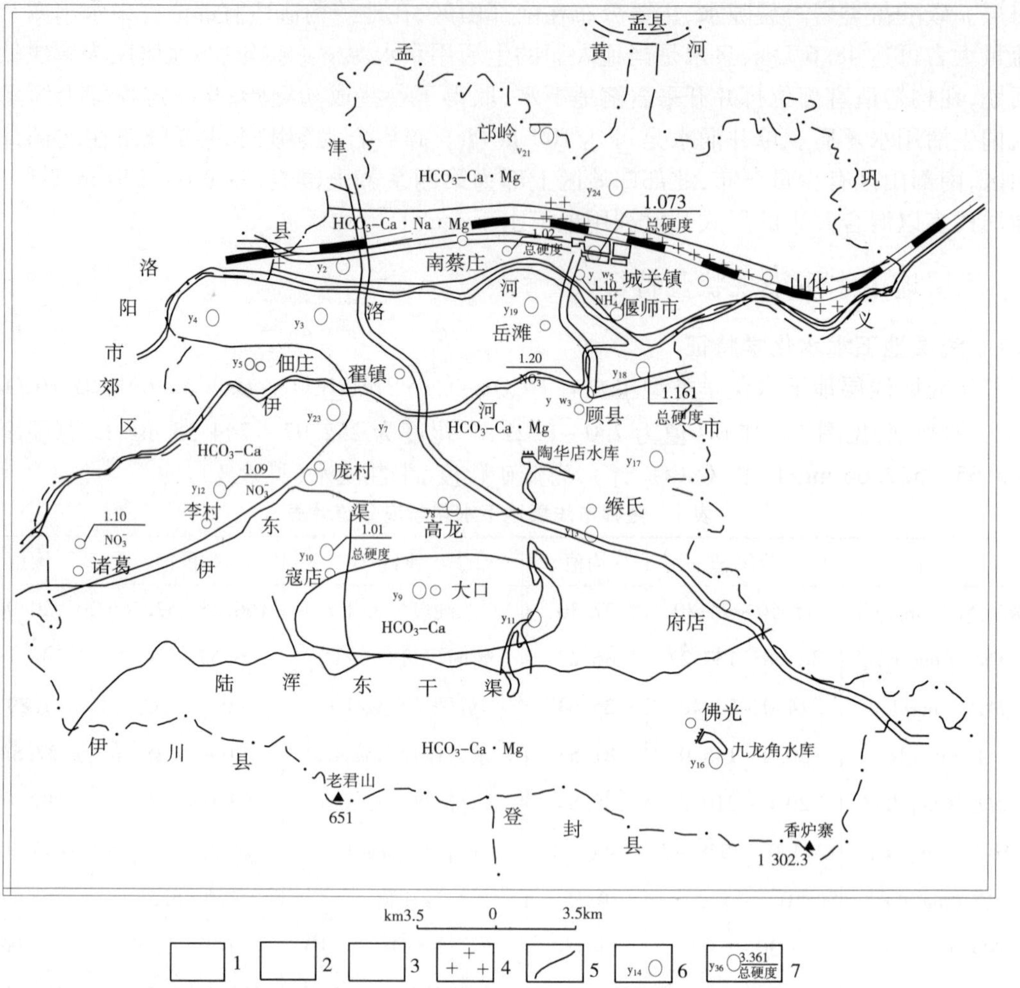

1—HCO_3 - Ca · Na · Mg；2—HCO_3 - Ca；3—HCO_3 - Ca · Na · Mg；4—氟离子超标水；

5—水化学类型分区线；6—编号及水质取样点；7—左为编号、右分子为超标倍数，分母超标因子

图1 偃师市地下水化学类型

水水源地，以开采中深层地下水。然而农村居民仍以浅层地下水作为生活饮用水水源。1998 年，偃师市管辖乡镇 17 个，总人口 78 万人，其中市区人口约 15 万人，农村居民约 63 万人。2002 年，研究区工业废水排放以电力、化工、机械、纺织、造纸为主，排放总量为 2 071. 3万 t，污染物以 COD 和氨氮为主，排放量分别为 2 662 t 和 26. 61 t，其次为铅、砷、氰化物、石油类，排放量分别为 0. 03 t、0. 87 t、0. 15 t、5. 01 t，废水主要通过明渠沟排入附近河道，伊河水质类别为Ⅳ类，洛河水质类别大于Ⅴ类。此外，加上农用化肥、农药的残留流失，使浅层地下水受到了人为污染。

1989 年研究区内浅层地下水污染情况监测资料表明，浅层地下水水质均符合《生活饮用水卫生标准》(GB 5749—85)要求(见表 2)。

1990 ~ 1998 年，研究区浅层地下水水质资料表明，浅层地下水的总硬度由 96. 00 ~ 258. 00 mg/L 上升到 426 ~ 565. 51 mg/L(以 $CaCO_3$ 计)，最高值达 2 422. 9 mg/L(以$CaCO_3$

计）,局部已超过现行生活饮用水卫生标准。超标点主要分布在河谷平原区,且多为居民集中区,如偃师高级中学供水井位于偃师老城村,浅层地下水总硬度呈现逐年升高（见图2）的趋势。氯化物由7.091～98.2 mg/L上升到20.0～145 mg/L,最高达275 mg/L,氨氮、亚硝酸盐氮污染较普遍,检出率为100%,尤以氨氮为最高,最高值达4.0 mg/L; SO_4^{2-} 的含量由10.09～155.62 mg/L上升到20～216.2 mg/L。

表2 1989年地下水化学成分统计表

项目	范围值	均值	项目	范围值	均值
K^+、Na^+（mg/L）	25.76～132.30	77.706	Cr^{6+}（mg/L）	0～0.019	0.005
Ca^{2+}（mg/L）	36.07～98.20	53.782	Hg（mg/L）		
Mg^{2+}（mg/L）	17.081～64.41	39.183	总硬度（mg/L）	96.00～258.00	184.33
Fe^{3+}（mg/L）	0～0.44	0.059	矿化度（mg/L）	252.00～870.00	500.00
Cl^-（mg/L）	7.091～98.2	42.207	pH值	7.44～7.90	
SO_4^{2-}（mg/L）	10.086～155.62	78.412	游离 CO_2（mg/L）	7.0～24.0	13.334
NO_3^-（mg/L）	2.21～21.75	7.536	可溶性 SiO_2（mg/L）	10.0～28.0	19.125
NO_2^-（mg/L）	0～0.011	0.001 8	耗氧量（mg/L）	0.543～7.60	4.001
HCO_3^-（mg/L）	244.068～585.76	363.177	细菌总数（个）	46～2 300	306
F^-（mg/L）	0.220～0.850	0.618	大肠菌群（个）<	9～230	

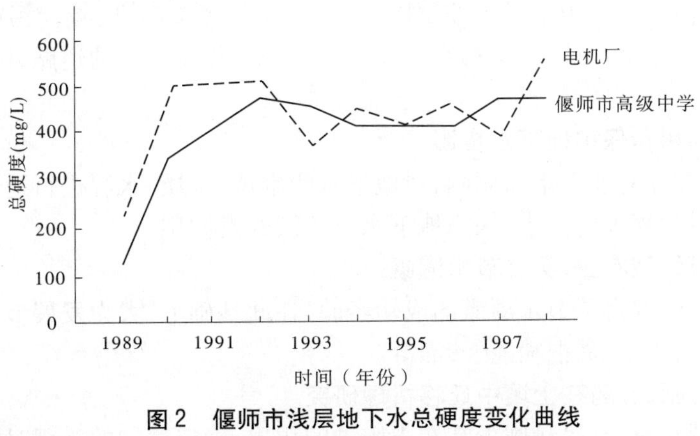

图2 偃师市浅层地下水总硬度变化曲线

依据地表污染源分布特征,浅层地下水污染可分成点状污染源、带状污染源、面状污染源3种类型。

2.2.1 点状污染源

点状污染源主要由粪坑、渗井、垃圾堆放场等引起,是由于生活污染物和工业废弃物的排放,通过渗透、淋滤直接污染浅层地下水。如河谷平原区顾县镇营防口村一饮用浅井,由于村民生活垃圾、生活污水、浴池污水的排放,1996～2004年浅层水的总硬度为496.33～522.66 mg/L（以 $CaCO_3$ 计）,氨氮、硝酸盐氮、亚硝酸盐氮均有检出,分别为0.12

mg/L、6.00 mg/L、0.02 mg/L；首阳山镇香玉村南，由于造纸厂废水及村民生活污水的污染，该浅层水井水的总硬度高达560.50 mg/L，硝酸盐氮为21.8 mg/L，均超现行国家生活用水卫生标准，且氨氮、亚硝酸盐氮均检出偏多；山化乡一浅井附近一家化工厂采用渗坑排放废水，井水的颜色已变为浅黄绿色，色度为30度，水中邻苯二甲酸丁基二辛酯达0.91 mg/L、甲基苯酚0.04 mg/L、1.2－苯硫氮杂唑为0.02 mg/L已不能饮用。

2.2.2 带状污染源

带状污染源主要是由于受污染河流、排污渠沟的水下渗引起，一般在集镇附近，工业相对发达，工业废水和生活污水集中排放区，浅层地下水水质污染严重，浅层水硬度普遍较高，水色浑浊。如偃师老城村周围地势低洼，不易排水，浅层地下水水硬度普遍超标。总硬度490.44 mg/L(以 $CaCO_3$ 计)；首阳山镇排污渠两侧浅层水总硬度为450.41～453.41 mg/L(以 $CaCO_3$ 计)，都已超标，偃师市城市区浅层水的总硬度超过标准，大于450 mg/L(以 $CaCO_3$ 计)，并呈逐年升高态势。

2.2.3 面状污染源

面状污染源主要是农业生产过程中使用的化肥、农药随着灌溉用水、降水渗入地下，特别是污水灌溉，对浅层地下水造成污染。如伊洛河河谷平原区，地下水位埋深浅，地下水交替条件好，大面积为农业耕种区，长期以来，浅层水中氨氮、硝酸盐氮、亚硝酸盐氮均有检出；城关镇塔庄一带引化肥厂废水灌溉，导致灌区浅层地下水中氨氮超标，含量高达4 mg/L。

3 浅层地下水污染防治对策及建议

农村水污染治理应采用全过程控制措施，严格控制源头污染，减少污染发生量，采用适合农村特点的污水治理技术，走污水处理与污水资源化相结合的道路，确保农村经济可持续发展。

3.1 合理开发利用和保护地下水资源

进一步完善并建立地下水监测网，对地下水的水位、水质、水温进行适时监测，随时掌握其变化规律，科学管理地下水，保障地下水可持续开发利用。

3.2 大力发展节约型农业，实施节水灌溉

目前，研究区已取得了节水灌溉的成功经验，在此基础上，大力发展节水灌溉，改变传统漫灌、畦灌，节约用水，提倡喷灌、滴灌等。

3.3 加强农用化肥、农药在土壤中迁移机理研究

科学施用化肥、农药，尽量减少其在土壤中的积累，确定适宜的施肥时间和施肥量，调整氮、磷、钾肥比例，对氮肥的施量应适当控制，合理的农业运作方式可以减少农田径流带走氮、磷，控制农业面源污染。国内外研究表明，合理的农业运作方式可以减少农田径流带走的氮、磷达60%以上。因而，推广复合肥颗粒化施肥模式、提高肥料的利用率、防止水土流失等是减少农业面污染的有效途径。

3.4 加强废物资源化利用

对生活垃圾、城市废弃物、医疗废物、种植业及养殖业产生的固体废弃物应进行资源化、无害化处理，严禁随地堆放或填埋，杜绝渗漏液污染浅层地下水，提高废弃资源的综合

利用率。

3.5 发展污水无害化资源化技术

污水无害化资源化技术有效地将污水处理和利用相结合,是适合我国国情的污水处理技术。污水生态处理技术是利用生态学原理和工程学方法形成的生态工程技术,其生态学原理具体体现为对现代生态学的三项基本原则,即整体优化、循环和区域分异的充分运用。

在有条件的乡镇建设污水处理厂,减少河道纳污负荷;村民住宅推广地埋式无动力生活污水处理装置,大力推广污水土地处理技术和污水稳定塘处理系统,实现生活污水无害化达标治理;厕所、粪地应严格防渗,严禁工业废水、生活污水通过渗井、渗坑就近就地排放,同时应严格控制污水灌溉。

3.6 加快进行饱气带防护能力及净化机理研究

加快进行饱气带防护能力及净化机理研究为防止浅层地下水污染提供科学支持。同时,加强浅层地下水水化学组分演变规律及机理研究,防止对地下水的污染。

参 考 文 献

[1] 陈静生. 环境地质学[M]. 北京:商务出版社,1981.
[2] 王现国. 洛阳市地下水硬度升高及防治对策研究 [R]. 2004.
[3] 朱济成. 硬水[M]. 北京:地质出版社,1981.
[4] 王凯雄. 水化学 [M]. 北京:化学工业出版社,2001.
[5] 秦钰慧,凌波,张晓健. 饮用水卫生与处理技术 [M]. 北京:化学工业出版社,2002.
[6] Clark, John William. Supply and Pollution Control[M]. New York :Harper and Row,1997. 623-627.
[7] 马力珊. 苏南太湖水系农业面源污染及其控制对策研究[M]. 北京:中国环境科学出版社,1997.
[8] 高超,张桃林. 欧洲国家控制农业养分水环境的管理措施[J]. 农村生态环境,1999,15(2):50-53.
[9] 徐凤兰,等. 浅谈地下水污染及其防治[J]. 地下水,2005,27(1):50-52.

本文与刘丕新、务宗伟合作,发表于 2005 年第 4 期《地下水》。

洛阳市浅层地下水硬度的灰色数列预测

1 引言

浅层地下水是洛阳市生活和工农业生产的重要供水水源,但多年的水质资料分析显示,浅层地下水硬度愈来愈高,部分已经超过现行国家生活饮用水标准。因此,当务之急是改善浅层地下水水质,解决水质硬化问题。这就要求掌握市区浅层地下水硬度的时空发展趋势。进行趋势预测的常用方法是数理统计学的回归分析,但这种方法是利用统计规律和时间序列的几何特征进行预测的,既需要大量的数据样本,又无法反映序列的动态特征。灰色预测一般不需要大量的数据,而是根据实际情况选择适量的时间序列数据进行累加生成、建模和预测,是一种动态的分析过程[1,2]。目前,灰色预测中的数列预测方法已经得到了广泛的应用。

浅层地下水硬度变化的原因有多种,如含水层岩性、河流对含水层的补给、污水入渗以及地下水开采等。这些因素影响难以定量化分析。像这样受许多因素影响,而又无法确定那些复杂关系的量,可以应用灰色数列预测对其进行预测分析。将地下水硬度视为灰色量,只从其自身的数据中寻找有用信息,发现内在规律,建立灰色模型进行预测。

2 灰色数列预测的方法和步骤

灰色数列预测是指利用灰色动态模型对系统的主行为特征量或某项指标发展变化到未来某一时刻出现的数值进行预测[3]。它的特点是单数列预测。在形式上,只预测对象自身的时间序列,而与预测对象相关联的其他对象没有参与运算和建模。

2.1 GM(1,1)模型

灰色数列预测主要是建立灰色数列预测模型,即GM(1,1)模型。其数学表达式是微分方程:

$$\frac{dX^{(1)}(t)}{dt} + aX^{(1)}(t) = u$$

其中,$X^{(1)}(t)$由$X^{(0)}(k)$经一次累加变换得到,即$X^{(1)}(t) = \sum_{k=1}^{t} X^{(0)}(k)$。求解微分方程得到:$\hat{X}^{(1)}(t+1) = [X^{(0)}(1) - u/a]e^{-at} + u/a$,然后将$\hat{X}^{(1)}(t)$进行一次累减变换$\hat{X}^{(0)}(t) = \hat{X}^{(1)}(t) - \hat{X}^{(1)}(t-1)$,得到预测值$\hat{X}^{(0)}(t)$。

2.2 灰色数列预测

在应用过程中,灰色数列预测模型的预测效果常常受到原始数据的长短和外界因素干扰的影响。提高模型预测精度的方法有多种,其中等维灰色递补动态预测能够有效地提高模型的预测性能。它可以及时补充和利用新的信息,提高灰色区间的白化度;每做一步预测,灰参数就做一次修正,模型得到改进。在预测过程中,先用已知数列建立

GM(1,1)模型进行预测,然后将得到的预测值补充在已知数列之后,同时为保持数列的等长度(等维),去掉已知数列的第一个数据 ,再建立 GM(1,1)模型,预测下一个值[3]。如此依次递补,直到完成预测目的或达到一定的精度要求为止。具体步骤包括[3,4]如下几条。

(1)对原始数据进行预处理,得到等间距数据。

(2)从处理后的数列 $X^{(0)} = [X^{(0)}(1), X^{(0)}(2), \cdots, X^{(0)}(n)]$ 中选取不同长度的连续子数列:

$$X_i^{(0)} = [X^{(0)}(i+1), X^{(0)}(i+2), \cdots, X^{(0)}(n)] \quad (i = 1,2,\cdots,n-4)$$

(3)建立 GM(1,1)模型,进行动态预测分为以下步骤。

①对子数列作一次累加变换,记为:

$$\{X_i^{(0)}\} \longrightarrow \{X_i^{(1)}\}, X_i^{(1)}(t) = \sum_{k=i+1}^{t} X_i^{(0)}(k);$$

②构造矩阵 **B** 与向量 ***Yn***

$$\boldsymbol{B} = \begin{bmatrix} -[X^{(0)}(i+1)+X^{(0)}(i+2)]/2 & 1 \\ -[X^{(0)}(i+2)+X^{(0)}(i+3)]/2 & 1 \\ \vdots & \vdots \\ -[X^{(0)}(n-1)+X^{(0)}(n)]/2 & 1 \end{bmatrix}$$

$$\boldsymbol{Yn} = -[X^{(0)}(i+2), X^{(0)}(i+3), \cdots, X^{(0)}(n)]^{\mathrm{T}}$$

③用最小二乘法求系数 $\hat{a}_i$:

$$\hat{a}_i(\boldsymbol{B}^{\mathrm{T}}\boldsymbol{B})^{-1}\boldsymbol{B}^{\mathrm{T}} \cdot \boldsymbol{Yn} = [a_i \quad u_i]^{\mathrm{T}};$$

④求 $\hat{X}_i^{(1)}(t)$:

$$\hat{X}_i^{(1)}(t+1) = (X_i^{(0)}(1) - u_i/a_i)\mathrm{e}^{-a_i t} + u_i/a_i;$$

⑤将 $\hat{X}_i^{(1)}(t)$ 进行一次累减变换:

$\hat{X}_i^{(0)}(t) = \hat{X}_i^{(1)}(t) - \hat{X}_i^{(1)}(t-1)$,得到预测值 $\hat{X}_i^{(0)}(t)$;

⑥计算模型的预测误差,即残差和相对误差:

$$E^{(0)} = X_i^{(0)} - \hat{X}_i^{(0)}, Re^{(0)} = (X_i^{(0)}\hat{X}_i^{(0)})/X_i^{(0)} \times 100\%;$$

⑦将预测值补充在已知子数列之后,同时去掉子数列的第一个数。

重复①~⑦的步骤,直到完成预测目标。

3 浅层地下水硬度现状及预测

洛阳市地处洛阳—偃师盆地的西端。北、西、南三面高,中部低,呈向东敞开的簸箕形。中部为河谷平原,总体地势西高东低。伊河和洛河自西南向东北从洛阳市穿过;另有涧河于城区汇入洛河(见图 1)。

浅层松散岩类孔隙水(浅层水)是洛阳市的主要开采水源。浅层水分布在河谷平原区,主要赋存于上更新世及全新世冲积砂卵石中,属潜水或半承压水,含水层底板埋深一般 50~80 m,最大 100 m。现状条件下,地下水位埋深小于 30 m[5]。

洛阳市浅层地下水主要接受大气降水入渗、河流侧渗、灌溉水回渗、渠系渗漏以及侧

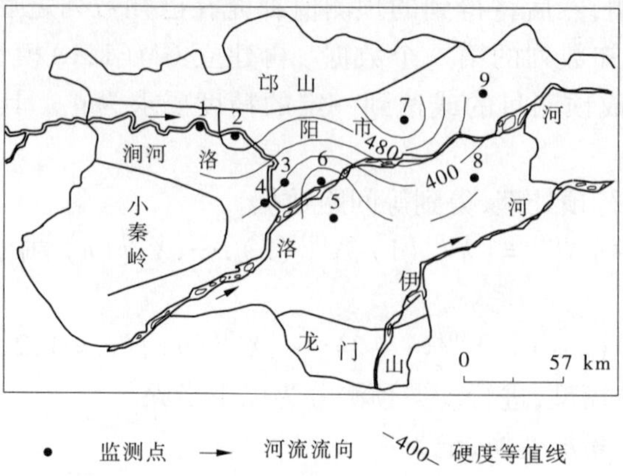

图 1　2002 年浅层地下水硬度分布

向径流等补给。地下水的排泄方式主要以人工开采、侧向径流排泄为主,其次为蒸发排泄。地下水的径流除受地形、地貌、水文地质条件控制,还与人工开采强度密切相关。在市区已形成一条近东西向展布的地下水低槽带,地下水由南北两侧向低槽中心流动;在张庄和洛南水源地一带已形成地下水开采降落漏斗,地下水由四周向漏斗中心流动。洛河南岸,地下水径流受人工开采影响较小,总体向东北方向排泄。

3.1　浅层地下水硬度现状

根据洛阳市内的地表水系分布、地下水流场以及工农业分布特点,选定 9 个浅层地下水监测点监测的硬度作为分析对象。监测点的空间分布如图 1 所示。5、8、9 这 3 个监测点分布在农业区,且距河较远,其余 6 个监测点都在市区内。

各监测点的浅层地下水硬度数据采用“洛阳市地下水监测结果”,取每年 5 月份和 10 月份监测数据的平均值作为年平均值,并以 $CaCO_3$ 计。

1986～2002 年,浅层地下水硬度升高了 67.00 mg/L(洛阳市各监测点硬度的平均值),年平均升高 3.94 mg/L。从表 1 可以看出,各监测点的地下水水质出现不同程度的硬化。局部地段因受工业废水污染,其水质硬化曲线波动明显,如监测点 2(见图 2(a)),1995 年以前因附近有酸性工业废水通过厂区无防渗的场地、废水池及排水沟渗入地下,水质硬化呈突发性、上升幅度大的特点。监测点 4(见图 2(a))是在老城区,工矿企业少,

表 1　各监测点的浅层地下水硬度变化

监测点编号	位置	时段	硬度升高(mg/L)	硬度年均升高值(mg/L)
1	王府庄水源 9#	1988～2003 年	233.70	14.61
2	后李村水源 2#	1989～2002 年	281.25	20.09
3	临涧水源 7#	1988～2003 年	287.65	17.98
4	张庄水源 1#	1988～2003 年	176.25	11.02
5	洛南水源 21#	1989～2003 年	103.80	6.92
6	下池水源 4#	1993～2003 年	84.61	7.69
7	五里堡水源 6#	1988～2003 年	317.30	19.83
8	李楼水源 13#	1993～2003 年	64.87	5.90
9	东郊水源 1#	1993～2003 年	37.65	6.28

由于生活污水渗入地下,使上部土层中丰富的方解石和白云石逐渐溶解,导致地下水中 Ca^{2+}、Mg^{2+} 的上升[5]。该监测点附近,曾于1984~1985年和1992~1996年用较清洁的洛河水进行两次回灌试验,受回灌水稀释,浅层地下水硬化有所缓解。但这种影响是短期的。

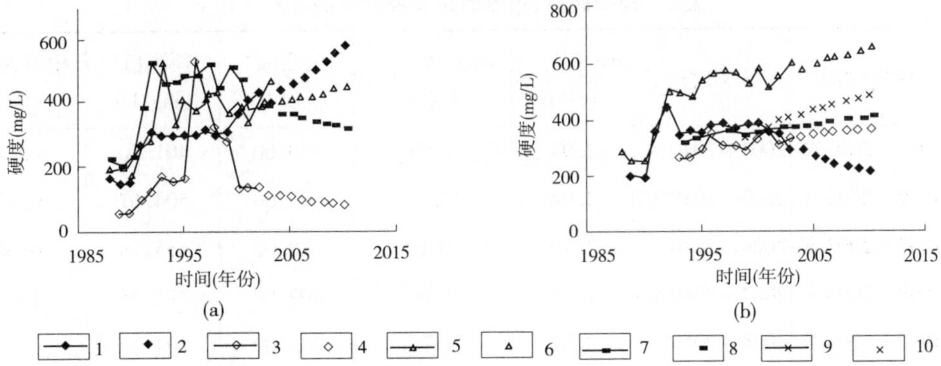

1—监测点1和5的原始值;2—监测点1和5的预测值;3—监测点2和6的原始值;4—监测点2和6的预测值;5—监测点3和7的原始值;6—监测点3和7的预测值;7—监测点4和8的原始值;8—监测点4和8的预测值;9—监测点9的原始值;10—监测点9的预测值

图2　各监测点的硬度变化历时曲线

从2002年地下水硬度空间分布图可以粗略看出(见图1),洛河北面的浅层地下水硬度总体高于南面。监测点2和监测点7硬度超过450 mg/L,属极硬水,其余各监测点的硬度大部分为300~450 mg/L,属硬水。

3.2　浅层地下水硬度的灰色数列预测

将浅层地下水硬度视为灰色量,建立灰色数列预测模型,对硬度发展变化到未来某一时刻出现的数值(硬度年平均值)进行预测。9个监测点的硬度预测时段到2010年为止。

(1)原始数据预处理。在建立灰色模型之前,对原始数据进行插值处理,以保证数据的等间距和连续性[6]。

(2)GM(1,1)模型建立及硬度预测。根据预测时段长度和原始数列的变化特点选取若干个不同长度(建模时段)的连续子数列,建立GM(1,1)模型,进行等维灰色递补动态预测。

GM(1,1)模型的精度检验方法包括:①残差大小检验,即按点检验;②关联度检验,指模型曲线的形状与建模数列曲线的形状接近程度的检验;③后验差检验,用残差数列的方差与原始数列方差之间的比值进行检验[7]。其中,残差大小检验,较直观且易判别。模型的预测误差除了可以用残差表示,还可用残差的百分比即相对误差表示。本文采用相对误差绝对值的平均值和最大值来表示模型的预测效果。对每个监测点而言,由不同长度的子数列可以建立不同的GM(1,1)模型,相应的会得到不同的预测结果。因此,预测结果必须经过筛选才有参考价值。综合考虑各监测点地下水硬度的变化趋势、影响因素以及模型的预测误差,最终选用的数列建模时段、预测时段以及相应的模型预测误差如

表2所示。

用各监测点的原始数据及预测结果绘制硬度变化历时曲线图和空间分布等值线图(见图2)。从曲线图可以看出,大部分监测点的浅层地下水硬度仍呈上升趋势,只有2、4及5这三个监测点的浅层地下水硬度有所下降。

表2 建模时段、预测时段及模型预测误差

编号	建模时段	预测时段	ave|$RE^{(0)}$|(%)	max|$RE^{(0)}$|(%)	实测值[a](mg/L)	预测值[a](mg/L)	相对误差[a](%)
1	1992~2003年	2004~2010年	2.94	7.59	400.00	401.90	-0.48
2	1999~2002年	2003~2010年	2.08	15.34	509.00	504.67	0.85
3	1993~2003年	2004~2010年	3.79	10.02	488.00	455.78	6.60
4	1999~2003年	2004~2010年	1.05	5.16	402.00	397.75	1.06
5	1999~2003年	2004~2010年	0.91	3.71	298.00	304.10	-2.05
6	1996~2003年	2004~2010年	1.74	5.65	348.00	352.62	-1.33
7	1998~2003年	2004~2010年	1.11	3.96	615.00	603.53	1.86
8	1995~2003年	2004~2010年	0.77	2.81	381.00	381.14	-0.04
9	1999~2003年	2004~2010年	0.47	0.93	418.00	416.10	0.45

注:ave|$RE^{(0)}$|和max|$RE^{(0)}$|分别表示相对误差绝对值的平均值和最大值;a表示2003年(或2002年)。

监测点1,地下水中硬度与Cl^-含量有明显的相关性。地下水硬度升高可能是因为矿化度越高,难溶碳酸盐溶解度越高。监测点2,由于附近的硫酸厂于1995年停产,水源井也停采,这之后一直到2002年,地下水硬度明显回落。预测结果显示,2002年以后硬度下降速度减小,趋于稳定。监测点3和6处在污灌区内,受污水灌溉影响,浅层地下水硬度继续呈上升趋势。监测点4和5在市郊,由于附近的洛河拦河蓄水,增加了对浅层地下水的补给,起到稀释作用,使地下水硬度呈下降趋势。监测点7处于盆地平原区和邙山接触的边界弱透水地带,远离河水补给。该监测点处于水位低槽地带,加上生活污水长期下渗,使槽内污染物易集中而不易扩散,地下水硬度一直上升。农业灌溉区中监测点8尤其是监测点9附近,因污水灌溉,浅层地下水硬度升高。

经气象、水文和水质监测资料综合分析,单纯降雨因素对区内浅层地下水硬度影响不明显。对比图1、图3和图4这3个等值线图发现,2002~2010年,浅层地下水硬度的空间分布有所变化。到2010年,监测点1附近的浅层地下水的硬度仍居高不下,此外以监测点7为中心的极硬水带范围往东、南方向扩大;监测点4和5周围的浅层地下水硬度呈下降趋势。

4 结论

灰色数列预测结果反映了洛阳市浅层地下水硬度的未来变化趋势:①除了2、4和5这3个监测点的浅层地下水硬度有所下降外,洛阳市大部分地区的浅层地下水硬度仍呈上升趋势,尤其是1、3、7及9这4个监测点附近的浅层地下水硬度居高不下;②2002~

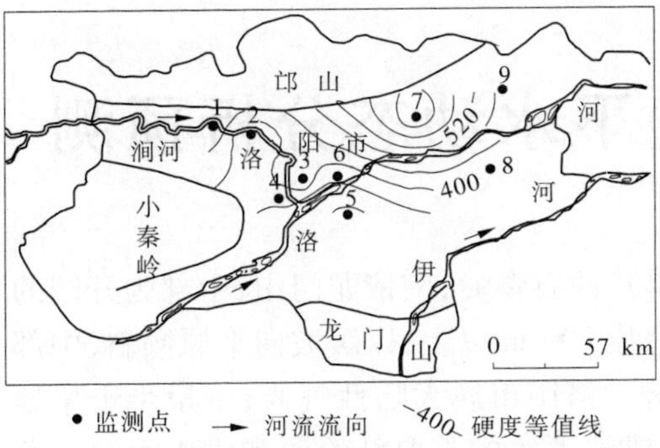

图3　2007 年浅层地下水硬度分布

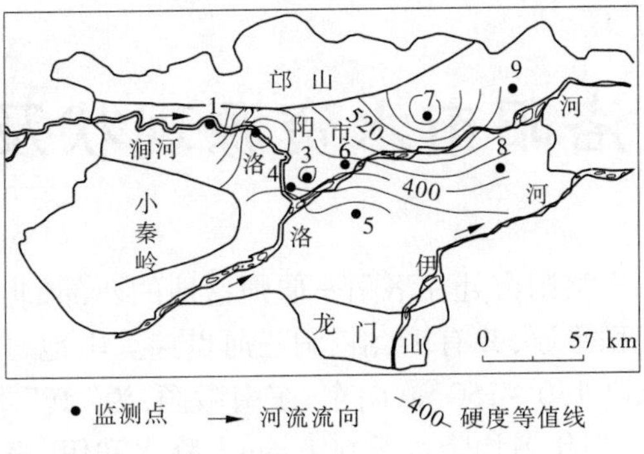

图4　2010 年浅层地下水硬度分布

2010 年,浅层地下水硬度的空间分布将发生变化。

高硬化的水不利于人们饮用和工业生产。因此,作为洛阳市重要供水水源的浅层地下水的水质必须改善,并使之得以有效利用。建议当地政府结合各地浅层地下水硬度升高的各种影响因素,采取相应的措施:

(1)加强工业废水排放前的处理。

(2)在污水灌溉的地区,灌溉水必须进行适当的处理后再灌溉,或用较清洁的水灌溉。

(3)调整地下水的开采空间布局等。

参 考 文 献

[1] 赵德会,钱正芳,李积源,等. 灰色数列预测应用分析[J]. 海军工程大学学报,2000(1):87-90.

[2] 余南华,王岳人,刘永文. 灰色数列预测模型在热工对象模糊控制中的应用[J]. 计算机仿真,2003,20(11):31-34.

[3] 王学萌,张继忠,王荣. 灰色系统分析及实用计算程序[M]. 武汉:华中科技大学出版社,2001.

[4] 邓聚龙. 灰色系统基本方法[M]. 武汉:华中理工大学出版社,1988.

[5] 王现国. 洛阳市浅层地下水硬度升高与防治对策研究[D]. 武汉:中国地质大学,2004:14,37,40.

[6] 张志涌,等. 精通 Matlab 6.5 版[M]. 北京:北京航空航天大学出版社,2003.

[7] 章仁俊. 灰色数列预测方法的应用及其实例分析[J]. 水利经济,1998,3:53-56.

本文与林丽蓉、靳孟贵合作,发表于 2006 年第 1 期《水文地质工程地质》。

洛阳市水资源现状及地下水动态分析预测

洛阳市处在洛阳—偃师盆地的西部，北有邙岭，西有秦岭，南依龙门山，中部为开阔的冲积平原，并有伊、洛、涧三河贯穿。山地、丘陵海拔 200 m 以上，以缓坡向平原倾斜，中部标高 130 ~ 150 m，向东、东南微倾，为“箕”形态势。洛阳市属大陆性气候，干旱半干旱地区，多年平均降水量 601 mm。降水和伊、洛河构成地下水的重要补给源和供水水源。盆地属断陷盆地，中部以沉降为主，上第三系以来接受了大量的松散沉积物，为地下水的补给、径流、储存创造了良好的条件，浅层地下水资源丰富。

1　水资源现状

1.1　地表水资源

区内主要河流伊河、洛河、涧河、金水河、王祥河和瀍河径流量情况，见表 1。

表 1　洛阳市地表水入境水量　（单位：万 m^3/a）

保证率(%)	伊洛平原区			岭区	秦岭区	合　计
	洛河	伊河	涧河	金水河、瀍河	王祥河	
20	268 000	162 300	17 400	4 600	180	452 480
50	170 000	102 600	11 500	3 700	150	287 950
75	120 000	72 800	8 400	3 100	120	204 420
95	80 800	48 900	5 800	2 300	90	137 890

地表水主要用于农、林、牧、水产业，取保证率 75%，即枯水年水量 204 420 万 m^3 作为可采资源。保证率洛河按 70%、伊河按 60%、涧河按 50%，规划用于洛阳市区的地表水可采量为 135 100 万 m^3，据河南省利用地表水的经验，除去退去、漏损等，实际有效利用率约 40%，所以有效资源为 54 040 万 m^3。

1.2　地下水可采资源

潜水含水系统主要分布在伊、洛、涧河冲积平原地带，含水岩性主要是上更新世—全新世冲积砂卵石层。其次，在周边丘陵区的上部，也有黄土潜水等。前者分布广、埋藏浅、水量丰，是洛阳市供水开采的主要对象。

在近期构造运动及水动力条件控制下，潜水含水系统中含水岩岩性、厚度及时空分布具有如下特征：

（1）在区域性北东向构造控制下，潜水含水系统呈北东向展布。

（2）潜水含水层的厚度及空间变化明显受北东向和北西向构造控制。在沿洛河北岸的北东向隐伏断层的两侧，潜水含水层的厚度有明显差异，其北侧厚 10 ~ 50 m，南侧厚 30 ~ 100 m。在位屯—花园北西向隐太断层两侧亦然，断层西侧的锉李—范滩一带含水层厚 6 ~ 10 m，而断层以东则厚 30 m 以上。另外，该潜水含水系统是河流侵蚀、切割中更新统含泥卵石层堆积形成，其厚度大的地方代表当时主河道的位置。从水文地质图可知，含水层厚度大于 50 m 者，由南而北有八里堂—穆庄、西二郎庙—李楼两条带，呈北东向展布；厚度大于 70 m 者亦有两处，一处在八里堂东—穆庄，另一处在西二朗庙—军屯—李楼一带，均呈北东向展布。它们与北东向宜阳断层和李屯—关林隐伏断层的方向、位置基本一致。这说明北东向构造近期活动控制了晚更新世—全新世河流的分布及其侵蚀、堆积能力，对潜水含水系统的形成、空间分布等起着决定性的控制作用。

(3)在伊、洛河之间，潜水含水层厚度上游到下游由薄变厚，在上游范滩、锉李一带为 6~10 m，往东到洛南水源地一带厚至 50 m 左右，到下游军屯、潘寨一带竟厚达 90 m 以上。含水层的粒度从西南向北东也有逐渐变细的趋势。

(4)在洛河北侧一、二级阶地和伊河南一级阶地一带，从阶地后缘到前缘，含水层厚度由薄渐厚，如在阶地后缘的棉纺厂一带厚 20 m，到前缘的 613 所一带已厚至 47 m。从西向东含水层埋藏逐渐变浅；粒度由粗渐细，在机车厂以西主要为砂卵石层，向东为砂砾石层，再向东变为砂砾石层和砂层。

(5)在涧河一带，潜水含水层岩性主要为砂卵石层及砂层，中部厚为 20~27 m，南北两侧厚为 5~11 m；粒径从北向南由粗变细。

潜水含水系统的上部由亚黏土、亚砂土组成，主要为饱气带，仅在地下水位浅埋地段部分饱水；其下部由砂卵砾石组成。在多年平均地下水位变动带以下，总储存水量为 11.71亿 m^3。根据储存水的来源、含水层厚度、岩性结构，可将潜水含水系统划分为 5 个储存单元(见表 2)。

表 2　潜水含水系统储存单元

储存单元	储存水量(亿 m^3)	储存水来源
洛河北城区	1.32	主要来自洛河地表水入渗
涧西	0.87	主要来自涧河古河道的地下径流、涧河入渗
白马寺(瀍东)	0.44	相邻系统的地下径流，大气降水入渗、渠系入渗、农灌回渗
洛南西部	2.73	洛河地表水入渗、洛河古河道径流，大气降水入渗、渠系入渗、农灌回渗
洛南东部	6.35	来自伊河地表水入渗、大气降水入渗、渠系入渗、农灌回渗

根据洛阳市地下水资源评价研究报告，浅层地下水和丘陵区的中深层地下水可采资源总计为 33 902 万 m^3/a。

2　地下水动态分析

根据各水源地多年的开采量和水位资料以及洛阳市地表水与大气降水的长期监测资料，建立多元回归模型。设影响地下水动态因素(自变量)为 X_1、X_2、…、X_n，水位埋深影响(因变值)Y，长期监测次数 n(以月计)；X_{ik} 表示自变量 X_i 在第 k 次监测的值，Y_k 表示因变量 Y 在第 k 次试验的结果。

令：

$$L_{ij} = \sum_{k=1}^{n}(X_{ik} - \overline{X}_i)(X_{jk} - \overline{X}_j) \qquad (i,j = 1,2,\cdots,n)$$

$$L_{ii0} = \sum_{k=1}^{n}(X_{ik} - \overline{X}_i)(Y_k - \overline{Y}) \qquad (i,j = 1,2,\cdots,n)$$

$$L_{i00} = \sum_{k=1}^{n}(Y_k - \overline{Y})$$

其中：

$$\overline{X}_i = \frac{1}{n}\sum_{k=1}^{n}X_{ik} \qquad (i = 1,2,\cdots,n)$$

$$\overline{Y} = \frac{1}{n}\sum_{k=1}^{n}Y_k$$

设 Y 与 X_i 为线性关系，则回归方程为

$$\hat{Y} = a + b_1X_1 + b_2X_2 + b_3X_3 + \cdots + b_nX_n$$

根据洛阳市水文地质条件和影响各水源地地下水动态主要因素的分析，选择洛南、张庄、临涧和五里堡的水源地的水位埋深与其大气降水、地下水开采量和洛河径流量进行三元线性回归分析，王府庄和后李水源地选择地下水开采量、大气降水与水位埋深进行二元回归，回归结果见表3。

表3 开采量和降水量与水位二元回归计算

水源地名称	回归方程	R	R_1	R_2	R_3
洛南	$y = 10.972 - 0.008\,15\,x_1 + 0.009\,55\,x_2 - 0.019\,9\,x_3$	0.657	-0.282	0.398	-0.471
张庄	$y = 22.397 + 0.001\,72\,x_1 + 0.003\,07\,x_2 - 0.020\,0\,x_3$	0.605	0.039	-0.259	-0.524
临涧	$y = 19.721 + 0.002\,82\,x_1 + 0.005\,53\,x_2 - 0.020\,0\,x_3$	0.431	0.079	0.052	-0.465
五里堡	$y = 12.192 - 0.000\,089\,x_1 + 0.031\,4\,x_2 - 0.006\,38\,x_3$	0.468	-0.005	0.398	-0.313
王府庄	$y = 14.203\,1 + 0.000\,429\,x_1 + 0.205\,x_2$	0.651	0.023	0.649	—
后李	$y = 25.591 + 0.003\,8x_1 - 0.079\,2x_2$	0.419	0.137	0.347	—

注：x_1 为大气降水量，mm/月；x_2 为地下水开采量，万 t/d；x_3 为洛河水月径流量，m^3/s；y 为水位埋深，m。

2.1 洛南水源地

从表3可以看出，洛南水源地选择三元回归方程，回归系数为0.657，效果比较好。在该水源地，洛河径流量为主要影响因素，标准回归系数为-0.471，负数说明随地表径流量的增加，洛南水位埋深变小，即水位回升，地下水开采量影响因素次之。开采量标准回归系数为正表明随开采量增加，水位下降，埋深增大。降水量影响因素比重最小。用该方程可进行动态规划，如根据目标年需水量可计算其水位降深，可根据目标年的水位降深预测需水量。

2.2 张庄水源地

张庄水源地选择的回归因素和洛南一样，回归系数为0.605，效果较好。从标准回归系数可看出，影响因素主要是洛河的径流量，而开采量的变化次之。

2.3 临涧水源地

临涧水源地三元回归系数为 0.431，效果不好，该模型不能用于动态规划，标准回归系数均较小。从标准回归系数微小的变化中可看出，洛河径流量是影响临涧水源地水位动态变化的主要因素。

2.4 五里堡水源地

仍选择降水量、开采量和洛河径流量作三元回归，回归系数 0.468，效果不好。从标准回归系数看，开采量已成为该水源地水位动态变化的主导因素，洛河径流量的影响次之，但洛河还有一定的补给，因为其标准回归系数接近开采量影响的标准回归系数。

2.5 王府庄、后李水源地

这两个水源地位于涧河的二级阶地，地下水补给源主要是上游径流补给，因此选择开采量和降水量与水位进行二元回归。可看出，王府庄水源地回归系数较高，为0.651，适应性强，可用于规划和预测。后李水源地回归系数小，适应性差，不能用于规划和预测。从标准回归系数看，开采量是影响这两个水源地水位动态变化的主导因素，降水量影响次之，说明水源地已没有扩大开采的潜力。

3 结论

(1)潜水含水系统与地表水系统具有明显的水量转换关系，洛河地表水是沿其两岸分布的水源地、工业自备井集中区潜水含水系统的主要补给源。

(2)水位动态变化不仅反映出各种补给量与开采量之间的均衡关系，同时也可反映出对开采量贡献最大的补给量。

(3)水位动态变化与大气降水和人工开采量的变化密切相关。

(4)潜水水位动态变化还能反映出特定水文地质条件下地表水系统与潜水含水系统的水量交换关系。

本文与郭友琴、强山峰、务宗伟合作，发表于2006 年第7 期《人民黄河》。

洛阳盆地地下水人工调控试验研究

洛阳市用水历来以开采浅层地下水为主，年采水量为2.24亿m^3。城区供水主要靠偏居市区西部的张庄、临涧、洛南、后李、王府庄、下池东部和五里堡等7个水源地，采水量为29.2万m^3/d，最高达37万m^3/d。由于长期大量开采地下水，已使得城区地下水位大幅度下降，其中张庄、临涧水源地历史最低地下水位比其开采前下降了11 m多，张庄水源地部分生产井出现吊泵停采现象。为了满足近期建设及长远规划发展的需水要求，洛阳市在大力开展计划用水、节约用水及寻找新的地下水源的同时，1983～1998年，先后两次在洛河北侧的兴隆寨一带开展了地下水人工回灌补源试验，为洛阳盆地人工补给地下水提供了可靠的水文地质依据。

1　水文地质条件概述

研究区位于洛阳盆地西部，根据构造、地质条件、沉积物特征及水文地质条件的不同，研究区地下水可分为以下几个含水系统：变质岩裂隙含水系统、碳酸盐岩岩溶裂隙含水系统、碎屑岩类裂隙含水系统以及松散岩类孔隙水含水系统。变质岩裂隙含水系统分布于洛阳盆地南部千佛山（佛光）一带，含水介质为石英岩、片麻岩。碳酸盐岩岩溶裂隙含水系统分布于洛阳盆地南部（嵩山北麓），含水介质为寒武系、奥陶系石灰岩和白云质灰岩，据其水力特征及构造条件又可进一步划分为偃龙岩溶水子系统和巩义岩溶水子系统，两个子系统以嵩山断裂为界。碎屑岩类裂隙水含水系统分布于南部偃龙煤田中，含水介质岩性为砂岩、砂页岩及砂砾岩等，此外在北部邙山一带也有分布。研究区主要含水系统是松散岩类孔隙含水系统，主要分布于洛阳市的平原区，主要赋存于第四纪新生界沉积物中，地貌类型为伊洛河冲积平原。

研究区第四系沉积物厚度达527 m。综合考虑其沉积特征、地下水的开采状况、含水层埋藏深度等，将松散岩类含水系统划分为浅层、中深层、深层。浅层含水岩组主要由粗砂、砂卵石、砂砾石组成，埋藏深度10～80 m，最深可达90余m；中深层含水岩组主要由砂、砂砾石组成，埋藏深度100～250 m；深层含水岩组主要由细砂、中砂、粗砂含砾组成，埋藏深度超过300 m。浅层、中深层、深层地下水之间为巨厚层的黏土层分隔，水力联系程度差。其中，浅层地下水含水岩组是洛阳市工农业生产、生活用水的主要开采层。

区内不同的含水岩组的补给、径流、排泄条件不同。分布于边山的变质岩、碎屑岩中的地下水，主要接受大气降水的垂直入渗补给，以水平方式排泄于邻近沟谷为主，其次以侧渗的方式向盆地排泄。碳酸盐岩中的地下水主要接受大气降水的垂直入渗补给，以水平排泄为主，并常以大泉的形式集中排泄（龙门泉群、马跑泉等）。研究区内松散岩类的地下水主要接受大气降水的垂直入渗及边山基岩山区侧向径流补给，同时接受河道渗漏、侧向入渗及农田灌溉水入渗补给。边山区发育的断层有利于裂隙水补给盆地地下水。研究区浅层松散岩类地下水的流向总体上是由西向东流，局部受人工开采影响，由开采降落漏斗边缘向漏斗中心流动。松散层中的地下水主要以人工开采、潜水蒸发及向下游径流的方式排泄。

2 地下水人工补给条件

2.1 水源条件

洛阳市兴隆寨回灌场，位于城区西南部的洛河漫滩、阶地地带，恰处张庄、临涧和洛南三大水源集中开采区的中间部位，东临涧河，南面紧贴洛河稳定的主流，并处于洛河污染河段的上游；沿洛河两岸又散布着众多可供蓄水的砂石坑，是个颇为理想的兼备质优、量丰、易引用的人工回灌场地。以回灌坑为中心，布设了7个专门观测孔和数十个一般观测孔组成的回灌动态监测网，并纳入区域监测网络。

洛河主流贴兴隆寨南侧东流而去，过境水量充沛，多年平均流量为62.9 m^3/s。回灌引水口上游的洛河水流，除汛期较浑浊、泥沙含量较大，其余时间为清水，矿化度小于0.3 g/L，按地表水分类标准属于Ⅰ类水。

引蓄条件便利，贴洛河北堤外侧的漫滩地带，散布有废弃的沙石坑，经挖掘、清理，改造成东西向连通的两个回灌蓄水坑，最大容积为5.41万 m^3、14.58万 m^3，坑底高程135.57 m，最高蓄水位142.50 m。回灌坑与稳定的洛河主流仅一堤之隔，进水闸口处洛河枯水位为140.00 m，与蓄水坑底高差为4.43 m，使洛河过境清水能自流入坑。

2.2 入渗条件分析

回灌场附近的洛河河床、漫滩均由卵石层构成，渗漏条件良好。由于洛河（主要是汛期）是多泥沙河流，河床浅部常夹有不连续的粉细砂及较多的黏土，加上河水下渗引起的细粒物质的堵塞作用，使得河床垂直渗透性较差，入渗速度仅0.31～0.50 m/d；在洛河两侧有水源地大量开采的河段，因含水层的导水能力较强，水平渗透系数远远大于垂直入渗系数，造成了潜水位与河床“脱节”、河水垂直入渗补给潜水的现象，从而大大限制了洛河对地下水的补给作用。在回灌坑内，坑底表部含泥沙较多的弱渗水层段已被清理掉，砂卵石层裸露，饱气带入渗速度为4.5～4.6 m/d，利于坑内蓄水下渗直接补给潜水开采层。

回灌场处于洛河盆地西部，广布着由全新世、上更新世砂卵石层组成的潜水含水层，其厚度从西向东由十几米增到几十米乃至百余米。下伏下更新世、上第三系砂质黏土为相对隔水底板。该潜水层储水能力强、空间大，可谓“巨型地下水库”。在回灌试验区，随地貌部位不同，含水层厚度、渗透性能及地下水位埋深呈规律性变化。在河漫滩，从张庄桥到下游的下池水源地含水层厚度由12 m变到40 m，渗透系数70～150 m/d，水位埋深4～10 m；河床附近渗透系数100～541 m/d。在一级阶地，洛南、张庄水源地含水层平均厚度为41.03 m、13.8 m，渗透系数为22.80～71.76 m/d，水位埋深8～13 m。在二级阶地，含水层一般厚17.98～27.82 m，渗透系数31.24～60 m/d，水位埋深16～25 m。回灌场恰处张庄、临涧和洛南三大水源集中开采区的中间部位，巨大的开采漏斗给回灌水提供了良好的储存空间，一部分回灌水随即被开采回收，余者东流使盆地下游受益。

3　地下水人工回灌补源可行性分析

3.1　对地下水流场的影响

兴隆寨地下水人工回灌补源工作始于 1983 年底，1984 年 5 月 6 日至 6 月 6 日，采用泵抽引水方式回灌试验 14 d，总抽水量为 77.28 万 m^3。1985 年 4 月 3 日至 5 月 2 日，改用西坑堤下引水管道自流引水回灌试验 30 d，总引水量为 210.02 万 m^3，其中 4 月 17 日至 5 月 1 日为较正常的回灌试验期，日均引水8.04万 m^3。此后，一直利用原有试验设施进行清水期自流引水回灌，截至 1989 年年底，回灌约 840 d，总灌水量约为5 880万 m^3。

回灌使大范围内地下水位升高，影响范围内供水井的采水量增加，同时大大节省了提水用电。回灌改变了兴隆寨回灌场附近的地下水流场，从回灌前后潜水等水位线图对比来看，回灌补源区地下水位的升高顶托了上游地下水的排泄，并增大了对下游的径流补给，从而改善了上下游的供水条件。

3.2　对地下水化学场的影响

根据多年水质监测资料，张庄水源地下水的总硬度随着地下水的长期开采呈上升趋势，而回灌后则呈明显下降趋势。地下水总硬度回灌月份也一般低于停灌月份，回灌后地下水部分元素含量减少值，见表 1。

表 1　回灌后地下水部分元素含量减少值　　（单位：mg/L）

元素	pH 值	总硬度	六价铬	溶解性总固体	二氧化硅
平均减少值	0.15	38.3	0.003 4	26.28	1.96
元素	Ca^{2+}	Mg^{2+}	HCO_3^-	总碱度	重碳酸盐碱度
平均减少值	0.52	0.24	27.24	0.44	0.44

3.3　对地下水温度场的影响

选用 1994 年 1 ~ 3 月回灌期间的水温监测资料进行温度场变化特征分析，可以看出，近河流地段地下水水温低，远河流地段地下水水温高，这主要是因为河水水温低，河水渗漏补给地下水近河补给量大于远河地段所致。回灌期间地下水的温度明显受入渗水源温度的影响，呈现如下规律：

（1）地下水水温的变化直接受回灌水源温度的控制，随着回灌时间的延长，地下水的水温逐渐降低。

（2）地下水水温变化幅度随其距回灌坑距离的增大而减小。

（3）地下水水温在空间上的分布规律是：回灌初期，同距离、同时间内不同方向地下水温的变化相差不大；回灌中期，同一距离内地下水水温产生变化的时间，西部晚于东部，北部晚于南部；回灌后期，同时间内，地下水水温产生变化的地段距回灌坑的距离，东部远于西部，南部远于北部，远距离的西北部地下水水温基本不发生变化，东南部变化仍存在；同时间内，地下水位产生变化的地段距回灌坑的距离东南部远大于西北部，地下水水温变幅等值线近似一长条状的椭圆。这一特点，与回灌入渗水体在不同方向上的扩散规律一致。

4 结论与建议

(1)人工回灌促使了地表水向地下水的转化,增加了地下水资源,就洛阳盆地水资源系统而言,收到了“西灌东养”的长远效益。如果结合回灌建立地面水厂,实行生活用水和生产用水分质(分流)供应,并临近回灌坑凿井,扩大采水能力,激发回灌补给,则更加拓宽了利用地表水的途径。

(2)兴隆寨回灌场应在现有设施的基础上,继续引用洛河过境清水进行生产性回灌,扩大回灌效益,同时为洛阳盆地人工回灌补给地下水的深入研究提供水文地质依据,并为洛阳盆地地表水和地下水联合调蓄提供良好的试验场。

(3)洛阳市的城建、工业布局和供水配置,与其地下水资源的实际分布在地域上明显不协调。随着城市建设的发展,势必造成费用昂贵的“东水西调”局面。兴隆寨人工回灌补源工作改善了西部现有几个水源地的供水能力,初步缓和了供水紧张局面,从而减轻了“东水西调”的压力。

本文与梁龙豹、冯劼东、刘志国、刘学善合作,发表于2006年第7期《人民黄河》。

三门峡库区上游黄河水与地下水转化量计算

由于黄河泥沙含量高且水质污染日益严重,傍河地带主要利用与黄河水关系密切的地下水资源。因此,研究地下水与黄河水的补排关系及补排量对于沿黄地区地下水的合理开发利用具有重要的意义。对黄河水与地下水的补排关系研究较多,如王文科等根据地质、地貌、地下水位等资料研究了整个黄河流域河水与地下水的关系[1];赵云章等运用地下水流场和同位素方法研究了黄河下游河水对两侧地下水的补给范围[2,3],并计算了黄河下游悬河段的侧渗量[4]。这里通过研究三门峡库区上游某傍河水源地扩大开采条件下黄河补排量的变化,分析三门峡水库的运行及扩大开采对傍河地下水资源量的影响,以期为库区水资源合理开发利用和保护提供科学依据。

1　研究区水文地质条件

研究区地下水主要开采层为150 m以浅的第四系孔隙含水层。含水介质为冲洪积扇、黄河各级阶地和河谷的更新世的砾卵石、中粗砂及粉细砂层,具有多层结构,含水层厚16～70 m,水位埋深20～85 m,导水系数100～500 m^2/d。河床淤积层岩性主要为粉土、粉质黏土、粉砂,厚度为19～21 m,具水平层理,导水系数124～582 m^2/d。

地下水的补给来源主要为三门峡水库补给、大气降水补给、渠水渗漏、灌溉下渗补给及南部基岩低山区、黄土塬区以及东西边界地下水的侧向径流补给。排泄方式主要为人工开采,其次为黄河的侧向排泄及蒸发排泄。

研究区地下水受区域水位影响呈下降趋势。地下水动态类型:水文型在黄河岸边地下水未开采区表现比较明显,地下水位的升降与河库水位的升降一致;水文－开采型位于原水源地一级阶地及二级阶地前缘区,主要受开采和三门峡水库泄水影响;气象－开采型主要分布在二级阶地的中、后部及三级阶地区,为工业超采区。

2　地下水流数值模型

研究区内浅层含水层组之间无稳定隔水层存在,故将其概化为具有统一水力联系的单层潜水含水层;120～150 m以下为厚层黏土,隔水性能好,故取下边界为隔水边界。水文地质概念模型为二维非均质非稳定流。计算软件采用美国地调局(USGS)的通用地下水三维渗流模拟软件——Processing MODFLOW 5.1。

3　黄河对地下水补排量的计算

3.1　现状年黄河补排量计算

受三门峡水库运行影响,区内黄河在非汛期(11月至次年6月)水位较高,黄河水补给地下水;汛期(7～11月)水库降低水位滞洪排沙,除研究区中部原傍河水源地开采引起地下水位低于黄河水位,黄河水补给地下水,其他段地下水向黄河排泄。因不同月份水库水位及地下水渗流场变化较大,故计算时按月选取了14个时段,其中三门峡水库放水和蓄水的2个月分别划分了2个时段。采用达西断面法及数值模拟法计算现状年黄河对地下水的补给量和排泄量。

3.1.1 达西断面法

沿黄河边界,按照地下水渗流场特点,将边界分段,利用达西公式(式(1))分别计算各断面的侧向补给量。利用实测地下水等水位线确定其水力坡度;根据邻近边界的钻孔抽水试验结果确定导水系数,进而计算边界点上单位宽度的地下水径流量;然后按各边界之间的流量为线性变化,计算两点之间的边界流量,计算结果见表1。

$$\begin{cases} q_i = T_i I_i \\ Q_{\text{ft}} = \sum_{i=1}^{n-1} (q_i + q_{i+1}) L_i / 2 \end{cases} \tag{1}$$

式中:q_i 为边界点上单位宽度的地下水径流量;T_i 为导水系数;I_i 为水力坡度;Q_{ft} 为地下水径流总量;L_i 为边界长度。

表1 现状年均衡计算结果

补给项	补给量(万 m^3/a)	比例(%)	排泄项	排泄量(万 m^3/a)	比例(%)
降水入渗	335.04	10.57	黄河排泄	421.52	12.70
灌溉下渗	61.85	1.95	农业开采	1 431.44	43.12
河渠入渗	270.63	8.54	工业开采	1 298.18	39.10
黄河补给	1 575.30	49.72	生活用水	82.85	2.50
东、西、南侧向补给	925.63	29.22	蒸发量	85.82	2.58
合　计	3 168.45	100.00	合　计	3 319.81	100.00

3.1.2 数值模拟法

区内黄河径流量大、河面宽,与地下水的交换面为河床的整个湿周。由于河床下部存在一层渗透性差的淤积层,对地下水补给有阻滞作用,因此不能将黄河处理成水头边界;另外黄河水位和地下水位变化较大,处理为流量边界不能反映变化条件下的补给量的变化。在模型中用MODFLOW中的River模块将黄河处理为GHB(通用水头边界),按式(2)计算黄河对地下水的补排量。

$$\begin{cases} C_{\text{r}} = \dfrac{K_{\text{b}} L W}{M} \\ Q_{\text{r}} = C_{\text{r}} (H_{\text{r}} - h) \end{cases} \tag{2}$$

式中:C_{r} 为河床沉积物的水力传导系数;K_{b} 为河床沉积物的渗透系数;L 为河流长度;W 为河流宽度;M 为河床沉积物厚度;Q_{r} 为河流的渗漏量,正值表示河流入渗补给地下水,负值表示河流排泄地下水;H_{r} 为河水位;h 为地下水位。

不同时段河水位根据实测值获得。根据黄河附近的钻孔资料,黄河河床主要为粉土,取其渗透系数为0.1 m/d。黄河主轴线以南的宽度约为120 m,黄河河底高程约为304

m,因此取初始 C_r 为480 m^2/d。水库蓄水期,黄河漫滩被库水淹没,在此将其作为河流的一部分,仍采用式(2) 进行处理,其 C_r 取为400 m^2/d,然后根据河流附近地下水位的动态变化对河流的 C_r 值进行识别后再计算黄河的补排量。计算得出现状年黄河补给量为1 611.07万 m^3/a,排泄量为482.08 万 m^3/a。计算结果与达西断面法计算结果接近。

现状年补给量、排泄量的计算结果见表1。现状年计算结果与实测资料接近,说明参数选取基本合理,计算均衡,要素可靠。

3.2　扩大开采条件下黄河补排量计算

研究区傍河水源地现状年平均开采量为1.357 3 万 m^3/d,规划扩大开采至4.5 万 m^3/d,扩大开采水源地是原水源地在黄河南岸向上下游的自然延伸,地质地貌及水文地质条件基本类同,均属典型傍河型水源地。开采期间边界补给量东、西、南边界流量性质不变,视为流量边界;北部边界预报时取黄河现状年的实测水位;降水入渗量和蒸发量采用近50 年的多年平均值;由于缺乏区内10 年后的工农业及人口规划资料,因此农业开采、工业及居民生活用水量及灌溉入渗量、河渠入渗量均采用枯水年资料。

扩大开采后,各开采井所处单元的水位呈持续下降趋势,扩大开采10 年后地下水等水位线见图1,由于靠近黄河,因此水位下降趋势越来越小,开采第10 年时的水位下降速率为0.04 ~0.39 m/a,平均下降速率为0.16 m/a(见图2)。开采井所处单元最大水位降深为13.45 m。研究区远离黄河的南部是工业集中的老水源地超采区,由于傍河扩大开采截取了黄河的补给量,使这些地区地下水补给量减小,漏斗不断扩展,与傍河水源地降落漏斗发展为一复合型的大漏斗,地下水位呈持续下降趋势(见图3)。这些水位持续下降除了受区域水位影响,在一定程度上还与傍河扩大开采有关。说明虽然靠近黄河的水量是有保证的,但是由于截取了老水源地的补给量,因此老水源地的开采方案要适当调整。

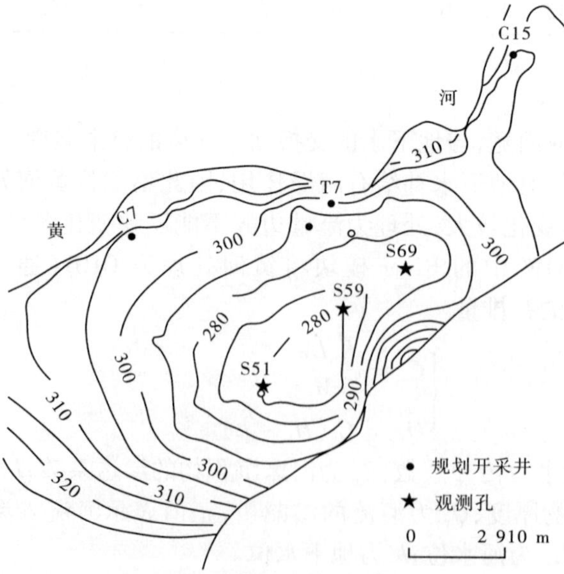

图1　扩大开采10 年后地下水等水位线

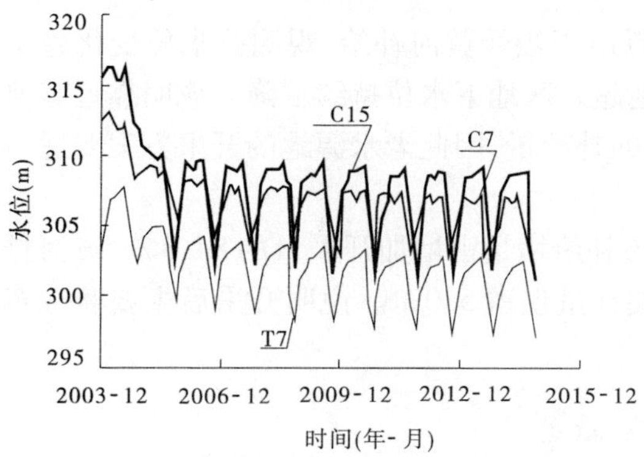

图2 增加开采10年内的傍河规划开采孔所处单元水位历时曲线

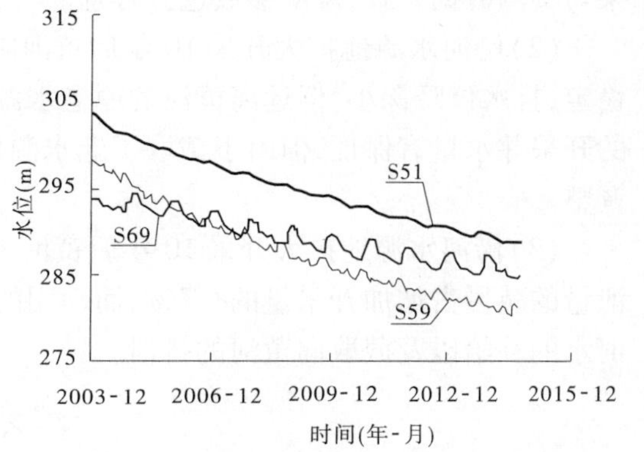

图3 增加开采10年内的远离黄河老水源地观测孔所处单元水位历时曲线

在傍河水源地不扩大开采前提下运行模型计算黄河现状补排量,并与扩大开采条件下黄河补排量进行比较,两者之差即为扩大开采激化的黄河水补给增量和排泄减量(见表2)。水源地扩大开采10年后,黄河对地下水的补排量基本趋于稳定,黄河补给增量占增加开采量的84.8%,黄河排泄减量占增加开采量的8.7%,而动用的储存量仅占5.0%。说明开采后主要袭夺黄河水的补给以及截取向黄河的排泄。

表2 规划扩大开采前后黄河对地下水补排量的比较

时间(a)	扩大开采后黄河补给量(万 m^3/a)	补给增量(万 m^3/a)	占增加开采量的比例(%)	扩大开采后黄河排泄量(万 m^3/a)	排泄减量(万 m^3/a)	占增加开采量的比例(%)
1	2 056.46	596.37	52.5	327.51	87.13	7.7
2	2 359.95	821.60	72.3	316.56	93.06	8.1
3	2 449.75	867.34	76.3	310.55	95.43	8.4
4	2 520.58	897.41	78.7	305.98	96.85	8.5
5	2 565.88	914.06	80.4	302.22	97.78	8.6
6	2 609.67	928.92	81.7	299.05	98.39	8.7
7	2 647.33	940.57	82.7	296.31	98.78	8.7
8	2 687.45	952.89	83.6	293.90	99.03	8.7
9	2 709.33	957.47	84.2	291.77	99.18	8.7
10	2 735.25	963.75	84.8	289.87	99.26	8.7

4 结论

(1)三门峡水库上游黄河水位受水库运行影响变化较大,且河床下存在渗透性差的淤积层,因此不能将黄河处理成流量边界和水头边界。用ModFlow中的River模块将黄河处理为通用水头边界,计算的补排量和达西断面法计算结果相近,且现状年均衡计算结果与实测数据一致,说明参数选择合理。

(2)傍河水源地扩大开采10年后黄河附近由于接受黄河补给,观测孔水位变化趋于稳定,且水位降深小,但远离黄河的原老水源地超采区地下水位持续下降。说明靠近黄河的开采井水量有保证,但由于截取了老水源地的补给量,因此老水源地的开采方案要适当调整。

(3)傍河水源地扩大开采10年后黄河入渗补给增量占增加开采量的84.8%,黄河排泄量的减量占增加开采量的8.7%,而动用的储存量仅占5.0%。说明开采后主要袭夺黄河水的补给以及截取向黄河的排泄。

参考文献

[1] 王文科,孔金玲,段磊,等. 黄河流域河水与地下水转化关系研究[J]. 中国科学:E辑技术科学,2004,34(增刊).

[2] 赵云章,邵景力,阎振鹏,等. 黄河水对两侧地下水补给范围的初步研究[J]. 人民黄河,2003,25(1).

[3] 赵云章,邵景力,阎振鹏,等. 黄河下游影响带地下水资源评价及可持续开发利用[M]. 北京:中国大地出版社,2002.

[4] 崔亚莉,赵云章,邵景力,等. 黄河下游地上悬河段开采条件下侧渗量变化研究[J]. 水文地质工程地质,2005(1).

本文与郭会荣、靳孟贵、林丽蓉、刘延锋合作,发表于2006年第7期《人民黄河》。

黄河岸边浅层地下水开发利用研究

1 水文地质条件

1.1 地质概况

在地质构造上，研究区属于中朝准地台的南部，华北凹陷的中南部，古近系沉积物总厚度可达5 000 m以上，以陆相地层为主。新近系、第四系地层广阔分布于研究区之上。其中，第四系上部的上更新世(Q_3)地层和全新世(Q_4)地层，厚度小于80 m。上更新世(Q_3)地层发育，以黄河冲积物为主，总厚度30～50 m。岩性以灰黄色、土黄色粉细砂、中细砂、中粗砂、含砾中粗砂为主，粉土及粉质黏土次之。全新世(Q_4)地层发育，为黄河冲积而成，厚度为10～30 m，最厚可达40余m。岩性具有分带特征。在平面上河床及其两侧滩地以粉细沙为主，远离河床处逐渐过渡为以粉土为主，具有“二元结构”[1,2]。

1.2 含水层的空间位置

黄河河床及其滩地浅层地下水在平面上呈条带状弯曲分布于黄河岸边地带。其南北界线，基本在黄河南北岸的两条大堤外2～5 km(个别地方在大堤外6～8 km)。在河床处厚度最大，平均厚度为40～50 m，最大厚度达80 m。底部有一层黏土起着隔水的作用。由河床向两岸，厚度逐渐变薄。沿河流方向厚度向下游方向逐渐变薄。

1.3 含水层导水性、富水性

黄河岸边浅层地下含水层的导水性和富水性都很好，特别是在沙层厚、颗粒粗的河床地带更为明显。近河单井涌水量为3 000～5 000 m^3/d，渗透系数15～25 m/d。远离河床单井涌水量为1 000～3 000 m^3/d，渗透系数8～15 m/d。由此可见，距离河床越远，地层的导水性、富水性越差。

1.4 含水层的补给、径流和排泄

(1)补给来源。黄河岸边浅层地下水资源主要是接受黄河水渗透补给而形成的，开采条件下可激发补给，其次为降水和灌溉补给，此外还有鱼塘水渗漏补给。

(2)径流条件。在自然状态下，浅层地下水的总体运动方向与黄河河流方向是一致的。由于黄河是一条悬河，河床及滩地地面比大堤外地面高，同样滩地地下水位比大堤外地下水位高出5 m左右，因此地下水由河床向大堤外运动，即堤内地下水补给堤外地下水。大堤外的地层导水性很差，地下水运动速度很慢。局部因人工开采改变了地下水的天然流场特征，故形成了人工流场。如郑州北郊水源地、“九五”滩水源地开采地下水形成了降落漏斗，地下水由漏斗周围向漏斗中心流动。

(3)排泄方式。河床及滩地浅层地下水，因沙层厚度较大，以沿河流方向为主、垂直河流方向为辅的运动进行径流排泄。另外，人工开采地下水和蒸发也是一种排泄方式。蒸发排泄除受干燥多风的气候条件影响，还受浅层地下水位的影响，地下水位在4 m以下，其蒸发可以忽略不计。大堤以外地下水位很浅，地层导水性又差，地下水的排泄以蒸

发为主。

1.5　浅层地下水的动态特征

天然条件下,研究区浅层地下水动态主要受水文、气象因素的影响,随着距黄河水边线距离的增加,浅层水受黄河影响由强减弱,由强影响带到弱影响带,逐渐过渡到不受影响带,而气象因素也由次要地位渐变为主要地位。根据影响地下水动态的主要因素,黄河岸边浅层地下水动态类型主要有:水文型、水文—气象型、气象—水文型、气象—灌溉型、气象—开采型。在黄河水量充沛、降水多的情况下,地下水位高。地下水位年变幅在 1 ~ 3 m。

1.6　浅层地下水水化学特征

研究区地下水水化学特征有明显的规律性。水平方向上表现为,从黄河上游到下游,从黄河近岸到远河,地下水水化学类型由单一过渡到复杂,矿化度也由低逐渐增高,在人类活动强烈的城市区,地下水水化学类型更为复杂。浅层地下水水化学类型为HCO_3 - Ca 型、HCO_3 - Mg · Ca 型、HCO_3 - Mg · Na 型、HCO_3 · Cl - Mg · Ca · Na 型、HCO_3 · SO_4 - Mg · Na型、HCO_3 · Cl · SO_4 - Ca · Na 型,矿化度一般小于 1.0 g/L。

2　浅层地下水的开发利用[3,4]

2.1　浅层地下水可开采量

根据《黄河下游影响带地下水资源评价及可持续开发利用》分析:天然条件下,浅层地下水多年平均补给量为 2.702 亿 m^3/a,其中黄河侧渗补给量为 0.249 亿 m^3/a;在开采条件下,浅层地下水的可采量为 2.435 亿 m^3/a,其中黄河北 1.540 亿 m^3/a,黄河南 0.895 亿 m^3/a。

2.2　开发利用情况

新中国成立以来,黄河下游河南段水文地质勘察大致经历了 4 个阶段:①20 世纪 60 年代以前,为打井找水阶段;②70 年代到 80 年代初,为区域供水水文地质勘察阶段,该阶段主要完成了黄河沿岸县(市)的农田供水水文地质勘察工作;③80 年代初到 80 年代末,为区域综合水文地质普查阶段,这一时期主要完成了黄河下游 1:20 万洛阳、临汝、郑州、开封等图幅的综合水文地质普查工作;④80 年代末至今,为城镇集中水源地供水水文地质勘察和地下水开采潜力调查评价阶段,1995 ~ 1999 年,完成了黄河沿岸主要县(市)的地下水资源开发利用潜力调查评价工作,先后开展了黄河岸边城镇集中供水水源地水文地质勘察(见表 1)。

需要指出的是,以前所进行的水文地质勘察工作,因时间跨度大,工作的目的、任务又不同,每次工作的技术标准也不统一,勘察深度和精度不一,有的资料已不能使用。因此,结合黄河下游河道堤防工程情况及规划,对黄河下游沿岸进行全面的供水水文地质勘察和供水水文地质条件划分,对具有供水意义的地段进行专题研究,重点研究黄河水对地下水补给机理和地下水资源计算方法,同时也要研究黄河下游治理与开发对黄河岸边地下水资源的影响。

已评价的集中水源地,经勘探证实,黄河水与岸边地下水联系密切,水源地可开采量与黄河的水文条件、岸边地层结构、水源地开采方案等密切相关。水源地水资源评价的方法主要有水均衡法、水文地质比拟法、水文地质数值法、补给带宽度法等,建立了相应的水文地质概念模型和数值计算模型,对地下水流场一般刻画为二维流,其仿真性较差。我们在郑州北郊水源地勘探过程中,三组大型抽水试验证实黄河岸边地下水流场为三维流,首次建立了三维流数值计算模型,取得了较好的效果。但是,有关黄河边界的概化和处理以及黄河水文模型与地下水模型之间的耦合关系、黄河河道的渗透性及黄河水入渗机理,有待进一步研究。值得指出的是,随着黄河下游堤防工程的不断实施,如防渗墙的施工对黄河岸边地下水资源的影响程度,也是水文地质工作者今后要着重研究的水环境问题之一。

表1　黄河岸边集中水源地供水水文地质勘察情况(浅层水)

水源地名称	勘察时间(年-月)	勘察精度	可开采量(万 m^3/d)
洛阳吉利白鹤	1988-11~1991-10	初勘	23.2
巩义滩小关	2002-03~2003-12	勘探	5.0
荥阳王村滩	1998-04~1999-12	普查	10.0
郑州九五滩	1989-03~1991-06	勘探	10.0
郑州北郊	1995-08~1996-12	勘探	20.0
开封袁坊刘店	1998-12~1999-09	普查	20.0
濮阳李子园	2001-04~2002-12	勘探	10.0

根据已有水文地质资料,综合分析黄河下游(河南段)岸边水文地质条件,规划远景地下水源地可开采量为195.2万 m^3/d(见表2),这对沿黄城市供水具有重要的意义,建议纳入黄河下游治理开发当中,尽快进行供水水文地质勘探,为沿黄城市发展提供可靠的水源保障。

表2　黄河岸边规划远景水源地情况

水源地名称	可开采量(万 m^3/d)	含水层底板埋深(m)	含水层厚度(m)	出水量(m^3/h)
温县黄河滩区	15	140	60	140~180
武陟县詹店	10	120	60	150~200
荥阳王村滩	10	60~80	50	150~180
中牟赵口—东吴	10	60~70	50	60~120
中牟东障滩	15	80~120	50	80~120
开封袁店—刘店	20	45~75	30~55	50~120
兰考东坝头	5	70	30~56	50~100
原阳管厂—包厂	20	147~152	60~105	120~200
原阳祝楼—原武	20	142~147	95	120~200
封丘荆隆宫	15	80~140	40~60	80~150
长垣芦岗滩地	10	100~140	45~66	80~100
濮阳李子园	10	120~130	60~90	80~100
濮阳徐镇—习城	5	130	50~60	80~100
孟津白鹤—老城	10.5	80~100	50~90	150~210
巩义黄河滩地	19.67	50~60	30~40	80~150

3　结论

在今后的黄河水资源开发及黄河治理中，应把水文地质勘察纳入其中，采用新技术、新理论、新方法，圈定具有供水意义的地段进行供水水文地质勘探，提高沿黄城市供水的安全性。建议建立动态观测网，严格进行水质和水位的动态观测工作，防止地下水水质恶化和水量超采。在开采的同时，就水量和水质变化规律、水井布局和井深的合理性等课题继续进行研究，也需要进一步加强黄河水与岸边地下水转化机理研究、黄河岸边水文地球化学作用及高铁高锰水形成条件的研究、黄河水与地下水联合调蓄及合理配置研究。

参考文献

[1] 王庆，王红艳．历史时期黄河下游河道演变规律与淮河灾害治理[J]．灾害学，1998，13(1).
[2] 戴英生．黄河的形成与发展简史[J]. 人民黄河，1986(6).
[3] 伍军，赵华，张治晖，等．关于黄河滩地地下水资源开发的思考[J]. 地下水，1999(4).
[4] 赵云章，邵章力，阎振鹏，等．黄河下游影响带地下水资源评价及可持续开发利用[M]. 北京：中国大地出版社，2002.

本文与鲁增峰、周运兴、刘记成、杨德金合作，发表于2006年第7期《人民黄河》。

洛阳盆地地下水动力场环境演化研究

1 研究区水文地质概况

根据构造、地质条件、沉积物特征及水文地质条件的不同,研究区地下水可分为以下几个含水系统:变质岩裂隙含水系统、碳酸盐岩岩溶裂隙含水系统、碎屑岩类裂隙含水系统以及松散岩类孔隙水含水系统[1,2]。变质岩裂隙含水系统分布于洛阳盆地南部千佛山(佛光)一带,含水介质为石英岩、片麻岩。碳酸盐岩岩溶裂隙含水系统分布于洛阳盆地南部(嵩山北麓)一带,含水介质为寒武、奥陶系石灰岩和白云质灰岩。碎屑岩类裂隙水含水系统分布于南部偃龙煤田中,含水介质为砂岩、砂页岩及砂砾岩等。研究区主要含水系统是松散岩类孔隙含水系统,主要分布于洛阳市的平原区,主要赋存于第四纪新生界沉积物中。

研究区第四系沉积物厚度达527 m。综合考虑其沉积特征、地下水的开采状况、含水层埋藏深度等,将松散岩类含水系统划分为浅层、中深层、深层。浅层含水岩组主要由粗砂、砂卵石、砂砾石组成,埋藏深度为10~80 m,最深达90余m;中深层含水岩组主要由砂、砂砾石组成,埋藏深度为100~250 m;深层含水岩组主要由细砂、中砂、粗砂含砾组成,埋藏深度超过300 m。三层地下水之间为巨厚层的黏土层,水力联系程度差。其中,浅层地下水含水岩组是洛阳市工农业生产、生活用水的主要开采层。

区内不同的含水岩组的补给、径流、排泄条件不同。变质岩、碎屑岩中的地下水,主要接受大气降水的垂直入渗补给,以水平方式排泄于邻近沟谷和以侧渗的方式向盆地排泄。碳酸盐岩中的地下水主要接受大气降水的垂直入渗补给,排泄以水平方式为主,并常以大泉的形式集中排泄。松散岩类的地下水主要接受大气降水的垂直入渗及山区基岩侧向径流补给,同时接受河道渗漏、侧向入渗及农田灌溉水回渗补给。边山区发育的断层,有利于裂隙水补给盆地地下水。研究区浅层松散岩类地下水的流向总体上是由西向东,局部受人工开采影响,由开采降落漏斗边缘向漏斗中心流动。松散岩层中的地下水主要以人工开采、潜水蒸发及向下游流动的方式排泄。

2 地下水动力场的演化特征

2.1 地下水位变化特征

洛阳市城市供水系统是从第一个五年计划开始大规模建设的,随着城市的不断发展而逐步扩大。城市集中供水水源地始建于1954年,1957年开始集中开采地下水,至1976年先后建成了后李、王府庄、张庄、下池、临涧、五里堡和洛南7个水源地与涧西加压站,可供生产的开采井达70眼[3]。1984~1988年又建成的李楼水源地供水能力为16万m^3/d,东郊水源地供水能力为5万m^3/d。洛阳市浅层地下水开采量1962年仅为0.33亿m^3,1980年为1.07亿m^3,1988年为1.60亿m^3,1998年为2.2亿m^3。近年来,地下水开采量仍逐年增加。从多年来城市集中供水水源地动态监测资料看，20 世纪 50 年代中后期，傍洛河水源地水位埋深为 5.9～11.48 m，傍涧河水源地水位埋深为 15.41～19.95 m，傍瀍河水源地水位埋深为 9.00～12.46 m；到 1999 年以上三水源地水位埋深分别为 12.97～16.75 m、19.68～23.10 m、16.2～16.35 m。1984～1998 年洛阳市地下水位下降 3.37～6.61 m（见表1），局部达 30 m[4]。过量开采地下水曾引起涧西区地面沉降，沉降范围为 12 km^2，最大沉降量达到 100 mm。

表1　洛阳市地下水位降幅

位置	孔号	水位埋深(m)		降幅(m)	区域
		1998 年 5 月	1984 年 5 月		
人造板厂	L17	19.24	14.22	5.02	洛河北岸
张　庄	L31	21.39	15.67	5.72	洛河北岸
外语学校	L63	23.97	20.60	3.37	涧河河谷
焦　屯	L46	16.17	9.56	6.61	伊、洛河间地块
孙　村	L2	11.77	8.30	3.47	洛河北岸
聂　湾	L50	13.76	9.66	4.10	伊、洛河间地块

从 1998 年 10 月开始，洛阳市政府为了增加洛河水对地下水的补给量，扩大傍河水源地的开采量和美化城市环境等，在洛河市区段规划建设 5 级水面工程，均分布在洛河河道上。其中，上阳宫水面工程于 2000 年 3 月建成运行，到 2004 年 4 月又建成周山、同乐园、洛神浦水面工程。5 级水面工程建成后将形成长 13.24 km、水面 766 hm^2、蓄水 1 923 万 m^3 的水体。除此以外，洛阳市还规划建设洛南新区水面工程，这也将引起洛阳市浅层地下水环境的变化。

水面工程建成后，洛河对地下水的补给量大大增加，从根本上遏制了地下水位持续下降的趋势，并使浅层地下水位逐步上升[5,6]。到 2003 年底，沿洛河展布的地下水开采复合降落漏斗基本消失，洛河水由垂直渗漏补给转化为侧向渗透补给地下水。洛河北部地下水位升幅为 0.99～3.6 m，洛河南部地下水位升幅为 0.81～2.5 m，局部达 15.0 m（见表2）。洛阳市城区因开采形成的地下水低槽带也基本填平，并出现了洛阳玻璃厂、耐火材料厂人防工程涌水，洛阳第二外国语学校教学楼产生不均匀沉降等情况。据估算，因水位上升而增加的浅层地下水储存量约 2 054 万 m^3，影响面积达 70 km^2。

表2　洛阳市地下水位升幅

位置	孔号	水位埋深(m)		升幅(m)	区域
		1998 年 5 月	1984 年 5 月		
人造板厂	L17	19.24	4.24	15.00	洛河北岸
张庄	L31	21.39	14.25	7.14	洛河北岸
外语学校	L63	23.97	14.83	9.14	涧河河谷
焦屯	L46	16.17	13.62	2.55	伊、洛河间地块
孙村	L2	11.77	9.03	2.74	洛河北岸
聂湾	L50	13.76	8.34	5.42	伊、洛河间地块

2.2 浅层地下水流场变化及开采降落漏斗演变特征

根据1969年7月洛阳市浅层地下水流场图可知:在大规模开采地下水之前,浅层地下水的流向基本上与地势一致,洛河北岸地下水流向为由西北向东南补给洛河水,洛河南岸地下水流向为由西南向东北补给洛河水。

1976年以前,只有洛河北张庄、临涧水源地开采地下水,仅在2个水源地开采区形成了地下水降落漏斗。在水源地开采区表现为洛河水侧渗补给地下水,洛河还未产生垂直入渗。1976年以后,洛南水源地有10眼生产井投产,开采量约6万 m^3/d;1979年后,洛南水源地27眼生产井全部投产,最大开采能力达17万 m^3/d,洛河水对浅层地下水的补给就开始以垂直入渗的形式出现,河床下的潜水位与河床底"脱开",河床下丘状"分水岭"形成。这一点已被室内电网络模拟所证明,在1980年地下水流场图中也显示同样特征。也就是说,形成了以张庄临涧和洛南水源地为中心的2个独立的开采降落漏斗。

从1984年洛阳市浅层地下水流场图可看出:张庄—临涧水源地地下水开采降落漏斗与洛南水源地地下水降落漏斗已复合为一个统一的降落漏斗;除此之外,在市区形成了一条狭长的地下水开采低槽带,也就是形成一个向东开口的地下水复合降落漏斗。在市区段,洛河水与地下水的关系表现为:在位屯桥至安乐桥之间,洛河水以垂直渗漏的形式补给地下水;在安乐桥以下,洛河北岸河水补给地下水,南岸河水排泄地下水,这种局面一直延续到1998年。浅层地下水流场基本上没有发生大的变化,主要表现为降落漏斗的扩大或缩小及漏斗中心水位的下降或抬升,但总的趋势是漏斗中心水位逐年下降,漏斗面积持续扩大。到1998年5月,张庄—洛南水源地地下水复合降落漏斗面积达40 km^2,漏斗中心水位埋深达16.6 m。市区地下水低槽带宽约5 km,长约12 km,水位埋深7~23 m。

从2000年3月开始,洛河水面工程的先后建成和投入运行,致使洛阳市浅层地下水的补给量增加,浅层地下水位抬升。从2003年5月浅层地下水流场图可以看出:张庄—洛南水源地地下水复合开采降落漏斗已消失,地下水水力坡度由大变小,等水位线由密变疏。位屯桥至安乐桥之间洛河水由垂直渗漏补给地下水变为侧渗补给地下水,这一点被上阳宫水面工程附近的地下水观测资料所证实。此外,市区的地下水"低槽带"也基本消失,出现了人防工程、建筑基坑涌水的现象。

3 结论与建议

(1)近几十年来,洛阳市形成了张庄—洛南及市区地下水开采降落漏斗,漏斗面积几乎覆盖整个市区,1984~1998年地下水位下降3.37~6.61 m,局部达30 m。

(2)2000年以来,洛阳市建成的5级洛河水面工程,增加了洛河水对地下水的补给量,使浅层地下水位年均上升0.81~3.6 m。地下水开采降落漏斗已基本消失。

(3)浅层地下水位回升造成的人防工程和建筑基坑涌水、房屋地基不均匀沉降等环境地质问题,应引起足够重视,同时应加强其机理研究。

(4)过量开采地下水曾引起涧西区地面沉降,沉降范围为12 km^2,最大沉降量达100 mm,应进一步加强沉降机理研究。

(5)尽快开展水面工程运行方案优化,开展新一轮洛阳市水资源评价,确立洛阳市水资源可持续利用管理模式。

参考文献

[1] 洛阳市统计局．洛阳市统计年鉴[M]．北京:中国统计出版社,1997.

[2] 王现国．偃师市水资源潜力分析与可持续利用对策[J]．地理与地理信息科学,2004,20(增刊).

[3] 王现国,李建涛,吴东民．洛阳市水资源可持续开发利用对策[J]．地下水,2003,25(2).

[4] 王现国,葛雁．洛阳市地下水位下降及防降对策[J]．河南地质，2000,18(3).

[5] 林年丰,李昌静．环境水文地质学[M]．北京:地质出版社,1990.

[6] 郭华明,闫世龙．浅层孔隙地下水系统环境演化及污染敏感性研究[M]．北京:科学出版社,2004.

本文与许文峰、刘记成、葛雁、龚晓凌合作,发表于2007年第2期《人民黄河》。

三门峡市地下水水质特征及机理初探

1 研究区概况

三门峡市位于河南省西部,境内含水层为三门组河湖相砂层、黄河及青龙涧河冲积含水层。三门组冲湖积(Q_3^{al+l})含水层岩性为含砾中细砂、粉细砂,含水层厚20~50 m。黄河冲积含水层形成于晚更新世(Q_3^{al}),早期冲积物(Q_3^{1al})分布于三级阶地,底部为砂卵石层,上部为黄土状粉土,含水层厚度为10~15 m,水位埋深为6~60 m。黄河冲积含水层处于水位变动带,含水层底板埋深为4~7 m,厚度为3~5 m。青龙涧河谷含水层形成于晚更新世(Q_3)及全新世(Q_4),岩性为砂土、黏土(见图1)。

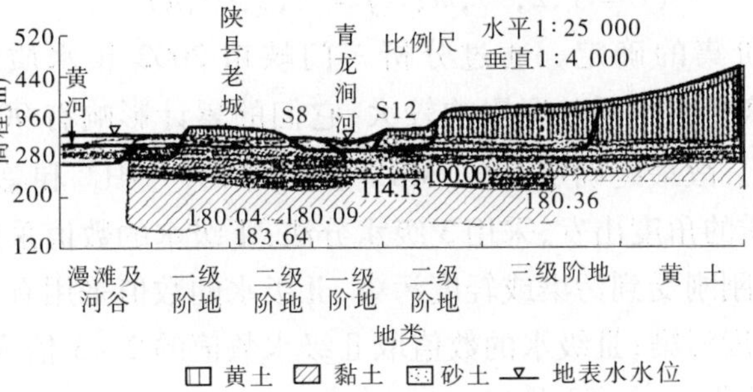

图1 工作区A—A′水文地质剖面

地下水的补给来源主要为大气降水入渗、地下径流、河库水入渗等。受三门峡市区中心水位降落漏斗的影响,地下径流从四周向漏斗中心汇聚。地下水排泄形式主要为人工开采、侧向径流排泄等。

2 地下水水质评价

2.1 评价方法

采用模糊数学[1]综合评价法对地下水水质进行评价。

(1)基本原理。模糊综合评判问题,其实质就是模糊变换问题,其原理可表述为:

$$\tilde{A} \cdot \tilde{B} = \tilde{R}$$

式中:$\tilde{A}$为输入,是由参加评价因子的权重经归一化处理后得到的一个$1 \times m$阶权重矩阵;$\tilde{B}$为模糊变换器,是由各因子评价结果(即各个因子对各级水的隶属度)组成的一个$m \times n$阶模糊关系矩阵;$\tilde{R}$为输出,即所求的综合评价结果。

(2)$\tilde{A}$和$\tilde{B}$的求法。权重矩阵$\tilde{A}$可由下式确定:

$$a_i = \frac{c_i / (\frac{1}{n}\sum_{i=1}^{m} S_{i,j})}{\sum_{i=1}^{m}\left[c_i / (\frac{1}{n}\sum_{i=1}^{m} S_{i,j})\right]}$$

$$(i = 1,2,\cdots,m; \quad j = 1,2,\cdots,n)$$

权重表示各因子对水质污染影响的大小,与评价因子的实测浓度(C)成正比,与该因子的标准浓度(S)成反比。

对水质污染评价问题,当选定评价集$D = \{d_1, d_2, \cdots, d_n\}$后,采用"降半梯形分布图"来求模糊关系矩阵$\tilde{\boldsymbol{B}}$:

$$r_{i,j} = \begin{cases} 1 & (0 \leqslant c_i \leqslant d_{i,j}) \\ \dfrac{d_{i,j+1} - c_i}{d_{i,j+1} - d_{i,j}} & (d_{i,j} < c_i \leqslant d_{i,j+1}) \\ 0 & (c_i > d_{i,j+1}) \end{cases}$$

$$(i = 1,2,\cdots,m; \quad j = 1,2,\cdots,n)$$

(3)因子集与评价集的确定。通过分析三门峡市2002年水质资料,Fe^{2+}、Mn^{2+}、NO_3^-、NO_2^-、NH_4^+ 5种离子对水质状况影响较大,它们的累计影响有90%以上,总硬度普遍较高,并有超标现象。故最终确定Fe^{2+}、Mn^{2+}、NO_3^-、NO_2^-、NH_4^+和总硬度为因子集。

从改善地下水水质的角度出发,采用3级水分法:Ⅰ级水的数值采用三门峡市水质污染的起始值,表示水质刚刚受到污染或轻度污染;Ⅱ级水的数值采用有关部门规定的饮用水标准的上限,表示中度污染;Ⅲ级水的数值取Ⅱ级水数值的2~3倍为分类标准,表示严重污染。由此可得评价集D[2](见表1)。

表1　水质评价集

因子	污染程度分级标准(mg/L)		
	Ⅰ类	Ⅱ类	Ⅲ类
Fe^{2+}	0.02	0.3	0.6
NO_3^-	2	20	60
NH_4^+	0.02	0.2	0.6
Mn^{2+}	0.05	0.1	0.2
NO_2^-	0.001	0.02	0.06
总硬度	190	450	1 350

2.2　评价结果

按照上述原理,对三门峡市地下水水质进行了评价,得出研究区各观测点的水质级别。根据评判结果并结合环境、水文地质特点,进行水质类别分区(见图2)。由图2可以看出,地下水水质的分类等级具有一定的规律性。

(1)轻度污染区主要分布在南关、关沟以南及市区东部。该区地下水位埋深大,水质受地表水的影响小。

(2)中度污染区主要分布在后川、向阳等沿青龙涧河一带。该区地下水位埋深小,接受地表水补给大。

(3)严重污染区主要分布在砖瓦厂、塔北一带。该区水质主要受点源的污染,局部水质极差。

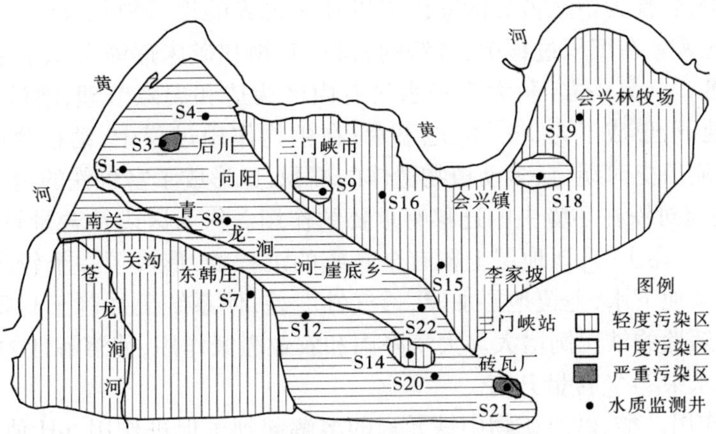

图2 三门峡市地下水污染程度分区

2.3 主要污染因子动态变化规律

这里对主要超标因子总硬度、Fe^{2+}、NO_3^- 产生机理进行探讨。从水质资料看,20世纪90年代中期以来,地下水主要因子出现超标现象(见表2),水质开始恶化。由表2可以看出,自1997年以后,Fe^{2+} 超标率幅度最大,其最大值达1.7 mg/L,是Ⅲ类饮用水上限值的6倍;总硬度的最大值达700 mg/L,呈逐年递增的趋势;NO_3^- 的变化较为复杂,处于上下波动状态。

表2 历年主要因子超标率 (%)

年份	Fe^{2+}	总硬度	NO_3^-
1995	不超标	12.4	不超标
1996	不超标	7.7	不超标
1997	不超标	17.6	42.0
1998	561.0	12.6	99.9
1999	138.9	20.6	49.9
2000	97.3	49.5	24.8
2001	217.0	22.4	50.0
2002	50.0	22.5	71.1

注:表中数据是各超标井平均超标率。

根据上述水质动态特征,可得到如下结论:首先,青龙涧河水质较差,通过水力联系,其对地下水的水质有很大的影响。其次,Fe^{2+} 含量超标率大,且各观测井都有同样的趋势,影响了地下水水质;总硬度随时间稳定上升,反映出本区地下水水质有逐渐变差的趋势;NO_3^- 含量呈波状起伏,而各观测井的趋势也不尽相同,说明该区受到了点源的污染,主要是工农业生产和排污造成的。

3 主要污染因子形成机理初探

3.1 Fe^{2+}产生机理

地下水的 Fe^{2+} 超标与其环境条件有着密切的关系。三门峡盆地形成于中生代晚期，盆地南端为崤山，岩性为中元古界的安山岩以及太古界的黑云斜长片麻岩。矿物组分中含有大量的铁元素。在沉积过程中，含铁的岩石、矿物和矿床逐渐沉积下来，形成了含铁的地球化学背景[3]。另一方面，大气降水沿着山区构造和裂隙节理，溶滤岩石和矿物中的铁元素渗入地下，形成了含 Fe^{2+} 的地下水；在生物作用过程中，动植物吸收含 Fe^{2+} 的水，在漫长的地质历史时期，众多动植物遗体的堆积，也形成了富含铁的地层。

（1）氧化还原对铁在环境中的迁移有重要的作用。作为区内铁含量较高的相对隔水层，主要为亚黏土、黏土等，该地层上覆有全新统的沉积物，形成了一个较为封闭的系统。近年来，大量超采地下水，上覆地层加厚，透气性变差，使系统更加趋于封闭，因而还原条件加强，利于溶解性的铁比例增大。大气降雨和农业灌溉作用，使溶解性的铁进入地下水中，从而使地下水中 Fe^{2+} 含量升高。

（2）酸、碱作用。酸、碱对矿物中铁元素的溶解起到了促进作用，pH 值升高可以使含铁矿物胶体的正电荷减少，而土壤胶体显负电荷，这样就减轻了土壤对铁矿物的吸附作用，使土层中可溶性铁含量升高，同时也使铁的溶解度增大[4]。

3.2 总硬度和硝酸盐升高机理

（1）阳离子交替吸附作用。据水质资料分析，在砖瓦厂附近污染物中含有大量的 Na^+、Cl^-，它们的迁移能力很强，在污水垂直下渗过程中与土壤中的 Ca^{2+}、Mg^{2+} 发生阳离子交替吸附，使 Ca^{2+}、Mg^{2+} 含量升高，从而引起地下水总硬度升高。

（2）盐效应。在青龙涧河附近，工厂排放的污水中除了 Na^+ 含量较高外，还有大量的 Cl^-、Ca^{2+} 等易溶盐组分。它们进入地下水后，产生盐效应，使 Ca^{2+}、Mg^{2+} 的难溶盐溶解度增大，地下水硬度升高。

（3）CO_2 分压作用。在化工厂附近，污水向地下入渗时，将大量的有机物带到土壤或含水层中，生物降解产生大量的 CO_2，促使土壤水或地下水中平衡 CO_2 分压升高，酸性增强，提高了 Ca、Mg 碳酸盐，铝硅酸盐，硅酸盐矿物的溶解速度，从而导致地下水中 Ca^{2+}、Mg^- 浓度升高。

（4）硝化作用。硝酸盐浓度升高主要是城镇工业、生活污水及固体垃圾排放和农业大量使用氮肥，经淋滤和氧化作用形成的。

4 结语

（1）三门峡市青龙涧河附近水质差，且分布面积大。受点源严重污染的砖瓦厂等地段，水质极差，不宜饮用。

（2）地下水主要超标因子为 Fe^{2+}、总硬度、NO_3^-。其中 Fe^{2+} 超标主要属于自然原因引起的，而总硬度、NO_3^- 超标以人为影响为主。

（3）为降低 Fe^{2+} 浓度，应改善地下环境，加大地层的通气性，促使地下水快速流动和循环。降低总硬度、NO_3^- 浓度的措施是，减少污染源的排放，并对污染物进行集中处理。

参考文献

[1] 肖位枢．模糊数学基础及应用[M]．北京：航空工业出版社，1992.
[2] 庞良，何润虎．汝州市地下水污染及其成因分析[J]．水文地质工程地质，2004(1).
[3] 河南省地质矿产局．河南省区域地质志[M]．北京：地质出版社，1989.
[4] 高存荣．河套平原地下水砷污染机理探讨[J]．中国地质灾害与防治学报，1999，10(2).

本文与赵德山、邓晓颖合作，发表于2007年第4期《人民黄河》。

中牟县浅层地下水资源评价

地下水资源是中牟县工农业生产的主要供水水源，有的城镇地下水甚至成为唯一的供水水源。近年来，中牟县随着人口的迅速增长和工业的高速发展、农业灌溉面积的急速扩大，地下水的开采量日益增加；同时，县境内的贾鲁河逐渐沦为季节性河流且污染严重，如今不仅无法缓解该县工农业用水的紧张状况，反而成了沿岸地下水的污染源；黄河来水量的逐年减少也使得该县工农业用水面临着巨大的难题。可以说，水资源的日益紧缺已经成为中牟县社会经济可持续发展最主要的制约因素之一。

本文在充分利用中牟县20多年来水文及水文地质资料、前人研究成果基础上，以供水为目的对浅层地下水的时空分布及其资源量重新做出评价，为制定水资源开发利用规划提供科学依据。

1 研究区概况

中牟县地处中州腹地、黄河南岸，商城郑州和古都开封之间，南北最长55 km，东西最长35 km，总面积1 416.60 km^2。

中牟县属中纬度暖温带大陆性季风气候，四季分明；年平均气温14.2 ℃，1月份最冷，月平均气温4.6 ℃，7月份最热，月平均气温32.1 ℃；年平均降水量616 mm；全年无霜期240 d；年平均日照2 366 h；年平均相对湿度67%。

中牟县地势由西北向东南倾斜，沙丘遍布全境，处于豫西丘陵向豫东平原过渡地带，平均海拔113.5 m。中牟县地貌相对简单，分水岭以南，岗、洼相间，呈南北条带状分布，高差5～15 m；分水岭以北，沙丘广布，地表起伏。

2 研究区水文地质条件

根据评价需要，把研究区的地下水分为浅层水（埋藏于地表以下40 m左右深度内的含水层中）和中深层水（埋藏于地下40 m以下、300～350 m以内的含水层中）。

浅层地下水具有分布面积大、与地表水联系密切等特点，是区内工农业用水的主要开采对象，是本次评价的对象；中深层地下水由于埋藏较深，与地表水及大气降水联系微弱，开发利用少、水文地质研究程度低，本次不予评价。在此仅论述浅层水的水文地质条件，而中深层水的水文地质条件不再赘述。

2.1 地下水的赋存条件

研究区北部浅层水主要赋存在全新世黄河冲积而成的含水岩层中，含水层上部为亚砂土、细粉砂，下部为中细砂、中粗砂，构成上细下粗典型的“二元结构”或粗细相间的“多元结构”。含水层北部厚度大，粒度粗；南部厚度小，粒度细。含水层在纵向上，自故道带上游至下游，含水砂层由厚变薄，层数由单层变多层，粒度由粗变细；在横向上，自主流带向两侧至泛流带或泛流边缘带，含水砂层厚度由厚变薄，由单层变多层，粒度由粗变细。

研究区南部浅层水主要赋存在40 m深度内的上更新世和新第三系含水层中,其分布规律、成因类型、岩性、厚度及富水程度与地貌条件密切相关。在八岗一带属于黄河古冲积平原,含水层底板埋深25～35 m,分布稳定,岩性为粉细砂,分1～3层,厚5～15 m。

2.2 地下水的补给、径流和排泄特点

(1)地下水的补给。大气降雨入渗补给:研究区包气带岩性大多为砂土、亚砂土,结构松散,为降水入渗创造了良好的条件,是浅层地下水的主要补给来源。河流的渗入补给:黄河在研究区的流经长度有30余km,由于河水位高出漫滩地下水位2～4 m,致使黄河水以侧向径流方式补给地下水;贾鲁河在丰水季节补给地下水,在枯水季节反而接受地下水的排泄。渠系渗漏和灌溉回渗:由于引黄渠系管理不善,许多没有衬砌或年久失修,水的有效利用灌溉系数仅为0.3～0.5,其他均被大气蒸发或渗入地下;同时灌溉仍然采用的是粗放的大水漫灌,水的利用率低,大部分都回渗补给地下水。

(2)地下水的径流。总的特点是侧向径流微弱,垂直交替强烈。在西部的部分岗丘地区,地形坡度较大,水力坡度相应也较大,呈放射状逐渐减缓向下游流动,但因含水层岩性多为细颗粒的亚砂土、粉砂或细砂,且砂层不稳定,所以径流条件不好。东部平原,地形平坦,侧向径流微弱,地下水随地形坡降自西北缓缓向东南流动,其水力坡度一般为1/3 000～1/4 000,在黄河一带,水力坡度达1/2 000。

(3)地下水的排泄。①地面蒸发。黄河大堤以北和西部岗地,地下水埋深均大于3 m,蒸发消耗微弱;东部平原区,地下水埋深小于3 m,蒸发强烈,为浅层地下水排泄的主要出路。②人工开采。工农业用水和生活用水的急剧上升导致地下水过度开采,不仅造成了地下水位的大幅度下降,而且形成局部漏斗。

2.3 地下水的动态

研究区浅层地下水位埋深随着地形的变化具有明显的水平分带性;西部从山前岗区,到黄河二级阶地,水位埋深由深变浅,变化规律与地形倾斜方向基本一致;东部地区,黄河大堤北高河漫滩地,水位埋深5～8 m。

地下水动态的变化受季节的影响明显,7～9月由于降雨集中,地下水补给充分,使地下水位迅速上升;而5～6月由于蒸发强烈且地下水开采严重,使得水位明显降低。水位的天然变幅一般小于2 m,在人工开采影响下,水位变幅会超过2 m,个别地方因开采量过大,还会形成降落漏斗。

3 地下水资源评价

根据研究区的水文地质条件和具体情况,平原区、岗区地下水资源量评价采用补给量法计算,同时计算排泄量和地下水蓄变量,并进行水均衡分析[1];评价所需资料选择1980～2004年间的实测和调查资料[2]。

3.1 计算模型的建立

依据研究区浅层地下水的补、径、排条件及水均衡原理,建立浅层地下水均衡方程:

$$Q_{总补} - Q_{总排} = \Delta W \tag{1}$$

式中:$Q_{总补}$为浅层地下水总补给量,万 m^3/a;$Q_{总排}$为浅层地下水总排泄量,万 m^3/a;ΔW为浅层地下水蓄变量,万 m^3/a。

3.2　计算范围的确定

均衡计算范围基本以中牟县行政区域边界为主，南至开封地区尉氏县山前洼间地带，北至黄河堤北高滩地带，东至开封市，西至郑州市区，总面积1 393.0 km^2。

依据研究区内地形地貌、水文地质条件，将本区划分为三个计算区：Ⅰ区为山前岗间洼地浅层水，Ⅱ区为黄河北岸二级阶地，Ⅲ区为黄河冲积平原浅层水；又依据地下水埋深、包气带岩性分为六个亚区，见图1。

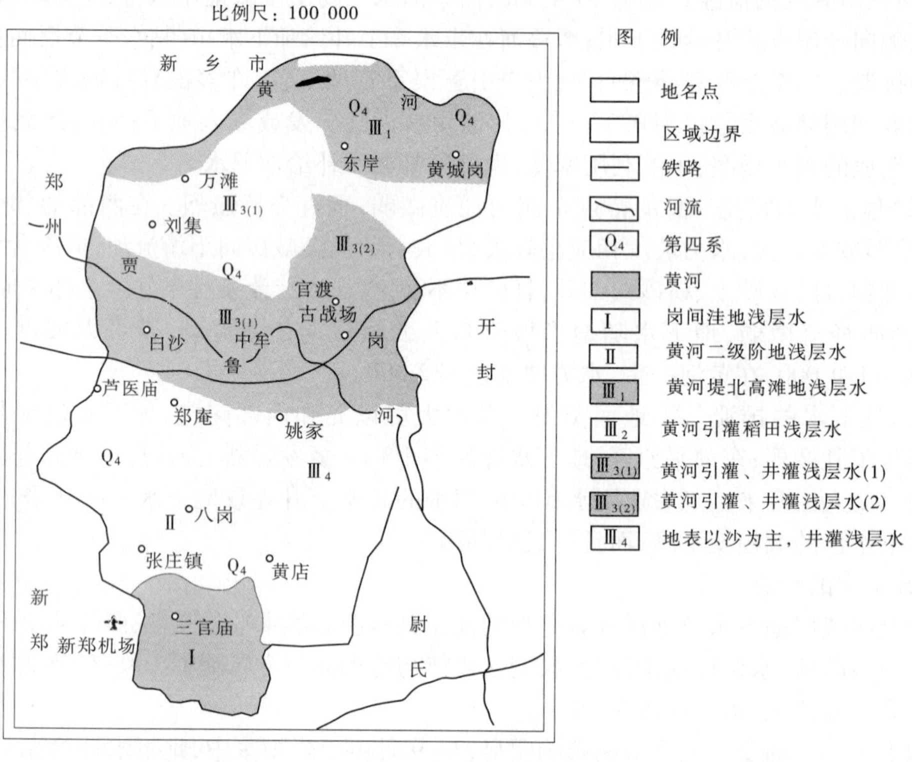

图1　中牟县浅层地下水资源计算分区图

3.3　计算参数的确定

参与研究区浅层地下水资源计算的水文地质参数主要有降水入渗系数(α)、渗透系数(k)、重力给水度(μ)、灌溉回渗系数(β)、导水系数(T)、潜水蒸发强度(ε)等。参数选取的正确与否，直接关系到水资源评价成果的精度，影响到水资源总量的确定。通过对已有的一系列重要勘察研究成果资料的综合分析，并参考经验数据，确定不同地貌单元岩土体的计算参数[2]，因而参数比较符合实际。

3.4　计算过程及其成果

3.4.1　补给量计算

(1)降水入渗补给量。计算公式如下：

$$Q_{降} = P \times \alpha \times n \times F \times 0.1 \qquad (2)$$

式中：$Q_{降}$ 为降水入渗补给量，万 m^3/a；P 为年降水量，mm；α 为降水入渗系数；n 为降水有效入渗系数；F 为计算区面积，km^2。计算结果见表1。

表 1 降水入渗补给量计算成果

区号	段号	P(mm)	α	n	F(km^2)	$Q_{降}$(万 m^3/a)
Ⅰ	Ⅰ	580.30	0.16	0.80	133.03	988.13
Ⅱ	Ⅱ	580.30	0.17	0.80	232.71	1 836.57
$Ⅲ_1$	$Ⅲ_1$	528.60	0.24	0.80	104.38	1 059.37
$Ⅲ_2$	$Ⅲ_2$	580.30	0.18	0.80	208.14	1 739.28
$Ⅲ_3$	$Ⅲ_3{}^1$	580.30	0.18	0.80	335.24	2 801.37
	$Ⅲ_3{}^2$	580.30	0.18	0.80	96.54	806.72
$Ⅲ_4$	$Ⅲ_4$	580.30	0.15	0.80	282.96	1 970.42
合计					1 393.00	11 201.86

(2)地下水侧向径流补给量。在研究区北部、南部及西部存在地下水侧向径流补给，计算公式为：

$$Q_{径补} = T \times I \times L \times t \times 0.000\ 1 \tag{3}$$

式中：$Q_{径补}$为地下水径流补给量，万 m^3/a；T 为导水系数，m^2/d；I 为地下水平均水力坡度，‰；L 为计算断面长度，km；t 为每年补给天数，d/a。计算结果见表 2。

表 2 地下水侧向径流补给量计算成果

区段号	计算断面	T(m^2/d)	I(‰)	L(km)	t(d/a)	$Q_{径补}$(万 m^3/a)	
Ⅰ	Ⅰ-1	232.8	1.82	8.29	365	128.20	128.20
	Ⅰ-2	232.8	0	11.3	365	0	
Ⅱ	Ⅱ-1	237.4	2.25	13.75	365	268.08	293.77
	Ⅱ-2	250	0.50	5.63	365	25.69	
$Ⅲ_1$	Ⅲ-4	1 161	0.50	1.72	365	36.44	4 346.45
	Ⅲ-5	1 200	2.45	3.58	365	384.17	
	Ⅲ-6	1 200	2.45	4.39	365	471.09	
	Ⅲ-7	1 150	2.45	9.94	365	1 022.22	
	Ⅲ-8	1 160	2.45	8.87	365	920.11	
	Ⅲ-9	1 160	2.45	7.22	365	748.95	
	Ⅲ-10	1 160	2.45	7.36	365	763.47	
$Ⅲ_2$	Ⅲ-3	1 120	0.60	4.59	365	112.58	112.58
$Ⅲ_3{}^1$	Ⅲ-2	374	0.45	11.18	365	68.68	282.26
	Ⅲ-16	374	1.83	4.32	365	107.92	
	Ⅲ-17	374	2.25	3.44	365	105.66	

续表 2

区段号	计算断面	$T(m^2/d)$	I(‰)	L(km)	t(d/a)	$Q_{径补}$(万 m^3/a)	
$Ⅲ_3{}^2$	Ⅲ－14	374	0.85	7.06	365	81.92	99.22
	Ⅲ－15	374	0.25	5.07	365	17.30	
$Ⅲ_4$	Ⅲ－1	374	0.25	5.40	365	18.43	132.71
	Ⅲ－18	374	0.45	7.25	365	44.54	
	Ⅲ－19	374	0.85	2.51	365	29.12	
	Ⅲ－21	237.4	1.25	3.75	365	40.62	
合计						5 395.19	

注:计算断面均为计算区与外界之间的边界。

(3)河流入渗量计算。区内河流为贾鲁河,入渗量计算公式:

$$Q_{河渗} = q \times l \times t \times 0.1 \tag{4}$$

式中:$Q_{河渗}$ 为河流入渗补给量,万 m^3/a;q 为河流单位长度入渗量,m^2/d;l 为渠系长度,km;t 为河流每年通水时间,d/a。计算结果见表 3。

表 3　河流入渗量计算成果

渠名	分区	$q(m^2/d)$	t(d/a)	l(km)	$Q_{河渗}$(万 m^3/a)
贾鲁河	$Ⅲ_3^1$	0.20	300	37.83	226.98
	$Ⅲ_4$	0.20	300	7.50	45.00
合计					271.98

(4)农田灌溉回渗补给量。区内农业灌溉水水源主要为开采地下水及引用渠水(黄河水、贾鲁河水),灌溉回渗补给量计算公式:

$$Q_{灌渗} = \beta \times Q_{灌} \tag{5}$$

式中:$Q_{灌渗}$ 为农田灌溉回渗补给量,万 m^3/a;β 为灌溉回渗系数;$Q_{灌}$ 为灌溉量,万 m^3/a。计算结果见表 4。

表 4　灌溉回渗补给量计算成果

分区	段号	β	$Q_{灌}$(万 m^3/a)	$Q_{灌渗}$(万 m^3/a)
Ⅰ	Ⅰ	0.10	1 957.19	195.72
Ⅱ	Ⅱ	0.10	5 841.20	584.12
$Ⅲ_1$	$Ⅲ_1$	0.10	2 017.07	201.71
$Ⅲ_2$	$Ⅲ_2$	0.10	4 347.88	434.79
$Ⅲ_3$	$Ⅲ_3{}^1$	0.10	7 102.82	710.28
	$Ⅲ_3{}^2$	0.10	2 219.92	221.99
$Ⅲ_4$	$Ⅲ_4$	0.10	7 102.42	710.24
合计				3 058.85

(5)总补给量。根据上述各分项补给量的计算结果,求得中牟地区各计算单元浅层地下水多年平均补给量,见表5。

表5 中牟地区浅层地下水多年平均补给量

分区	段号	$F(km^2)$	①	②	③	④	⑤=①+②+③+④
			$Q_{降}$(万 m^3/a)	$Q_{径补}$(万 m^3/a)	$Q_{渠渗}$(万 m^3/a)	$Q_{灌渗}$(万 m^3/a)	$Q_{总补}$(万 m^3/a)
Ⅰ	Ⅰ	133.03	988.13	128.20		195.72	1 312.05
Ⅱ	Ⅱ	232.71	1 836.57	293.77		584.12	2 714.46
$Ⅲ_1$	$Ⅲ_1$	104.38	1 059.37	4 346.45		201.71	5 607.53
$Ⅲ_2$	$Ⅲ_2$	208.14	1 739.28	112.58		434.79	2 286.65
$Ⅲ_3$	$Ⅲ_3^1$	335.24	2 801.37	282.26	226.98	710.28	4 020.89
	$Ⅲ_3^2$	96.54	806.72	99.22		221.99	1 127.93
$Ⅲ_4$	$Ⅲ_4$	282.96	1 970.42	132.71	45.00	710.24	2 858.37
合计		1 393.00	11 201.86	5 395.19	271.98	3 058.85	19 927.88

3.4.2 排泄量计算

(1)地下水人工开采量($Q_{开采}$)。据节水办及水利局的1980~2004年间统计资料计算各计算单元的工业开采($Q_{工开}$)、农业开采($Q_{农开}$)及人畜生活用水量($Q_{生开}$),计算成果见表6。

表6 多年平均浅层地下水开采量统计

分区	段号	$F(km^2)$	①	②	③	④=①+②+③
			$Q_{工开}$(万 m^3/a)	$Q_{农开}$(万 m^3/a)	$Q_{生开}$(万 m^3/a)	$Q_{开采}$(万 m^3/a)
Ⅰ	Ⅰ	133.03	92.00	1 020.00	77.90	1 189.90
Ⅱ	Ⅱ	232.71	121.60	2 092.40	157.30	2 371.30
$Ⅲ_1$	$Ⅲ_1$	104.38	222.40	1 370.00	106.86	1 699.26
$Ⅲ_2$	$Ⅲ_2$	208.14	111.36	901.40	56.88	1 069.64
$Ⅲ_3$	$Ⅲ_3^1$	335.24	209.28	3 352.60	379.38	3 941.26
	$Ⅲ_3^2$	96.54	0	660.00	37.76	697.76
$Ⅲ_4$	$Ⅲ_4$	282.96	72.96	1 699.60	120.43	1 892.99
合计		1 393.00	829.60	11 096.00	936.51	12 862.11

(2)潜水蒸发排泄量。采用蒸发强度法计算:

$$Q_{蒸} = \varepsilon \times F \quad (6)$$

式中:$Q_{蒸}$ 为潜水蒸发量,万 m^3/a;ε 为潜水年蒸发强度,m/a;F 为蒸发面积,万 m^2,蒸发面积根据浅层地下水埋深按蒸发极限深度3 m圈定。计算结果见表7。

表 7　潜水蒸发排泄量计算成果

分区	段号	ε(m/a)	F(万 m^2)	$Q_{蒸}$(万 m^3/a)
Ⅱ	Ⅱ	0.096	2 804.06	269.19
$Ⅲ_2$	$Ⅲ_2$	0.242	10 032.27	2 427.81
$Ⅲ_3$	$Ⅲ_3^1$	0.090	23 564.39	2 120.79
	$Ⅲ_3^2$	0.212	4 914.98	1 041.98
$Ⅲ_4$	$Ⅲ_4$	0.096	7 505.96	720.57
合计			48 821.66	6 580.34

(3)地下径流排泄量。在研究区东部存在地下水侧向径流排泄,其排泄量($Q_{径排}$)采用式(3)计算,成果见表 8。

表 8　地下水侧向径流排泄量计算成果

区段号	计算断面	T(m^2/d)	L(km)	I(‰)	t(d/a)	$Q_{径排}$(万 m^3/a)	
Ⅰ	Ⅰ-3	232.8	6.48	1.85	365	101.86	
Ⅱ	Ⅱ-5	237.4	2.94	0	365	0	
$Ⅲ_1$	Ⅲ-11	1 150	2.78	0.50	365	58.35	
$Ⅲ_2$	Ⅲ-12	1 060	4.27	1.52	365	251.11	898.73
	Ⅲ-13	1 060	6.59	2.54	365	647.62	
$Ⅲ_4$	Ⅲ-20	374	15.76	0.25	365	53.78	
合计						1 112.72	

(4)河道排泄量。评价区存在河道排泄量的河段为贾鲁河,其排泄量($Q_{河排}$)采用式(4)计算,成果见表 9。

表 9　河道排泄量计算成果

渠名	分区	l(km)	q(m^3/d)	t(d/a)	$Q_{河排}$(万 m^3/a)
贾鲁河	$Ⅲ_3^1$	37.83	0.864	365	1 193.01
	$Ⅲ_4$	7.50	0.864	365	236.52
合计		45.33			1 429.53

(5)总排泄量。根据上述计算结果,求得中牟地区各计算单元浅层地下水多年平均排泄量见表 10。

表 10　中牟地区浅层地下水多年平均排泄量

分区	段号	F(km²)	①	②	③	④	⑤=①+②+③+④
			$Q_{开采}$(万 m³/a)	$Q_{河排}$(万 m³/a)	$Q_{径排}$(万 m³/a)	$Q_{蒸}$(万 m³/a)	$Q_{总排}$(万 m³/a)
Ⅰ	Ⅰ	133.03	1 189.90		101.86		1 291.76
Ⅱ	Ⅱ	232.71	2 371.30	269.19	0		2 640.49
Ⅲ₁	Ⅲ₁	104.38	1 699.26		58.35		1 757.61
Ⅲ₂	Ⅲ₂	208.14	1 069.64	2 427.81	898.73		4 396.18
Ⅲ₃	$Ⅲ_3^1$	335.24	3 941.26	2 120.79		1 193.01	7 255.06
	$Ⅲ_3^2$	96.54	697.76	1 041.98			1 739.74
Ⅲ₄	Ⅲ₄	282.96	1 892.99	720.57	53.78	236.52	2 903.86
合计		1 393.00	12 862.11	6 580.34	1 112.72	1 429.53	21 984.70

3.4.3　浅层地下水蓄变量计算

浅层地下水蓄变量是指计算区初时段与末时段浅层地下水储存量的差值，其计算公式为：

$$\Delta W = 100 \times (h_2 - h_1) \times \mu \times F/t \tag{7}$$

式中：ΔW 为浅层地下水蓄变量，万 m³/a；h_1 为计算时段初地下水位，m；h_2 为计算时段末地下水位，m；μ 为浅层地下水位变幅带给水度；F 为计算面积，km²；t 为计算时段长，a。采用评价区 17 眼地下水长观井的监测资料，计算出各计算单元 1980～2004 年期间多年平均浅层地下水蓄变量，见表 11。

表 11　中牟地区浅层地下水多年平均蓄变量

分区	段号	$(h_2-h_1)/t$(m/a)	μ	F(km²)	ΔW(万 m³/a)
Ⅰ	Ⅰ	-0.19	0.047	133.03	-118.80
Ⅱ	Ⅱ	-0.18	0.120	232.71	-502.65
Ⅲ₁	Ⅲ₁	-0.06	0.083	104.38	-51.98
Ⅲ₂	Ⅲ₂	-0.09	0.060	208.14	-112.40
Ⅲ₃	$Ⅲ_3^1$	-0.10	0.090	335.24	-301.72
	$Ⅲ_3^2$	-0.05	0.099	96.54	-47.79
Ⅲ₄	Ⅲ₄	-0.14	0.099	282.96	-392.18
合计				1 393.00	-1 527.52

3.4.4　水均衡分析

浅层地下水均衡指平原区多年平均地下水总补给量 $Q_{总补}$、总排泄量 $Q_{总排}$、蓄变量 ΔW 三者之间的平衡关系，由式(1)可得：

$$Q_{总补} - Q_{总排} - \Delta W = X \tag{8}$$

$$\delta = \frac{X}{Q_{总补}} \cdot 100\% \tag{9}$$

式中：X 为绝对均衡差，万 m^3/a；δ 为相对均衡差，%。

当 $|X|$ 和 $|\delta|$ 值较小时，可近似判断为 $Q_{总补}$、$Q_{总排}$、ΔW 三项计算成果的计算误差较小，亦即计算精度较高；反之，则表明计算误差较大，计算精确度较低。

中牟地区多年平均浅层地下水均衡分析见表12，从各计算单元水均衡来看，大部分区域的相对均衡差绝对值都小于5%，整个评价区相对均衡差为 −2.66%，符合评价技术规范要求。同时说明评价所选参数合理，结果可信。

表12　中牟地区多年平均地下水均衡分析

分区	段号	$Q_{总补}$（万 m^3/a）	$Q_{总排}$（万 m^3/a）	ΔW（万 m^3/a）	X（万 m^3/a）	δ（%）
Ⅰ	Ⅰ	1 312.04	1 433.05	−118.80	−2.21	−0.17
Ⅱ	Ⅱ	2 855.76	3 244.87	−502.65	113.54	3.98
$Ⅲ_1$	$Ⅲ_1$	5 607.58	5 654.88	−51.98	4.68	0.08
$Ⅲ_2$	$Ⅲ_2$	6 374.42	6 544.08	−112.40	−57.26	−0.90
$Ⅲ_3$	$Ⅲ_3^1$	6 912.62	7 255.06	−301.72	−40.72	−0.59
	$Ⅲ_3^2$	1 917.98	1 930.22	−47.79	35.55	1.85
$Ⅲ_4$		3 462.75	3 707.65	−392.18	147.28	4.25
合计		19 927.89	21 984.70	−1 527.52	−529.29	−2.66

3.5　地下水资源及开可采资源评价

根据表12可知，1980～2004年全区平原区浅层地下水多年平均补给资源量为19 927.89万 m^3/a、多年平均排泄量为21 984.70万 m^3/a，多年平均亏损1 527.52万 m^3/a，地下水位呈下降趋势，说明目前研究区地下水处于负均衡状态。

研究区属于开采条件比较好、开采程度比较高的平原地区，因此用补给量减去不可夺取的消耗量作为开采资源量（$Q_{可开}$）[1]。

利用表5、表10、表11的数据可计算出研究区各计算单元浅层地下水可开采资源量，见表13。对比表6、表13可知，实际开采量大于可采量，说明研究区地下水处于超采状态。

表13　中牟平原区浅层地下水资源可开采量

分区	段号	F（km^2）	$Q_{可开}$（万 m^3/a）
Ⅰ	Ⅰ	133.03	1 068.89
Ⅱ	Ⅱ	232.71	1 982.19
$Ⅲ_1$	$Ⅲ_1$	104.38	1 651.96
$Ⅲ_2$	$Ⅲ_2$	208.14	899.98
$Ⅲ_3$	$Ⅲ_3^1$	335.24	3 598.82
	$Ⅲ_3^2$	96.54	685.52
$Ⅲ_4$	$Ⅲ_4$	282.96	1 648.10
合计		1 393.00	10 805.30

4 结语

中牟县地处于豫西丘陵向豫东平原过渡地带，地形平坦，含水层厚度大，地下水补给面积广，含水层渗透性较好，但据地下水资源计算和论证分析，本区地下水处于负均衡状态（−1 527.52 万 m^3/a），主要是因为开采量过大和补给不足所致。因此，应控制地下水的开采和建造新的取水构筑物。采取节水措施，降低农业开采量，加强工业、生活用水的管理，则可使本区地下水处于平衡状态。

参 考 文 献

[1] 中国地质调查局．全国地下水资源及其环境问题调查评价技术要求系列（二）[R]. 2003.
[2] 中国地质大学环境学院．郑州市中牟县地下水资源调查与评价报告[R]. 2005.

本文与马传明、宁立波、彭涛合作，发表于 2007 年第 3 期《水文》。

开封凹陷区地下热水的化学特征

开封凹陷区是河南省地热资源条件较好的地区,大地构造单元属于济源—开封凹陷的东南隅,境内深层地下水资源较为丰富。但目前地热水仅用于洗浴和饮用,其热能远未得到充分利用,开发利用前景看好。

地热水与地下冷水相比,地热水由于温度较高,在与围岩的化学反应和溶滤作用下,其中溶解的化学成分较为复杂,矿化度较高(深部)。因地下热水化学成分和热储温度有着密切的关系,地球化学方法在研究和利用地热资源方面得到广泛的应用[1]。本文根据已成井的水质分析资料,在分析开封凹陷区地下热水的水化学组分的基础上,分别对其分布特征和动态特征进行了初步分析,并对其热水进行了医疗热矿水等质量评价。

1　地热水赋存的地质背景

开封凹陷区目前已开发的有利用价值的地热主要分布在地面下 300 ~ 1 300 m深度范围,属中更新世下段、下更新世和新近系上部(明化镇组)热储。根据石油钻孔资料,在尚未开采的1 300 ~ 3 000 m深度段,为新近系下部(馆陶组)和古近系热储,是地热开发的有利层位。在此深度内可分为三层热储层,第一热储层深度在 300 ~ 800 m,热储岩性以薄层细砂为主,累计厚度 215 m,单层厚度一般小于 10 m,井口水温 30 ℃左右,为温水热储层[2];第二热储层深度在 800 ~ 1 300 m,热储岩性以厚层中砂和中细砂为主,累计厚度 165 m,单层厚度 10 ~ 20 m,平均水温 42 ~ 65 ℃,为温热水热储层;第三热储层深度在 1 300 m以深,热储岩性为细砂、中砂与黏土互层,含水层渗透性好,热储温度高,预计单井出水量可大于 60 m^3/h,井口出水温度可达 65 ℃以上,为热水热储层。

该区构造上位于华北台坳济源—开封坳陷[3],属中、新生代凹陷,南侧为郑汴断裂,北侧为新乡—商丘断裂,中间为武陟凸起,西为济源凹陷,东为开封凹陷。开封凹陷基底主要为中生界侏罗—白垩系和古生界地层。主要断裂有新商断裂、郑汴断裂、中牟断裂、武陟断裂、原阳断裂、兰考断裂、长垣断裂等,见图 1。

2　地热水化学特征

2.1　水化学类型特征

根据开封凹陷区内地热井水化学分析成果(见表 1),按照舒卡列夫分类法[4]进行分类,在整个开封凹陷区内,400 ~ 1 300 m地热水化学类型以 HCO_3—Na 型为主,pH 值一般为 7. 4 ~ 8. 3,属弱碱性水;硬度一般为 19 ~ 275 mg/L,属软水;可溶性总固体一般为 676. 9 ~ 1 646. 78 mg/L。阴离子以重碳酸为主(HCO_3^- 的含量为 338. 05 ~ 696. 24 mg/L),阳离子以钠为主(Na^+ 含量一般为 85. 56 ~ 501. 4 mg/L。)。F^- 含量一般小于 2 mg/L,H_2SiO_3 含量一般为 20. 8 ~ 44. 2 mg/L。1 300 ~ 1 600 m(表 2 中开封县通信公司地热井)地热水化

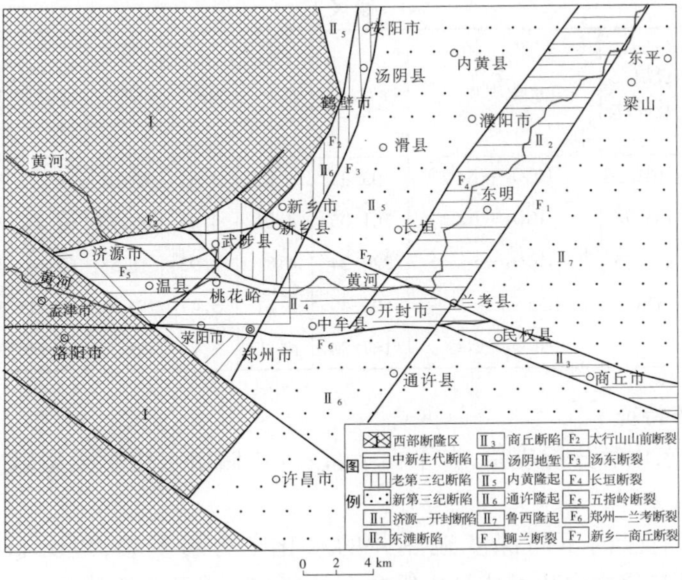

图1　区域基底构造略图

学类型以 Cl—Na 型为主，属硬水，且水中溶解的离子成分显著增多。

表1　地热井井水化学分析成果表　（单位：mg/L）

编号	pH 值	总硬度	可溶性总固体	水化类型	$Na^+ + K^+$	Ca^{2+}	Mg^{2+}	Cl^-	SO_4^{2-}	HCO_3^-	F^-	H_2SiO_3
开 1	8.00	25.0	859.71	HCO_3—Na	219.26	4.01	3.64	29.42	59.56	516.62	1.12	32.50
开 2	8.10	22.5	877.79	HCO_3—Na	241.19	5.01	2.43	35.80	59.08	508.30	1.10	31.20
开 3	8.10	19.0	837.05	HCO_3—Na	223.18	2.81	2.92	32.61	43.71	505.86	0.94	31.20
开 4	8.05	25.0	811.21	HCO_3—Na	222.78	3.01	4.25	30.13	60.04	466.19	0.76	29.90
开 5	8.10	20.0	826.99	HCO_3—Na	222.81	3.01	3.04	30.13	45.63	496.70	0.94	31.20
开 6	8.30	42.5	806.08	HCO_3 · SO_4—Na	225.54	8.02	5.47	70.55	136.89	338.05	1.40	25.35
开 7	7.95	25.0	1 313.78	HCO_3—Na	349.17	3.01	4.25	50.69	172.91	696.24	3.00	42.90
郑 1	7.95	42.5	1 011.21	HCO_3—Na	267.52	8.02	5.47	37.58	93.18	563.82	0.70	27.30
郑 2	7.70	239.0	676.9	HCO_3—Na · Ca	87.89	56.11	24.06	30.84	87.89	356.97	0.20	40.30
郑 3	7.40	275.0	744.22	HCO_3—Ca · Na · Mg	101.6	60.12	30.38	28.36	100.86	398.46	0.76	29.90
郑 4	7.90	43.0	911.65	HCO_3—Na	231.64	8.62	5.22	40.77	69.16	534.54	0.74	26.00
郑 5	8.00	52.5	841.56	HCO_3—Na	223.75	9.02	7.29	33.32	96.06	447.89	0.56	29.90
郑 6	7.95	50.5	1 028.25	HCO. SO—Na	287.52	7.62	7.65	53.88	168.10	476.57	0.68	32.50
郑 7	7.85	35.0	815.27	HCO_3—Na	219.97	6.01	4.86	39.00	71.56	446.06	0.80	33.80
中牟 1	8.10	30.0	835.84	HCO_3—Na	225.93	4.01	4.86	30.13	72.05	473.52	0.80	31.20
中牟 2	7.75	35.0	784.37	HCO_3—Na	212.77	6.01	4.86	31.55	60.04	447.89	0.74	26.00

续表 1

编号	pH 值	总硬度	可溶性总固体	水化类型	$Na^+ + K^+$	Ca^{2+}	Mg^{2+}	Cl^-	$SO_4{}^{2-}$	HCO_3^-	F^-	H_2SiO_3
中牟 3	8.05	30.0	1 103.26	HCO_3—Na	303.32	6.01	3.64	28.01	139.77	584.57	1.88	44.20
原阳 1	8.00	25.0	755.78	HCO_3—Na	201.05	4.01	3.64	63.46	62.44	396.02	0.66	31.20
民权 1	8.15	24.0	835.75	HCO_3—Na	220.24	4.81	2.92	37.58	69.64	482.06	1.52	20.80
兰考 1	8.05	35.0	1 646.78	HCO · Cl—Na	505.49	5.01	5.47	285.02	232.95	582.13	1.88	33.80
杞县 1	7.60	61.68		HCO_3—Na	167.30	12.02	7.78	36.78	32.66	398.46	0.40	

2.2 水化学分布特征

根据已成井水化学分析成果，在平面上，该区热储层水化学类型以 HCO_3—Na 型为主，局部地区稍有差异。

根据开封凹陷区内不同深度地热井的水化学分析资料，经分析可知，在 400 ~ 1 300 m深度内的热储中水化学成分在纵向上的分布有以下几个特点。

(1)在该段热储层内，阳离子 K^+、Na^+ 有随埋深增加(温度升高)而增大的趋势，而 Ca^{2+} 和 Mg^{2+} 则有随深度加深而减小的趋势。图 2、图 3 分别是根据水质分析结果绘制的地热水中阳离子随深度的变化曲线。从图中可以看出，K^+、Na^+ 含量随深度的变化曲线，总体上是随着深度的不断增加呈上升趋势，而 Ca^{2+} 和 Mg^{2+} 含量随深度的变化曲线则是随着深度的增加呈递减趋势。这种 K^+、Na^+ 含量随着深度的增加而增大，Ca^{2+} 和 Mg^{2+} 含量随深度加深而减小的特征主要是由于随着温度的增高，热水中的 Ca^{2+}、Mg^{2+} 置换围岩中的 K^+、Na^+ 的结果。

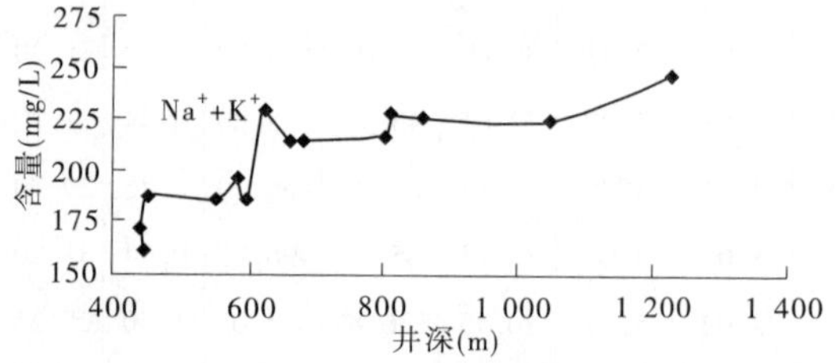

图 2　$K^+ + Na^+$ 含量随深度的变化曲线

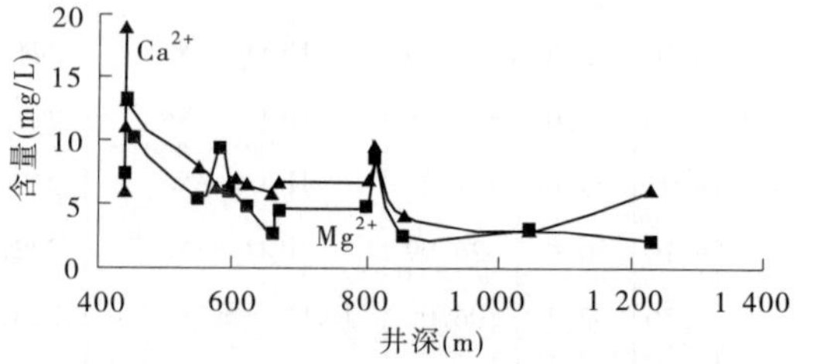

图 3　Ca^{2+}、Mg^{2+} 含量随深度的变化曲线

(2)从图 4、图 5 可以看出，在该段热储层内，阴离子 HCO_3^- 随着埋深的增加有增大的趋势，而 Cl^- 和 SO_4^{2-} 随着埋深的增加没有明显的变化。

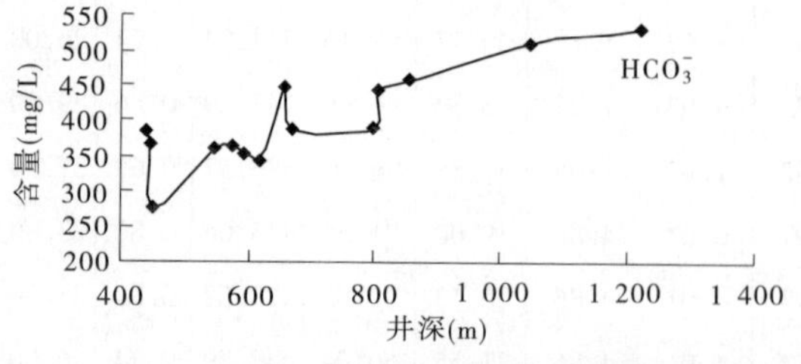

图 4　HCO_3^- 含量随深度的变化曲线

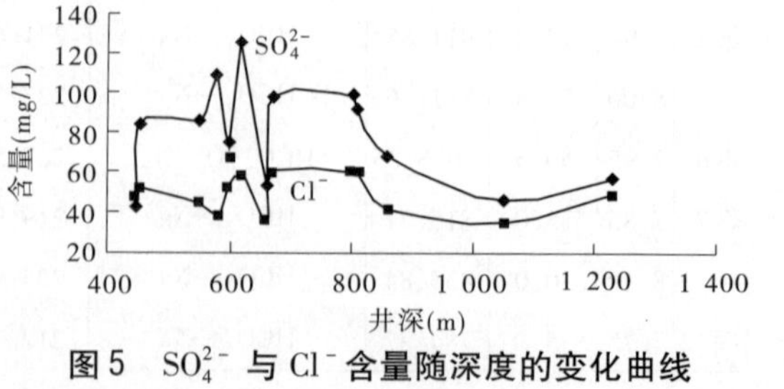

图 5　SO_4^{2-} 与 Cl^- 含量随深度的变化曲线

(3) H_2SiO_3，微量元素 F^-、Sr^- 的含量随深度增加而变化的规律不明显（见图6、图7）但在整个凹陷区内地热水中的 H_2SiO_3，微量元素 F^-、Sr^- 的含量均符合《饮用天然矿泉水》（GB 8537—1995）的水质要求。

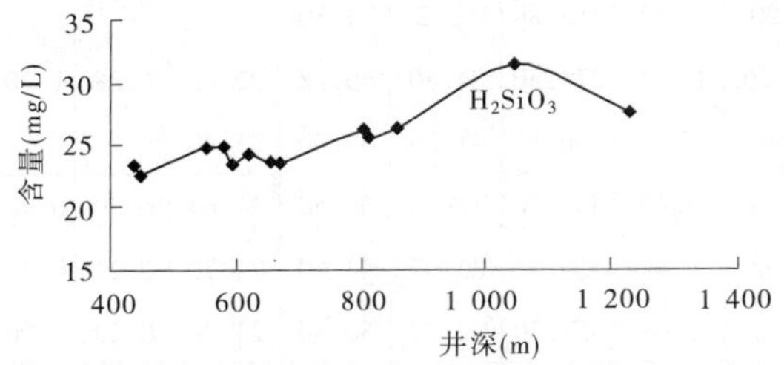

图6 H_2SiO_3 含量随深度的变化曲线

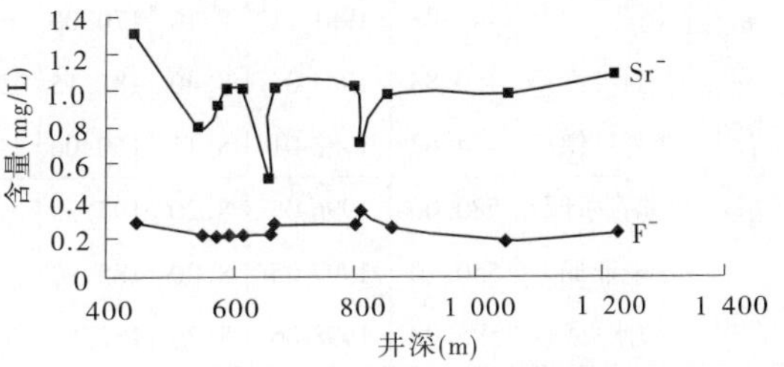

图7 Sr^-、F^- 含量随深度的变化曲线

(4)离子总和随着深度的增加而增大。从图8可以看出，离子总和变化曲线随着深度的不断增加而有上升的趋势，这表明随着深度的增加，离子总和不断增加。

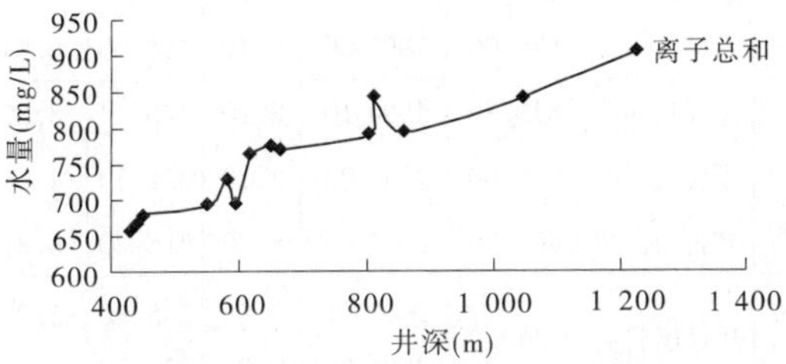

图8 离子总和随深度的变化曲线

另外，根据开封市区地热勘探资料及开封县通信公司1 580 m地热井[5]的水化学分析结果可知，在1 300～1 600 m深度的热储中水化学特征有以下几个特点：①水化学类型自上而下由重碳酸钠型逐渐过渡到氯化钠型（Cl—Na 型），Cl^- 含量由30 mg/L向下增大到2 579 mg/L，Na^+ 含量由 265 mg/L 向下增大到1 600 mg/L，而 HCO_3^- 含量由572 mg/L向下下降到236 mg/L；②溶解性总固体自上而下增大，由 977 m^2/L 上升到4 662 mg/L，含盐量显著上升，水质由淡水变为咸水；③地热水的硬度也发生了较大变化，上部总硬度 25 mg/L，属极软水；下部总硬度增加到 366 mg/L，属硬水。

2.3 水化学动态特征

以各热储层为对象研究多年开采条件下水化学成分随时间的变化关系。从表2中所列的各热储层水化学成分可以看出，相同热储层在不同取样时间的水质变化，在开采条件下相同热储层的化学成分没有明显的变化，这说明各热储层的水化学成分基本不随开采时间发生变化，同时也表明逐年开采后各热储层仍维持开采前的水化学平衡状态，即开采过程中各热储层间没有接受近期大气降水的补给。

另外，从表2中数据还可以看出，400～1 300 m各热储层和1 300～1 600 m的热储层中水化学成分差异明显。400～1 300 m水化学类型为 HCO_3—Na 型水，1 300～1 600 m为 Cl—Na 型水，其他各离子含量变化也较大，这证明了各热储层上下之间没有明显的水力联系（隔水层良好）。同时，从表中数据还可以看出，在同一热储层之间水化学成分变化不大，也说明该区热储层水平方向上的水力联系密切。

表 2　各热储层水化学成分随时间的变化关系表　　（单位：mg/L）

热储层（m）	井位	井深（m）	取样时间（年-月）	pH 值	Na^{-} $+K^{-}$	Ca^{2+}	Mg^{2+}	HCO_3^-	SO_4^{2-}	Cl^-	H_2SiO_3	Sr^-	F^-
300~450	制药厂 13	440.88	1981-11	8.10	170.00	6.00	7.40	383.80	582.20	44.30			
	开封啤酒厂	450.88	1984-06	8.40	187.15	12.26	10.30	274.30	84.80	50.88	22.65	0.28	1.30
	西郊针织厂	444.63	1988-01	8.15	160.00	19.04	12.81	366.12	41.20	47.00	23.40		
450~600	儿童乐园	580.00	1996-05	8.20	195.50	6.20	9.40	362.50	109.50	36.50	24.64	0.20	0.90
	电业局	550.70	1997-05	8.20	185.90	8.02	5.47	359.41	85.97	43.60	24.70	0.21	0.80
	节水办浅	595.00	1998-06	8.30	182.85	7.01	6.08	352.70	72.97	50.34	23.40	0.22	1.00
600~800	火电厂 1#	619.00	1991-12	8.30	227.20	6.60	4.90	342.70	124.90	56.70	24.12	0.22	1.00
	县花生集团	660.00	1995-10	8.10	212.50	6.01	2.43	445.45	50.91	33.68	23.40	0.21	0.50
	646 厂	670.00	1997-06	8.10	214.00	6.81	4.68	386.87	97.02	59.21	23.40	0.26	1.00
800~1 000	县 810 m#	810.30	1994-10	8.20	226.44	8.82	9.48	440.50	91.26	59.21	25.18	0.33	0.70
	隆氏公司	860.00	1997-03	8.10	224.30	4.01	2.43	452.77	66.76	40.06	26.00	0.24	0.96
	电业局深井	803.00	1997-05	8.30	216.20	6.81	4.86	386.87	97.02	59.20	26.00	0.26	1.00
1 000~1 300	开封运管处	1 200.00	2000-11	7.95	245.80	5.81	2.31	537.59	57.16	29.42	31.20	0.22	1.32
			2006-09	9.05	222.78	3.01	4.25	466.19	60.04	30.13	29.90	0.18	0.76
	河南移动公司	1 250.00	2002-10	8.15	223.37	8.02	3.64	516.23	81.17	35.80	29.90	0.21	0.64
			2006-09	7.4	101.60	60.12	30.38	398.46	100.86	28.36	29.90	0.75	0.76
	郑州风雅颂	1 300.00	2006-03	7.7	257.46	4.01	5.59	499.14	108.17	37.22	33.8	0.28	0.8
			2006-09	7.95	287.52	7.62	7.65	476.57	168.1	53.88	32.5	0.33	0.68
1 300~1 600	县通信公司	1 580.00	1995-10	7.20	1 625.00	101.80	27.36	236.76	44.67	2 578.99	56.60	7.65	0.74
			1996-01	7.45	1 653.48	102.39	28.70	240.71	76.40	2 592.77	54.24	7.43	0.74
			1998-09	8.20	1 668.42	92.18	26.51	204.42	66.67	3 622.94	49.40	7.36	0.70

3　地热水水质评价

依据国家标准《地热资源地质勘察规范》（GB/T 11615—2002），对地下热水进行了地热流体质量评价。工作区地下热水中氟含量局部达到了命名矿水浓度的标准，偏硼酸、偏硅酸含量局部达到了矿水浓度标准，并且地下热水温度均大于25 ℃，具有一定的医疗效果；偏硅酸含量达到了饮用天然矿泉水标准中规定含量的指标，各限量指标除河南移动公司院内的深井中铅和开封县天泉宾馆的深井中氟化物超标外均符合规定，污染物除少数井中亚硝酸盐超标外均满足要求，微生物指标符合规定，所以工作区内的地下热水可制成饮用天然矿泉水；地下热水除少数成分超标外，可以直接饮用；地下热水除部分井温较高、含盐量局部超标外，其他成分均符合农业灌溉用水标准；地下热水水质总体符合渔业用水水质标准，适合用热水养鱼；工作区地热水绝大多数为沉淀物很少的水，在腐蚀性方面，均为不腐蚀水，为良好的工业锅炉用水。

4 结论

（1）开封凹陷区地下热水水化学类型以 HCO_3—Na 型为主，属弱碱性、软水。

（2）400～1 300 m热储中，随着深度的增加，阳离子 K^+、Na^+ 含量逐渐增大，Ca^{2+} 和 Mg^{2+} 含量逐渐减小；阴离子 HCO_3^- 随着埋深的增加而增大，Cl^- 和 SO_4^{2-} 随着埋深的增加没有明显的变化；离子总和、矿化度随着深度的增加而增大；H_2SiO_3，微量元素 F^-、Sr^- 含量均符合《饮用天然矿泉水》（GB 8537—1995）的水质要求。

（3）在1 300～1 600 m深度的热储层水化学类型自上而下由重碳酸钠型逐渐过渡到氯化钠型；溶解性总固体自上而下增大，含盐量显著上升，水质由淡水变为咸水；地热水的硬度也发生了较大变化，上部属极软水，下部属硬水。

（4）各热储层水化学成分基本不随开采时间发生变化，开采过程中各热储层间没有接受近期大气降水或来自本地降水的补给。

（5）各热储层上下之间没有明显的水力联系，同一热储层水平方向上的水力联系密切；地热水补给源较远，开采以消耗净储量为主。

（6）开封凹陷区地下热水可作为医疗热矿水利用，并且是良好的饮用热矿水，除部分井温较高、含盐量局部超标，其他成分均符合农业灌溉用水标准，为非腐蚀性水，可作为良好的工业锅炉用水。

参 考 文 献

[1] 河南省地质矿产勘查开发局第十一地质队. 河南省豫东地区地热资源综合研究报告[R]. 2002.

[2] GB/T 11615—2002，地热资源地质勘察规范[S].

[3] 河南省地质矿产勘查开发局第二水文地质工程地质队．河南省开封凹陷区地热资源调查设计书[R]. 2006.

[4] 王大纯，等．水文地质学基础[M]．北京：地质出版社，1995.

[5] 开封市水利局. 开封市水资源公报. 2005.

本文与张娟娟、刘记成、葛雁合作，发表于 2007 年第 4 期《地下水》。

洛阳盆地地热资源形成条件与开发利用研究

1　区域地热地质条件

根据洛阳盆地形成演化的资料分析，洛阳断陷是在燕山初期发生、发展的断陷沉积盆地(宜阳断陷、洛宁断陷均属这个时期形成)。在中生代时期，洛阳地区总的趋势为逐渐隆起，沉积面积萎缩，故在该区白垩纪、侏罗纪地层缺失；到了燕山晚期褶皱、断裂活动强烈，并产生诸多的断裂，主要构造呈东北向延伸，性质以挤压为主；到了晚白垩纪，其构造运动以张性断裂为主，进入了一个新的发育阶段，所以该地区断裂构造多发生在三叠系地层中，并切割其下部老地层，性质为先挤压后张裂；至中、晚新世开始，断裂活动更加强烈，沉积面积迅速扩大，洛阳断陷、洛宁断陷以及邻近的一些盆地先后形成，底部普遍沉积了较厚的砾岩，并覆盖在前三叠系、侏罗系等不同的地层之上。所以，该区第三系地层沉积厚度达数千米[1]。洛阳盆地的周边断层(见图1)：南侧的伊河断层(F_3)，为正断层，向北东附合于首阳山断层(F_4)，向西附合于锦屏山断层，落差约2 500 m，形成于燕山晚期，控制着盆地的沉积厚度；北边的首阳山断层(F_4)走向近东西，倾向南，落差4 000 m以上，为印支期形成的正断层，喜山期复活。西边的龙潭沟断层(F_5)为一具左型平移的正断层，倾向北东，落差1 500 m左右。

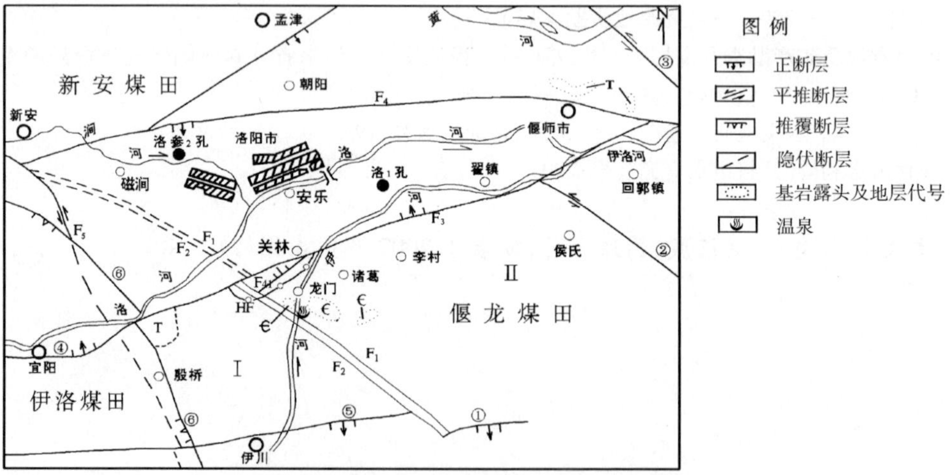

F_1—草店断层；F_2—魏湾断层；F_3—伊河断层

F_4—朝阳—首阳山断层；F_5—龙潭沟断层；HF—活动构造

①—月湾断层；②—嵩山断层；③—五指山断层；④—锦屏山断层；⑤—伊川断层；⑥—殷桥断层

Ⅰ—殷桥—龙门水文地质亚单元；Ⅱ—佛光—龙门水文地质亚单元

图1　洛阳盆地热控构造纲要示意图

洛阳盆地地表大部分被第四系(Q)覆盖,局部有上第三系洛阳组(N_1)出露。据以往物探资料,新生界一般厚度为1 500 ~3 000 m,最厚达4 000 m以上。沉积基底东部为三叠系,西部为侏罗系、白垩系。盆地内以往施工的深孔有洛$_1$孔和洛参$_2$孔。洛$_1$孔:孔深2 853.44 m,揭露地层有二叠系和三叠系687.94 m,下第三系1 638.5 m,上第三系315 m,第四系212 m。洛参$_2$孔:孔深3 371.23 m,未揭穿下第三系(已见厚度2 684.23 m),上第三系厚414 m,第四系厚283 m。

盆地内下第三系岩性主要为砂岩和泥岩,夹少量砾岩和泥灰岩。受F_3断层的影响,盆地南部、东部粗碎屑岩厚度较大。上第三系成岩程度低,主要岩性为泥岩、泥灰岩、钙质砂岩、砾岩,富水性和导水性均较差。第四系以砂砾石层、亚黏土、亚砂土为主[2,3,4]。

从已有地热地质资料分析可知,盆地区具有一定温度的热储层主要有:上第三系下部松散—半固结的砂岩、砂砾岩;下第三系半固结的砂岩、砂砾岩;白垩系、侏罗系及三叠系的砂岩;二叠系、石炭系的砂岩、灰岩;寒武系的灰岩等热储层。而盖层分别为第三系泥岩、中生界(白垩系—石炭系)的厚层页岩等。

2 盆地地热地质条件

2.1 盆地边山构造地热田成因机理

洛阳盆地边山区主要分布有构造地热田龙门地热田和汤泉—寺沟地热田。汤泉—寺沟地热田热储层为二叠系、三叠系,控热构造为首阳山断裂,地热田研究程度很低。

龙门地热田的热储层为寒武系上统岩溶裂隙。区内的草店断层(F_1)和魏湾断层(F_2)为两条平行的北西向正断层,倾向均为南西,形成于燕山早期。至燕山晚期,在北西向地质应力作用下,发生左型平移,从而使断层具有压扭性质而成为阻水断层。区内寺沟断层(F_{41})走向北东,倾向北西,为张性断裂,导水性好,为地下水运移提供了通道。燕山晚期的地壳运动,造成岩浆热液沿F_1、F_2破碎带上侵。因此,当地下水运移到一定深度时,被岩浆岩体和热液加热、改造。当地下水再向北东径流,至F_1时受阻,即沿F_1破碎带向上运移,当遇F_1下盘的其他断裂破碎带(如F_{41})或导水岩层(如ϵ_3)即向北径流,从而形成龙门地热田。又由于F_1东盘龙门山以南的前寒武系地层导水性差,故温热水集中在龙门口,沿ϵ_3岩溶、裂隙排泄[5,6]。沿ϵ_3风化壳岩层裂隙向北径流的温热水至F_{41}时,与沿F_{41}破碎带径流的温热水汇合,一部分向下运移,遇F_{41}上盘的导水岩层后,继续向北运移,至F_3排泄于洛阳盆地,或沿F_3破碎带向北东继续运移。显然。F_1为龙门地热田的控热构造,F_{41}为导水导热构造,ϵ_3为热储层。ϵ_3上覆的数百米的二叠系、三叠系地层为盖层。巨厚的盖层不但保证了温热水相对集中的径流,也使温热水的热量不至于散失太快。

煤田二队地热井见温热水的深度为1 005.60 m,距F_1的平距为2.5 km。关林地调一队地热井见温热水的深度为1 114.0 m,距F_1的平距为4.4 km,该井于1 424.0 ~1 436.0 m和1 514.0 ~1 585.5 m见断层破碎带(F_3),地层时代为T_{1+2}和P_2,该井未揭露寒武系地层。据1303井及04 -5孔见ϵ_3深度(即180余m)及ϵ_3倾角(20°左右)推算,煤田二队地热井所见ϵ_3地层是F_{41}下盘地层。按地层倾角推算,并考虑F_{41}的落差,沿ϵ_3古风化壳岩溶裂隙径流的温热水到达F_3,排入洛南新区和洛阳盆地的深度应在1 300m或更深。对应此深度F_3上盘的地层应为E之上部,导水性相对较好。另外,结合关林地调一队地热井勘察揭露的地层情况，关林一带 F_3 断层下盘 ϵ_3 地层出露的深度要在1 850 m以上。

据《龙门矿区详终地质报告》，龙门地区地温梯度的背景值为 1.3 ~ 1.5 ℃/100 m[7]。龙门地热田内，据煤田二队地热井 740 m 中途测温资料计算，地温梯度值为 2.5 ℃/100 m。

龙门地热田的形成是该地区具有的特殊地质构造制约地下热水运动的结果，为对流型地热田。龙门西山森林公园玉隆苑园地热井温度为98.5 ℃，井深966 m(2005 年5 月，洛阳地质工程勘察设计院资料)，充分说明龙门地热田深大断裂 F_1、F_2 的存在。F_1、F_2 为龙门地热田的控热构造，F_{41} 为地热田的导水构造，ϵ_3 为龙门地热储层，上覆数百米的二叠系、三叠系则成为龙门地热田的盖层。龙门地热田之北邻的洛阳盆地为凹陷区，但地温梯度却为 3.1 ℃/100 m，明显高于龙门及其他相邻地区。

2.2 盆地内地热田成因机理

洛阳盆地地热田为 NW 向断裂(F_1、F_2)和 NE 向断裂(洛河断裂、伊河断裂 F_3)挟持的地热储存体。NW 向断裂包括相互平行的草店断裂(F_1)和魏湾断裂(F_2)，为区域性深大断裂，属导热断裂。NE 向断裂即伊河断裂(F_3—区域上称宜阳—偃师断裂，洛河断裂向西南交汇于宜阳—偃师断裂)，为洛阳盆地的南部边界断裂，北东方向穿过洛南新区，也属导热断裂。区内 NE 向伊河断裂(F_3)与 NW 向的 F_1、F_2 控热、导热断裂存在密切的导热导水关系。根据区内近来已勘察开发的 4 眼地热深井资料(地热井基本情况见表1)，洛南新区的热储层有：①下第三系的砂岩和泥岩，夹少量砾岩和泥灰岩层状热储，

表1 洛阳盆地地热深井基本情况统计表

序号	位置	深度(m)	水头高度(m)	自流量(m^3/h)	单位涌水量($m^3/(h\cdot m)$)	井口水温(℃)	揭露地层	时间
1	煤田二队	1 040	+4.60	39.6(涌水量)		43.5	€	2001 年
2	地调一队	1 602	-39.0		9.09 ~ 15.6	52.5	T + P	2004 年
3	张庄洛河滩	1 500	+28.1	5.43	0.23	60.2	E	2003 年
4	龙门西山	966	-131.0	96.0(涌水量)		98.5	€	2005 年
5	洛阳人防	2 500					E	2006 年

裂隙发育，中等富水性，单井涌水量为 100 ~ 200 m^3/d。具洛$_1$ 孔和地调一队地热井资料推测该热储层埋深为 350 ~ 1 350 m，热储地温梯度为 2.8 ℃/100 m。②三叠系中下统(T_{1+2})、二叠系(P_2)的砂岩、泥岩构造裂隙带脉状热储，据地调一队地热井资料和龙门地热田的控热、导热构造研究成果，该热储为沿伊河断裂(F_3)呈近东西向的带状，为脉状热储，埋深为1 417.00 ~ 1 436.00 m，厚 19.00 m 和 1 514.00 ~ 1 585.50 m，厚 71.50 m，合计厚度 90.50 m。该热储岩层本身裂隙不发育，但构造破坏裂隙极其发育且多沿构造带呈

带状分布,弱富水性,单井涌水量小于100 m^3/d。③奥陶系、寒武系灰岩裂隙、岩溶脉状热储,其受断裂控制,据龙门地热田和河南省煤田地质二队地热井资料推测,洛南新区奥陶系、寒武系灰岩裂隙、岩溶脉状热储埋深在1 850 m以下;其热储存体分布也多沿F_3深大断裂或其附近的裂隙、溶洞呈带状、脉状,强富水性,单井涌水量大者达2 000 m^3/d,受断裂的导热、导水条件影响,其热流体的温度变化较大。

根据上述洛南新区各地热储层的产出特点和区内已勘察开发的4眼地热井资料,洛南新区具有开发前景的热储层主要有两个:其一为三叠系、二叠系砂岩、泥岩构造裂隙带组成的脉状热储存体,其上覆较厚的上第三系、下第三系泥岩构成了热储的盖层。据地热井的测温资料计算,地热地温梯度大体为2.67 ℃/100 m。其二为奥陶系、寒武系灰岩裂隙、岩溶脉状热储,其受断裂控制,埋深在1 850 m以下;其热储存体也多沿NE向的伊河断层(F_3)、洛河断层等深大断裂或其附近的裂隙、溶洞呈带状、脉状分布。

据我国大地热流值统计结果,洛阳盆地属地热正常区域,不具备高温地热资源形成的条件。但据盆地内施工的地热井推算,洛阳盆地的地温梯度为3.1 ℃/100 m,明显高于四邻地区[8]。而龙门地热田的一般地温梯度为2.5 ℃/100 m,偃龙煤田为1.3～1.5 ℃/100 m,宜洛煤田为2.24 ℃/100 m,新安煤田为1.75 ℃/100 m。洛阳盆地地热梯度相对偏高的原因有:①边山地热田导热断裂隐伏于盆地中,沿断裂不断向洛阳盆地的热储层中排泄温热水,增高了地温;②基底控热断裂构造和派生支断裂的导水导热作用,将深层地下热水导入洛阳盆地热储层(三叠系下部和二叠系上部砂岩及其构造破碎带);③上第三系洛阳组的泥岩和第四系的黏性土厚度较大,成为良好的热储盖层,使地热不易散失。

洛阳盆地地热流体的热源主要为大地热流传导,为传导型地热田;局部为断裂的对流导热。其热储层应为下第三系上部的砂、砾岩层组,呈层状。而上第三系埋藏浅,含水性差,与第四系黏性土一起成为热储层的盖层。

3　盆地地热资源开发利用建议

洛南盆地地热资源是比较丰富的,但补给、径流条件较差。延展隐伏于洛阳盆地的龙门地热田的控热构造和区内发育的NE向导热、导水构造,而沿这些隐伏的控热、导热、导水构造排入洛阳盆地的温热水,不但是洛阳盆地热储层重要的补给源,而且也提高了洛阳盆地的地热温度。因此,可根据边山地热田的控热构造展布特征,选择盆地区地热开发的远景区进行勘察开发。可从以下几个方面着手。

3.1　加大地热资源勘察投入,提高地热资源勘察程度

洛阳盆地区除边山地热田进行过一些简单的地热地质勘察工作,其他各地基本未开展正规系统的地热勘察工作。应加强地热资源勘察、评价与规划工作,尤其是加大政府的工作力度,更好地引导地热资源开发利用市场的形成。盆地地热水中,氟、硼、偏硅酸、锶等特殊组分含量普遍较高,多数达到医疗热矿水命名标准要求,应开展医疗、保健、养生效果等方面的研究。尽早建立、完善地热开采动态监测,对其水位、水温、水质变化进行长期监测,系统评价盆地地热可采资源量,为开发管理和建立采补均衡的地热资源开发利用模式提供可靠依据。

3.2 强化管理，地热资源开发必须坚持可持续发展战略方针

地热资源的开发利用与保护必须坚持可持续发展的战略方针，全面规划，科学开发。对于研究区地热田开发，应坚持以探为主，以采为目的。应充分收集分析研究已有地质、物探等各方面地质资料，慎重布井。尽可能提高热水井的成功率，避免盲目性。在开发出地下热水以后，应在对地下热水全面研究与评价的基础上，编制出全方位、多层次综合开发利用地下热水资源设计，节约利用资源，减少地热流体资源消耗，以达到水的热能与理化成分资源的最有效利用，维续地热资源的可持续利用。

3.3 加强地热资源开发利用模式研究与示范

依据盆地区地热资源开发的实际，宜建立地热采暖示范工程，开展热泵技术、地板采暖等应用技术研究。制定相应的资源消耗定额和规程、规定，节约利用地热资源，规范地热资源的合理利用。可在龙门西山森林公园玉隆苑园建立示范性工程，该地热井水温达98.5 ℃、水量达96 m^3/h，河南省内热水井井水温度多在50～60 ℃，豫西地区温泉水温一般不超过60 ℃，龙门地热田高温地热水的发现，表明龙门地热田存在高温地热水，可用于烘干、发电和工业生产。同时，随着洛阳人防2 500 m地热井的成功开发和盆地区地热资源的开发利用程度的提高，应加大地热资源开发利用模式研究与示范工程，提高龙门地热田中温地热水开发利用效益，为本地和全省提供地热资源开发利用依据。龙门地热田又位于世界文化遗产龙门石窟保护区附近，提高龙门地热田中温地热水开发利用，为保护世界文化遗产提供了可靠的洁净（绿色）能源。

参考文献

[1] 吴生良．河南偃龙煤田水文地质汇编[G]．河南煤田地质二队，1986.
[2] 王现国．河南省洛阳盆地地下水环境演化研究[G]//地下水与环境论文集．中国地质调查局，2005.
[3] 王现国．河南省洛阳市地下水下降及防降对策研究[J]．河南地质，2005(4).
[4] 王现国．河南省洛阳市水资源可持续开发利用对策研究 [J]．地域研究与开发，2005(3).
[5] 周绍武．豫西煤田地温状况及预测[R]．河南煤田地质公司，中国科学院地质研究所，1987.
[6] 白红烂，等．第三次煤田预测报告[R]．河南煤田地质二队，1992.
[7] 阎留运，徐九儒．洛阳盆地地热资源与龙门地热田的关系[J]．中国煤田地质，2002 (1).
[8] 徐连利．河南省经济型地热资源概况及开发利用前景[R]．河南省煤炭地质勘察研究院，2003.

本文与董永志、杨现国、杜春彦合作，发表于2007年第4期《地下水》。

开封凹陷区地热资源开发利用与保护

开封凹陷区是河南省地热资源条件较好的地区，面积约6 700 km^2，大地构造单元属于济源—开封凹陷的东南隅，境内深层地下水资源较为丰富，在河南省中东部平原乃至整个华北平原都有一定代表性。但目前地热水仅用于洗浴和饮用，其热能远未得到充分利用，开发利用前景看好。因此，加强开封凹陷区地热资源的研究，有计划地开发利用热能，尽快将资源优势转化为经济优势，对于改善投资环境，振兴工作区经济具有重要意义。

1 地热资源基本特征

1.1 区域地质构造

开封凹陷地区属华北断块的一部分。区内基底地层由前新生界寒武系、奥陶系、二叠系、侏罗—白垩系组成，与上覆新生界地层呈角度不整合接触。新生界厚度一般3 000 m，最深达6 500 m[1]。综合解译分析表明，区内基底断块被 NE 向、NW 向和近东西向三组断裂切割为不同的次级断块构造格局，为典型的新华夏“多字型”构造，由不同序次和级别的断隆与断陷相间分布组成(见图1)。黄河以北以 NNE 向断块最为发育为特征，黄河以南以 NWW 向断块发育为特征。虽然基底断块构造活动的特征总体表现为断陷，但是，不同的断块之间中、新生代差异性升降运动明显。

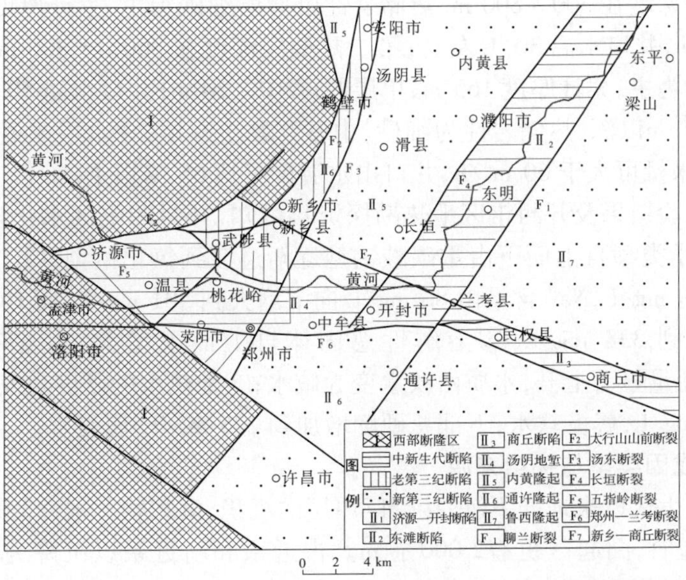

图1 区域基底构造略图

开封凹陷地区自中生代侏罗纪开始发生断块作用，形成近东西向的济源—开封断陷带和北东向的东濮断陷带，但是此时的断陷带内次级断凸区则仍处于剥蚀状态，缺失中生代沉积。新生代是中生代断块作用的继承性发展阶段，伴随着沉降范围的逐渐扩大，至新第三纪全区普遍处于断陷接受沉积状态，第四纪时期的构造活动是第三纪的延续，表现为全区整体性沉降，普遍接受沉积被第四系覆盖，但是第四系沉积厚度在区内差异巨大。

1.2 地温梯度的分布特征

据统计，开封地区地温梯度约为 3.42 ℃/100 m，郑州市地温梯度约为 2.79 ℃/100 m，中牟地区地温梯度为 3.37 ℃/100 m，民权地区地温梯度为 3.17 ℃/100 m，兰考地区地温梯度为 3.31 ℃/100 m，杞县地区地温梯度为 3.27 ℃/100 m，尉氏地区地温梯度为 3.50 ℃/100 m，整个凹陷区平均地温梯度约为 3.27 ℃/100 m。从以上结果可以看出，开封、兰考、尉氏地区的地温梯度要高于凹陷区的其他地区，其中郑州地区的地温梯度最低。

根据基底构造图和地温梯度分布可知，凹陷区内地温梯度的差异与区内构造和物理场的差异关系密切。开封县城附近受多种构造体系的影响，老第三系及以下地层内断裂纵横交错，裂隙发育，热传导性能相比之下稍高，地温梯度偏高；兰考位于焦作—商丘大断裂和兰考—东明大断裂的交汇部位，受集中于老第三系顶部的沿断裂和裂隙上升的深部热水影响，地温梯度也偏高。郑州大部分区域基底断裂不太发育，热传导性能相对较差，地温梯度偏低。

1.3 热储层特征及其埋藏条件

开封凹陷区目前已开发的有利用价值的地热主要分布在地面下 300 ~ 1 300 m深度范围，属中更新世下段、下更新世和新近系上部(明化镇组)热储。根据石油钻孔资料，在尚未开采的1 300 ~ 3 000 m深度段，为新近系下部(馆陶组)和古近系热储，是地热开发的有利层位。在此深度内可分为三层热储层，地热增温率 3.2 ~ 3.8 ℃/100 m。

第一热储层深度在 300 ~ 800 m，热储岩性以薄层细砂为主，累计厚度 215 m，单层厚度一般小于 10 m，井口水温 30 ℃左右；第二热储层深度在 800 ~ 1 300 m，热储岩性以厚层中砂和中细砂为主，累计厚度 165 m，单层厚度 10 ~ 20 m，井口水温 50 ℃左右；第三热储层深度在1 300 m以深，热储岩性为细砂、中砂与黏土互层，含水层渗透性好，热储温度高，预计单井出水量可大于 60 m^3/h，井口出水温度可达 65 ℃以上。

根据水质化验结果及开封市区地热勘探资料可知，开封凹陷区水化学特征有以下几个特点：①水化学类型自上而下由重碳酸钠型逐渐过渡到氯化钠型，Cl^- 含量由 30 mg/L 向下增大到2 579 mg/L，Na^+ 含量由 86 mg/L 向下增大到 501 mg/L，而 HCO_3^- 含量由 696 mg/L 向下下降到 338 mg/L；②溶解性总固体自上而下增大，由 677 mg/L 上升到 1 646 mg/L，含盐量显著上升，水质由淡水变为咸水；③地热水的硬度也发生了较大变化，上部总硬度 19 mg/L，属极软水；下部总硬度增加到 275 mg/L，属硬水。

1.4 地热水的成因类型与补给来源

研究区内新生代以来地壳下沉，接受巨厚层的沉积，沉积物一般厚3 000 m左右，凹陷区厚达6 500 m左右，凸起区也有2 000余 m。古近系和新近系以沉降为主，岩性为黏土岩、砂质黏土岩、砂岩、砂砾岩。其层位和厚度受古地形影响，产状近于水平。区内地热类型主要为沉积盆地埋藏型和地质构造型：①沉积盆地埋藏型地热田主要依靠储存沉积物在固结成岩过程释放的热能和岩层自身传导热能供热，地热增温梯度受地层岩性、围岩压力、物质组成影响，同一沉积单元变化不大，具有分布稳定、厚度大、地温随深度增加而升高的特点。据开封市区已开发地热井资料统计,井深1 300 m,1 000 ~ 1 300 m取水,涌水量45 t/h左右,出井水温 52 ~ 55 ℃,地热增温率为 3.2 ~ 3.8 ℃/100 m。构成了典型的覆盖型层控低温地热田。②地质构造型地热田受构造断裂控制,其分布具有局限性,其地热资源温度高、流量大,常以高温热水、高温气流体出现,在其埋藏区上覆地层地温常产生地热异常。工作区内构造活动强烈,基底深大断裂、活动性断裂十分发育,主要为西北—东南向,生成于燕山晚期,挽近期仍在活动,具压扭性质。主要断裂有新—商断裂、郑汴断裂、原阳断裂、武陟断裂、兰考断裂。深大活动性断裂常是地壳深处地热能上升的通道,深部地热流体与上部冷水对流混合形成高温地热水、热流体,在其断裂破碎带、盖层覆盖区形成地热异常。

研究区内大气降水和地下热水的同位素分析成果表明,研究区内地下热水与区外西南部、西部山区大气降水成因联系密切,研究区地下热水的补给源是位于区外西南部、西部山区的大气降水。

2 地热资源开发利用及保护

2.1 地热资源开发利用

研究区地热资源属低温性质,埋深小于 800 m 的温水储层,可用于农灌、养殖与土壤加温;埋深 800 ~ 1 300 m的温热水储层,可用于医疗、洗浴、温室;埋深1 300 m以下的热水储层,可用于采暖和工业应用。

地热资源利用领域的拓宽和社会需求的增加会给人们的生活带来越来越多的好处,但若不能遵循可持续发展的原则就会造成资源的快速枯竭,使以此为资源的系统,成了“无源之水,无本之末”。为此,地方政府应制定相应法律、法规,把地热资源管理纳入法制轨道,作为矿产资源进行管理[2]。为实现可持续开发利用的目的,在开发中应对地热水分不同梯级进行综合开发利用(见图2),这样地热水经过多次循环利用后,既避免了地热水的浪费,又提高了地热水的综合利用效率,增加了热水产量,还减少了地热水造成的污染。积极推广分级利用技术既有利于充分利用地热资源,又能产生良好的经济效益。

2.2 地热资源保护

地热资源是在特定的地质、水文地质和水文地球化学环境条件下形成的。要保持其资源的长期连续稳定开采,不致形成地质环境问题,必须十分重视其资源的保护工作。地热资源开发利用中的环境保护应当着重从 4 个方面着手。一是建立地热资源环境保护区。依据经济发展和人民生活的需要制定地热资源开发规划和环境保护方案。在开发过程中,必须按照地热资源的埋藏与分布状况合理布置开采方案,严格按设计开采方案和允许开采量进行合理开采利用,严禁超采。二是防止环境污染。在地热开发过程中,由于开发利用地热水所排放的废弃水,因温度过高,水质复杂,矿化度较高,易造成地表水、地下水及农业生态环境的污染。因此,在开发利用中,要加强热废水的排放管理,以保护周围的环境。三是加强地热资源开发中的动态监测工作。地热资源的数量是有限的,在开采利用过程中,将会使其水位、水量、水质、水温随开采的过程而发生变化。为不至于因过量开采产生地面沉降、水源枯竭等环境地质灾害,应加强开发中水的动态监测工作。四是加强地热资源的开发利用管理。研究区地热资源蕴藏着巨大的开发潜力,可望形成经济和

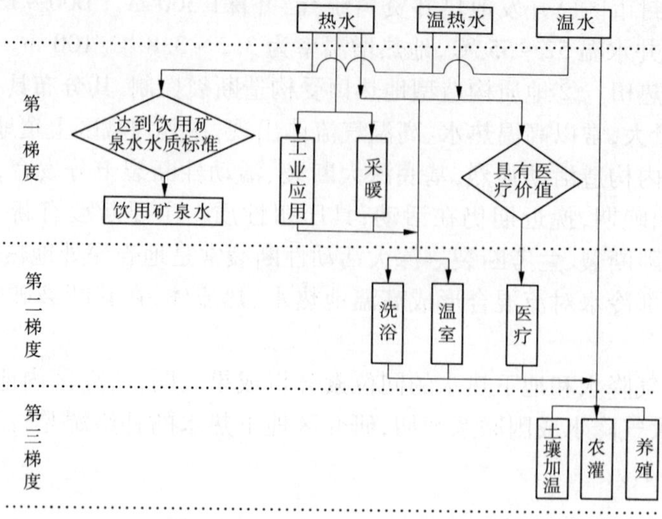

图2 地热水综合开发利用梯级图

社会的新的经济增长点。为合理地利用好、管理好地热资源，保护地质环境，应建立健全地热资源的开发管理机构，出台地热管理法规措施，建立地热井的开采审批制度，完善探矿权和采矿权取得与转让制度。

3 结语

地热研究的目的在于利用。今后除了进一步对地温场、地热异常原因、地温与石油的关系加强理论研究，还必须加强对地热应用的试验工作，搞清地热资源分布，尤其是在地热资源和地面建设配套地区更应如此。

参考文献

[1] 郑晓颖，等．河南省开封凹陷区地热资源调查设计书[R]．郑州：河南省地质矿产勘查开发局第二水文地质工程地质队，2006.

[2] Kepinska B. Geothermal energy in Poland: The state—of—the—art in 1998 and future prospect[C]//GEORGS－SON LS. Geothermal Training in Iceland 20th Anniversary Workshop, 1998:53-64.

本文与齐玉峰、王关杰、葛雁合作，发表于2007年第4期《地下水》。

Visual Modflow 在郑州沿黄水源地地下水资源评价中的应用

1 研究区概况

河南省郑州沿黄水源地西部以邙山为界，东部至中牟县万滩，北部以黄河为界，南部边界距黄河约10 km，面积约为 400 km^2。主要由“九五”滩水源地、北郊水源地组成，是以开采浅层地下水为主的特大型水源地。由于两大水源地相邻，又同处于一个浅层地下水系统，水文地质条件相似，故本次将二者视为一个水源地进行评价。评价区范围内，含水层底板埋深，南部及西部 28 ~ 50 m，北部及东部 60 ~ 75 m。在此之上无稳定隔水层，含水层主要由中砂、细砂组成，其次为粗砂（局部含砾）和粉砂。含水层厚度一般为 30 ~ 50 m，自西向东、自南向北，含水层厚度由薄变厚，而北部及东部的含水层厚度 40 m 以上，含水层颗粒一般由北向南变细。

2 三维地下水流模拟

2.1 水文地质概念模型

根据评价区内水文地质条件，依据开采目的层的含水层特点，垂向上可将本区的浅层地下水系统概化为四个含水层组。第一层弱透水层，其厚度为 5 ~ 18 m，在评价区内连续分布，岩性主要为粉细砂、粉土，该层为本区的浅层潜水层，一般无人工开采，主要接受蒸发排泄，降水入渗通过该层以越流的形式补给下部微承压水；第二层和第四层为含水层，岩性主要为中粗砂，总厚度为 30 ~ 50 m，这两层空间分布稳定，透水性好，水量丰富，为评价区的主要开采层；第三层为弱透水层，主要岩性为粉土、粉质黏土，厚度较薄，仅为 0 ~ 10 m，且分布不连续，局部尖灭。故区内的地下水流动问题可概化为松散介质中的多层含水层的三维地下水流动系统。

评价区边界条件可概化为（见图 1）：北部边界计算至黄河主河道中心线，边界处理为第三类边界，即交换边界条件，由河道参数和黄河水位一起决定黄河对地下水的补给量；西部计算至邙山黄土丘岭区，确定为零流量边界；南部中段柳林乡附近为二类补给边界，南部的东段边界在天然状态下为二类排泄边界，其余的南部地段为零流量边界；东部边界在天然条件下基本上垂直于地下水等水位线，可近似处理为零流量边界。

评价区的上部为有蒸发排泄及降水入渗补给的边界条件；下部为一层厚约 20 m 的黏土、粉质黏土所组成的隔水层，构成评价区浅层含水层的隔水底板，故在计算时处理为零流量边界。

2.2 数学模拟模型

根据水文地质概念模型，建立非均质各向同性三维非稳定流数学模型来模拟水源地地下水系统渗流场[1]，数学模型为：

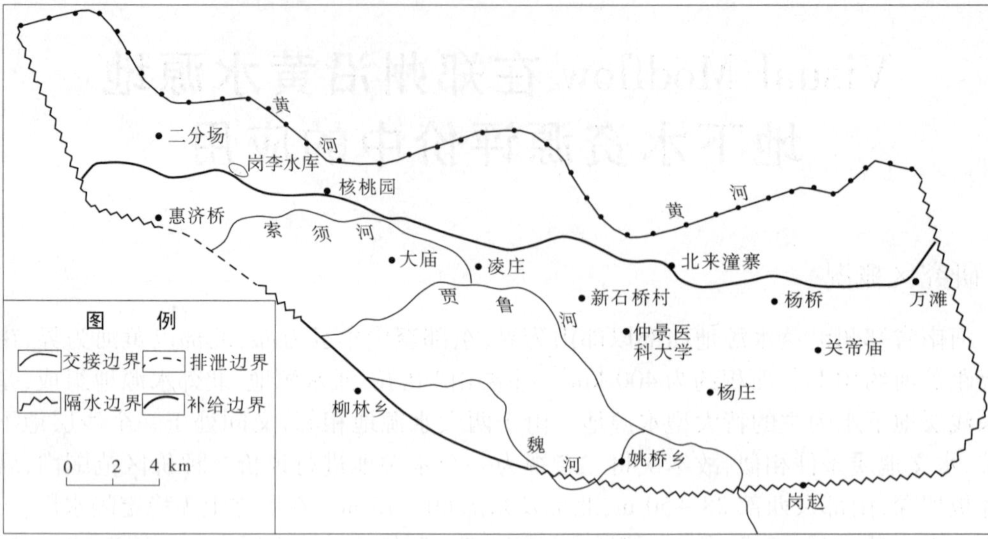

图 1　水文地质概念模型图

$$
\begin{cases}
\dfrac{\partial}{\partial x}(K_x\dfrac{\partial H}{\partial x}) + \dfrac{\partial}{\partial y}(K_y\dfrac{\partial H}{\partial y}) + \dfrac{\partial}{\partial z}(K_z\dfrac{\partial H}{\partial z}) + \varepsilon = S_s\dfrac{\partial H}{\partial t} \quad (x,y,z) \in \Omega, t > 0 \\
H(x,y,z,t)\mid_{t=0} = H_0(x,y,z) \quad (x,y,z) \in \Omega \\
K\dfrac{\partial H}{\partial n}\mid_{x,y,z\in\Gamma} = q(x,y,z)
\end{cases}
$$

式中：H 为地下水水头，m；K_x，K_y，K_z 分别为 x，y，z 方向的渗透系数，m/d；K 为边界法线方向的渗透系数；S_s 为含水层比储水系数，L/m；Γ 为模拟区域第二类边界；H_0 为含水层初始水头，m；q 为含水层二类边界单位面积过水断面补给流量，m^2/d；ε 为源汇项强度（包括开采强度等），L/d；Ω 为渗流区域；n 为渗流区边界的单位外法线方向，矢量。

评价区的总面积为 374.34 km^2。采用近似三棱柱进行剖分，在垂向上剖分为 4 个单元层，5 个结点层，共计剖分为 25 760 个单元，16 440 个结点。根据水文地质条件，将含水层分为 8 个分区，各分区参数的初值主要是根据已有各个勘察和研究阶段所进行的抽水试验成果及研究区以往的有关报告确定的。

2.3　模型的识别与检验

根据水文地质模型所建立的数学模型必须反映实际流场的特点，因此在进行模拟预报前，必须对数学模型进行校正（识别），即校正其方程、参数以及边界条件等是否能确切地反映计算区的实际水文地质条件[2]。本次模拟依据 2000 年 5 月 15 日至 2001 年 2 月 28 日的地下水位长观资料来对模型进行校正，分为 3 个时段，总共历时 288 d，源汇项包括降水、灌溉入渗、蒸发、人工开采、农业开采等。各项均换算成相应分区的开采强度分配到相应的单元格。对模型采用 PCG2（预调共轭梯度法）进行求解[3]，得到在给定水文地质参数和各均衡项条件下地下水位的时空分布。通过拟合长观孔的历时曲线，识别水文地质参数、边界和其他均衡项。由于参数分区和参数初值的选取客观地反映了研究区的实际水文地质条件，加之细致的调参拟合，模型识别取得了较好的效果。

为进一步验证所建立的数学模型和模型参数的可靠性，利用已有的另外时段的地下水动态观测资料对数学模型进行了检验。根据实测资料，自 2001 年 3 月 1 日至 2004 年 5 月 25 日作为模型的检验时段，共分为 10 个时段，总共历时1 181 d。采用模型识别后的参数来计算各长观时段末的水位，将计算水位与实测水位比较，可知实测值与计算值之间差别不大，拟合程度较高(见图 2)，基本上达到模型精度要求，表明模型正确，可以进行预报。

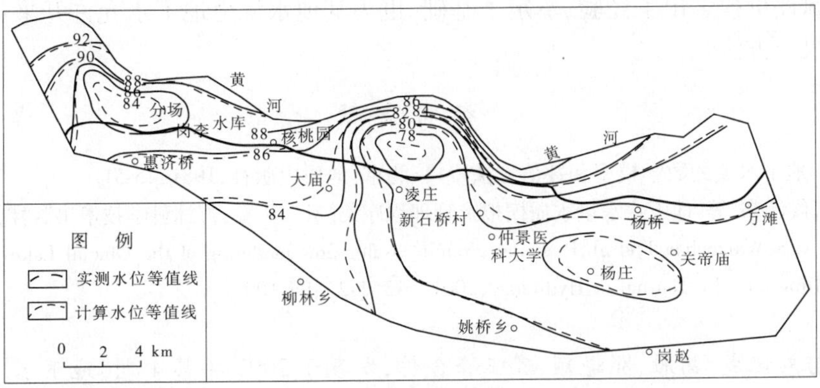

图 2 2004 年 5 月 25 日实测流场与拟合流场对比图

3 模型的预报应用

根据已掌握的地下水动态观测资料，以 2004 年 5 月 25 日的实测地下水流场作为预报的初始流场，依据现状条件下沿黄水源地开采井的布置情况，按水源地满负荷开采(开采量为 26.26 万 m^3/d)运行的方案对地下水位进行 10 年预测。部分开采井计算水位历时曲线见图 3。从图中可知，水源地开采 5 年后区内地下水流场趋于稳定。说明按照该方案对地下水进行开采，开采量和补给量近于相等，采补近于平衡，按设定的方案对地下水进行开采是有补给保障的。

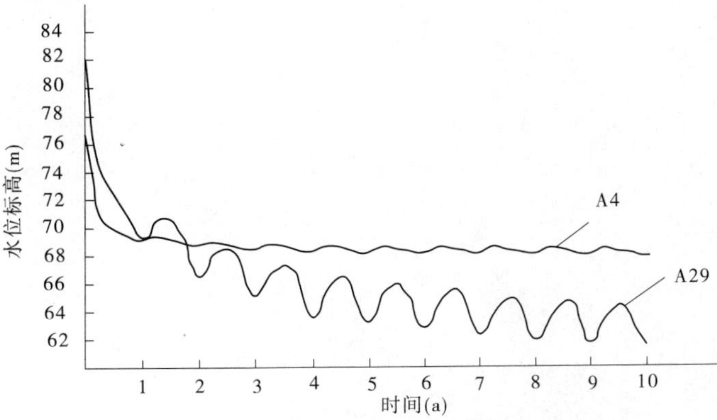

图 3 开采条件下 A4、A29 井水位历时曲线

4 结语

我国自 20 世纪 80 年代推广应用数值模拟方法解决地下水运动问题以来，数值模拟

在地下水资源评价方面发挥了不可替代的重要作用。MODFLOW 以其程序结构合理、易于理解、便于操作成为目前世界范围内被广泛使用的地下水渗流模型,具有广阔的应用前景,它的有效应用必将为地下水资源的研究起到巨大的推动作用。

充分利用水源地开采后多年的地下水动态监测资料,用 MODFLOW 对郑州沿黄水源地地下水进行详细的模拟计算,复核验证了浅层地下水的允许开采量,为郑州其他水源地地下水资源评价摸索出了经验、奠定了基础,也为其他水源地地下水允许开采量精确评价提供了参数与方法。

参考文献

[1] 孙讷正.地下水流的数学模型和数值方法[M].北京:地质出版社,1981,25-51.

[2] 林学钰,侯印伟,等.地下水水量水质模拟及管理程序集[M].长春:吉林科学技术出版社,1988,1-7.

[3] Reevea A. S, Warzochaa J, et al. Regional ground—water flow modeling of the Glacial Lake Agassiz Peatlands, Minnesota[J]. Journal of Hydrology, 2001, 243(1-2):94-100.

本文与刘记成、葛雁、邓晓颖、齐玉峰合作,发表于2007年第4期《地下水》。

洛阳龙门地热田形成条件与开发利用研究

洛阳龙门地热田的形成是特殊地质构造控制地下水运动和热对流的结果,属构造热储型地热田。笔者从分析龙门地热田发育特征、热源构造特征入手,对其形成条件进行探讨。

1 区域控热构造条件

龙门地热田位于洛阳市南 10 km,北至伊河断层(F_3),与洛阳盆地为邻,南、西均以魏湾断层(F_2)为界,东自然边界不清,大致呈三角形(见图 1)。南北长约 6 km,东西长约 4.5 km,面积约 13 km^2。西南部为低山丘陵区,中部及北、东部为山前倾斜平原和伊河阶地。最高点在西部,海拔 275 m;最低点在北东部,海拔 142 m。伊河自南由伊川县流入,经龙门山口、龙门石窟,偏向北东流出。

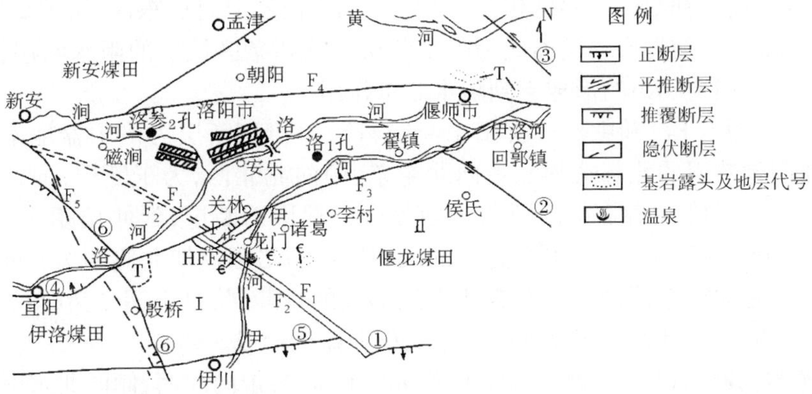

①—月湾断层;②—嵩山断层;③—五指山断层;④—锦屏山断层;⑤—伊川断层;⑥—殷桥断层

Ⅰ—殷桥—龙门水文地质亚单元;Ⅱ—佛光—龙门水文地质亚单元

图 1 龙门与洛阳盆地控热构造

控制龙门地热田成因及盆地边界的断层有龙门—米庙(吕店)断裂、殷桥断层和伊川断层、伊河断层(F_3)和朝阳—首阳山断层(F_4)、龙潭沟断层(F_5)。各断层特征如下:

(1)龙门—米庙断裂带。走向北西,为隐伏断裂,具有规模大、延伸远,以压扭性为主、多期活动(晚近期仍有活动)的特征。该区域大断裂于龙门一带向北西入洛阳盆地,由草店断裂(F_1)和魏湾断裂(F_2)两条平行的北西向正断层组成(见图 2),倾向均为南西,相距 500 m 左右,落差 2 000 m 以上,形成于燕山早期。至燕山晚期,在北西向地质应力的作用下,发生了左型平移,从而使断层具有压扭性质而成为阻水断层。该大断裂与龙门热泉的出露密切相关。该区内一钻孔水温 40 ℃,伊河西岸钻孔水温 49 ℃等,证明热水由西南部补给,遇该断裂在龙门伊河河床及两岸附近上溢,形成龙门热异常区。该区域大断裂的存在,为龙门地热田及洛南新区地热资源的形成创造了良好的地质构造条件。

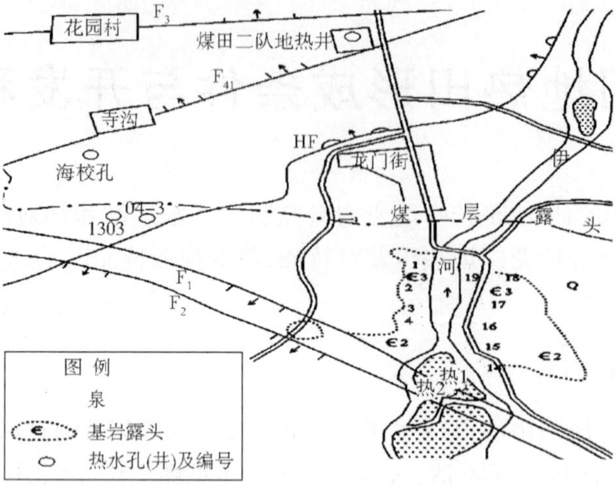

图2　龙门地热田开发示意

(2)殷桥断层和伊川断层。殷桥断层是龙门地热田地下水补给区的西部边界断层,为一大型推覆构造。走向北西—南东,倾向南西,延展长度达百余千米。挤压作用使该断层具有阻水性质。补给区南界的伊川断层为一正断层,走向近东西,落差 2 000 m 以上,因其上盘为第三系的泥质岩类而成为阻水断层。这两条区域上的阻水断层,限定了地下水的东流,为龙门地热田的形成起到阻水储水作用。

(3)伊河断层(F_3)和朝阳—首阳山断层(F_4)。伊河断层为洛阳盆地南侧的边界断层,也是龙门地热田的北部边界。走向北东东、倾向北北西,为正断层,向北东复合于朝阳—首阳山断层(F_4 也称偃师断裂),向西复合于锦屏山断层,延伸长度达 6 km,落差约 2 500 m, 形成于燕山晚期,控制着盆地的沉积厚度。洛阳盆地北侧的边界断裂即朝阳—首阳山断层,走向近东西,倾向南,为印支期形成的正断层,喜山期复活,落差 4 000 m 以上;该大型正断层控制着洛阳盆地的巨厚沉积和盆地形成。

(4)龙潭沟断层(F_5)。为一具左型平移的正断层,走向北西,倾向北东,落差 1 500 m 左右。向南东被推覆构造(殷桥断层)所掩盖,形迹不清。

2　地热田形成条件

2.1　地热田成因机制分析

由洛阳盆地形成演化的资料分析可知,洛阳断陷是在燕山初期发生、发展的断陷沉积盆地。在中生代时期,洛阳地区总的趋势为逐渐隆起,沉积面积萎缩,故在该区白垩纪、侏罗纪地层缺失;到了燕山晚期,褶皱、断裂活动强烈,并产生诸多的断裂,主要构造呈东北向延伸,性质以挤压为主。到了晚白垩纪,其构造运动以张性断裂为主,进入了一个新的发育阶段,所以该地区断裂构造多发生在三叠纪地层中,并切割其下部老地层,性质为先挤压后张裂。早第三纪时期,断裂活动更加强烈,沉积面积迅速扩大,洛阳断陷、洛宁断陷以及邻近的一些盆地先后形成,底部普遍沉积了较厚的砾岩,并覆盖在前三叠纪不同的地层之上。所以,该区第三系地层沉积厚度达 858 m。与此同时,在洛阳盆地边山区形成了数十条断裂(见图1):南侧的伊河断层(F_3)为正断层,向北东附合于朝阳—首阳山断层

(F_4),向西附合于锦屏山断层,落差约 2 500 m,形成于燕山晚期,控制着盆地的沉积厚度。北边的朝阳—首阳山断层(F_4)走向近东西,倾向南,落差 4 000 m 以上,为印支期形成的正断层,喜山期复活。西边的龙潭沟断层(F_5)为一具左型平移的正断层,倾向北东,落差 1 500 m 左右。这些断裂为地下热水的循环创造了基础条件。

国家地震局地球物理勘探大队李清林等,在洛阳一带进行的重力、地磁及其他地球物理实测资料和放射性测量结果表明:龙门地热田的热源是沿断裂上涌造成的,龙门地热田温热水是处在 F_1、F_2 组成的深大断裂带及与其相交的次级断裂的灰岩岩溶裂隙带中。岩溶区的地热田有着低量级但十分清晰的重磁异常,在岩溶裂隙或岩溶发育段中,地表水经断裂构造深循环形成的地热田往往位于重磁异常交汇带或负磁异常及边缘上。因此,沿区域深大断裂即龙门—米庙断裂分布而且埋藏浅的壳内低速体、局部低速层(即隐伏火成岩)为龙门地热田的形成提供了热源,受高温高压的作用,在地壳深处汽化时,岩石的弹性模量将发生变化,从而引起岩石的波速减小;岩石中的水汽化后,将沿着上地壳的断裂和裂隙向上运移,遇到储水(储热)构造时,对地下水起到加热作用。

我国大地热流值统计结果表明,洛阳盆地属地热正常区域,不具备高温地热资源形成的条件。但龙门地热田的一般地温梯度为 2.5 ~ 3.1 ℃/100 m,偃龙煤田为 1.3 ~ 1.5 ℃/100 m,宜洛煤田为 2.24 ℃/100 m,新安煤田为 1.75 ℃/100 m。龙门地热田地热梯度相对偏高的原因是,控热构造——草店断层(F_1)与同期构造魏湾断层(F_2)的发育,同时具导水、导热作用,将地下热水导入深层热储层循环。

2.2 地热田热储层特征及热水循环系统

龙门地热田地表大部分被新生界覆盖,仅龙门的东山、西山及其附近有基岩出露。地表及钻探揭露的地层有:震旦系(Z)、寒武系(∈)、上石炭统(C_3)、二叠系(P)、三叠系(T)、上第三系洛阳组(N_1)及第四系(Q)。奥陶系、志留系、泥盆系及下、中石炭系缺失。地层总厚 2 100 m。强含水层有:寒武系石灰岩、白云岩含水层(Ⅰ)、石炭系石灰岩含水层(Ⅱ)及第三、四系砂、砾岩含水层(Ⅲ)。

Ⅰ、Ⅱ含水层为岩溶裂隙承压水,含水性和导水性极不均一。两者之间虽有石炭系上统本溪组(C_{3b})铝质岩隔水层,但断裂、裂隙沟通,往往发生垂直水力联系,可视为一个含水层组,总厚度在 800 m 以上。

Ⅲ含水层厚 30 m 左右,为孔隙潜水含水层,与地表伊河水关系密切,两者常发生横向互补。但该含水层与石炭系含水层之间因有二叠系、三叠系的巨厚泥质岩类隔水层的阻隔而无水力联系。

在龙门地热田内,寒武系含水层分属两个水文地质单元。其东部属嵩山北麓单斜构造水文地质单元佛光—龙门水文地质亚单元。在该亚单元内,地下水自嵩山断层向西流动,至龙门一带排泄,在伊河两岸形成上升泉,现存 9 个泉,总涌水量达 300 L/s 以上,为常温水循环系统(见图 2)。西部属熊耳山余脉褶断构造水文地质单元之殷桥—龙门水文地质亚单元。在该亚单元内,殷桥—魏湾断层(F_2)之间为地下水的补给区。F_2 与 F_1 之间为地下水下渗增温区,F_1 以北为地下水径流区,这是寒武系的温热水循环系统。

1973 年河南煤田二队在龙门山口南之伊河滩,沿 F_1 断层两侧施工钻孔 7 个。热 2 号孔在孔深 49.29 m 处见温热水(见图 2),水温为 51.5 ℃,取水层位为$∈_3$,水量约 45 m^3/h。

在龙门煤矿多次勘察中，先后在地热田内钻孔 30 余个，其中ϵ_3严重漏水钻孔共 5 个，仅 04－5 孔在 191.69 m 遇温热水，水温 51 ℃，出水量 22 m^3/h。

2001 年 3 月河南煤田二队在本队院内施工，打地热井一眼，井深 1 040.94 m，取水层位ϵ_3，为ϵ_3岩溶溶洞水，井口水温 45.5 ℃，出水量 40 m^3/h。水质类型为 $HCO_3 \cdot SO_4 - Ca \cdot Mg$ 型水，水中氡浓度 29 Bq/L，偏硅酸和锶含量分别为 31.25 mg/L、0.54 mg/L，说明该井温热水来自 F_1 的深层循环系统[1,2]。

2005 年 5 月河南洛阳地质勘察设计院在龙门西山森林公园玉隆苑园区内，成功地打成一眼水温达 98.5 ℃、出水量达 96 m^3/h 的双高地热水井，井深 966 m，取水层位也为ϵ_3。该井位于魏湾断裂（F_2）、草店断裂（F_1）上，充分说明龙门地热田温热水是沿龙门—米庙（吕店）断裂由深部循环而来的。

从资料分析，ϵ常温水系统与温热水系统无直接水力联系。如 1992 年位于地热田东约 5 km 的诸葛煤矿井下突水，出水量达 2 700 m^3/h 以上，矿上强排水使龙门伊河两岸的泉水大部干涸，但位于伊河滩的热 2 号孔和位于龙门以西的 1303 井的水位、水量却无变化。

龙门地热田的热储层为寒武系上统岩溶裂隙。区内的草店断层（F_1）和魏湾断层（F_2）为两条平行的北西向正断层，倾向均为南西，形成于燕山早期。至燕山晚期，在北西向地质应力作用下，发生左型平移，从而使断层具有压扭性质而成为阻水断层。区内寺沟断层（F_{41}）走向北东，倾向北西，为张性断裂，导水性好，为地下水运移提供了通道。燕山晚期的地壳运动，造成岩浆热液沿 F_1、F_2 破碎带上侵。因此，当地下水运移到一定深度时，被岩浆岩体中长寿命的放射性元素蜕变产生的热源加热。当地下水再向北东流，至 F_1 时受阻，即沿 F_1 破碎带向上运移，当遇 F_1 下盘的其他断裂破碎带（如 F_{41}）或导水岩层（如ϵ_3）即向北流，从而形成龙门地热田。

沿ϵ_3风化壳岩层裂隙向北流的温热水至 F_{41} 时，与沿 F_{41} 破碎带流的温热水汇合，一部分向下运移，遇 F_{41} 上盘的导水岩层后，继续向北运移，至 F_3 排泄于洛阳盆地，或沿 F_3 破碎带向北东继续运移。

显然，F_1 为龙门地热田的控热构造，F_{41} 为导水导热构造，ϵ_3 为热储层。ϵ_3 上覆数百米的二叠系、三叠系地层为盖层。巨厚的盖层不但保证了温热水相对集中的径流，也使温热水的热量不至于散失太快[3,4]。

3　地热田开发利用保护建议

（1）加强地热资源勘察、评价与规划工作，更好地引导地热资源开发利用。

（2）地热资源开发必须坚持可持续发展战略。应充分收集分析研究已有地质、物探等各方面资料，慎重布井。尽可能提高热水井的成功率，避免盲目开发。在开发出地下热水以后，应在对地下热水全面研究与评价的基础上，编制全方位、多层次综合开发利用地下热水资源规划，以达到水的热能与理化成分资源的最有效利用。

（3）加强地热资源开发利用模式研究与示范。

参考文献

[1] 阎留运，徐九儒．洛阳盆地地热资源与龙门地热田的关系[J]．中国煤田地质，2002(1)．

[2] 徐连利. 河南省经济型地热资源概况及开发利用前景[R]. 郑州:河南省煤炭地质勘察研究院, 2003.
[3] 张国斌. 河北省地热资源分布特征、开发利用现状、存在问题与建议[J]. 中国煤田地质,2006(9).
[4] 张尔匡. 河北省地热地质条件的基本特征与地热资源开发利用问题[J]. 化工矿产地质,2000 (1).

本文与杜春彦、李金荣、董永志、郭文秀合作,发表于2007年第9期《地下水》。

新郑市浅层地下水流数值模拟及评价

1　研究区概况

新郑市隶属郑州市，位于黄河以南的山前平原区，面积 873 km^2，属于半干旱半湿润的大陆性季风气候，多年平均降水量 636.7 mm，6～9 月降雨占全年降水量的 70% 以上，水资源短缺。该区地势西高东低，西南部凤后岭一带是低山区，以下元古界的石英砂岩为主，西北部梅山一带是二叠系的砂页岩和第三系的石英砂岩，地下水类型均为基岩裂隙型水。该区大部分地区为上更新世第四系的沉积物，东北部是黄河二级阶地，以砂、粉细砂为主，西部是山前倾斜岗地，主要是亚砂土和粉细砂，东南部是岗间洼地，其岩性为粉细砂。研究区的浅层水主要是以第四系的松散岩类孔隙水为主，水位埋深较浅，富水性好，是生产生活的主要供水水源。

2　地下水流数值模拟

2.1　水文地质概念模型

本次研究的主要是新郑市地区的浅层地下水（即埋藏于地表以下 40 m 左右深度内的含水层中）[1]。西南部和西北部的山区，地势较高，透水性差，可概化为隔水边界；西部地区地形较高，是补给边界；东部和南部地形相对较低，属于排泄边界，概化为定流量边界，属于第二类边界（见图 1）。上部边界是潜水面受降水入渗、河流渗漏和潜水的蒸发等影响，是交换边界；下部是第三系长石石英砂岩和二叠系的泥岩，透水性相对较弱，可概化为隔水边界。

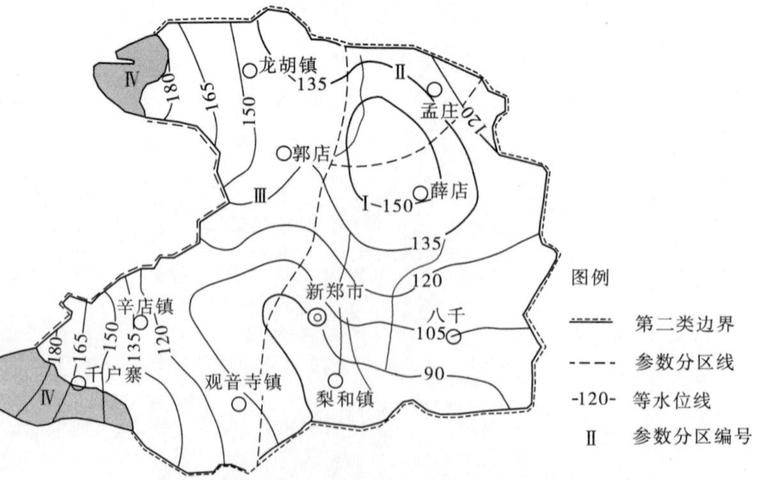

图 1　浅层地下水水文地质概念模型图

2.2 数学模拟模型

根据上述可知,将研究区地下水系统概化为非均质各项同性的三维非稳定地下水流系统。用下面的微分方程来定解描述[2]:

$$\begin{cases}\frac{\partial}{\partial x}(K_x\frac{\partial H}{\partial x})+\frac{\partial}{\partial y}(K_y\frac{\partial H}{\partial y})+\frac{\partial}{\partial z}(K_z\frac{\partial H}{\partial z})+\varepsilon=S_s\frac{\partial H}{\partial t} & (x,y,z)\in\Omega,t>0\\ H(x,y,z,t)\mid_{t=0}=H_0(x,y,z) & x,y,z\in\Omega\\ K\frac{\partial H}{\partial n}\mid_{(x,y,z)\in\Gamma}=q(x,y,z)\end{cases}$$

式中:Ω 为渗流区域;H 为地下水水头,m;Γ 为模拟区域第二类边界;K 为边界法线方向的渗透系数;H_0 为含水层初始水头,m;S_s 为含水层比储水系数,L/m;n 为渗流区边界的单位外法线方向,矢量;K_x,K_y,K_z 分别为 x,y,z 方向渗透系数,m/d;q 为含水层二类边界单位面积过水断面补给流量,m^2/d;ε 为源汇项强度(包括开采强度、入渗强度、蒸发强度等),L/d。

2.3 数值模型的建立

2.3.1 网格剖分和参数的分区

本次研究采用 GMS 软件[3]中的 MODFLOW 模块对研究区进行网格剖分,共划分成 50×50 个网格,其中有效单元1 308×1 个(见图 2)。含水层的渗透系数和给水度根据地形、岩性共划分成 4 个区(见图 1),各分区参数的初值按抽水试验成果并结合前人资料给出[1]。含水层的初始流场由实测水位资料通过插值方法获得。

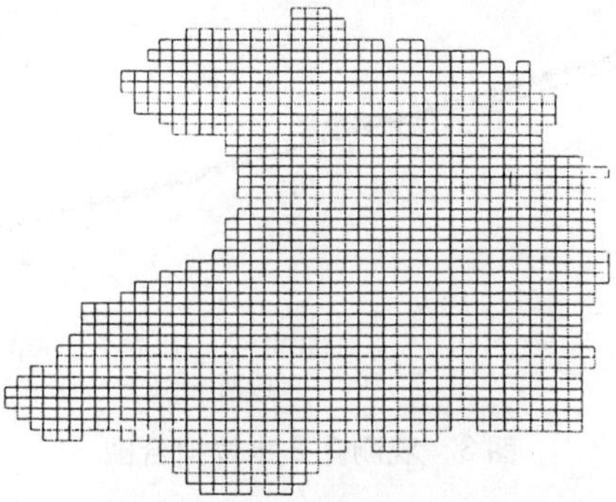

图 2 研究区的网格剖分图

2.3.2 源汇项的处理

本区的源汇项包括降水入渗、灌溉回渗、河流渗漏、人工开采和蒸发等。降水入渗补给是此区的主要补给来源,降水入渗系数分区与潜水含水层参数分区相同。河流的渗漏是根据河床的高程、岩性、厚度以及垂向的渗透系数确定。人工开采可分为生活用水、农业用水和图 2 所示研究区的网格剖分图工业用水,生活用水开采量可处理为整个地区的面排泄,农业用水和工业用水按实际开采量处理为井排泄。由于此区地下水位埋深较小,只有在东南部有蒸发排泄,同样处理为面排泄,其他地区不予考虑。

2.4 模型的识别与校正

为保证所建立的数学模型能够反映实际流场的特点,在进行模拟预报前,必须对数学模型进行校正(识别),即利用建立的数学模型,计算观测孔所在单元的水头,并与实测水头进行对比,从而反求有关的水文地质参数。本次计算选择的观测孔有 15 个,根据获得的长观测孔水位资料,选择 2005 年 1 月 1 日为模型识别时段的初始时刻,2005 年 8 月 1 日为模型识别时段末刻。

通过适当地调整模型参数,使拟合孔实际水位与计算水位趋势保持一致,数值尽量吻合,从各区选择一个有代表性的长观测孔,拟合其水位的历时过程,观测孔 2 位于Ⅱ区孟庄乡酒孙村,水位在 143 m 左右,观测孔 8 位于Ⅲ区观音寺乡夏庄村,水位在 130 m 左右,观测孔 17 位于Ⅰ区梨和乡前吕村,水位观测在 97 ~ 100 m,拟合结果见图 3 ~ 图 5,水识别时段末刻计算水位和观测水位见图 6。模拟计算的平均误差为 -0.091 m,误差绝对值的平均值为 0.343 m,标准均方根为 0.408%。从水位拟合结果来看,其变化幅度基本一致。参数识别结果见表 1。

表 1　参数识别结果表

分区	渗透系数(m/d)	给水度	储水率(L/m)
Ⅰ	0.85	0.075	0.02
Ⅱ	0.97	0.43	0.056
Ⅲ	0.83	0.2	0.025
Ⅳ	0.01	0.005	0.000 01

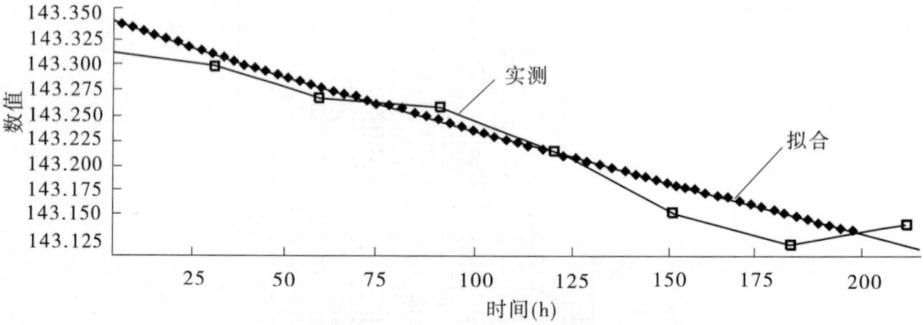

图 3　观测孔 2 水位拟合图

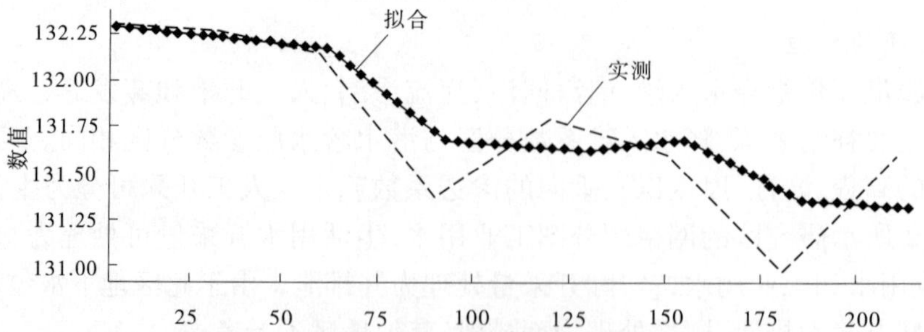

图 4　观测孔 8 水位拟合图

为进一步验证所建立的数学模型和模型参数的可靠性,利用已有的另外时段的地下

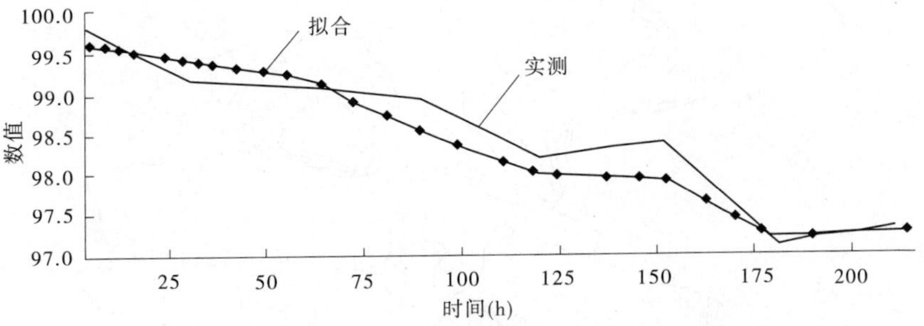

图 5　观测孔 17 水位拟合图

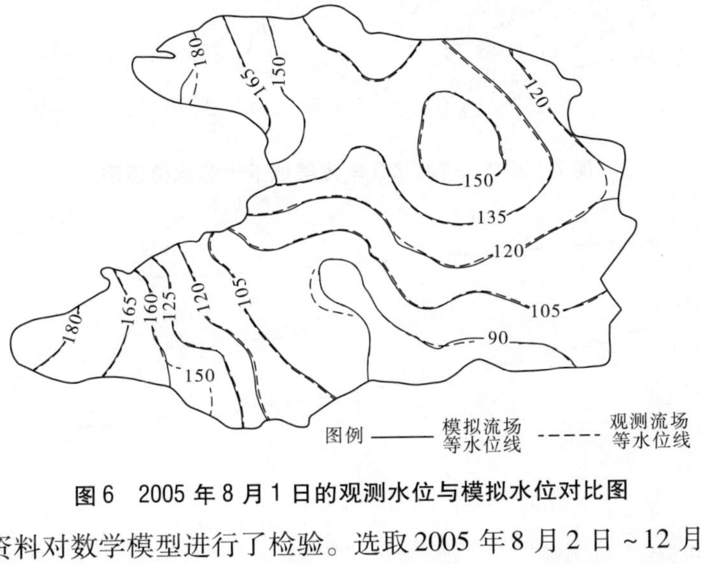

图 6　2005 年 8 月 1 日的观测水位与模拟水位对比图

水位动态观测资料对数学模型进行了检验。选取 2005 年 8 月 2 日 ~ 12 月 31 日为模型的检验时段。从检验结果可以看出,平均误差为 -0. 333 m,误差绝对值的平均值为415 m,标准均方根为 0. 541% 。模型识别和检验结果证明所建立的数学模型、边界条件、水文地质参数和源汇项的确定都是合理的,该模型可以用于地下水流系统的预报。

2. 5　地下水位的变化预测

根据已掌握的地下水动态观测资料,选择了距本次模拟计算时间较近的 2005 年 9 月 20 日的地下水位作为预报时段的初始水位,降水入渗采用多年降水量的平均值,人工开采根据郑州市新郑市浅层水资源评价报告[4]预测结果确定见表 2。农业用水根据各个区的开采情况分配到 30 个抽水井,生活用水处理为面排泄。按照这种开采方案,预测 2015 年和 2020 年新郑市浅层地下水的等水位线见图 7。几个观测孔水位变化见图 8。

表 2　2006 ~ 2020 年预测开采量　　(单位:万 m^3)

时间	2006	2007	2008	2009	2010	2011	2012	2013
人工开采量	6 907.95	7 115.79	7 352.87	7 666.37	7 966.86	8 254.33	8 528.78	8 790.22
时间	2014	2015	2016	2017	2018	2019	2020	
人工开采量	8 948.63	9 085.35	9 200.38	9 293.71	9 365.34	9 415.28	9 559.55	

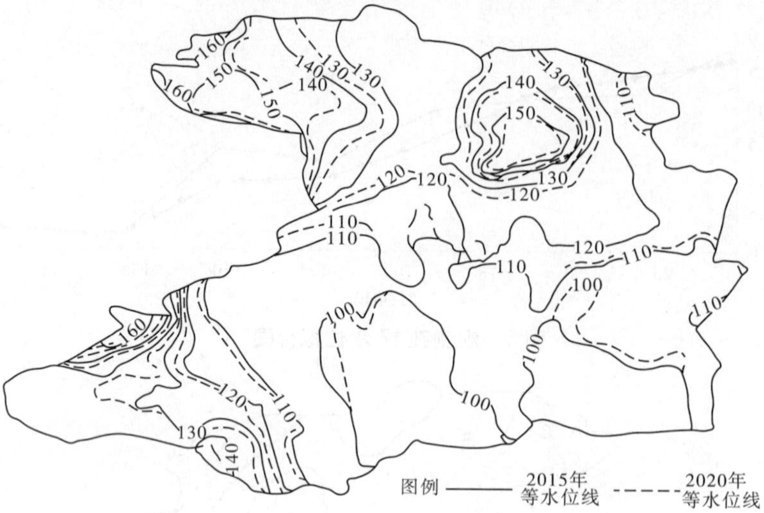

图 7　2015 年和 2020 年浅层地下水等水位线图

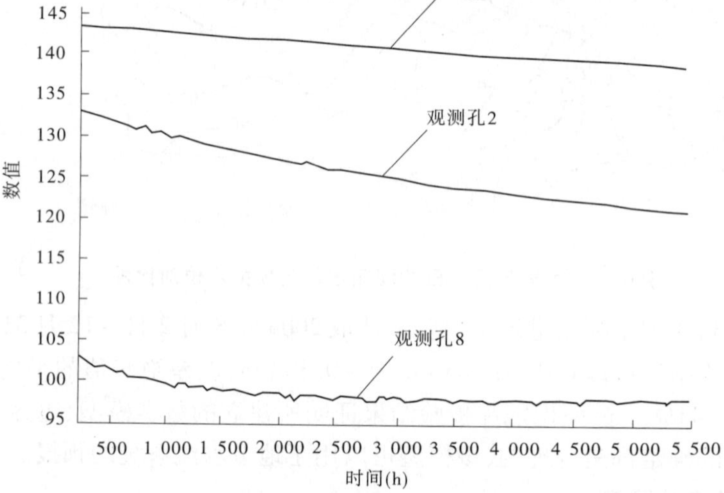

图 8　观测孔预测水位变化图

从预报的等水位线图 7 可以看出，按照预测的开采量进行开采，研究区的地下水位在预报期间明显下降，从水位变化图 8 可以看出，观测孔 17 水位下降在 5 m 左右，观测孔 8 和 2 水位下降在 10 m 左右，结合图 6 分析得出大部分地区下降范围在 5 ~ 10 m。研究区的北部浅层地下水位下降趋势明显，主要是由于浅层地下水的水位较高，靠近郑州市，工业较发达，开采量逐年增大，水位下降快；南部地区水位下降相对较慢，主要是因为水位较低，主要用于农业灌溉，地下水利用量相对较少。在工业较发达的新郑市区，地下水的开采量较大，但是大多开采的是中深层地下水，在此模拟的过程中没有全部考虑，所以此区水位的变化不大，这可能与实际存在一定的差距。从本模型 Flow Budget 模块可以看出，研究区的主要补给来源为大气降水和地表水，排泄以人工开采为主，根据水均衡计算结果得出，该区多年平均补给量为 7.8 万 m^3/a，排泄量为 8.2 万 m^3/a，排泄量大于补给量，从而导致储存量减少，水位下降，这与预测水位结果相符。因此，要调整产业结构和工业布局，合理的利用地下水资源，降低水位下降幅度，以免引发环境地质问题。

3 结论与建议

通过上述分析可以得出以下结论：①该区浅层地下水位一直处于下降状态，预测2020年大部分地区水位可能下降5～10 m，部分地区可能会出现降落漏斗，有可能引起环境地质问题，如地面沉降等。因此，应该控制地下水资源开采，提高水资源的利用率，降低地下水的下降速率。②该区水位下降幅度不等，在研究区北部水位下降较快，南部下降较慢，这主要与该区工农业分布状况有关。因此，应该调整产业结构，采取节水措施，加强工业用水、农业用水和生活用水的管理，使该区地下水处于平衡状态。

参 考 文 献

[1] 马传明，等. 中牟县浅层地下水资源评价[J]. 水文，2007(3)：80-84.
[2] 陈崇希，唐仲华. 地下水流问题数值方法[M]. 北京：中国地质大学出版社，1990：1-4.
[3] 陈冬琴. GMS软件在杭嘉湖地下水资源评价中的应用[J]. 软件导刊，2007(5)：49-51.
[4] 中国地质大学(武汉)环境学院. 郑州市新郑市浅层水资源评价报告[R]. 2005.

本文与赵国红、宁立波合作，发表于2007年第6期《地下水》。

黄河冲积扇平原(河南部分)地热资源开发保护研究

1　地热地质条件概述

黄河下游冲积扇(河南部分)属中朝准地台的南部,二级分区则为华北台坳的中南部,西为山西台隆、华熊台缘凹陷、嵩箕台隆;东南为鲁西中台隆。凹陷区地表广为新生界覆盖,仅大边缘地带有基岩零星出露。研究资料表明,燕山运动早期及其以前,华北凹陷与相邻构造单元为统一整体,地质构造特征基本相似。燕山运动以后,西部隆升,本区下沉,形成凹陷。凹陷内燕山运动晚期—喜马拉雅运动早期,由于基底构造及断裂活动影响,不均衡下沉,形成一系列次级断(凹)陷盆地和断块隆起。以新乡—商丘深断裂为界,以北在太行山凹陷和隆起均为北北东向,且相间分布,包括汤阴断陷、内黄隆起、东明断陷、临清凹陷、济阳凹陷、埕宁隆起等。新商断裂以南地区,由于近东西向基底构造线方向和断裂影响,凹陷和隆起多呈东西向或北西向展布,包括济源—开封凹陷、通许隆起、周口凹陷等;隆起区缺失侏罗纪,古近系厚度可达5 000 m以上。古近纪以后,本区继续大幅度下沉接受沉积,堆积了厚500~1 000 m的新近系、第四系松散堆积物。

黄河下游冲积扇(河南部分)平原区第四系及其下伏的新近系有如下特征:新近系发育齐全,自下而上为:①馆陶组(N_g),底板埋深开封1 685 m,郑州1 000~1 200 m;②明化镇组(N_m),厚990 m左右。第四系可分为:①下更新世(Q_p^1),黄河下游地区均有分布,厚度较大,一般80~200 m,凹陷中心厚度大于200 m,成因类型主要为冰水、冲积及冲湖积、湖积等;②中更新世(Q_p^2),该层厚度较大,一般40~60 m,最厚可达100余m;③上更新世(Q_p^3),区内普遍分布着黄河堆积物,厚度较大,一般30~50 m,坳陷(断陷)中心可达60 m以上;④全新世(Q_h),该套地层在区内较发育,其厚度在隆(凸)起区较薄,一般10~20 m,其他地区均在20~30 m,开封凹陷最厚可达40余m。堆积物主要为黄土物质经黄河搬运堆积而成。

根据区域地热地质资料,汤阴断陷地温梯度2.5~3.0 ℃/100 m,构造部位达3.5 ℃/100 m;内黄隆起地温梯度3.0~3.5 ℃/100 m,由南向北地温梯度逐渐降低;东明断陷地温梯度2.25~2.75 ℃/100 m;埕宁隆起地温梯度3.0~3.5 ℃/100 m,局部小于3.0 ℃/100 m;济源—开封凹陷地温梯度2.5~3.0 ℃/100 m,开封以东大于3.0 ℃/100 m;通许隆起地温梯度2.5~3.0 ℃/100 m,中部高,东西两侧略低,构造部位达4.0 ℃/100 m;周口凹陷地温梯度2.5~3.0 ℃/100 m,西部低,东部高。

2　地热资源勘察、开发现状与存在问题

2.1　地热资源勘察、开发现状

自20世纪50年代以来,先后有地质、煤炭、地震、石油等部门开展了地热资源勘察工

作,基本查明在郑州、开封、漯河、周口、濮阳、新乡、商丘、鹤壁等地广泛分布着低温地热资源,目前最深的地热井为3 000 m左右,位于鹤壁市新区,其温度达73 ℃左右,并含有大量的 CO_2 和 H_2S 气体,目前鹤壁市政府拟建造5眼2 800 ~ 3 200 m地热井进行集中供热和化工原料的生产,现已完成3眼井的施工,其次是20世纪90年代初在开封县由河南省地质工程公司负责实施的1 750 m地热井,其温度70 ℃左右。其余大多数地热井深在1 200 m左右,温度为42 ~ 58 ℃,如郑州市地热井180余眼,开发深度小于1 200 m。其水质多数达到了锶和偏硅酸天然饮用矿泉水标准。总体上说,黄河冲积扇平原区(河南部分)地热地质工作研究程度较低。初步查明热储层地热水储存量约7.6万亿 m^3。

2.2 地热资源勘察与开发中存在的主要问题

2.2.1 勘察研究程度低与开发深度浅

地热开发工程施工单位技术参差不齐。实际能够真正承担或具备地热井施工资质的单位为数不多。由于管理上比较混乱,造成不管有没有实力或设备,只要与钻井业务有关的单位或个体几乎都可以从事这方面的工程,所以相当一部分地热井在使用不到两三年即出现井管腐蚀破裂、出浑水或砂、水量减小、水温降低等问题。

现有的地热井主要在1 000 ~ 1 200 m,水温也仅为40 ~ 58 ℃,开发深度浅。据区域地热资料显示,有些地区的地热温度可达70 ~ 80 ℃。

2.2.2 没有明确的发展规划与目标,开发利用单一

黄河冲积扇平原区地热井的建设单位主要是政府、宾馆、企事业单位和房地产商等,主要用于职工福利、温泉洗浴、饮用和提高房地产的卖点。目前,政府没有实行统一的规划和管理,没有一个明确的思路和目标,所以出现了地热资源开发与发展不均衡现象。主要表现在局部地区过于集中钻井开采同一地层的地热水,使水位急剧下降;而大部分地区虽具备良好的地热资源却没得到很好地开发和利用,到目前为止还没有形成一定规模和有效的开发。

2.2.3 地热资源勘察与开发管理无序

黄河冲积扇平原区没有进行过系统的地热地质勘察研究,开采管理比较混乱,出现了乱开采、乱审批、乱收费等现象,从而导致个别地区地下水位急剧下降和污染问题,在目前地下水资源承载力十分脆弱、普遍存在饮用水安全问题的情况下,政府采取科学的措施来解决,在没有科学调研和充分论证基础上强行封井和不再审批所有建井许可(同时包括地热井)。若不加强论证和管理而无序开采地下资源将会导致一系列的地质环境问题,因此在地热资源开发利用方面,急需形成一个统一管理、统一规划、统一论证的模式和权威性的业务管理工作与决策机构。

3 地热资源的勘察与开发保护

黄河冲击扇区地热资源勘察与开发研究程度低,正确处理地热资源的开发与生态、环境、经济之间的关系,不能靠单一的行政指令封停或滥采,使之协调发展。

3.1 建立地热资源开发统一管理法规措施

首先加强地下水资源或地热资源行政主管部门的业务能力的学习和培训,只有自身具有较强的专业技术知识或业务能力,才能行使好职能部门的权力或为政府提供科学的

决策依据；其次是加强统一管理和规划，在所有地下水或地热资源开发利用前，做好前期论证和审批工作；加强监督管理和市场规范工作，建立地热资源开发统一管理法规措施，因为地热开发是一个地下工程，其工程质量的好坏直接与使用寿命和最大效益的发挥有关，杜绝无施工能力或技术实力较差的单位进行地热工程的施工。

3.2 合理开发地热资源，正确处理地热资源开发引起的环境问题

地热资源无序的“乱批、乱采、乱用”会导致许多的问题和后果，如资源的浪费、地下水位下降、地面不均匀沉降、地裂缝、建筑物开裂或倾斜、地下水污染等。在地热资源勘察与开发工作中，树立起地下水资源的可持续发展观，科学合理处理生态、环境、经济发展的关系，对地热资源的开发利用统筹规划。

地热资源作为一种地下新型能源，无论是从环保方面、成本方面还是在水质与水资源安全方面，其他的能源都无可比拟。地热水不但可作为一种环保型的热能源供暖、温泉洗浴、种植与养殖，而且其水质（饮用矿泉水）与严重污染的地表水相比，显示出巨大的优越性。采用地热资源供热供水，而无锅炉供热的洗浴、房产等行业相继出现，使生态环境得到了较好的保护，如采用锅炉供热，每万平方米面积取暖，在取暖期内产生 SO_2 气体4.26 t，烟尘7.11 t，垃圾413.8 t；如果采用地热供暖，不仅避免环境污染，而且还省去煤、机械费用、大量的人工投入，并且还可大大降低供暖成本，如北京市一套燃气锅炉的运行成本是40 元/(m^2 · a)，而地热供暖的成本是20 元/(m^2 · a)。对于主要靠黄河饮水的郑州、开封，在黄河水经常出现严重污染和断流的情况下，在水资源安全受到严重威胁的条件下，以地下深层热水作为饮用水源或供暖，显得尤为重要和迫在眉睫。

3.3 加强地热资源勘察与开发利用技术研究

在地热资源或地下水资源开发的同时进行勘察与开发利用新技术研究，进行“开采与回灌”联合调度运行模式，即开采地下热水资源的同时，同步实施地下水回灌，可有效防止地面沉降等环境问题发生。回灌水可根据不同情况，利用自来水公司的地表水或污水处理厂经过处理并符合排放标准的水。另外，在开采地热资源时，要根据不同用途和现有井的数量，分不同层次和深度地开采，避免在同一深度开采。

寻求新的地热水资源，根据地热地质条件推断和预测，在郑州、开封、周口、漯河等地，在1 500～4 000 m具备较好的热储条件和丰富的地下水资源，其温度预计可达 70～100 ℃。

加大地热钻探设备投入和技术创新工作，目前在地热井专业施工设备方面主要是2 000 m以下的钻井设备（石油系统除外），并且都是正循环泥浆钻进。无论是设备性能方面还是成井工艺方面都存在着一定问题，如钻井深度能力差、效率低、成本高、地层污染严重。由于成井材料和工艺问题，导致地热井正常的使用寿命短，主要表现在：短期内出现水量减小、涌砂或出浑水、井管腐蚀破裂。所以，今后应该继续加大地热钻探设备的投入和技术创新工作。

3.4 建立地热田的评价与管理数学模型和制定地热资源开发利用总体规划

根据黄河冲击扇区地热地质条件，对地温场、热储、地热流体、回灌试验等进行研究，确定地热田的温度、热储条件、储量、流体性质和水化学类型，并建立相关的数学模型，为地下资源保护与合理开采布局提供科学的依据。

由于地热流体中通常含有CO_2、H_2S等凝气体，特别是在高温地热流体中其浓度更大，另外废地热流体的直接排放会造成热污染和流体中有害组分的超标排放。如果处理不当，则会对大气和环境造成污染；在新生界松散沉积层及半成岩热储层中开采地热流体可能产生地面沉降等。这些问题的出现都会对环境造成一定的影响或破坏，地热资源开发利用时，必须进行环境影响评价。

4 结论

黄河水资源是我国西北、华北地区的主要水资源，是北方地区最大的供水水源。不仅对缓解华北水资源短缺、促进地区社会可持续发展起着重要的作用，而且在全国经济发展中占有重要地位。在长期治理、开发黄河的实践中，作者深感水文地质学科得不到应有的重视，原因是多方面的。一方面，水文地质工作者需要转变思路，提出的勘察成果一定要有很强的实用性和可操作性；另一方面，也要看到黄河下游地下热水资源开发所引起的水环境问题，如地面沉降、水质恶化、地下水位持续下降、水资源枯竭、土地沙化、湿地萎缩等，水文地质工作者当前所面临的主要问题就是尽量减少或避免这些问题的发生，从根本上改变人们对水文地质学科的偏见。可预见，水文地质学科的发展必将会越来越受到人们的重视。

黄河是著名的多泥沙河流，作为供水水源，处理工艺复杂，且费用也高。尤其是70年代以来，黄河下游出现断流，进入20世纪90年代后，几乎年年断流，且断流时间、河段持续增长，直接威胁沿黄城市和引黄灌区的供水安全。同时，由于黄河上游工矿业、农业和生活污水的大量排入，使黄河干支流水质污染越来越严重，这更加剧了水资源紧张局面，势必造成对沿黄地下水的开采。黄河下游不但赋存有浅层孔隙淡水，而且蕴藏有比较丰富的地热资源。浅层地下水资源主要是黄河水渗透补给形成的，并且补给非常迅速，属激发补给。经过多年研究，初步探明了这部分浅层地下水资源的分布规律，黄河下游冲积扇平原（河南部分）的地下地热资源，研究程度较低，因此加强地下热水循环演化机理研究对合理开发黄河地下热水资源有着重要的现实意义和经济意义。

综观几十年的水文地质勘察工作，黄河下游河南部分的地热水文地质勘察取得了一定的成绩，但由于黄河的独特性质，勘察工作中还存在很多的难题需要解决，在今后的黄河水资源开发及黄河治理中，把地热水文地质勘察纳入其中，采用新技术、新理论、新方法，全面开展黄河下游地热水文地质勘察，圈定具有供水意义的地热田，进行供水水文地质勘探和开发利用研究，提高沿黄城市供水的安全性，改善人民生活条件，为当地提供新的洁净能源。建议建立动态观测网，严格进行地热系统水质和水位的动态观测工作，做好水量和水质变化的预测工作，防止地下水水质恶化和水量超采。在开采的同时，就水量和水质变化规律、水井布局和井深的合理性等课题继续进行研究，同时也需要进一步加强黄河下游地热水文地球化学作用及地热水循环演化形成条件的研究和地热水合理开发利用技术研究。

参考文献

[1] 王庆，王红艳. 历史时期黄河下游河道演变规律与淮河灾害治理[J]. 灾害学，1998，13(1)：57-61.

[2] 戴英生．黄河的形成与发展简史[J]．人民黄河,1986,5(6):17-26.

[3] 伍军,赵华,张治晖,等．关于黄河滩地地下水资源开发的思考[J]．地下水,1999(4).

[4] 赵云章,邵景力,阎震鹏,等．黄河下游影响带地下水资源评价及可持续开发利用[M]．北京:中国大地出版社,2002.

本文与郭友琴合作,发表于2008年第4期《人民黄河》。

豫西龙涧泉岩溶水系统分析研究

1 引言

龙涧泉出露于洛阳新安县铁门镇龙涧村附近的龙涧河谷中，泉水出露标高318.5 m，据1983～1987年流量观测，一般流量为170～230.0 L/s，最大307.46 L/s，最小125.3 L/s，随季节动态变化，稳定系数为0.41。泉水温度为16～17 ℃。属低化 $HCO_3-Ca\cdot Mg$ 型水。

自1986年以来，随着泉域内工农业生产的发展，工农业用水量不断增加，对岩溶地下水的开采量逐年增大，泉口处岩溶水位下降，龙涧泉、下羊义泉等泉水流量逐渐衰减或消失。1995年5月新安电厂投产，在泉口区用钻孔开采岩溶水24 000 m^3/d，使泉口处水位已降至地面以下，1997年6月水位埋深54 m，1998年9月水位埋深73.4 m。

以往对龙涧泉的研究着重于泉口出露地区，从区域角度综合分析不足，因此迄今为止，对龙涧泉岩溶系统的分布范围、岩溶水资源以及开发利用岩溶水可能引起的问题等，均未得出明确结论。该研究是在分析1988年和1990年两次水文地质调查资料的基础上完成的。

2 自然环境

研究区位属秦岭山系崤山山脉，地处崤山东延部位，地貌属低山、丘陵，岩溶地貌景观发育。北涧河在区内自西向东流过，龙涧泉汇水范围内多年平均降水量为618.74 mm，7、8、9三个月降水量约占全年的56.1%以上。汛期北涧河流量可达100 m^3/s，一般流量在0.3～0.5 m^3/s，自20世纪80年代开始北涧河出现枯季断流。北涧河于龙涧泉上游汇入涧河，涧河汛期最大流量可达9.27 m^3/s，最小流量0.72 m^3/s（新安站），北涧河属季节性河流，河水流量一般小于0.5 m^3/s，最大流量可达100 m^3/s。石河亦属季节性河流，一般流量小于0.07 m^3/s，最大流量为8.842 m^3/s。

本区出露地层为元古界变质岩，寒武系、奥陶系海相碳酸盐岩，石炭系、二叠系煤系地层，三叠系与新生界沉积。以厚度为477.85 m碳酸盐岩为主，整体上可以看做是一个统一的含水岩系，上元古界石英砂岩、页岩等变质岩系，总厚度1 500余 m，构成上述含水岩系的区域隔水底板；石炭系、二叠系为区域性隔水顶板。在此含水岩系中，寒武系下部页岩、石英砂岩以及奥陶系中的页岩均为局部隔水层。

研究区位于渑池向斜盆地的西北翼，渑池向斜的两翼不对称。南翼陡立，甚至倒转，被义马断层、北寨断层、南平泉断层、杨大池断层破坏；而北翼发育完整，地层倾角一般20°～28°，走向SE，向斜轴向近于EW，在铁门以东轴部翘起，西部收敛，大致与涧河一致，区内断裂发育，以EW、NW、NE、SN为主。

3　龙洞泉岩溶水系统的圈定

3.1　龙洞泉岩溶水文系统与岩溶含水系统

张人权等认为：与岩溶大泉有关的系统分为两类；某一岩溶泉的汇水范围称之为岩溶水文系统，此范围内的大气降水最终以一定份额汇集并供应该岩溶泉，圈定的岩溶水文系统对于分析泉的补给、水量动态以及确定水质保护区均有一定意义。与某一岩溶泉水力联系的岩溶含水岩系的分布空间，称之为“岩溶含水系统”，同一个含水系统的水是一个整体，其中任一部分开采或注入水量，均将改变其余部分开发利用或岩溶水的排泄条件，并影响岩溶泉的流量，含水系统中任一部分水质的变化，最终将影响其下游部分及岩溶泉的水质，确定岩溶含水系统是统一筹划岩溶水开发利用与排除，统一规划岩溶水调控、管理与保护的必要前提。通常情况下，岩溶水文系统与岩溶含水系统的范围并不一致，往往也不是相互包容的（见图 1）。

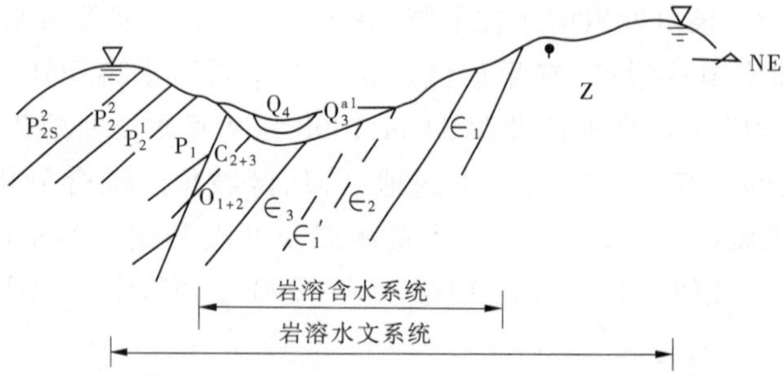

图 1　龙洞泉岩溶水文系统与岩溶含水系统示意图

3.2　龙洞泉岩溶水系统的边界

岩溶含水系统的边界主要取决于地质构造，岩溶水文系统的边界则取决于地形与地质构造。根据 1:20 地形地质构造图所提供的地质构造方面的信息以及白浪岩溶水源地勘探、渑池电厂岩溶水勘探、仁村岩溶水源地勘探工程资料所提供的大量的水文地质信息，综合其他水文地质资料，在豫西地区岩溶水文地质图的基础上，分析确定龙洞泉岩溶水系统的边界（见图 2）。

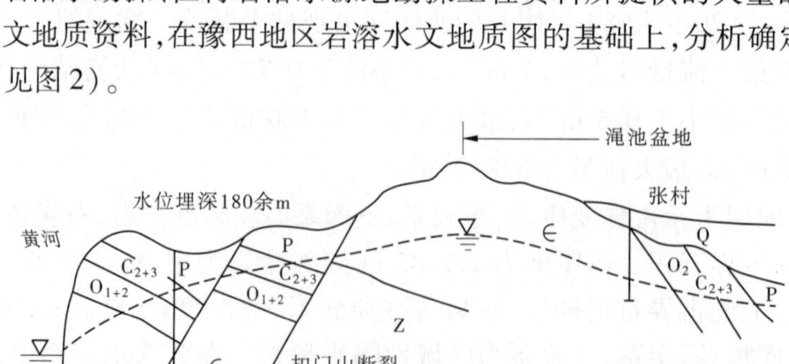

图 2　龙洞泉与白浪岩溶水系统之间的边界性质

3.2.1　龙洞泉与白浪岩溶水系统之间的边界性质

关于龙洞泉与白浪岩溶水系统之间的边界性质，河南第一地质队认为：两个岩溶含水系统属同一大的系统，以雷公山—扣门山一带为大致的地下岩溶水分水岭。实际上两个岩溶水系统之间应无水力联系，受扣门山断裂、白树山断裂的影响，区域性隔水底板抬升，标高超过700余m，高于白浪岩溶水系统的水位，据焦作地勘探孔资料，水位标高为280.23 m，黄河水位标高为240.00 m。据煤田地质二队资料，渑池煤田西部岩溶水水位标高在444.12 m，龙涧泉水位标高318.5 m。龙涧泉与白浪岩溶水系统之间水位相差较大，由此可以断定两个岩溶系统之间不发生水力联系。

3.2.2 龙涧泉岩溶含水系统的边界确定

龙涧泉岩溶含水系统的范围，西部以扣门山断裂为边界。北部、西北部大体以寒武系下统辛集组底部或元古界与寒武系的分界为界线。上述边界均属阻水边界。张村断裂、洪阳断裂基本上控制着渑池盆地内中生界、新生界的沉积，南盘中、新生界厚度2 339 m，此两条断裂构成渑池煤田的北部、西部边界，岩溶地下水径流至断裂时沿断裂向深部运移，向南至义马断层、杨大池断层受阻后再转向东运移；义马断层基本上为渑池盆地南部边界。这就说明龙涧泉是这一带深层岩溶水的唯一排泄出口。

关于龙涧泉的东部边界，我们认为主要受两种构造因素的控制，一种是渑池向斜在铁门、庙头翘起，形成了渑池盆地与洛阳盆地之间的隆起，即导致区域性隔水底板隆起，促使岩溶水浅部运移；第二种因素是受新安断裂的影响，该断裂构成洛阳盆地的西边界，亦属活动性断裂，具有平推性质，其东北盘向NW移动，西南盘向东南移动，从而将原本属于同一的岩溶水系统错开形成两个独立的没有水力联系的岩溶水系统。

综上所述，龙涧泉岩溶含水系统均被阻水边界所圈闭，总面积为1 826 km^2。

3.2.3 龙涧泉岩溶水文系统边界

从地形地质构造图不难看出，西部水文系统边界与含水系统边界基本一致。北部、西部水文系统边界比含水系统边界扩大。南部由于岩溶含水系统被埋藏，不能接受补给，水文系统的范围远小于含水系统，也就是涧河流域大部分不能入渗补给岩溶水系统，北涧河、石河则是龙涧泉岩溶水系统的主要地表水补给源，东部水文系统边界以新安断裂为界。龙涧泉岩溶水文系统面积为2 312 km^2，其中灰岩裸露的直接补给区456 km^2。

4 龙涧泉岩溶系统的水文地质模型

龙涧泉岩溶水系统补给、径流、排泄条件概括于图3中，龙涧泉岩溶水系统包含三个子系统：①区域性饱水带；②局部饱水带；③孔隙水、裂隙水上层水带。

局部饱水带主要是由岩层所夹的相对隔水岩层和地质构造的组合而形成的局部性蓄水构造，具有与区域性水位无关的局部水位，如仁村东泉就是龙涧泉岩溶水含水系统中存在的一个局部（次级）岩溶水系统，隔水底板是寒武系的页岩夹层。

孔隙水上层水分布较广，含水层岩性为第三系砂砾岩、砂岩、泥灰岩，其富水性极差，无集中供水意义，以垂直渗漏方式补给下部岩溶水或裂隙水。

裂隙水上层水是指煤系地层中地下水，一般为无压水，接受降水补给或孔隙水补给，富水性差。

区域性饱水带因其分布及构造特征的差异，其特征迥然不同，龙涧泉岩溶系统发育于宽阔向斜中，分布范围大，具有统一水位的区域性饱水带，在渑池电厂水源地、仁村水源地、新安电厂水源地群孔抽水试验结果已证实了这一点。

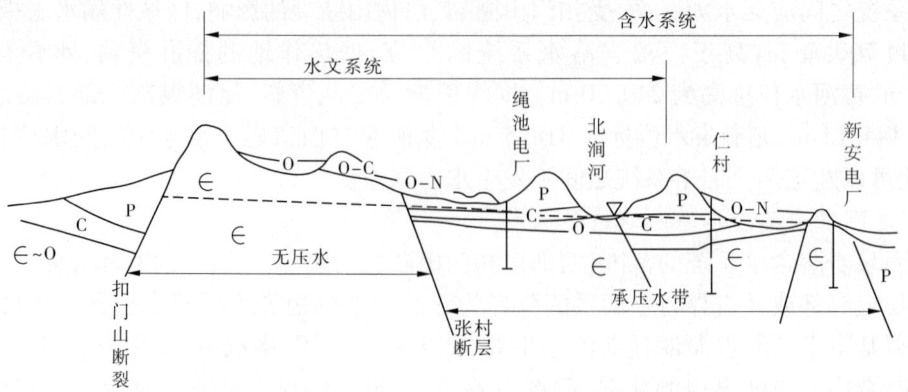

图3　龙洞泉岩溶水系统补给、径流、排泄示意图

5　龙洞泉岩溶水系统的补给 、径流、排泄

5.1　龙洞泉岩溶水系统的补给

大气降水与石河渗漏,北涧河渗漏是龙洞泉岩溶水系统的主要收入项。在碳酸盐岩直接裸露区,大气降水直接入渗补给,在盆地区中部煤系地层与新生界所覆盖或埋藏区,大气降水首先转为孔隙水或裂隙水,然后再进入岩溶含水系统。

西部、西北部灰岩裸露区,地表覆盖有第四系松散沉积物,岩性为黄土、碎石土,地表植被不很发育,降水首先补足土层中旱季蒸发所造成的水文亏缺,然后才能补给岩溶水含水系统,盆地区中部灰岩埋藏于上覆有第四系沉积的煤系地层之下,降水只能通过孔隙水、裂隙水的转化下渗补给岩溶水,即相当大一部分降水转为地表径流流出区外,据渑池电厂、仁村水源地勘探资料,大气降水入渗系数为 0.26 ~ 0.31,降水入渗补给量为 0.23 m^3/s。

北涧河、石河发育于向斜的北翼,其河面都切割了灰岩,河谷内由第四系冲积砂砾石组成,丰水期在灰岩河谷段渗漏补给岩溶水,1986 年 6 月、1989 年 5 月曾两次进行测流,两次渗漏量分别见表 1。

表 1　石河、北涧河渗漏量统计表

测流时间(年-月)	石河(m^3/s)	北涧河 m^3/s	备注
1986-06	0.1 ~ 1.752		据煤炭部水文地质队
1989-05	0.53	0.28	据河南省水文地质二队

众所周知,河水渗漏量的大小与不同流量相对的河水面宽度、河水深度、河床岩性(覆盖层)相关。据张人权等资料,河水渗漏量的增加,几乎完全与河水面宽度相关,河流阶地的存在,使得河水面宽度到达一定流量后才能跃增,其渗漏量呈阶梯式增大,该区内北涧河存在此种情况。

5.2　龙洞泉岩溶水系统的排泄

龙洞泉岩溶水系统的支出项包括:蒸发、水文系统范围内的降水产流流出、龙洞泉流出以及人工开采，龙洞泉现已断流。人工开采包括岩溶水的城镇工矿开采及矿坑排水，也包括新生界孔隙水与煤系地层裂隙水的开采，因为后者中的采水意味着岩溶水的补给减少，等效于岩溶水的采排。但是，此种效应较小。龙洞泉的出露与新安—伊川断层及涧河的切割出露灰岩有关。至于龙洞泉是否为本岩溶含水系统的唯一排泄出口，即是否属全排型泉，前人研究不多，通过对泉域构造发育特征、地层组合特征等方面综合分析认为龙洞泉是该岩溶含水系统的唯一排泄口，主要理由如下：①受新安—伊川断裂的影响，北东盘古生界碳酸盐岩地层与南西盘碳酸盐岩地层平移错开，南西盘上升使晚古生代地层遭受剥蚀而残缺不全，北东盘下降而使晚古生代地层保存较好，广泛发育中生代、新生代地层。据洛参2号孔资料，新生代地层厚度达2 677.00 m，起到阻止岩溶水向西北向运移的作用。②深部岩溶水受断裂带的阻水或导水影响，沿断裂向西南方向运动，新安断裂具先压后张特征，且数条近于平行断裂组成。当运动到新安县庙头以东时，由于一系列北东东向断裂的逐级下降作用，使古生界错开呈阶梯状逐级陷落，新安断裂沉没于宜阳盆地之中，并在其上沉积了数千米的中新生代地层（宜阳盆地），透水性差，起到较好的阻水作用。

5.3 龙洞泉岩溶水系统的径流

根据义马市仁村水源地勘探资料：研究区内地下岩溶比较发育，以溶隙为主，而裂隙率为3% ~8.8%，溶洞次之，相互间连通性好，形成了现今具有统一水力联系的地下岩溶含水系统，在群孔抽水试验过程中，当试验流场达到稳定后，在试验影响范围内各观测孔水位变化具有同步升降的变化特征，这一点在泉口区的新安电厂水源地地下水流场观测中被证实。1998 年 9 月，在泉口区进行了地下水流场变化特征监测，监测范围包括化肥厂供水水井、电厂供水水井、泉口处龙涧村供水井，结果发现形成了以电厂开采井为中心的岩溶水开采降落漏斗，中心水位埋深为108.00 m，泉口处水位埋深为 73.4 m。据访，1995 年 5 月，因新安电厂水源地开采后，龙洞泉水断流至今。

在天然条件下，龙洞泉岩溶水系统地下水流向大体上由北西向南东流动，从钻孔水位资料可看出（见表2），从上游向下游，钻孔水位逐渐变低，平均水力坡度由大变小。

表2 钻孔水位及平均水力坡度表

孔　号	MK6	MK1	MK3	MK7	MK9
水位标高（m）	566.05	441.53	403.60	401.06	381.81
平均水力坡度（%）	0.11 ~1.70				

注：据仁村水源地勘探报告。

勘探资料充分证明了研究区岩溶发育程度存在不均一性，导致岩溶含水系统中岩溶水的分布亦存在不均一性，在断层带部位，岩溶十分发育，钻孔岩溶率达 11.74% ~23.08%，仁村勘探区 MK5 孔位于洪阳断裂与次级断裂（NE）复合部位，钻进过程中遇到3.7 m 多的溶洞，曾使三套钻具掉入不知去向。钻孔单位涌水量有明显差别，从0.002 4 ~1.11 L/(s·m)不等，也证明了岩溶含水系统的不均一性。在洪阳断裂带内，钻孔岩溶发育程度普遍高，从而形成了沿此断裂分布的地下水延流带，这一点被群孔开采抽水试验所形成的开采降落漏斗长轴展布方向（NW）与断裂走向相一致所证实，另据钻孔资料分析，标高 150 m 以上岩溶比较发育,标高 150 m 以下岩溶不发育,表明了岩溶发育在垂向上也存在分带性。

综上所述,该岩溶含水系统受断裂节理的破坏和沟通,形成了具有统一水力联系的岩溶水动力系统,且存在明显的不均一性,在断裂带部位,岩溶发育利于地下水的运动,形成了岩溶地下水强径流带,已被试验所证明,这一点对指导我们开发利用保护龙洞泉岩溶水资源提供了可靠的依据。

6　龙洞泉岩溶水系统合理开发和保护

(1)尽快进行龙洞泉岩溶水系统的资源评价。天然条件下,龙洞泉是岩溶水系统唯一的排泄出口,因此龙洞泉多年平均泉流量即是龙洞泉岩溶水系统的补给资源量。从 20 世纪 80 年代起,该岩溶水系统范围内开始进行大规模的勘探开发,如仁村水源地(2.0 万 m^3/d)、渑池电厂水源地(2.0 万 m^3/d)、新安铝电水源地的相继建成。自 1995 年 5 月以来,在泉口区建成的新安电厂水源地开采量 2.40 万 m^3/d;另据地矿部门 2000 年资料,渑池盆地地下水开采量(包括煤田疏排岩溶水)已达2 759.48万 m^3/a,据估算,渑池盆地地下水可开采量约2 361.05万 m^3/a。表明整个盆地地下水开采已处于超采状态。

(2)运用经济、法律等手段建立龙洞泉岩溶水系统的优化管理体系,制订科学合理的开发利用方案。

(3)必须加强用水管理,提倡节约用水,积极推广先进的节水技术,挖掘节水潜力,提高水的重复利用率。削减泉域内工农业生产对地下水的开采量。

7　结语

(1)对龙洞泉岩溶水系统分析后,龙洞泉岩溶水系统四周为隔水边界所封闭,该泉群为全排型泉。其主要补给来源为大气降水、地表水入渗,整个系统的多年平均人工排泄量不应超过多年平均补给量。在区内积极采取旨在增加岩溶水的各种补给措施,在合适地段建立地表蓄水工程,拦蓄降水、洪水、矿坑水等,实施人工补给工程。

(2)建立该泉域内的岩溶水水质保护措施,建立统一的岩溶水系统水位、水量、水质监测网。开展人类活动条件下的龙洞泉域地下水系统演化研究,为当地水资源可持续开发利用提供科学依据。

(3)统一协调开发利用岩溶水与开发利用和岩溶水有关的其他地下水的矛盾。加强矿坑水利用研究。

参考文献

[1] 张人权,周宏,陈植华,等.山西郭庄泉岩溶水系统分析[J]. 地球科学,1991,16(1):1-17.

[2] 王现国.渑池盆地碳酸盐岩岩溶发育规律及控水特征初步探讨[D]. 武汉:中国地质大学,1989.

[3] 王现国,务宗伟,牛波,等.洛阳市水资源供需平衡与可持续利用对策研究[J]. 湖南科技大学学报,2004(3):14-17.

本文为 2007 年 6 月第四届中国水论坛交流论文。

包气带中污染物自净规律研究

1 引言

地面以下潜水面以上的地带，称为包气带，也称非饱和带，它是大气降水、地表水同地下水进行水分交换的地带，也是地表污染物进入地下水的通道。包气带是一个分布十分广泛且复杂的天然降解系统，这种固有的特性使污染物进入包气带以后除部分直接进入含水层，大部分残留在包气带土层中，在包气带中经吸附、过滤、离子交换以及生物降解等多种作用，得到去除、净化，因此包气带的性质直接决定了浅层地下水的污染速度和程度。本文对洛阳市区洛河河床岩性及其他包气带岩性分别做了净化试验，分析了不同性质包气带对天然污染物的自净能力，为治理地下水环境污染提供了一定的理论依据。

2 试验概况

为了分析研究洛阳市区洛河河床岩性及其他包气带岩性对污染物的自净能力，本文分别设计了三组实验：①以污染的洛河水作为入渗水，并在洛河垂直渗漏段岸边打井采取地下水作为河水下渗经过净化后的水，将洛河水水质与地下水水质进行对比分析来研究洛河河床岩性的自净能力；②通过野外实地取样，选取亚黏土、亚砂土以及中细砂三组土样，在室内分别制成土柱，并采用定水头连续供水，不定时地采取经土柱净化后的水，与原水水质进行对比分析来分析研究包气带土壤对污染物的自净能力；③包气带厚度影响地下水补给及污染物迁移的快慢，从而影响包气带对污染物的自净能力。为此，本文选择洛阳市区 9 个供水井水质化验资料来分析研究包气带厚度对污染物的自净能力。

3 洛河河床岩性自净能力

钻孔资料表明[1]：洛河河床均由砂砾石组成，其中夹有薄层黏性土和泥质粉细砂层。根据试验设计分别对洛河水及在洛河垂直渗漏段岸边打井采取的地下水进行水质分析，对比水质分析结果（见表 1）可知，以砂砾石为主的洛河河床对各种污染物的净化能力均达到 90% 以上，在 pH 值大于 7 的条件下，重金属 Cu^{2+} 在渗透过程中可完全被净化，NH_4^+、NO_2^- 的净化能力在 95% 以上，而 NO_3^- 的含量却升高，正是水质净化后的产物。此结果是浅层孔隙含水层中发生的消化作用所引起的。在自营养微生物的参与下，消化作用将 NH_4^+ 转化为 NO_3^-；而地下水中的 NO_3^- 的含量增加，其作用过程分为两个阶段：第一阶段是 NH_4^+ 在亚硝化杆菌的作用下被氧化成 NO_2^-，第二阶段是 NO_2^- 在硝化杆菌的作用下被氧化成 NO_3^-。即：

$$NH_4^+ + O_2 \xrightarrow{\text{亚硝化杆菌}} NO_2^- + H_2O + H^+ + \text{能量}$$

$$NO_2^- + O_2 \xrightarrow{\text{硝化杆菌}} NO_3^- + \text{能量}$$

表 1 砂砾石垂直净化分析成果表 (单位:mg/L)

分析项目	pH 值	COD	MnO_4^-	BOD	NO_2^-	NO_3^-	Cu^{2+}	NH_4^+	挥发酚	石油类	总硬度
洛河水	7.95	66.4	21.86	11.44	0.79	0.43	0.11	20.6	0.055	3.89	153.1
地下水	7.69	6.4	0.89	1.11	0.036	5.78	0	0.51	0.002	0.08	254.2
净化能力(%)	—	90.4	95.9	90.3	95.4	—	100	97.5	96.4	97.9	—

由于洛河河床岩性以砂砾石为主,透水性好,非常有利于硝化作用的进行。因此,河水渗入补给地下水后,NO_3^- 浓度有所升高[2]。

4 包气带自净能力

4.1 包气带岩性对自净能力的影响

根据试验设计,本文分别将所选取土样亚黏土、亚砂土以及中细砂制成高度为1 m、1 m、0.5 m的土柱,采用污染的洛河水作为定水头连续供水,并不定时地采取经土柱净化过的水做水质分析,选取了 Cr^{6+}、Cu^{2+}、Cl^- 等污染物离子来分析包气带岩性对污染物的自净能力。

试验结果表明(见表 2 ~ 表 4),包气带介质层对重金属有很强的净化能力,尤其是对 Cu^{2+}、Pb^{2+} 净化能力最强;中细砂对 COD 有较强的去除能力,试验初期,降低量在 70% ~ 80%;包气带介质层对 Cl^-、Cr^{6+} 净化能力较弱,在短时间内介质中就达到饱和而失去净化能力(见图 1、图 2);在同一介质层中,在未达到吸附饱和之前,渗出的水中污染物含量随时间的延续而逐渐减少,在达到饱和以后,渗出水中污染物含量随时间延续而增加;天然介质层的吸附降解能力因性质不同而异,黏性土吸附降解能力大于砂性土的降解能力[2]。

表 2 亚黏土水质净化试验结果 (单位:mg/L)

污染物	时间(h)								
	0	36	48	72	96	120	144	168	720
Cr^{6+}	0.404	0.005	0.007	0.011	0.01	0.23	0.36	0.39	0.4
Cl^-	5 801	2 002	2 949	5 162	5 875	6 274	6 274	6 274	6 274
Cu^{2+}	10	0.03	0.01	0	0.06	0.03	0.03	0.01	0

表 3 亚砂土水质净化试验结果 (单位:mg/L)

污染物	时间(h)						
	0	24	48	72	96	120	720
Cr^{6+}	0.397	0.008	0.045	0.251	0.32	0.41	0.38
Cl^-	5 895	2 669	6 000	6 217	6 297	6 274	6 004
Cu^{2+}	10	0.02	0.01	0	0	0	0

表 4 中细砂水质净化试验结果 (单位:mg/L)

污染物	时间(h)						
	0	16	47	70	93	119	141
Cu^{2+}	1.45	0	0	0	0	0	0
Pb^{2+}	0.87	0	0	0	0	0	0
Cr^{6+}	0.34	0.003 1	0.002 2	0.001 3	—	0.000 5	0.004 5
COD	195.93	59.5	65.01	—	43.01	—	26.55

注:"—"表示未进行检测。

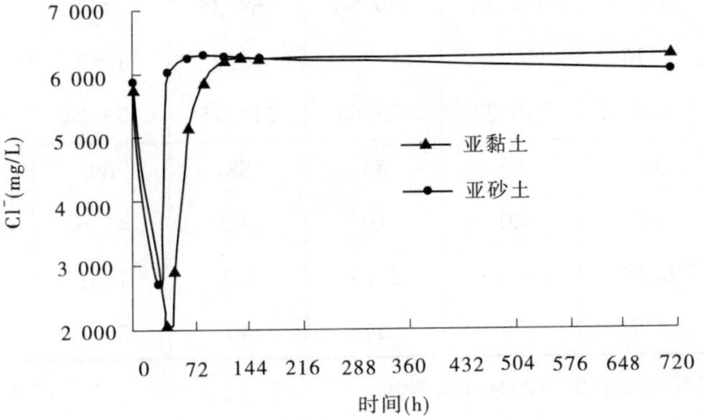

图 1 Cl^- 净化过程曲线

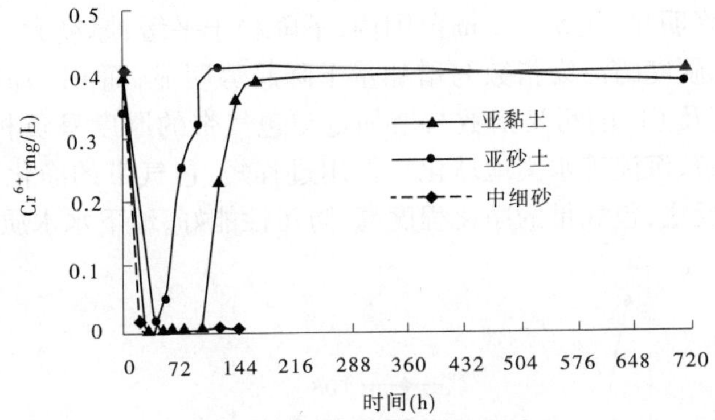

图 2 Cr^{6+} 净化过程曲线

4.2 包气带厚度对自净能力的影响

包气带厚度的大小对地下水化学环境演化的控制和影响也很显著。洛阳市区是盆地区地下水污染最严重的地区,地貌类型为洛河、涧河冲积阶地区,具有"二元结构",上部以黏质粉土为主,厚度 0 ~ 20 m 不等,含水介质以细砂、粗砂、砂砾石为主,厚度 30 ~ 60 m。选择市区 9 个供水井水质化验资料对包气带厚度与离子污染指数(污染组分实测值与背景值之比)及增加值的相关性进行分析研究(见表 5)。

表5　包气带厚度与化学组分污染指数及增加量关系表　（单位:mg/L）

位置		白马寺	瀍河	老城	西工	涧西	洛南	李楼
包气带厚度(m)		3.42	4.22	5.45	11.34	11.58	12.67	13.89
TDS	评价值	1 840	756	726	854	710	958	622
	对照值	488	377	305	486	441	689	518
	污染指数	3.77	2.01	2.38	1.76	1.61	1.39	1.2
	增加值	1 352	379	421	368	269	269	104
总硬度	评价值	1 456.7	520.6	425.4	580.5	510	620	420.4
	对照值	351.39	304.38	249.56	369.35	334.46	474.19	371.31
	污染指数	4.15	1.71	1.70	1.57	1.52	1.31	1.13
	增加值	1 105.31	216.22	175.84	211.15	175.54	145.81	49.09
Cl^-	评价值	394	96	53	88	69	98	97
	对照值	47	20	19	42	45.6	71.2	29.6
	污染指数	8.38	4.8	2.79	2.1	1.51	1.38	3.28
	增加值	347	76	34	46	23.4	26.8	67.4

注:对照值为1984年实测值;评价值为2004年实测值。

由表5及图3、图4分析可以得出:在环境条件相近及水文地质条件基本相同的条件下,包气带厚度控制了地下水的污染程度,在厚度3~5 m范围内,TDS、总硬度及Cl^-的污染指数与增加量下降明显;在5~11 m范围内,下降趋于平缓;厚度大于11 m时,随着厚度的增加,TDS和总硬度的污染指数与增加量下降趋势明显,而Cl^-却呈现上升的趋势,总体上TDS、总硬度及Cl^-的污染指数与增加量与包气带的厚度呈负相关关系。包气带厚度小,其吸附、溶解、沉淀等水文地球化学作用过程短,包气带的净化程度低,防污性能差,地下水水质差;反之,包气带的净化程度高,防污性能好,地下水水质好。

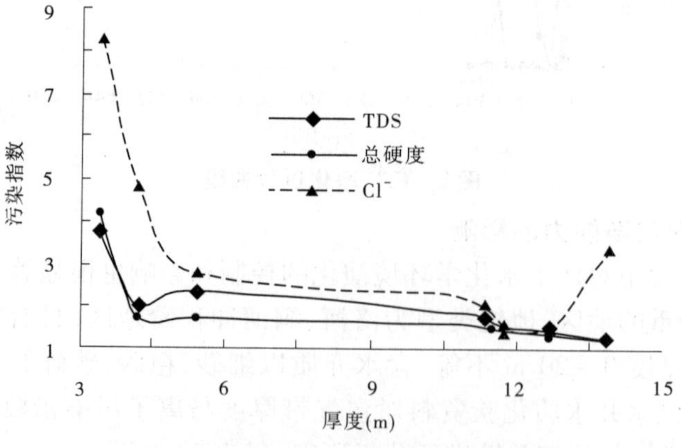

图3　污染指数与包气带厚度变化关系图

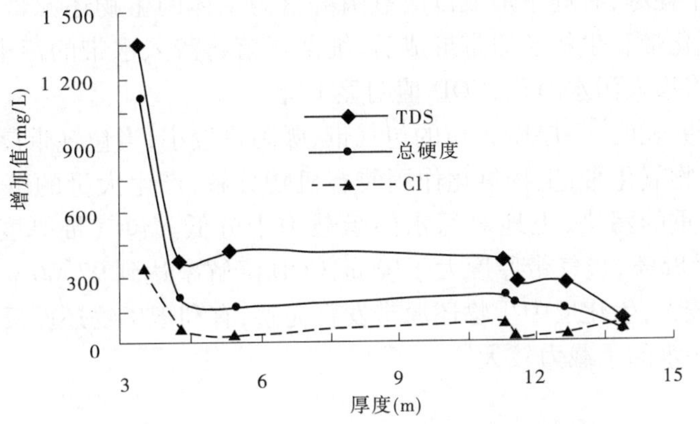

图4 污染物增加值与包气带厚度变化关系图

5 包气带的天然自净机制

5.1 过滤作用

包气带是由不同尺寸孔隙构成的孔隙网络,是天然的过滤层,对入渗水中的悬浮物有很好的过滤作用。洛河水经包气带入渗时,首先经过滤将直径较大的悬浮物滞留在表层,一般悬浮物浓度为30~350 mg/L的水通过中细砂层后,出水浓度小于10 mg/L[3]。

5.2 阳离子交替吸附作用

渗入包气带中的洛河水,经过滤作用将直径较大的悬浮物滞留在表层,溶解于水中的某些有害离子则被吸附在颗粒表面,阳离子交替吸附作用的强弱取决于岩土的吸附能力。黏性土由细小的片状黏土矿物组成,具有很大的比表面积,片状黏土矿物边缘带有较强的负电荷,具有很强的吸附能力。因此,在含有较多黏土矿物的黏土岩类中交替吸附作用最强。而颗粒较大,比表面积较小的砾石层交替吸附能力较弱。不同的阳离子吸附在岩石表面的能力不同,离子价愈高,离子半径愈大,水化离子半径愈小,吸附能力愈强。按吸附能力排序,自大而小为:$H^+ > Fe^{3+} > Al^{3+} > Ca^{2+} > Mg^{2+} > K^+ > Na^+$,三价离子吸附能力大于二价离子,由于$H^+$半径很小,因此吸附能力最强[4,5]。当水中某种离子浓度增大,会增强该种离子的吸附能力。

5.3 生物化学降解作用

相对于过滤和吸附作用而言,生物化学作用能较彻底地降解有毒有害物质,其作用强弱在一定程度上表征着包气带的自净能力。包气带具有持水功能、吸附功能、透气和透水功能,且位于变温带内,为各类细菌繁衍提供了必要的水、热、气条件。相关研究表明[6,7]:包气带土层是微生物的主要栖息地,微生物量一般为107~109个/g土,细菌繁衍过程能对COD等含量高的生活污水或废水进行降解,使包气带成为分布广泛而复杂的天然生物降解系统。

研究区包气带岩性以中细砂、粉砂、亚砂土、黏性土层为主,比表面积大,小孔隙多,过滤、吸附作用强,可形成细菌总量很大的生化层,生物化学降解作用较强。包气带对污水中的COD降解是一个复杂的生物化学过程,包气带上部透气性较好,形成以好氧菌群落为主的生物氧化带,以生物氧化作用为主;包气带下部透气性较差,由于上部生物氧化带形成后，将氧基本耗尽，有利于形成以厌氧菌群落为主体的生物还原带，以生物还原作用为主。当生物氧化带和生物还原带形成后，细菌群落将渗入水带的污染物质分解为气体和无机盐，从而将渗入污水净化，COD 值明显下降[7]。

相关试验研究表明[7]：厚度较薄的包气带，吸附量较小，当包气带厚度小于0.5 m时，生化层仅发育生物氧化带，生物氧化作用使有机物分解，产生大量的可溶性有机盐，会引起地下水更为严重的污染，土地对污水的承载力十分低。包气带厚度大于4 m，污水中COD 降解率达到85%；包气带厚度大于10 m，COD 降解率达到97.66%。因此，厚度大的包气带，吸附量较大，生化层中生物还原带发育完整，有利于生物还原反应充分进行，净化能力强，土地对污水的承载力较大。

6　结论

污染物在包气带内，通常会发生吸附、过滤、离子交换以及生物化学等多种作用，能有效地去除污水中的有害物质。本文以洛阳市区洛河河床岩性（以砂砾石为主）以及由亚黏土、亚砂土、中细砂等介质构成的包气带为研究对象，来分析河床岩性和包气带对污染物的自净能力，并对其天然的自净机制进行了简要的分析，结论如下：

（1）以砂砾石为主的洛河河床对各种污染物的净化能力均达到90%以上，在pH值大于7的条件下，重金属在渗透过程中可完全被净化，对 NH_4^+、NO_2^- 的净化能力在95%以上，而 NO_3^- 的含量因浅层孔隙含水层中发生的硝化作用升高，正是水质净化后的产物。

（2）亚黏土、亚砂土、中细砂等包气带介质对重金属有很强的净化能力，尤其是对 Cu^{2+}、Pb^{2+} 净化能力最强；中细砂对COD 有较强的去除能力，试验初期，降低量在70%～80%；亚黏土、亚砂土等包气带介质层对 Cl^-、Cr^{6+} 净化能力较弱，在短时间内介质中就达到饱和而失去净化能力。

（3）在同一介质层中，在未达到吸附饱和之前，渗出的水中污染物含量随时间的延续而逐渐减少，在达到饱和以后，渗出水中污染物含量随时间延续而增加；天然介质层的吸附降解能力因性质不同而异，黏性土吸附降解能力大于砂性土的降解能力。

（4）在环境条件相近及水文地质条件基本相同的条件下，包气带厚度控制了地下水的污染程度，包气带厚度小，其吸附、溶解、生物化学等水文地球化学作用过程短，包气带的净化程度低、防污性能差，地下水水质差；反之，包气带的净化程度高、防污性能好，地下水水质好。

（5）以中细砂、粉砂、亚砂土、黏性土等细颗粒物质构成的包气带比表面积大，小孔隙多，过滤、吸附、离子交换、生物化学降解等作用较强，能有效地去除污水中的有害物质，防止地下水污染。

参考文献

[1] 河南省水利厅水政水资源处，河南省郑州市地质工程勘察院. 河南省洛阳市城市地下水超采区评价成果报告[R]. 2005.
[2] 王现国. 河南洛阳盆地孔隙地下水系统演化及调控[D]. 武汉：中国地质大学，2006.
[3] 汪民，吴永峰，等. 污水快速渗滤土地处理[M]. 北京：地质出版社，1993.

[4] 沈照理,等. 水文地球化学基础[M]. 北京:地质出版社,1993.
[5] 王大纯,张人权,史毅虹,等. 水文地质学基础[M]. 北京:地质出版社,1995.
[6] 李广贺,张旭,黄巍. 石油污染包气带中降解微生物的分布特性[J]. 环境科学,2000,21(4):61-64.
[7] 王雪莲,席彩杰,杨琦,等. 包气带中污染物的天然降解作用[J]. 新疆环境保护,2005,27(3):40-43.

本文与彭涛合作,为第12届水岩相互作用国际会议交流论文。

Research on the Self-purification of Contamination in the Unsaturated Zone of LuoYang City

1 INTRODUCTION

The zone which located between the ground surface and water table is called as vadose zone or the unsaturated zone. It is the zone that the atmosphere water and surface water exchange with groundwater, and also is the channels for contaminants enter into groundwater. The vadose zone distributed extensively and it is a complex natural degradation system. Its connatural character makes most of contaminants remaining in the unsaturated materials, where contaminants can be removed and purified by a series of function such as filtration, adsorption, ion-exchange, biological and chemical degradation. Therefore, the character of the vadose zone controls the velocity and the status of groundwater contamination directly. This study shows the purification test on the lithology of Luohe riverbed and other vadose zones, and analyzes the self-purification capacity of the unsaturatedzone on contaminant to offer some theories to prevent the groundwater being polluted. The field-test spots and soil and water sample spots are presented in Fig 1.

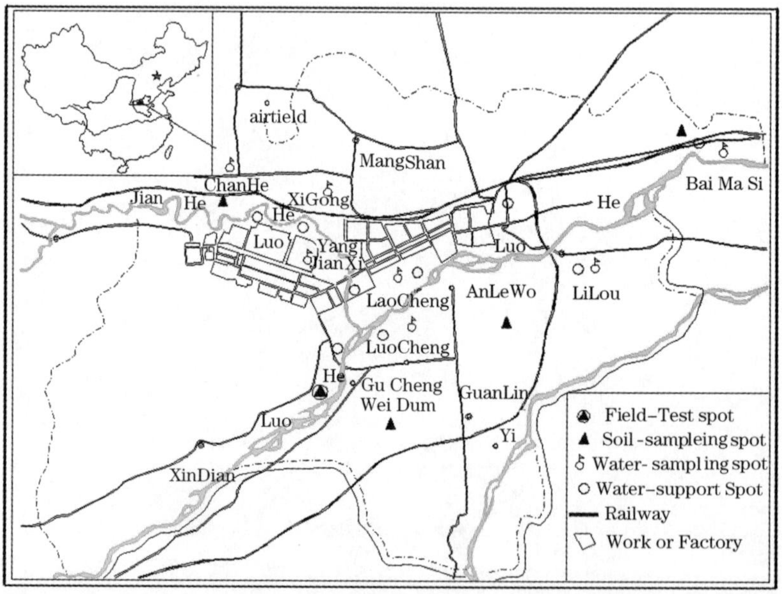

Fig. 1 The location of the study area and the distribution of sampling-spot and field-test

2 THE SURVEY OF TEST

In order to analyze the self-purification capacity of the lithology of riverbed of Luohe and other vadose zone in Luoyang city on contaminants, we have done the following three tests:

(1) On the field site of the bank of Luohe, we took the contaminative river water as the infiltrative water, and drew out the groundwater that can be looked as purified water through riverbed from uprightness infiltration section around river bank, and then we made the contrast water quality of groundwater with the river water to study the self-purification capacity of the lithology of the riverbed.

(2) By taking samples on the field site with special gate-type sampling device, we selected the silt clay, silt loam, medium and fine sand as research objects, made them into soil column, adopted the stable water to supply water continuously, collected the purified water through soil column, and then made the contrast with natural river water to study the self-purification capacity of the unsaturated zone on contamination.

(3) The thickness of unsaturated zone controls and affects the groundwater recharge and movement velocity of contaminants, thereby also affects the self-purification capacity of unsaturated zone on the contaminants, therefore we selected the water quality data of seven wells in Luoyang city to study the effect of thickness of unsaturated zone on self-purification capacity.

3 THE SELF-PURIFICATION CAPACITY OF RIVERRBED LITHOLOGY

The bore log data shows that riverbed lithology mainly consists of grit with a folium of clay and mud-powder and fine sand. According to the design of test, the study respectively makes water quality analysis of river water and groundwater from the uprightness infiltration section around river bank, the result is presented in Table 1 and shows that the self-purification capacity of riverbed on contaminants can exceed 90%. When pH is over 7, the heavy metal Cu^{2+} can be purified completely, the NH_4^+、NO_2^- can also be purified 95%, but the NO_3^- concentration will increase from 0.79 mg/L to 5.78 mg/L. The reason of the increasing of NO_3^- is that in shallow pore aquifer the nitrification occurs and makes the NO_3^- concentration increase. With the help of self-support microbial, the nitrification make the NH_4^+ transfer into NO_3^-, this process can be divided into two phases: With the function of nitrous acid bacillus, the NH_4^+ can be oxygenated into NO_2^- during the first phases, and then with the function of nitrification bacillus, the NO_2^- can be oxygenated into NO_3^-. Owing that the riverbed lithology mainly consists of grit and the infiltration is good so that the nitrification is easy to happen, therefore the NO_3^- concentration raise when river water recharges the groundwater.

Table 1 The Result for Vertical Purification of Grit **Unit: mlg/L**

Item	pH	COD	MnO_4^-	BOD	NO_2^-	NO_3^-	Cu^{2+}	NH_4^+	OC*	VH*	TH*
river water	7.95	66.40	21.86	11.44	0.79	0.43	0.11	20.60	3.89	0.055	153.1
groundwater	7.69	6.40	0.89	1.11	0.04	5.78	0	0.51	0.08	0.002	254.2
PC* (%)	—	90.4	95.9	90.3	95.4	—	100	97.5	97.9	96.4	—

* PC stands for purification capacity; OC stands for oil contamination; VH stands for volatile hydroxybenzene; TH stands for total hardness; '—' means that the PC is negative.

4 THE SELF-PURIFICATION CAPACITY OF UNSATURATED-ZONE

4.1 The Influence of Lithology of Unsaturated-zone

The silt clay, silt loam, medium and fine sand were set up as three soil columns, with 1 m in height and 7.5 cm in diameter. A filtration net was put on the top of each soil column and then we continuously supplied the contaminative river water with a stable flux under the condition of normal temperature and pressure (25 ℃ and 1 atm), then collected the purified water through soil column and analyzed the water quality. We select Cr^{6+}, Cu^{2+}, Cl^- and other contaminants to study the self-purification capacity of the unsaturated zone on contaminants.

The results are present in Tables 2, 3 and 4 and show that the unsaturated zone has strong capacity to remove the heavy-metal ions, especially for Cu^{2+} and Pb^{2+}. The medium and fine sand has stronger capacity to lower COD_{Cr}, about 70% or 80% COD_{Cr} can be removed in the initial stages of test. The unsaturated zone has less capacity to purify Cl^- and Cr^{6+} for that the unsaturated zone can easily achieve the saturation and lose the purification capacity, it can be seen from the Fig. 2 and Fig. 3. In the each lithology unsaturated zone, the contaminants concentration in purified water has dropped off with time before the adsorption achieved the saturation, after that, the concentration will increase with time. The natural purification capacity of unsaturated zone depends on different lithology, the purification capacity of clay is better than that of sand (Wang Xian-guo, 2006).

Table 2 The Result of Water Quality Purification on Silt Clay **Unit: mg/L**

Time(h)	Cr^{6+}	Cl^-	Cu^{2+}
0	0.404	5 801	10
36	0.005	2 002	0.03
48	0.007	2 949	0.01
72	0.011	5 162	0
96	0.01	5 875	0.06
120	0.23	6 274	0.03
144	0.36	6 274	0.03
168	0.39	6 274	0.01
720	0.4	6 274	0

Table 3 The Result of Water Quality Purification on Silt Loam **Unit: mg/L**

Time(h)	Cr^{6+}	Cl^-	Cu^{2+}
0	0.397	5 895	10
24	0.008	2 669	0.02
48	0.045	6 000	0.01
72	0.251	6 217	0
96	0.320	6 297	0
120	0.410	6 274	0
720	0.380	6 004	0

Table 4 The Test Result of Water Quality Purification on Medium and Fine Sand
Unit: mg/L

Time(h)	Cu^{2+}	Pb^{2+}	Cr^{6+}	COD
0	1.45	0.87	0.34	195.93
16	0	0	0.003 1	59.50
47	0	0	0.002 2	65.01
70	0	0	0.001 3	—
93	0	0	—	43.01
119	0	0	0.000 5	—
141	0	0	0.004 5	26.55

* "—" means that the check is not be made.

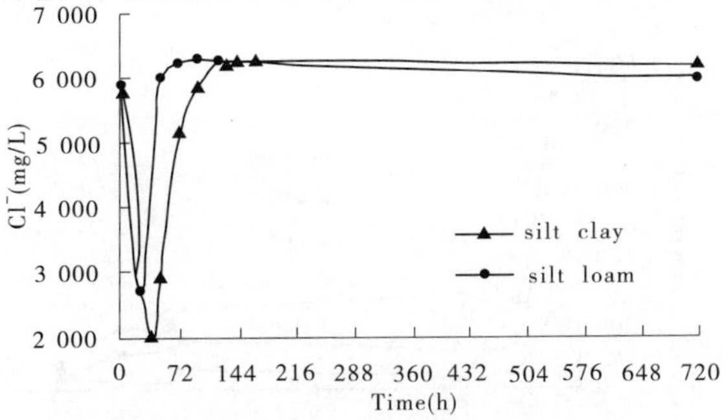

Fig. 2 Cl^- self-purifying process curve

4.2 The Influence of Thickness of Unsaturated-zone

The thickness of unsaturated zone has a quite obvious influence and control on the chemical environment evolvement of groundwater. The town area of Luoyang is the worst contaminated area of the basin. The physiognomy is alluvial terrace of Luohe and Jianhe, has typical duality structure. Its upper layer mainly consists of viscidity powder soil (the thickness varies from 0 to 20 m), the aquifer mainly consists of fine, coarse sand, and gravel (the thickness varies from 30 to 60 m). The water quality data of seven wells in the city, which have similar or same environment and hydro-geology conditions, were selected to analyze and study the correlation between the thickness of unsaturated zone and contamination index, which

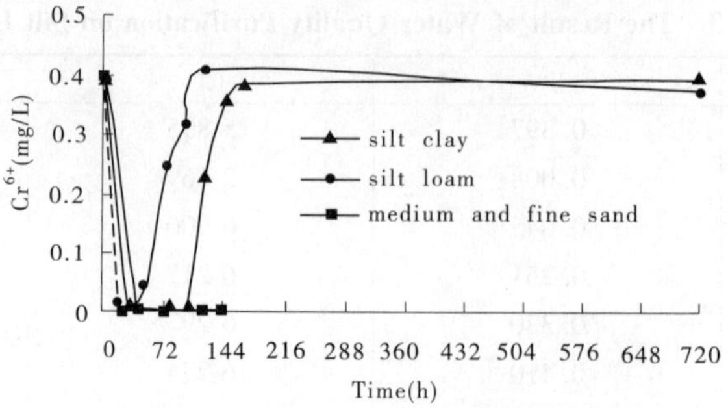

Fig. 3　Cr^{6+} self-purifying process curve

is defined as the ratio of estimation value and background value, and contamination increment. The results are presented in table 5 and Fig. 4 and Fig. 5.

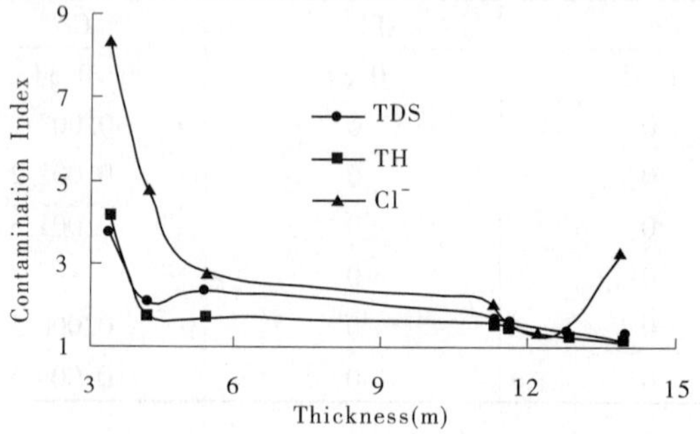

Fig. 4　The change for contamination index and thickness of unsaturated zone

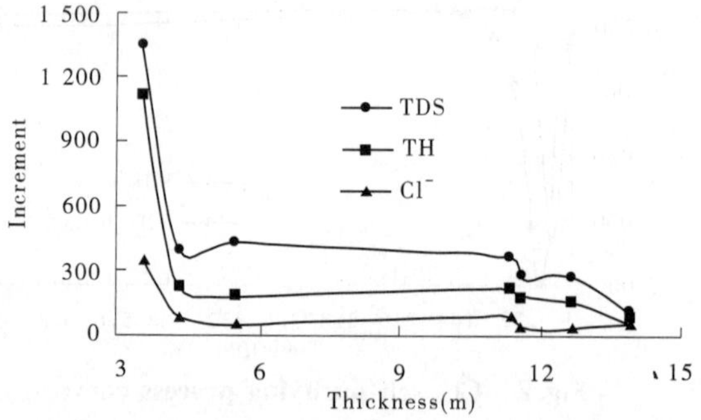

Fig. 5　The change for contamination increment and thickness of unsaturated zone

Fig. 4 and Fig. 5 show that the thickness of the unsaturated zone controls the contamination status of the groundwater when the environment and hydro-geological conditions are similar or the same. The contamination index and increment of TDS, total hardness and Cl^- descend obviously with thickness during the scope from 3 m to 5 m, but during the scope from 5 m to 11 m, the curve tends to become flat. With the increase of the thickness, the contamination index, the increment of TDS and the total hardness continue to descend, but that of Cl^- begin to ascend only when the thickness is more than 11 m. In general, the contamination index and contamination increment have obvious negative correlativity with thickness of the unsaturated-zone. For that when thickness is small, some hydro-geochemistry function such as adsorption, solution, deposition last a short time, the purification degree is not enough, the capacity is weak on preventing contamination, so it leads to bad groundwater quality. And whereas, when thickness is large, the purification degree is enough, the capacity of preventing contamination is strong, and groundwater quality will become better.

Table 5 The Relationship between Thickness of Unsaturated Zone and Contamination Index and Increment of Chemical Contamination

Postion	Thickness (m)	TDS*				TH				Cl^-			
		EV*	BV*	CI*	Inc*	EV	BV	CI	Inc	EV	BV	CI	Inc
BaiMaSi	3.42	1 840	488	3.77	1 352	1 456.7	351.39	4.15	1 105.31	394	47	8.38	347
ChanHe	4.22	756	377	2.01	379	520.6	304.38	1.71	216.22	96	20	4.8	76
LaoCheng	5.45	726	305	2.38	421	425.4	249.56	1.70	175.84	53	19	2.79	34
XiGong	11.34	854	486	1.76	368	580.5	369.35	1.57	211.15	88	42	2.1	86
JianXi	11.58	710	441	1.61	269	510	334.46	1.52	175.54	69	45.6	1.51	23.4
LuoNan	12.67	958	689	1.39	269	620	474.19	1.31	145.81	98	71.2	1.38	26.8
LiLou	13.89	622	518	1.2	104	420.4	371.31	1.13	49.09	97	29.6	3.28	67.4

* TDS stands for total dissolve solid; EV stands for estimation value; BV stands for background value; CI stands for contaminative index; Inc stands for contamination increment, the background and estimation value respectively is observed value of 1984 and 2004.

5 THE NATURAL SELF-PURIFICATION MECHANISM OF UNSATURATED ZONE

5.1 Filtration

The unsaturated zone is a natural filtration layer, which is made of various pores and has strong filtration capacity. The study shows that the water, in which the concentration of suspension substance vary from 30 mg/L to 350 mg/L, flow across the medium and fine sand layer, the concentration of that is less than 10 mg/L (Wang Min, et al., 1993).

5.2 Cation Sorption

After the filtration, the soil absorbs some harmful ion. The clay, which is made of some thin, small, and sheet clay-minerals, has a very large specific surface area. The edge of the sheet claminerals has a quite strong negative charge. They make the clay has a strong absorption capacity. Therefore the alternation and absorption is the strongest in clay terrane which have many clay minerals (Shen Zhao-li, et al., 1993; Wang Da-chun, et al., 1995). In a certain extent, it explains that the unsaturated zone in study area has strong capacity to purify Cu^{2+} and Pb^{2+}.

5.3 Biochemistry Degradation

Relative to filtration and absorption, the strength of biochemistry function can stand for self – purification capacity in a certain extent. The unsaturated zone lies at the variable zone, has the water-holding function. It can provide necessary heat, water and gas for multiply of various bacilli. The bacilli multiply can degrade contaminants, it makes the unsaturated zone become an abroad distributing and complex natural biology degradation system.

The unsaturated zone in the study area, which mainly consists of fine sand, silt, silt loam, soil and clay soil, has large specific surface area and large amount of small pores. It can form biochemical layer with a large amount of bacilli, and has strong biochemical degradation capacity. Under the function of biochemical degradation, bacteria community can decompose the contamination in seepage into gas and inorganic salt, and make COD concentration descend (Wang Xue-lian, et al. ,2005).

The studies show that the purification capacity is weak when the unsaturated zone is thin (the thickness is less than 5 m), the biochemical layer only develop biological oxygenation zone, the biological oxygenation function make the organism decompose and produce large amount of soluble organic salt, and leads to the more serious groundwater pollution, the soil has weak resistance on sewage. But the purification capacity is strong when thickness is large (the thickness is more than 11 m), except the biological oxygenation zone, the biological reduction zone can also be developed and it is propitious for biology reduction function to happen completely, therefore it strengthens the purification capacity and makes soil have a strong resistance on sewage. (Wang Xue-lian,et al. ,2005).

6 CONCLUSIONS

The research on the self-purification capacity of the lithology of riverbed of Luohe and the unsaturated zone in LuoYang city shows that:

(1) The unsaturated zone in the study area mainly consists of fine sand, silt, silt loam and clay. It has strong filtration, absorption, ion exchange and biochemical degradation capacity, and can wipe off the harmful substances effectively and prevent the groundwater being polluted.

(2) The self-purification capacity of riverbed on contaminants can exceed 90%. When the pH is higher than 7, the heavy metal Cu^{2+} can be purified completely, the NH_4^+、NO_2^- can also be purified 95%, but the NO_3^- rises by nitrification.

(3) The unsaturated zone has stronger capacity to purify the heavy-metal ions, especially for Cu^{2+} and Pb^{2+}. The medium and fine sand has stronger capacity to purify COD. The unsaturated zone has less capacity to purify Cl^- and Cr^{6+} for that the unsaturated zone is easy to saturation and lose purification capacity.

(4) During the purification, the contaminant concentration drop off with time before the adsorption achieves saturation, after that, the concentration will increase with time. The test shows that the natural purification capacity of the clay is better than sand.

(5) In general, the contamination status of groundwater has obvious negative correlativity with thickness of unsaturated-zone when the environment and hydro-geology condition are similar.

Acknowledgements

This work has been supported by the Key Water Conservancy Science Research Project of Henan Province of China (SL2005), the Commonweal Research Project of the Ministry of Science and Technology of China (2005DBI3J101) and the National Natural Science Foundation of China (40675070). In addition heartfelt thanks are due to PhD Candidate Huang Bei of the University of Kansas for her suggestions and reviews.

References

Wang Xian-guo. 2006. Evolvement and control of pore groundwater system in the LuoYang Basin, Henan, Ph. D Dissertation, China University of Geosciences.

Wang Min, et al. The ground management for quick seepage of sewage [J]. Beijing Geology Press, 1993.

Shen Zhao-li, et al. The foundation of hydro-geochemistry [J]. Beijing Geology Press, 1993.

Wang Da-chun, et al. Hydrogeology foundation [J]. Beijing Geology Press. 1995.

Wang Xue-lian, et al. Natural Degradation of Contaminants in Unsaturated Zone. Environmental Protection of Xinjiang, 2005, 27(3): 40-43.

本文与彭涛合作，为2007年第12届水岩相互作用国际会议交流论文。

人类活动对洛阳盆地地下水环境的影响研究

1　研究区水文地质概况

研究区位于洛阳盆地西部，根据构造、地质条件、沉积物特征及水文地质条件的不同，研究区地下水可分为以下几个含水系统：变质岩裂隙含水系统、碳酸盐岩岩溶裂隙含水系统、碎屑岩类裂隙含水系统以及松散岩类孔隙水含水系统。变质岩裂隙含水系统分布于盆地南部千佛山（佛光）一带，含水介质为石英岩、片麻岩。碳酸盐岩岩溶裂隙含水系统分布于盆地南部（嵩山北麓）一带，含水介质为寒武系、奥陶系石灰岩、白云质灰岩，据其水力特征及构造条件又可进一步划分为偃龙岩溶水子系统和巩义岩溶水子系统，两个子系统以嵩山断裂为界。碎屑岩类裂隙水含水系统分布于南部偃龙煤田中，含水介质岩性为砂岩、砂页岩及砂砾岩等，此外在北部邙山一带也有分布。研究区主要含水系统是松散岩类孔隙含水系统，主要分布于洛阳市的平原区，主要赋存于第四纪新生界沉积物中，地貌类型为伊洛河冲积平原。

研究区第四系沉积物厚度达 527 m。综合考虑其沉积特征，地下水的开采状况，含水层埋藏深度及其研究程度，将松散岩类含水系统划分为浅层、中深层、深层。浅层含水岩组主要由粗砂、砂卵石、砂砾石组成，埋藏深度 10 ~ 80 m，最深可达 90 余 m；中深层含水岩组主要由砂、砂砾石组成，埋藏深度 100 ~ 250 m；深层含水岩组主要由细砂、中砂、粗砂含砾组成，埋藏深度超过 300 m。浅层、中深层、深层地下水之间为巨厚层的黏土层分隔，水力联系程度差。其中，浅层地下水含水岩组是洛阳市工农业生产、生活用水的主要开采层。

区内不同的含水岩组的补给 、径流、排泄条件不同。分布于边山的变质岩、碎屑岩中的地下水，主要接受大气降水的垂直入渗补给，以水平方式排泄于邻近沟谷为主，其次以侧渗的方式向盆地排泄。碳酸盐岩中的地下水主要接受大气降水的垂直入渗补给，以水平排泄为主，并常以大泉的形式集中排泄（龙门泉群、马跑泉等）。研究区内松散岩类的地下水主要接受大气降水的垂直入渗及边山基岩山区侧向径流补给，同时接受河道渗漏、侧向入渗及农田灌溉水回渗补给。边山区发育的断层有利于裂隙水补给盆地地下水。研究区浅层松散岩类地下水的流向总体上是由西向东流，局部受人工开采影响，由开采降落漏斗边缘向漏斗中心流动。松散层中的地下水主要以人工开采、潜水蒸发及向下游径流的方式排泄。

2　地下水动力场的演化特征

2.1　地下水位变化特征

几十年来，洛阳市对地下水的开采持续加强。城市供水系统从第一个五年计划大规模建设开始，随着城市的不断发展而逐步加以扩大。城市集中供水水源地始建于 1954

年,1957 年开始集中开采地下水,至 1976 年先后建成了后李、王府庄、张庄、下池、临涧、五里堡和洛南 7 个水源地与涧西一座加压站,并投入生产,可供生产的开采井达 70 眼[1,2]。1984 ~ 1988 年又建成李楼水源地,日供水能力 16 万 m^3,1998 年东郊水源地亦已建成,日供水能力 5 万 m^3。洛阳市浅层地下水 1962 年开采量仅为 0.33 亿 m^3/d,1980 年开采量为 1.07 亿 m^3/d,1985 年开采量为 1.07 亿 m^3/d,与 1980 年基本持平,但供水高峰期已感供水能力不足。1988 年开采量为 1.60 亿 m^3/d,1998 年开采量为 2.2 亿 m^3/d。近年来,随着工农业生产的迅速发展,尽管水资源管理部门采取了节水增效管理措施,地下水开采量仍逐年增加。与此同时,地下水埋深也在逐年加大。地下水环境的历时变迁与此有着密切关系。从多年来城市集中供水水源地动态监测资料看:20 世纪 50 年代中后期,傍洛河水源地水位埋深为 5.9 ~ 11.48 m,傍涧河水源地水位埋深为 15.41 ~ 19.95 m,傍瀍河水源地水位埋深为 9.00 ~ 12.46 m,到 1999 年以上三水源地水位埋深分别为 12.97 ~ 16.75 m、19.68 ~ 23.10 m、16.2 ~ 16.35 m。自 1984 年以来地下水位下降 3.37 ~ 6.61 m 不等(见表 1),局部可达 30 余 m[3]。

表 1　洛阳市地下水位降幅统计表

位置	孔号	水位埋深(m)		降幅(m)	备注
		1998 年 5 月	1984 年 5 月		
人造板厂	L17	19.24	14.22	5.02	洛河北岸
张庄	L31	21.39	15.67	5.72	洛河北岸
外语学校	L63	23.97	20.60	3.37	涧河河谷
焦屯	L46	16.17	9.56	6.61	伊、洛河间地块
孙村	L2	11.77	8.30	3.47	洛河北岸
聂湾	L50	13.76	9.66	4.10	伊、洛河间地块

从 1998 年 10 月开始,洛阳市政府为了增加洛河水对地下水的补给量,扩大傍河水源地的开采量和美化城市环境等,在洛河市区段规划建设 5 级水面工程(见图 1),均分布在洛河河道上。其中,上阳宫水面工程于 2000 年 3 月建成运行,到 2004 年 4 月又建成周山、同乐园、洛神浦水面工程,并投入使用,华林园水面工程待建。五级水面工程建成后将形成东西河道水面首尾相接,长 13.24 km,水面面积 11 490 亩,蓄水 1 923 万 m^3 的水体。除此以外,洛阳市还将规划建设洛南新区水面工程,届时必将引起洛阳市浅层地下水环境的变化应引起足够重视。

水面工程建成后,洛河对地下水的补给量大大增加,从根本上遏制了地下水位持续下降的趋势,并使浅层地下水位逐步上升。到 2003 年底,沿洛河展布的地下水开采复合降落漏斗基本消失,洛河水由垂直渗漏补给又转化为侧向渗透补给地下水。洛河北部地下水位升幅 0.99 ~ 3.6 m,洛河南部地下水位升幅 0.81 ~ 2.5 m,局部可达 15.00 m,洛阳市城区因开采形成的地下水低槽带也基本填平,并出现了洛阳玻璃厂、耐火材料厂人防工程涌水,洛阳第二外国语学校教学楼产生不均匀沉降,发生变形等,其中洛阳玻璃厂人防

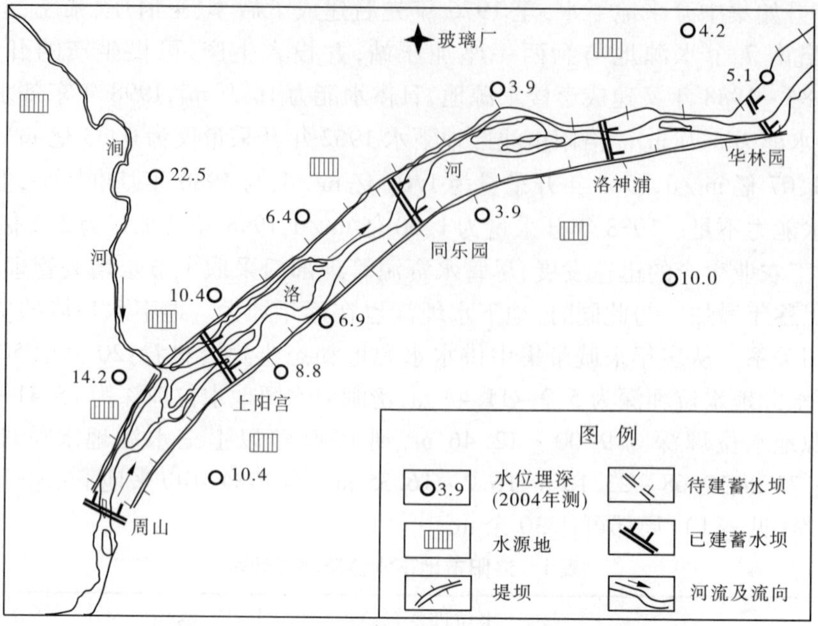

图1　洛河人工补给系统平面图

工程涌水量从开始的240 m^3/d不断增加到1 630 m^3/d,使人防工程失去作用。同时还引起建筑基坑涌水,需先降水后施工,大大提高了建筑成本。据估算,因水位上升而增加的浅层地下水储存量约2 054万m^3,影响面积达70 km^2。

表2　洛阳市地下水位升幅统计表

位置	孔号	水位埋深(m)		升幅(m)	备注
		1998年5月	1984年5月		
人造板厂	L17	19.24	4.24	15.00	洛河北岸
张庄	L31	21.39	14.25	7.14	洛河北岸
外语学校	L63	23.97	14.83	9.14	涧河河谷
焦屯	L46	16.17	13.62	2.55	伊、洛河间地块
孙村	L2	11.77	9.03	2.74	洛河北岸
聂湾	L50	13.76	8.34	5.42	伊、洛河间地块

2.2　浅层地下水流场变化及开采降落漏斗演变特征

根据1969年7月洛阳市浅层地下水流场图可知:在大规模开采地下水之前即相当于在自然条件下浅层地下水的流向基本上与地势一致,洛河北岸地下水流向为由西北向东南补给洛河水,洛河南地下水流向为由西南向东北补给洛河水。也就是说当时洛河是排泄地下水。

1976年以前,洛南水源地还没有建成投产,只有洛河北张庄、临涧水源地开采地下水,仅在两个水源地开采区形成了地下水降落漏斗。在水源地开采区表现为洛河水侧渗补给地下水，洛河还未产生垂直入渗。1976 年以后，洛南水源地有 10 眼生产井投产，开采量约 6 万 m^3/d；1979 年后，洛南水源地 27 眼生产井全部投产，最大开采能力达 17 万 m^3/d，洛河水对浅层地下水的补给就开始以垂直入渗的形式出现，河床下的潜水位与河床底“脱开”，河床下丘状“分水岭”形成。这一点已被室内电网络模拟所证明，1980 年地下水流场图也显示同样的特征，也就是说形成了以张庄临涧和洛南水源地为中心的两个独立的开采降落漏斗。

随着城市规模的不断扩大，对地下水的开采量也随之增加，地下水流场进一步发生变化。据 1984 年洛阳市浅层地下水流场图可看出：张庄—临涧水源地地下水开采降落漏斗与洛南水源地地下水降落漏斗已复合为一个统一的降落漏斗，除此之外，在市区形成了一条狭长的地下水开采低槽带，也就是形成了一个向东开口的地下水复合降落漏斗。在市区段洛河水与地下水的关系表现为：在位屯桥至安乐桥之间为洛河水以垂直渗漏的形式补给地下水，在安乐桥以下洛河北岸为河水补给地下水，南岸为河水排泄地下水，这种局面一直延续到 1998 年，浅层地下水流场除了局部发生变化，基本上没有发生大的变化。主要表现为只是降落漏斗的扩大或缩小，漏斗中心水位的下降或抬升，但总的趋势是漏斗中心水位逐年下降，漏斗面积持续扩大，到 1998 年 5 月，张庄—洛南水源地地下水复合降落漏斗面积达 40 km^2，漏斗中心水位埋深达 16.6 m。市区地下水低槽带宽约 5 km，长度约 12 km，水位埋深 7 ~ 23 m。

从 2000 年 3 月开始，由于洛河水面工程的先后建成和投入运行，致使洛阳市浅层地下水的补给量增加，浅层地下水位抬升控制了地下水位持续下降的态势。据 2003 年 5 月浅层地下水流场图可以看出：张庄—洛南水源地地下水复合开采降落漏斗已消失，表现为地下水由上游径流到水源地开采区时，地下水水力坡度由大变小，等水位线由密变疏。位屯桥至安乐桥之间洛河水由垂直渗漏补给地下水变为侧渗补给地下水，这一点被上阳宫水面工程附近的地下水观测资料所证实，此外市区的地下水“低槽带”也基本填平，已出现人防工程、建筑基坑涌水。

3 地下水化学环境演化特征

3.1 人工开采对地下水化学环境的影响

在天然条件下，地下水化学分带在空间上具有明显的规律性，从盆地补给区到排泄区地下水的矿化度有逐渐增高的区域性变化趋势，一般由低矿化度的重碳酸盐淡水逐渐变化为矿化度较高的硫酸盐水或氯化物水[4]。据 1969 年洛阳市水化学分析资料（相当于天然条件下），洛阳盆地浅层地下水水化学成分的形成及变化规律与含水层的岩性、水交替条件、水位埋深等条件密切相关，其水化学成分亦有明显的规律性，从盆地边缘向盆地中心有以下变化：$HCO_3-Ca\cdot Na \rightarrow HCO_3-Na\cdot Ca \rightarrow HCO_3-Ca\cdot Mg \rightarrow HCO_3\cdot SO_4-Ca\cdot Na$。重碳酸钙钠水成条带状分布于南北两侧的丘陵及黄土塬区，向盆地中心，地下水位埋深变小，受蒸发作用，盐分集中形成了矿化度稍高的重碳酸硫酸钙钠水。

由于几十年来开采地下水，导致地下水流场发生改变，从而使地下水化学场发生重分布，使地下水的水化学成分复杂化，据 2003 年水化学分析资料，研究区出现了 HCO_3-Ca、$HCO_3-Ca\cdot Mg$、$HCO_3-Ca\cdot Na$、$HCO_3-Mg\cdot Na$、$HCO_3\cdot SO_4-Ca$、$HCO_3\cdot SO_4-$

Ca · Mg、HCO_3 · SO_4 – Ca · Na、HCO_3 · CL – Ca、HCO_3 · Cl – Ca · Mg 等多种类型的水。如洛阳市西工区、涧西区其水化学类型 1969 年为 HCO_3 – Ca · Mg 型水，到 2003 年出现了大面积的 HCO_3 · SO_4 – Ca · Mg 型水，在洛南发现了 HCO_3 · Cl – Ca · Mg 型水。另外，强烈的地下水开采导致饱气带厚度增加，从而改变了地质体的氧化还原条件，促使某些介质发生氧化，当大气降水垂直入渗补给地下水时，氧化产物由于淋滤作用带入地下水中，从而使地下水中某些组分（如硫酸根、镁、钙离子）增加，不同程度地影响了地下水水质。如洛阳市浅层地下水硬度高值区与洛阳市集中水源地开采区分布相一致，证明了这一点，并且有逐年升高的趋势。市区地下水开采降落低槽带地下水硬度在 450 mg/L（$CaCO_3$）以上，五里堡水源地地下水硬度年均上升 7.8 mg/L（$CaCO_3$），洛南水源地地下水硬度年均上升 3.57 mg/L，王府庄水源地地下水硬度年均上升 3.2 mg/L，临涧水源地地下水水质硬度年均上升 7.23 mg/L。李楼水源地地下水硬度平均上升 4.0 mg/L（$CaCO_3$），张庄水源地地下水硬度平均上升6.9 mg/L。

3.2 人工污染对地下水化学环境的影响

洛阳市除了过度开发地下水导致地下水水质发生变化，人为活动产生的污染源也导致地下水水质恶化。NO_3^- 含量是评价地下水是否受到污染的标志（Pulido—Bosch et al.，2000；Pawaretal，1995；kacaroglu et al.，1997；Hamilton et al.，1995；Rautman et al.，1996；Arnade et al.，1999）[5]。据 1969 年水化学资料，洛阳市浅层地下水水质均符合现行生活饮用水卫生标准，据 2003 年水化学资料，出现了大量的 NH_4^+、NO_3^-、NO_2^-、SO_4^{2-}、细菌学指标等超标点。硝酸根含量高达 66.15 mg/L，总溶解性固体含量大于 1 994 mg（超标 994 mg/L），SO_4^{2-} 含量大于 250 mg/L，高达 518.66 mg/L，NH_4^+ 含量高达 1.92 mg/L，超标 8.6 倍。其 NH_4^+ 含量超标点大多数分布在农业活动区[6]。

从已有资料可知：自 1960 年以来先后数次发生过工业废水严重污染地下水的重大事件。

（1）1962 年符家屯在后李水源地建起硫酸厂，废水排放点距离后李 4 号供水井 40 m。废水中硫酸盐含量高达 1 364.1 mg/L，总硬度 771.1 mg/L（$CaCO_3$），导致 4 号井水硫酸根离子含量和总硬度明显升高。SO_4^{2-} 含量超过国家饮用水水质标准，达 261.6 mg/L，总硬度 562.68 mg/L（$CaCO_3$）。停产扩建的 1969～1977 年，SO_4^{2-} 的含量和总硬度下降至正常值，其后又继续升高，硫酸根含量高达 347 mg/L，总硬度高达 729.4 mg/L（$CaCO_3$）。曾一度导致停产。

（2）1965 年，电镀厂废水排入渗坑，距渗坑 19 m 处的井水中 6 价铬离子含量猛增造成 307 人中毒。

（3）1970 年，洗衣粉厂建成投产，废水排入渗坑，一年后，关林钢厂生产井水中出现大量的有害物质——烷基。

（4）1974 年，仪表厂建成投产，废水流入农田下渗，排放点距临涧水源 2 号井 300 m，废水中 6 价铬离子含量高达 70 mg/L，超过排放标准 40 倍，结果井水中 6 价铬离子含量突然增加到 0.34 mg/L。

（5）1974 年，洛阳石油站，油罐漏油渗入地下水，生活用水中发现大量石油成分。

（6）1971 年，石油化工厂废水排入渗坑，废水中油、酚污染洛阳火车站地下水，使列车旅客饮后中毒。

3.3 人工补给对地下水化学环境的影响

2000 年 3 月洛阳水面工程第一期建成运行以来，一方面使洛阳市浅层地下水位持续下降的态势得到了控制，增加了浅层地下水的补给量；另一方面也引起了浅层地下水的化学组分的变化。如洛南、张庄、临涧等水源地地下水的总硬度都有降低，降幅 0.45 ~ 83.2 mg/L($CaCO_3$)，缓解了地下水硬化的态势，但是 6 价铬离子、铅离子、铜离子、NH_4^+ 的含量均呈增加的态势，其中张庄水源地地下水中 NH_4^+ 增幅最大，达 0.45 mg/L；NO_3^- 的含量呈现下降态势，降幅为 1.6 ~ 19.7 mg/L。以上情况都表明了洛阳市地下水已经受到人类活动污染。总之，过度开采地下水、人工补给地下水以及人为活动都恶化了研究区地下水水质，使地下水化学场发生重分布。

4 结论与建议

(1)近几十年来，随着城市经济的不断发展，洛阳市对浅层地下水的开采量同步增加，导致地下水不断下降，改变了原始的地下水流场，形成了洛南—张庄及市区地下水开采降落漏斗，漏斗面积几乎覆盖整个市区，自 1984 年以来地下水位下降 3.37 ~ 6.61 m 不等，局部可达 30 余 m。

(2)2000 年以来，洛阳市先后建成了四级洛河水面工程，增加了洛河水对地下水的补给量，从根本上控制了洛阳市浅层地下水位的下降态势，年均上升幅度 0.81 ~ 3.6 m 不等。地下水开采降落漏斗已基本消失。

(3)水面工程引起浅层地下水回升已造成人防工程淹没、建筑基坑涌水、房屋地基不均匀沉降等环境地质问题，应引起足够重视，同时加强其机理研究。

(4)过量开采地下水，曾引起过涧西区地面沉降，沉降范围 12 km^2，最大沉降量达 100 mm，应进一步加强沉降机理研究。

(5)地下水的过度开采破坏了原有的地下水化学场，人类活动产生的污染物进入地下水加速了地下水水质的恶化，人工地面水工程也改变了地下水的化学场，并引起了地下水化学组分的变化，应引起有关方面的重视，并加快进行形成机理的研究。

(6)尽快开展水面工程运行方案优化，开展新一轮洛阳市水资源评价，确立洛阳市水资源可持续利用管理模式，保护水资源可持续利用。

参 考 文 献

[1] 洛阳市统计局. 洛阳市统计年鉴[R]，洛阳：中国统计出版社，1997.
[2] 王现国. 偃师市水资源潜力分析与可持续利用对策[J]. 地理与地理信息科学，2004，20(增刊)：34-35.
[3] 林年丰，李昌静，等. 环境水文地质学[M]. 北京：地质出版社，1990.
[4] 王焰新，郭华明，闫世龙，等. 浅层孔隙地下水系统环境演化及污染敏感性研究[M]. 北京：科学出版社，2004.
[5] 王现国，李建涛，吴东民. 洛阳市水资源可持续开发利用对策[J]. 地下水，2003，25(2)：83-86.
[6] 王现国，葛雁. 洛阳市地下水位下降及防降对策[J]. 河南地质，2000，18(3)：205-210.

本文与靳孟贵、郭友琴合作，为全国地下水资源与环境学术研讨会论文。

三门峡水库低水位运行对岸边地下水环境的影响

1　概述

三门峡位于河南省西部，为豫、晋、陕交界地带经济、文化中心，是承接我国东部和西部的纽带。本区属大陆性半湿润季风气候，四季分明。据三门峡气象站1957~2003年的气象资料统计，多年平均气温13.6 ℃，最低气温-16.5 ℃，最高气温43.2 ℃。多年平均降水量547.00 mm，年际降水量变化大，丰水年最大降水量988.4 mm（2003年），枯水年最小降水量253.3 mm（1997年）。年内降水分配不均，6~9月份4个月总降水量占多年平均降水量的63%。多年平均蒸发量2 246.2 mm。

区内北为黄河，自西向东曲形流过，三门峡以上流域面积68.8万 km^2，实测最大流量为22 000 m^3/s（1993年），最小流量为74.4 m^3/s（1981年6月2日），多年平均径流量420亿 m^3。黄河是世界上含沙量最高的河流，平均为37.7 kg/m^3，最大为911 kg/m^3。年平均输沙量16万t。

青龙涧河发源于南部崤山，由东向西穿过市区，于陕州风景区流入黄河，流域面积502.9 km^2。流量大小随大气降水的变化而变化。年平均径流量561.84万 m^3，平均坡度为12.5%，雨季流量大，历时短，干旱季则反之。历史最大洪峰流量2 740 m^3/s，历时4~6 h。青龙涧河下游工厂排放的污水，经过治理基本不再直接排向青龙涧河[1,2]。

苍龙涧河发源于南部崤山，属于季节性河流，由于上游兴建水库，除每年几次大的降水时有短暂的水流，下游基本常年断流。南曲河为季节性河流，只在较大的降水时，有短时的水流。

地势南高北低，最高处高程640 m，最低处308 m，相对高差332 m，以黄河为最低侵蚀基准面，区内地形被侵蚀切割，总轮廓以岭沟相间为特征，按其成因和形态、结构分为黄土台塬、冲洪积平原两大地貌单元，黄土台塬分布于测区东部和南部，塬面平坦，微向河谷倾斜，其结构基座主要为第三系，局部为第三系基岩，堆积层下部为厚度不等的下更新统冲积层，上部为厚层黄土。由于台塬区河系发育，沟谷深切，将黄土台塬分割成大小不等的塬块。

冲洪积平原主要位于黄河、涧河河谷阶地地带，即古三门湖区。下伏下更新世河、湖相沉积，上为晚期河流冲洪积，发育2~3级阶地及河滩。

2　三门峡水库运行方式

三门峡水库自1960年9月建成蓄水拦沙，水库严重淤积，1962年被迫实行滞洪排沙低水头运行。改建后自1974年起，水库实行“蓄清排浑”运行，即非汛期（11月至次年6月）蓄水、防凌、发电、供水灌溉；汛期（7月至11月）降低水位滞洪排沙。水库改建运行后，年内含水量、含沙量变化较大，蓄水期含沙量很小，泄水期月平均含沙量16.3~54.9

kg/m^3。据黄河三门峡水库史家滩站1973～2004年历年运行水位统计，历年月平均最高水位326.05 m(1973年4月)，月平均最低水位284.00 m(2001年7月)，历年蓄水期月平均水位310.66～321.96 m，泄水期月平均水位302.47～305.35 m，多年平均水位311.98 m。

在1960年以前，河床为规则的U形切割；在建库之后，河床开始淤积，河床逐渐上升，河谷变为V形，切割靠近北岸的一边；到1996年，基本冲淤平衡，形成中间切割，南北两岸均淤积的状况；之后，河床的切割和淤积情况没有大的改变。

3 地下水的补给、径流、排泄条件及动态特征

三门峡盆地地下水主要赋存于山前冲洪积平原冲洪积层和盆地中部的冲积平原冲积层中。受地形地貌、地质构造控制，第四系孔隙水的赋存条件表现为地下水的埋藏分布、水量呈现有规律的变化。在山前倾斜平原，含水介质由巨厚的卵砾石和砂砾石组成，受河水和雨水的垂直入渗补给及山区地下水径流的侧向补给，流向盆地中部；冲积平原区，含水层为冲积砂砾石等，含水层厚度大，透水性好，单井出水量大，是区内工农业的主要用水水源。盆地内第四系堆积物自山前向盆地中心明显的由粗到细分布。

由于山前倾斜平原与三、二级阶地高差达200余m，且组成从南向北呈阶梯状倾斜坡地形，故水力坡度大，地下水侧向径流迅速，地下水总体流向为从南向北，即由黄土台塬流向阶地。因有降落漏斗的存在，局部流向有所改变，如三门峡城区、陕县城区以及灵宝老城由于降落漏斗的存在，地下水径流的方向是从漏斗四周到漏斗中心。黄河蓄水期河水补给地下水，泄水期地下水补给河水。含水层的补给主要来源有黄河三门峡水库垂直入渗、黄河侧向补给和地下水径流侧向补给，次要的补给来源有大气降水入渗、河渠入渗和灌溉入渗[3,4]。

三门峡市北部濒临三门峡库区，地下水与地表水联系十分密切。三门峡水库蓄水期，水位上升，地表水侧渗补给地下水，地下水位亦上升；泄水期，库水位下降，地表水向黄河排泄，补给地表水库，地下水位下降。据2001年河南省郑州地质工程勘察院监测黄河水位历史曲线与同期岸边后川长观井的水位历史曲线对比可知：蓄水期库水位高于地下水，河水侧渗补给地下水，而在水库泄水期，地表水位大幅度下降，致使地下水位高于库水位，地下水补给地表水。以上所反映的这种关系与一年内雨季，旱季的地表水与地下水补排关系正好相反，这正是三门峡水库所起的作用。

在黄河岸边地下水未开采区表现比较明显的是：地下水位的升降与河库水位的升降一致，蓄水期库水位升高10～13 m，产生侧向补给，使地下水位升高1～5 m；泄水期，库水位下降10～13 m，地下水产生侧向排泄，水位下降1～6 m。影响宽度1～2 km，地下水位变化幅度，距黄河近则变化大，否则变化小[5,6](见图1)。

4 现状条件下区域地下水动力场特征及地下水位变化规律[7]

4.1 区域地下水动力场特征

研究区由于地下水开采，造成区域地下水位大幅度持续下降，在开采强度较大、开采集中的城镇(三门峡市区、陕县城区、灵宝老城)已形成地下水降落漏斗。

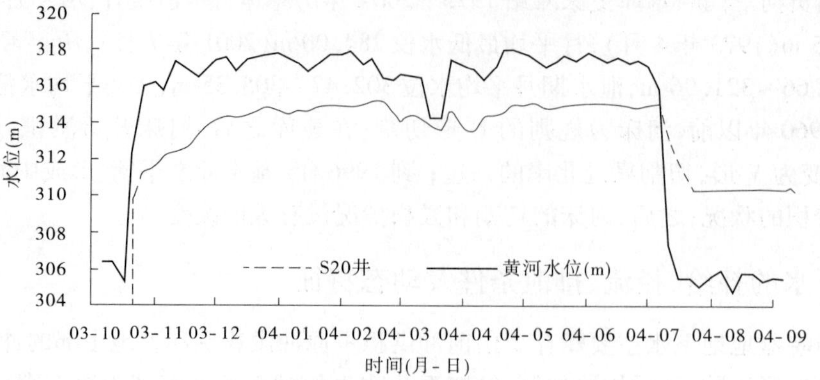

图1　黄河七里水位与S20井水位关系图

4.1.1　三门峡市区地下水位降落漏斗的形成和发展

由地下水位观测资料分析可知:1990 年三门峡市区出现地下水降落漏斗,地下水流向主要从南到北,见图 2。此后,由于大量开采地下水,地下水位降落漏斗逐年增大。1995 年三门峡市区地下水降落漏斗面积最大,漏斗面积约 32 km^2,以三里桥附近为中心,北至后川,南至韩庄,西靠陕州风景区,东临贺家庄,漏斗外围水位标高 315 ~ 330 m,中心水位标高 290 m 左右,二者相差 25 ~ 30 m。此年之后由于限量开采地下水和有效利用地表水资源,地下水位降落漏斗面积逐年减小,水位逐年升高。

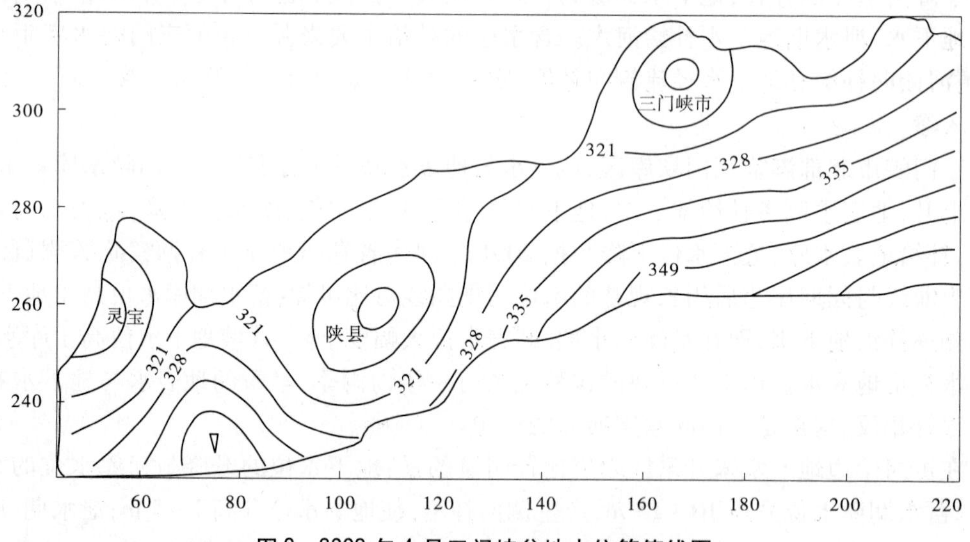

图2　2002 年 4 月三门峡盆地水位等值线图

4.1.2　陕县城区和灵宝老城地下水位降落漏斗的形成和发展

陕县城区的地下水位降落漏斗是由生活用水和工业用水造成的,工业用水主要是陕县电厂大量地利用地下水。1995 年漏斗中心水位 295 m,之后水位有所回升,漏斗面积也有所减小。灵宝老城的地下水位降落漏斗主要是由生活用水造成的,本区的日常用水主要来源于地下水,1995 年漏斗面积 12.4 km^2,漏斗最低水位为 300 m 左右,且漏斗面积有逐步增大的趋势。

4.2 地下水位变化规律

由三门峡市地下水位长观资料(见表1)可知:漏斗区不同位置的水位变化同地下水开采量密切相关,如黄金冶炼厂、关沟长观井位于漏斗区边缘,地下水位升降速度相对缓慢。以灯具厂长观孔12月份水位为例,1989年为311.5 m,1994年为304.2 m,1989~1994年下降7.3 m,年平均下降1.46 m。二建、关沟长观井1994年较1990年水位分别下降为5.15 m和3.98 m,年平均下降速率分别为1.03 m/a和0.796 m/a,均小于1.46 m/a。1995年以后由于第三水厂的运营及开采井位的变动,漏斗中心地带水位逐步上升,如灯具厂长观井1994年12月份水位为304.2 m,2002年上升至318.95 m。漏斗形状很不规则,主漏斗中心基本上以三里桥为中心,沿青龙涧河方向因开采强度大,水力坡度较大,南侧以化工厂为中心,基本上形成一个小漏斗,在主漏斗之中。漏斗区年内变幅值以灯具厂为例,年内水位最高值为319.26 m,最低值为316.12 m,年变幅为3.14 m。

表1 三门峡市漏斗区水位变化表

监测井名称	起始年年初水位(m)		2002年年末水位(m)	水位变幅(m)		年均水位变幅(m)	
	1993	1995		10年	8年	10年	8年
灯具厂		304.09	318.67		-14.58		-1.82
塔北		310.28	314.63		-4.35		-0.54
黄河井		310.42	315.84		-5.42		-0.68
关沟		311.84	312.59		-0.75		-0.09
后川		308.9	309.72		-0.82		-0.10
化工厂		303.84	305.04		-1.2		-0.15
铝厂小学	350.2		352.82	-2.62		-0.26	
南关		312.28	313.93		-1.65		-0.21
陕化	314.9		317.29	-2.39		-0.24	
塔南		312.28	315.05		-2.77		-0.35
塔西		310.52	313.42		-2.9		-0.36
王官油库		309.72	309.73		-0.02		-0.002
冶炼厂		320.36	320.86		-0.50		-0.06

在蓄水期,第三水厂供水量增加,地下水开采量相对减少,伴随着库水入渗补给地下水,使地下水位升高,漏斗面积变小,地下水位有一定的回升,尤其是漏斗西侧靠近黄河地段,水位上升趋势更加明显。2002年中心区最低水位高程276.941 m,与2001年的276.87 m相比,上升了0.071 m,漏斗中心重又从2000年的二纺器厂移至如今的三里桥。漏斗边缘区,如后川、化工厂、灯具厂、塔南、南关水位标高较2001年下降了-2.34 m、-0.16 m、-1.81 m、-0.309 m、-0.595 m。地下水位下降区主要集中在市区的大岭路以西地区,

是开采区过于集中在市区西部所致。

在泄水期，库水位下降，使沿河岸地带地下水的补排关系发生变化，再加上泄水期地下水开采量增加，地下水流场表现出如下特征：在沿黄河岸一带，由于补排关系的突变，在塔南—塔北—关沟一带形成分水岭，分别向黄河及漏斗区排泄。受开采量及季节的变化，漏斗区地下水基本上处于整体回升的趋势，仅个别井水位有所下降。

5 三门峡水库低水位运行条件下区域地下水动力场的演化

三门峡水库低水位（标高 305 m）运行条件下，人为开发利用地下水基本保持现状不变，将会导致区域地下水的大幅度持续下降，地下水位降落漏斗进一步发展，使地下水的埋藏条件发生明显的改变，同时也造成了区域地下水流场的巨大变化。

5.1 地下水埋藏条件的演化

地下水埋藏条件的演化主要表现在地下水位下降，包气带厚度增加，开采层由封闭状态向敞开状态以及含水系统由半敞开状态向全开状态的演化。

在天然条件下，三门峡盆地的粉质黏土、黏土等弱透水层具有隔水作用，使盆地浅层地下水处于半承压状态。但是在地下水降落漏斗范围内，由于地下水处于超采状态，地下水位持续下降，使地下水位降落到含水层中，整个浅层地下水系统从半敞开状态演变为全敞开状态，因此在三门峡水库低水位运行条件下，浅层地下水位的下降和开采降落漏斗的发展使地下水逐渐由半承压状态向无压状态演化。黄河库周地下水将基本恢复到建库前的状态，地下水以接触泉的形式向黄河排泄，预计近岸地下水位大坝到灵宝段将下降 10 ~ 28 m，灵宝段到潼关段将下降 3 ~ 10 m，影响宽度将达到 4 ~ 6 km。

5.2 地下水流场的演化

天然条件下（建库前）和地下水开采的初期，浅层孔隙地下水的流向与地形变化基本一致，即由南部的黄土塬到北部的黄河滩地。水库运行以来，盆地内浅层地下水系统地下水流场也发生了显著变化。由于地下水的过量开采，导致浅层地下水位大幅度降低，形成了三门峡市区、陕县市区、灵宝老城等多个以人工开采漏斗为中心的地下水流场，开采降落漏斗内地下水呈辐射状向漏斗中心流动，形成就地补给、就地排泄。青龙涧河水由原来（天然条件下）的排泄地下水变化为侧向径流补给地下水，最终变化为以垂直渗漏的方式补给地下水，地下水流向由原来自南向北，局部改变为辐射状由外围向漏斗中心（水源地开采中心区）流动。其他市区地下水流场也发生了与三门峡市区同样的变化，即盆地内浅层孔隙地下水流场伴随着地下水位的变化，形成了现今这种态势。若三门峡水库采用低水位运行，盆地内浅层孔隙地下水流场和地下水位必将发生显著的变化，将会逐渐恢复到建库前的状态，现有的库区生态环境将会被打破，对库区产生重大影响。

6 结语

在修建三门峡水库时，对库区原有生态平衡产生了一定的破坏。水库建成后，经过近几十年的科学运行和调度，库区和岸边环境已形成了相对稳定的生态系统；若废弃水库或三门峡水库保持在低水位运行条件下，三门峡盆地地下水动力场将发生明显变化，主要表现在两个方面：一是地下水位持续下降及降落漏斗的形成和不断扩大；二是地下水埋藏条件和地下水流场发生显著变化。对区内工业、农业、旅游业及区内经济发展全局部署和长远规划产生重大的负面影响，废弃水库或降低库水位运行，将造成水资源短缺。此外，几十年形成的生态平衡再次被打破，区域气候也会发生较大变化，将造成新的生态环境失衡，这种对生态再次破坏的后果是无法估量和挽回的。

参考文献

[1] 温彦.河南水资源[M].郑州:河南教育出版社,1994.

[2] 洛阳市统计局.洛阳市统计年鉴[R].洛阳:中国统计出版社,1997.

[3] 董兆祥,王彦祺,张明义,等.矿区环境地质问题的预测与防治[M].北京:地质出版社,1997.

[4] 陈永宗,景可.黄土高原现代侵蚀与治理[M].北京:科学出版社,1988.

[5] 景可,卢金发,樊季阳,等.黄河中游侵蚀环境特征和变化趋势[M].郑州:黄河水利出版社,1997.

[6] 王现国.豫西黄河流域土壤侵蚀现状研究[J].人民黄河,2005(3).

[7] 王现国.洛阳盆地地下水动力场演化研究[J].人民黄河,2007(3).

三门峡地区地下热水资源开发利用现状及保护对策

1 地下热水开发利用现状

1.1 概况

三门峡市位于小秦岭以北的三门峡—灵宝断陷，面积 2 700 km^2，具有良好的地温场背景，新生界厚度大于 2 000 m，在 1 000 m 深处地温一般为 52 ℃左右，2 000 m 深处一般在 83 ℃左右，地温梯度一般为 0.03 ~ 0.035 ℃/m，埋深超过 2 000 m 时，地温梯度明显增高，达 0.035 ~ 0.05 ℃/m，最高可达 0.086 ℃/m。据有关资料，朱阳—大营断裂、文底—宫前断裂以北，深度 2 500 m 以内的上第三系及第四系下更新统的地热资源总量 7.07 × 10^{14} kJ，折合标准煤 482.7 万 t(热储法)，地下热水可采储量 382.10 万 m^3。地下热水类型按储热地层及地下水赋存条件分为前新生界基岩裂隙地下热水、第三系孔隙裂隙地下热水和第四系孔隙地下热水 3 种。其中，前新生界基岩裂隙类型地下热水分布完全受断裂构造控制，呈点状或小片状分布，温度较高，富水性不均一，埋深较浅，在陕县温塘埋深 20 m，1994 年以前曾以温泉形式溢出地表。水化学类型较复杂，一般为 $SO_4 \cdot Cl \cdot HCO_3 - Na$ 型或 $SO_4 - Na$ 型。第三系孔隙裂隙类型地下热水的分布主要受断裂构造控制，连通性较差，但分布较广。在灵宝市区揭露第三系砂岩为其主要储层，埋深范围 500 ~ 2 000 m，一般 1 000 m 左右，水温为中温，矿化度及 SiO_2、F^-、Na^+、Rn 含量较高。水化学类型以 $SO_4 - Na$ 水为主，局部为 $HCO_3 \cdot SO_4 \cdot Cl - Na$ 型。第四系孔隙类型的地下热水多分布在构造单元的边缘部位。地下热水分布不连续，储层主要为下更新统中粗砂层，埋深范围 250 ~ 800 m，水温为低中温，局部中高温(温汤)矿化度一般较低，水化学类型多为 $HCO_3 \cdot SO_4 \cdot Cl - Na$ 型。

1.2 开发利用现状

1.2.1 现状开采热储层

经过历年来的开发，纵向上大体形成了三个开采段，第一开采段 700 ~ 1 100 m，主要为早期开发层段；第二开采段 1 100 ~ 1 700 m，为现阶段地热开发的主要层段；第三开采段 1 700 ~ 2 300 m，随着开发力度的进一步加深，该开采段及更深井段(2300 ~ 3000 m)将日益成为地热开采的主力层段。

1.2.2 地热资源利用现状

目前，三门峡地区共有热水井 50 余眼，集中分布于陕县温塘，据不完全统计，截至目前，地热水利用主要集中于洗浴，其次用于疗养、游泳等。1998 年以来，灵宝市以探采结合方式打出的几眼热水井取得了较好的效益，引起政府部门和有关单位的关注，对地热勘探开发的投入不断增加。

1.3 存在问题

1.3.1 管理和保护工作落后

由于地理位置及环境所限,地热研究不够深入。一方面地下热水的综合利用及系统配套工程尚未形成规模;另一方面,局部地区过量开采、地下热水补给不足。在井点分布及热水开采层段方面,市区已有的约5眼地热井集中分布于南郊、北郊和东郊地区,井深多在1 600～2 000 m、2 300～3 200 m两个层段,取水层段以古近系热储为主,或取其上部,或取其下部,或取局部与其他组段共同采水。总体特点是:井点密集成片分布,相近井点开采层段多为同层组取水或同层组为主取水,大多数地热井为混层组(多个地层组)取水。近年来,尽管有关管理部门做了大量工作,但管理和保护工作仍然落后,如地热资源勘探评价、防止水质污染和回灌、水质改良、综合利用刚刚起步,建立先进的专家系统和开采模型尚未提到议事日程。总之,由于有关法规不健全,还没有形成有序的资源市场。另外,由于存在分层止水不严格、过量开采等现象,导致地下水位下降明显。西安地区1994年正式建立地下热水动态监测网点,监测点大多为生产用井,监测项目包括水头、水温、水量及水质,但因受监测井点开采程度不同的影响和监测设备的安装及管理的影响,动态资料的准确性、连续性和完善性较差。

1.3.2 环境地质问题

三门峡地区的环境地质问题主要有地面沉降、地裂缝、地下热水开发中造成的环境污染,尤以后者最为重要。

1.3.2.1 地面沉降与地裂缝

三门峡地区地热井深一般在1 500～1 800 m。热储层主要取自1 100 m以下第三系半固结岩层,其热水水头一直高于热储层顶板,热储层内热水处于半饱和状态,因此一般情况下,单井开采不会对地面沉降、地裂缝产生直接影响;但有的学者认为,从任何热储层中进行长期开采几乎都可能导致可以检知的地面沉降和地面变形[2]。三门峡地区各开采单位虽然多数以单井形式开采地热水,但若长期过量开采,很可能会导致深部岩层压力下降,原先饱和状态下对上部或上覆岩层的顶托作用(力)减弱,使地层压缩、致密而造成或加剧地面沉降。另据有关资料,1973～1985年,天津市由于大量开发第三系和第四系地下热水,引起地面沉降总量平均为43 mm/a,其中由于第三系热水的开采引起的沉降量为7.8 mm/a。三门峡目前虽然尚没有地下热水开采引起沉降的监测资料,但三门峡开采的也主要是第三系热储,故可能产生沉降的问题是不容忽视的。

1.3.2.2 环境污染

环境污染包括热污染、空气污染、水污染、土壤污染、放射性污染等方面。三门峡地区地热水中不凝气体H_2S、CO_2、NH_3以及放射性元素Ra、Ru、U、Th含量甚微或无,且多数热水井用于室内洗浴,因而极少造成空气污染或放射性污染。但是,在处理地热尾水时,由于直接将其排入下水道,随居民生活污水一起进入城市排水管网系统,而后同工业用水一起大部分排入地表河流。而这些地热尾水在简单利用后一般水温多在四五十摄氏度左右,根据北京市下水道污染物排放标准,允许排入下水道中的水的水温应小于35 ℃。因高于40 ℃的地热尾水排入下水道,会造成细菌等各种微生物大量繁殖,在排入河流及其他水体后将造成地表水体污染,所以在排放前应作降温处理。

三门峡地区地热水中 F、偏硼酸(HBO_2)、溶解性固体、矿化度、总硬度等含量较高，均超过饮用水、灌溉水水质标准，前两项超过矿水命名标准，且盐类含量普遍较高。地热尾水直接排入附近地表水体，不仅会使水质恶化，甚至会渗入地下水体，直接或间接地对地下水资源造成污染。地热尾水中的大量盐类排入农田会造成严重的土壤板结和盐碱化，使农作物难以生长。事实表明，绝大多数地热尾水是不能直接用于农、副、渔业的，必须经过一定的水质处理方可利用。由此可见，三门峡地区地热水的热污染、水污染及土壤污染问题不容忽视。如果管理不善，或不注意污染防治，对地下水及附近农田将存在潜在的严重危害。

2 开发利用前景与展望

三门峡地区具有较高的地温场背景，莫氏面较浅(29 km 左右)，且上地幔高导层隆起最高处深度仅 34 km，热源距地表较近，并可能有燕山期花岗岩余热和放射性衰变热在地壳浅部聚集，形成了有利的热源条件；本区断裂构造错综复杂，有切深大于 20 km 的断裂(一般为张性或张扭性)，接近乃至沟通热源，在断裂破碎开启部位和交汇处能形成控热、导热、储热构造，深部的开启性、循环性良好，大都影响到第三系至第四系，成为热流上升的有利通道，沿断裂地热异常明显；巨厚的新生界沉积提供了较好的控热储层(砂岩、含砾砂岩、中粗砂岩)，也提供了很好的多个保温层(泥质岩盖层)。可见，三门峡地区具备地热田形成的储、盖、通、源四大有利条件及良好的配套组合关系，具有广阔的资源前景和相当的优势。

综合各项成分与有关水质标准对照，三门峡地区热矿水特别适合于洗浴医疗、取暖供热。其中，地热井水中氟、碘、偏硅酸、偏硼酸 4 项指标达到医疗矿水浓度。但由于多项成分超标，在未经水质处理之前，不宜直接用于饮用、工业生产、农业灌溉及养殖；对地热温室及大棚、地热孵化、地热干燥、脱水及制冷等的间接利用，主要取其热量而受水质影响不大。为提高地热能的利用率，减少资源浪费和环境污染，可考虑对地热水采取梯级利用及综合利用。

3 结语

(1)加强动态监测及研究工作。通过对热水动态监测，可以了解热储层在天然状态下或在开采过程中的热水压力(水位)、水温、水量随时间的变化规律，以探讨地下热水的成因及其可供开采利用的资源量，为制订合理的开采方案提供水文地质依据。

(2)合理开发利用地下热水资源。在规划中应按温度分级，综合利用；在开采过程中，严禁超量开采地热水。

(3)重视地热尾水排放问题。根据三门峡地区具体条件，应着手研究回灌的可能性。热水回灌是一项只利用其热能而把用过的热水重新回灌到地下的一种方法，它可以彻底解决由于把含盐量、含氟量高的地下热水排放到地表而造成环境污染的问题，同时又可对地下热储给予补充，从而起到保护资源的作用。

参考文献

[1] 李云峰，郭建青，吴耀国. 西安地热田医疗热矿水的产出状况分析[J]. 西安工程学院院报，1999(增

刊).
[2] L Rybach, L J P Muffler. 地热系统——原理和典型地热系统分析[M]. 北京大学地质系地热研究室译. 北京:地质出版社,1986.

洛阳市浅层孔隙地下水化学环境演化分析

1　引言

洛阳市位于河南省西部，是我国著名的历史文化名城，市辖面积约464 km^2，构造部位为洛阳断陷盆地，地貌类型为洛河、涧河冲积阶地，区内地势平坦，地面海拔在130～150 m[1]。洛阳市是新中国成立后国家重点建设发展起来的大型工业城市，随着城市规模不断扩大，城市“三废”排放不断增加，环境污染日益加重，地下水化学组分含量不断增加，地下水水质呈下降趋势，并超过现行饮用水水质标准，使得本来就非常紧张的水资源供需矛盾日益尖锐。因此，对洛阳市区地下水化学环境演化过程的影响因素进行分析研究是改善和保护地下水资源，实现地下水资源可持续利用的基础。

2　浅层孔隙地下水水化学特征

洛阳市区浅层地下水一般均无色、无臭、无异味。水温年平均为17.43 ℃，pH值平均为7.46，呈弱碱性，硬度一般约为321.4 mg/L($CaCO_3$)，平均矿化度为0.5 g/L，地下水典型化学成分主要为Ca^{2+}、Mg^{2+}、HCO_3^-、SO_4^{2-}、Cl^-等(见表1)。根据2003年度洛阳市地下水质分析资料(共210个点)进行统计，按舒卡列夫分类法，地下水类型以HCO_3-Ca、$HCO_3-Ca\cdot Mg$为主[2,3]，分布在河流冲积平原区中的涧西区、西工区、老城区、伊洛河间地块等地。其次为$HCO_3-Ca\cdot Na$和$HCO_3-Ca\cdot Na\cdot Mg$水，主要分布在北部邙岭地区、白马寺等地；$HCO_3\cdot SO_4-Ca$、$HCO_3\cdot SO_4-Ca\cdot Mg$水主要分布在上河，龙沟西部庄、曹屯、棉织厂、五女冢、春都集团一带；还有$HCO_3\cdot Cl-Ca$、$HCO_3\cdot Cl-Ca\cdot Mg$、$HCO_3\cdot Cl-Ca\cdot Na$、$HCO_3-Ca\cdot Na\cdot Mg$水零星分布在范滩、省有色地质二队等地(见图1)。

表1　洛阳市区(2003年)地下水常量组分表[4]　(单位：mg/L)

组分	Ca^{2+}	Mg^{2+}	Na^++K^+	HCO_3^-	SO_4^{2-}	Cl^-	硝酸盐氮
平均含量	90	25	15～25	300～400	53.2	35～60	8.17

洛阳市区浅层孔隙水是区内工农业生产和人民生活用水的主要开采层。经过几十年的大量开采，地下水流场发生改变，从而致使地下水化学场发生重分布，使地下水的水化学成分复杂化。2003年地下水化学分析资料显示：地下水中出现了大量的NH_4^+、NO_3^-、NO_2^-、SO_4^{2-}、细菌学指标等超标点；地下水中的宏量组分大幅度上升，导致总硬度、TDS大范围升高；大量的人为环境物质进入浅层地下水系统，地下水已遭受Cr^{6+}、NH_4^+、NO_3^-等有毒、有害物质的污染；地下水开采降落漏斗区地下水化学环境退化速率又明显快于非降落漏斗区；地下水普遍受到污染，其污染程度市区大于郊区，反映了人类活动强度大小对

地下水化学环境演化的控制作用；硝酸根含量高达66.15 mg/L，总溶解性固体含量大于1 994 mg/L(超标994 mg/L)，SO_4^{2-} 含量高达518.66 mg/L，NH_4^+ 含量高达1.92 mg/L，超标8.6倍。总之，洛阳市浅层地下水化学环境皆呈不同程度的退化趋势[4]。

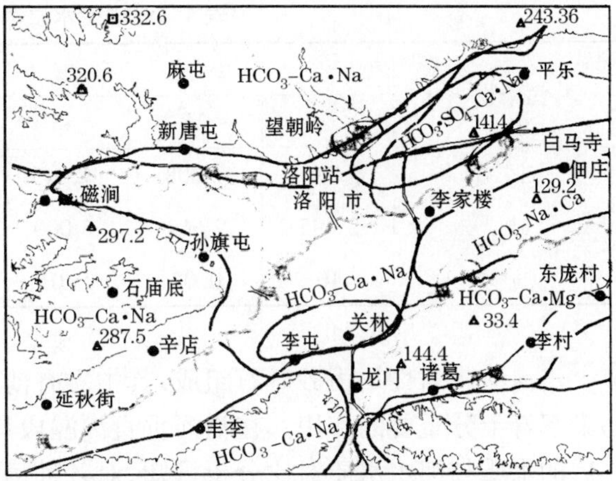

图1 洛阳市地下水化学类型分区图[4]

3 浅层孔隙地下水化学环境演化分析

几十年来，洛阳市区浅层地下水化学环境逐渐退化，尤其是近十余年来，城市区地下水化学环境迅速恶化[4,5]。地下水宏量组分、NO_3^-、TDS、总硬度的迅速升高是地下水化学环境退化的主要标志。地下水化学环境主要受水文地质条件(地层岩性以及地下水的补给、径流、排泄条件等)和人类工程活动等因素的控制与影响。

3.1 包气带对地下水化学环境演化的控制和影响

水和污染物质只有通过包气带才能补给浅层地下水，因此包气带的性质直接决定了浅层地下水的污染化速度和程度。为研究区内不同性质的包气带的净化作用，分别对洛河河床岩性及其他包气带岩性做了净化试验(见表2～表4)。

表2 砂砾石垂直净化分析成果表 (单位:mg/L)

分析项目	pH值	COD	MnO_4^-	BOD	NO_2^-	NO_3^-	Cu^{2+}	NH_4^+	挥发酚	石油类	总硬度
洛河水	7.95	66.4	21.86	11.44	0.79	0.43	0.11	20.6	0.055	3.89	153.1
地下水	7.69	6.4	0.89	1.11	0.036	5.78	0	0.51	0.002	0.08	254.2
净化能力(%)	—	90.4	95.9	90.3	95.4	—	100	97.5	96.4	97.9	—

表3 亚黏土水质净化试验结果 (单位:mg/L)

污染物	时间(h)								
	0	36	48	72	96	120	144	168	720
Cr^{6+}	0.404	0.005	0.007	0.011	0.01	0.23	0.36	0.39	0.4
Cl^-	5 801	2 002	2 949	5 162	5 875	6 274	6 274	6 274	6 274
Cu^{2+}	10	0.03	0.01	0	0.06	0.03	0.03	0.01	0

表 4　亚砂土水质净化试验结果　　（单位：mg/L）

污染物	时间(h)						
	0	24	48	72	96	120	720
Cr^{6+}	0.397	0.008	0.045	0.251	0.32	0.41	0.38
Cl^-	5 895	2 669	6 000	6 217	6 297	6 274	6 004
Cu^{2+}	10	0.02	0.01	0	0	0	0

洛河河床岩性均由砂砾石组成，其中夹有薄层黏性土和泥质粉细砂层，对防止地下水污染起着十分重要的作用。在洛河垂直渗漏段岸边打井取地下水，作为河水下渗经过净化后的水质与河水水质对比分析可知，对各种污染物的净化能力均达到 90% 以上，在 pH 值大于 7 的条件下，重金属在渗透过程中可完全被净化，NH_4^+、NO_2^- 的净化能力在 95% 以上，而 NO_3^- 的含量升高，正是水质净化后的产物。

通过对试验资料的对比分析，可以看出：①包气带介质层对重金属 Cu^{2+} 有很强的净化能力；②包气带介质层对 Cl^- 净化能力较弱，在短时间内介质就达到饱和而失去净化能力；③在同一介质层中，在未达到吸附饱和之前，渗出的水中污染物含量随时间的延续而逐渐减少，在达到饱和以后，渗出水中污染物含量随时间延续而增加；④天然介质层的吸附降解能力因性质不同而异。黏性土吸附降解能力大于砂性土的降解能力。

包气带厚度的大小对地下水化学环境演化的控制和影响也很显著。洛阳市区具有典型的“二元结构”，上部以黏质粉土为主，厚度 0 ~ 20 m 不等，含水介质以细砂、粗砂、砂砾为主，厚度 30 ~ 60 m。选择市区 9 个供水井水质化验资料对包气带厚度与离子污染指数（污染组分实测值与背景值之比）及增加值的相关性进行分析研究（见表 5）。

表 5　包气带厚度与化学组分污染指数及增加量关系表　　（单位：mg/L）

位置		白马寺	瀍河	老城	西工	涧西	洛南	李楼
包气带厚度(m)		3.42	12.67	11.34	11.58	4.22	5.45	13.89
TDS	评价值	1 840	958	854	710	756	726	622
	对照值	488	689	486	441	377	305	518
	污染指数	3.77	1.39	1.76	1.61	2.01	2.38	1.2
	增加值	1 352	269	368	269	379	421	104
总硬度	评价值	1 456.7	620	580.5	510	520.6	425.4	420.4
	对照值	351.39	474.19	369.35	334.46	304.38	249.56	371.31
	污染指数	4.15	1.31	1.57	1.52	1.71	1.7	1.13
	增加值	1 105.31	145.81	211.15	175.54	216.22	175.84	49.09
Cl^-	评价值	394	98	88	69	96	53	97
	对照值	47	71.2	42	45.6	20	19	29.6
	污染指数	8.38	1.38	2.10	1.51	4.8	2.79	3.28
	增加值	347	26.8	46	23.4	76	34	67.4

注：对照值为 1984 年实测值，用做背景值；评价值为 2004 年实测值。

由表 5 分析可以得出：在环境条件相近及水文地质条件基本相同的情况下，包气带厚度控制了地下水的污染程度，TDS、总硬度及 Cl^- 的污染指数与增加量和包气带的厚度呈负相关关系。包气带厚度小，其吸附、溶解、沉淀等水文地球化学作用过程短，包气带的净化程度低，防污性能差，地下水水质差；反之，包气带净化程度高，防污性能好，地下水水质好。

3.2 河流补给对地下水化学环境演化的影响

区内河流与地下水关系密切，是地下水的主要补给来源之一，河水对沿河水源地的补给量可达80%，因此地下水化学环境的演化与河流密切相关。在此笔者以地下水总硬度为指标来分析河流对地下水化学环境演化的影响。河流对地下水硬度的影响表现为河水对地下水的稀释作用。据有关资料分析发现，洛河流量达到60 m^3/s 时，其对地下水补给量大大增加，由于稀释作用，地下水总硬度就逐渐降低，连续的丰水年可使地下水总硬度在较长时期内较大幅度的降低；反之，连续的枯水年则导致地下水总硬度回升（见图2）。随着2000年4月洛阳水面工程第一期的建成运行以来，洛阳市浅层地下水位持续下降的态势得到了控制，增加浅层地下水的补给量，引起了浅层地下水化学组分的变化，洛南、张庄等傍河水源地地下水的总硬度都有所降低，缓解了地下水硬化的态势（见表6）。

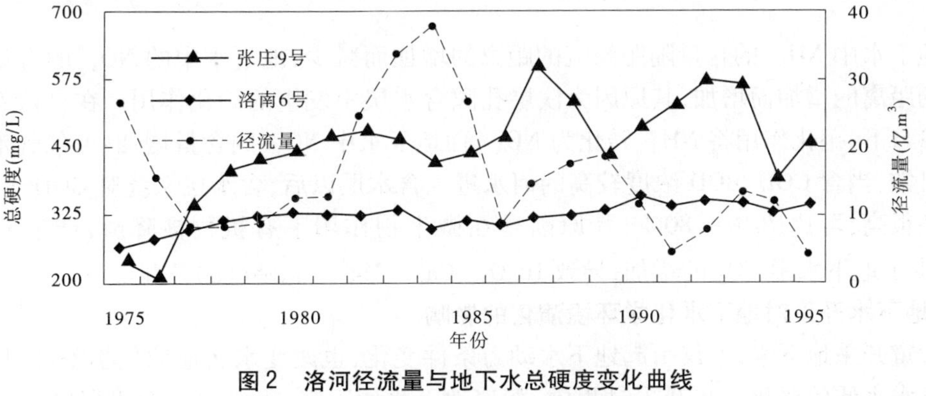

图2 洛河径流量与地下水总硬度变化曲线

表6 洛南、张庄地下水硬度变化表 （单位：mg/L）

年份	1996	1997	1998	1999	2000	2001
洛南水源	—	382.6	374.8	382.0	373.0	328.0
张庄水源	508.0	543.8	545.6	521.0	427.0	348.0

除此之外，河水水质对地下水化学环境的演化也有显著的控制作用。为了查明河水水质对地下水环境演化的影响，选择傍河的张庄水源地进行污染河水对距河岸不同距离的地下水水质的影响研究（见表7）。张庄水源地属傍洛河水源地，水源地位于洛河阶地区，具“二元结构”，上部为粉土，含水层岩性为粗砂砾石。河水在洛阳市区段接纳了高新区工业废水、生活污水及涧河水等，主要污染因子为氨氮、生化需氧量等，各评价因子综合污染指数类别为劣Ⅴ类，水质状况为重度污染[1]。在2000年以后，河水以侧向径流的方式补给地下水。

从表7中可以看出：地下水的总硬度、TDS、Cl^- 的含量都明显高于河水的浓度；地下

水中的 NH_4^+ 的含量随距河流的距离的增加而减少；地下水中 NO_3^- 的含量随距河流的距离的增加而增加，同时有 NO_2^- 检出；地下水中的 COD 的含量随距河流的距离的增加而减少。

表7　地下水水质与距河流距离相关关系表　　（单位：mg/L）

名称	采样井与河边线的距离(m)			
	0	30.5	39.8	48
总硬度	268.6	346.8	387.9	426
NH_4^+	9.5	4.6	4.4	2.6
NO_3^-	13.88	14.89	16.36	18.15
TDS	465.34	605	612.8	608.3
Cl^-	49.85	51.74	50.21	49.8
SO_4^{2-}	87.8	80	68.9	66.8
COD	5.92	2.46	0.52	0.68

地下水中 NH_4^+ 的含量随距河流的距离的增加而减少，地下水中的 NO_3^- 的含量随距河流的距离的增加而增加，其原因为浅层孔隙含水层中发生的硝化作用。在自营养微生物的参与下，硝化作用将 NH_4^+ 转化为 NO_3^-，而地下水中 NO_3^- 的含量增加；由包气带净化试验可知，当含 COD、BOD 浓度较高的河水进入含水层以后，含水层系统对 COD、BOD 的去除率很高，可达 70% ~80%，其原因是在微生物作用下有机物被降解，产生 CO_2 和 H_2O，由于地下水中 CO_2 的增加，导致 HCO_3^-、Ca^{2+}、Mg^{2+}、总硬度的升高。

3.3　地下水开采对地下水化学环境演化的影响

大量开采地下水，不仅引起地下水动力条件变化，也改变水文地球化学条件，从而导致地下水水质的恶化。在开采过程中，随着地下水面下降，氧气进入含水层被疏干的地带，促使岩层中硫、铁、锰以及氮的化合物的氧化作用加强，特别是硫氧化细菌的出现，更加剧了金属硫化物的氧化过程。此作用可形成一种强酸性环境，溶解了岩层中原来不溶解或不易溶解的化合物（如土层中经常存在的钙、镁、铁、锰的化合物），致使地下水中铁、锰、镁以及硫酸根离子含量大大增加，地下水的溶解性总固体、硬度亦随之升高[2,4,5]。此外，地下水过量开采而使地下淤泥呈疏干状态时，由于好氧菌降解有机物而释出 SO_4^{2-}、Ca^{2+}、Mg^{2+}，渗入地下水，亦会引起硫酸盐硬度的增高。图 3 为 1993 年洛阳市区总硬度等值线，从图中可以看出，地下水硬化带与地下水降落漏斗基本一致[5]。

此外，长期超量开采地下水导致地下水位持续下降，改变了地下水的补给、径流特征，增加了河流对地下水的补给量，污染河流补给地下水从而使地下水遭受污染，进一步加速地下水化学环境场的恶化。

3.4　环境污染对地下水化学环境演化的影响

研究区内主要存在工业污染源、生活污染源，以及农药、化肥等农业污染源。这些污染源以直接入渗、排入河流入渗、污灌入渗等形式影响着地下水环境的演化。

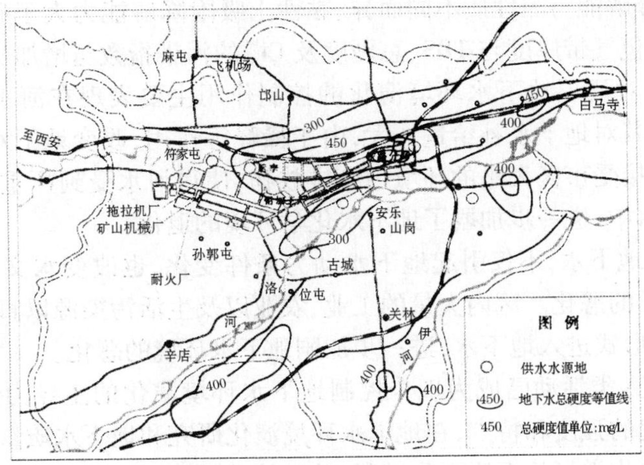

图3 1993年地下水总硬度等值线图

市内工业区原料及“三废”就近堆放和排出，厂区周围及大部地区渠道无衬砌，造成管道失修、跑冒滴漏。有的厂使用渗坑排污，污染物直接入渗污染地下水，造成区内地下水 Hg^{2+}、Cr^{6+}、Cu^{2+}、Pb^{2+} 和 COD、Cl^-、SO_4^{2-} 污染。此外，由于长期无管道造成的遍地流的生活污水以及各类小厂的生产污水，致使城区地下水遭受 CN^-、Cl^-、COD、C_6H_5OH、NO_3^-、SO_4^{2-}、总硬度和 Pb^{2+}、Cu^{2+}、As^{4+} 等的重度污染，其原因就是污水直接入渗。此外，大量生活废物的淋滤液亦会直接入渗污染地下水。

集中排放涧西工业区污水的大明渠和城区涧河段，排放西工老城区污水的中州渠和城区河段，河渠淤积，垃圾堆放阻塞，水流缓，无衬砌，污染严重，成分复杂的河渠水，通过侧渗和入渗污染地下水。

人类活动的废弃物（包括液、固、气三种形式）通过污水灌溉、污水沟渠渗漏、施肥过多及大气污染干湿沉降等进入土壤，在土壤中发生过滤、生物分解、离子吸附与交换等化学作用，随下渗水进入地下水，造成水质恶化[6]。

4 结论与建议

针对几十年来洛阳市区浅层孔隙地下水化学环境逐渐退化，尤其是近十余年来，城市区地下水化学环境迅速恶化的现象，本文从含水层岩性，地下水的补给、径流、排泄以及人类工程活动等控制和影响因素对其进行了分析研究，得到如下结论：

（1）在过去的几十年里，洛阳市地下水化学环境的演化方向总体上是朝着不断恶化的方向发展，表现在地下水中宏量组分大幅度上升；大量的人为环境物质（Cr^{6+}、CN^- 等）进入浅层地下水系统；地下水污染普遍，出现了大量的 NH_4^+、NO_3^-、NO_2^-、SO_4^{2-}、细菌学指标等超标点。

（2）野外试验表明，洛河河床岩性对各种污染物（NO_3^- 除外）的净化能力均达到90%以上；包气带介质层对重金属有很强的净化能力，而对 Cl^- 的净化能力则较弱，在短时间内易饱和而失去净化能力；同一介质层，在未达到吸附饱和之前，渗出的水中污染物含量随时间的延续而逐渐减少，在达到饱和以后，渗出水中污染物含量随时间延续而增加；天然介质层的吸附降解能力因性质不同而异,黏性土吸附降解能力大于砂性土的吸附降解能力。除此之外,包气带厚度与TDS、总硬度及 Cl^- 的污染指数与增加量呈负相关关系。

(3)区内河流对浅层地下水环境演化的控制作用主要表现在河水流量和水质两方面。河水流量大,其对地下水补给量加大,由于稀释等作用,改变地下水化学组分。除此之外,区内河水因接受市区大量的环境污染排放物,使得河水受到严重污染,大量环境污染物也进入地下水中,进一步加剧了地下水化学环境的退化。

(4)大量开采地下水,不仅引起地下水动力条件变化,也改变水文地球化学条件,从而导致地下水水质的恶化。区内大量的工业、农业以及生活污染源以直接入渗、排入河流入渗、污灌入渗等形式进入地下水,进一步加剧地下水环境的恶化。

(5)研究发现人类活动已成为现今控制地下水环境演化的主导力量,建议根据人类活动对地下水干扰的强度和特点,在地下水环境演化研究和地下水质量评价的基础上,进一步研究洛阳市水化学场的水质变化过程,并对其进行预测。

参考文献

[1] 河南省水利厅水政水资源处,河南省郑州市地质工程勘察院. 河南省洛阳市城市地下水超采区评价成果报告[R]. 2005.

[2] 沈照理,等. 水文地球化学基础[M]. 北京:地质出版社,1993.

[3] 王大纯,张人权,史毅虹,等. 水文地质学基础[M]. 北京:地质出版社,1995.

[4] 王现国. 河南洛阳盆地孔隙地下水系统演化及调控[D]. 武汉:中国地质大学,2006.

[5] 王现国,刘丕新,董永志,等. 浅层孔隙地下水水质演化机理研究[M]. 郑州:黄河水利出版社,2005.

[6] 刘凌,王瑚,王则成,等. 污水灌溉过程中离子交换问题的研究[J]. 河海大学学报,1996,24(3):88-93.

二、工程地质

豫西东部黄土工程特性研究

1 黄土的分布概况、形成时代

豫西东部黄土及黄土类土主要分布在黄河流域黄河中下游的过渡地带，面积达3 843.4 km^2（见图1），是我国湿陷性黄土分布的主要地区之一。据不完全统计，黄土总厚度约94 m，湿陷性黄土厚度最大约10 m。

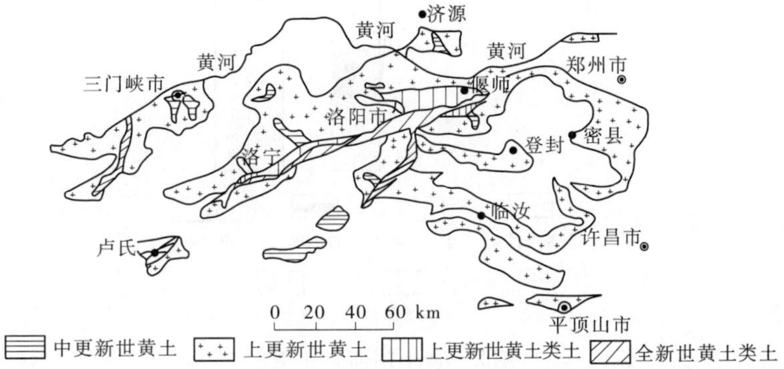

图1 豫西地区黄土分布

受基岩山地、黄河及其支流伊洛河水系的影响，区内第四系十分发育，广布于黄河冲洪积平原、山间盆地及山前丘陵地带，沉积成因类型较多。其中风成黄土及黄土状土广泛分部在黄河南岸。本区黄土堆积从第四纪中更新世开始，直到全新世都有堆积，较为典型的研究剖面如图2所示[1]。

（1）全新世黄土（Q_4^{eol}）：褐灰色亚砂土，土壤结构清晰的现代耕作层和全新世古土壤（S_0），厚度小于1.0 m。

（2）晚更新世马兰组黄土（Q_3^{eol}）：包括1层黄土（L_1）和1层红褐色古土壤（S_1），黄土厚度小于10 m，土质疏松多孔，古土壤厚度为0.4～1.0 m。

（3）中更新世离石组黄土（Q_2^{eol}）：平行整合于马兰黄土之下，厚度34.91～70.0 m，其中含7层红褐色古土壤（S_2～S_8），层序清晰完整，第五层古土壤（S_5）由密集的3个单层合成，结构清晰，各土层下均有含钙结核（层）。

本区黄土地段可分为黄土台塬丘陵类和河谷类[2]。黄土台塬丘陵类地形明显受下伏古地形的影响，在古地形平坦开阔处，覆盖其上形成黄土台塬，如邙山东段。在古地形起伏变化较剧烈地段，覆盖其上的黄土形成梁或峁，构成黄土丘陵地貌景观，如偃师邙山西段及孟津邙山西部的黄土丘陵区黄土梁均较发育。

区内沿伊河、洛河及其支流发育有宽广的多级堆积阶地，阶面开阔，一般发育一、二、三级阶地，在阶地上有不同时期（Q_3～Q_4）黄土或黄土状土堆积，构成河谷类黄土地貌景观。

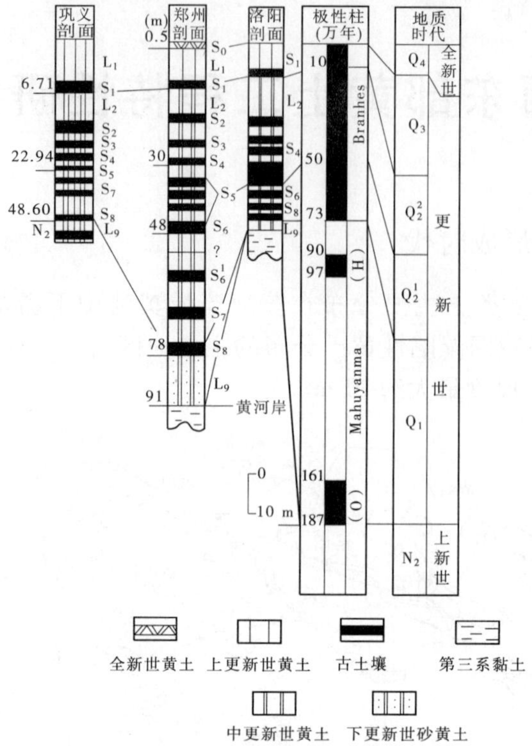

图2 黄土剖面对比图

2 黄土的物质组成

2.1 黄土的颗粒组成

豫西东部地区除邙山带为原生风成黄土,其余均为次生黄土类土,其颗粒组成亦有差异,多具有明显的地域特征(见表1)。由表1可知,豫西东部湿陷性黄土黏粒含量大于西北地区,粉粒含量比西北地区小。

表1 豫西东部和中国西北地区黄土颗粒组成

地区	粒径(μm)		
	>0.05	0.05~0.005	<0.005
郑州	2.7~72.4(33.79)	16.1~76.9(50.46)	3.3~38.5(16.68)
荥阳	10~40	54~88	4~16
巩义	8.7~10.8	67.2~76.2	13.0~24.1
洛阳	8~12	61~64	27~28
兰州	18.6	67.0	14.4
太原	20.2	60	19.8
西安	9.6	65	22.5

注:括号中数字为平均值。

2.2 黄土的矿物成分和化学成分

根据洛阳至郑州几个典型黄土剖面的研究成果,上更新世黄土的矿物组成以石英、长石含量最高,其次是方解石、云母等;黏土矿物以伊利石含量居首,其次是高岭石、绿泥石,未发现有蒙脱石矿物。中更新世黄土与上更新世黄土的矿物组成相近,只是含有蒙脱黏土矿物。

由表2可以看出,黄土的化学成分以 SiO_2 含量占绝大多数,这与矿物成分中石英居首是一致的;Al_2O_3 占居次位,而 Al_2O_3 是硅酸盐矿物的主要组成部分,长石属硅酸盐矿物类,二者也是一致的。

表2 Q_3^{eol} 与 Q_2^{eol} 黄土的化学成分 (%)

岩性	SiO_2	Al_2O_3	Fe_2O_3	MgO	CaO	FeO	TiO_2	MnO	K_2O	Na_2O
Q_3^{eol} 黄土	60.67~67.76	10.33~12.22	2.72~4.15	1.47~2.33	2.90~9.29	0.36~1.05	0.51~0.70	0.026~0.07	1.55~2.35	1.42~1.80
Q_3^{eol} 古土壤	52.27	10.06	2.66	1.75	14.20	0.85	0.40	0.06	1.90	1.30
Q_2^{eol} 黄土	53.88~68.42	10.96~15.35	3.32~6.15	1.24~2.72	0.76~12.42	0.05~0.89	0.55~0.80	0.06~0.129	1.78~2.29	0~1.67
Q_2^{eol} 古土壤	65.12~67.38	13.31~16.42	4.62~6.68	1.09~2.68	0.33~0.83	0.09~0.52	0.63~0.80	0.055~0.100	1.55~2.82	0~1.92

本区黄土难溶盐含量高于全国平均值,表现为强度高,有机质持水性强,表面能大,受水浸湿可大量吸水而使土崩解或湿陷。本区黄土有机质含量低于全国平均值的0.64%(见表3)。

表3 黄土中水溶盐类、pH值、有机质含量 (%)

岩性	难溶盐类	中溶盐类	易溶盐类	pH值	有机质
Q_3^{eol}	8.97~24.39	微~0.043	0.032 4~0.191	7.86~7.97	0.34
Q_2^{eol}	0.52~20.77	微~0.038	0.028 5~0.094	7.83~8.02	0.29~0.58

区内黄土的pH值为7.83~8.02,均属碱性介质土,表明区内黄土为干旱、半干旱气候环境下的沉积物。当土呈碱性时,土中含有较多的金属离子,土颗粒表面形成较厚的扩散双电层,土粒处于松散状态,具有塑性大、分散度高、抗剪强度低等性质。

2.3 黄土的微结构特征

据郑州、荥阳、巩义等典型黄土剖面微结构研究成果,区内黄土的微结构特征简述如下:

(1)总体上,黄土原状样中扁平颗粒的定向度比较低,仅中更新世底部原状土中扁颗粒稍有定向。全新世黄土骨架单元间多为开放式或次开放式架空结构连接,土中架空孔隙发育,因而一般有较强的湿陷性。Q_3^{eol} 黄土具有较疏松的微观结构,以大孔隙为主,且无充填或少量充填,孔隙比较大,一般大于0.80,所以 Q_3^{eol} 黄土具有湿陷性。

（2）上更新世黄土为近接触式胶结，“骨架”颗粒主要为近于“等径状”或“大小不等”的棱角状，少数磨圆度较好，无定向排列，孔隙特征主要表现为颗粒之间的孔隙，“骨架”颗粒有的直接接触，有的镶嵌在少量黏粒胶结构的“基底”中，孔中无充填或有棒状石膏晶体。

（3）中更新世黄土为不等粒基底胶结，起“骨架”作用的是粉砂粒、黏粒组合成的团粒，以及少量的 $CaCO_3$ 粉粒，形状为次棱角状，粒径大小不等，在其下部黄土层中，颗粒磨圆度稍好，粒度多细，扁平矿物和“骨架”颗料沿长轴方向局部表现为稍有序排列，并以小孔隙为主，隙中有碳酸盐充填物，从上往下，其结构类型由“骨架状叠盖式胶结细孔性结构”变为“骨架状叠盖式基底胶结致密结构”再渐变为“黏粒基质状结构”。总体上，Q_2^{eol} 黄土具较致密的微观结构，孔隙细小，且有充填，孔隙小于 0.84，所以 Q_2^{eol} 一般黄土不具湿陷性。

3 黄土的工程性质

3.1 黄土的湿陷性

豫西东部湿陷性黄土一般为Ⅰ级非自重湿陷性黄土，局部为自重湿陷性黄土（见表4）。此外，在统计过程中发现，同一个地区内，低阶地与高阶地比较，高阶地与黄土台塬区比较，呈现含水量增大，天然容重增加，孔隙比减小，湿陷系数减少，湿陷性降低的规律。在黄土台塬区，Q_2 黄土（顶部）与 Q_3 新黄土、Q_4 新近黄土亦呈现此种规律。

表4 豫西东部湿陷性黄土物理力学性质一般值统计

地区	w(%)	γ	e	S_r(%)	w_L	w_P	I_P	I_L	湿陷系数	湿陷等级	自重湿陷性
洛阳	20 ~ 24	1.56 ~ 1.87	0.87 ~ 1.038	50 ~ 74	23.5 ~ 32.03	15 ~ 22.66	6.9 ~ 13.6	<0 ~ 0.64	0.02 ~ 0.03	Ⅰ	一般无，局部有
郑州	12.78 ~ 15.3	1.64 ~ 2.21	0.511 ~ 0.772	70.1	20 ~ 31	12 ~ 22	3.3 ~ 14.6	-3.97 ~ 0.63	0.072 7 ~ 0.016 4	Ⅰ	局部有，一般无
荥阳	5.83 ~ 9.29	1.48 ~ 1.59	0.80 ~ 1.00	19.25 ~ 26.09	28	19	9	<0	0.015 ~ 0.043	Ⅰ	一般无，局部有
巩义	30	1.37	0.854 ~ 1.046	77	25.7 ~ 28.6	16.7	9.0	-1.54	0.008 ~ 0.155	Ⅰ	局部有，一般无

豫西东部降水量较大，一般在594 mm以上，黄土中天然含水量较大，接近25%，即降雨有减弱本区黄土湿陷性的一面，但也正是由于降雨量大，地面水的冲刷作用强烈。因此，在山前、塬前、塬间冲沟阶地后缘以及冲沟前冲洪积扇土层，形成时间短，成壤作用差，属新近堆积黄土类土，一般属 Q_4^3 黄土类土，同一般黄土（Q_3^{eol}）有极大的区别，具有极大的不均匀性、极高的压缩性和较强的湿陷性[3]。对于新近堆积黄土来说，同一时代成因不同，其性质差异很大，同一成因不同时代，其性质亦有很大不同，比如在洛阳市区，洛河阶地上的好于涧河阶地上的，其上部的洪坡积层最差，尤其是在二级阶地后缘坡积层及一、二级阶地上掩埋冲沟中堆积而成的黄土类土更差，其形成时代可能是 Q_4^3。

值得提出的是，在豫西东部 Q_4^{eol} 的下部，普遍有一层深灰色土壤层——黑垆土，其时代定为 Q_4^1，其母质是黄土状粉质黏土，工程性质较好，弱湿陷性或无湿陷性，厚度 1.0~1.5 m，局部缺失(被流水侵蚀)，强度较高。

影响本区黄土及黄土类土湿陷性的因素，经初步研究认为主要与土壤的松密程度、含水性及 $CaCO_3$ 胶结程度关系密切。中更新世黄土，形成时代早，含水量较高，孔隙比小，且埋藏在晚更新世黄土之下，不具湿陷性，仅局部在其顶部出露位置较高处具弱湿陷性。晚更新世黄土具骨架状的微观结构，含水量小于 25%，孔隙比 0.9~1.0，$CaCO_3$ 胶结程度相对较差，具备产生湿陷的条件，一般具弱湿陷性。Q_3^{apl} 和 Q_4^{apl} 黄土类土，其物质组成类似于 Q_3^{eol} 黄土，粉粒含量高，孔隙比大，含水量低，具有高压缩性和强湿陷性，又常具自重湿陷性，这一点应引起重视。

湿陷起始压力值是建筑设计时的一个重要数据。黄土的密度愈大，黏粒含量愈高，天然含水量愈高，则湿陷起始压力亦愈大。另外，土层的埋深愈大，湿陷起始压力亦愈大，还与黄土所含可溶盐的性质和数量有关[4]。本区黄土湿陷起始压力一般大于 0.12 MPa，高于我国西北地区(兰州地区 0.02~0.05 MPa，西安地区 0.08~0.12 MPa)。本区新近堆积黄土类土的湿陷起始压力一般为 0.075~0.010 MPa。

3.2 黄土的渗透性

黄土因黏粒含量与结构不同，其透水性有很大的差异，并具有各向异性。例如，水平渗透性表现为新近黄土(Q_4)由于成土时间短而较疏松，其透水性较好，渗透系数一般为 0.119 2~0.207 4 m/d；新黄土(Q_3)由于黏粒含量较低，也具有一定的渗透性，渗透系数一般为 0.031 4~0.243 m/d；黄土类土(Q_3)由于黏粒含量较多，渗透性相对较差，渗透系数 $2.33\times10^{-5}\sim8.80\times10^{-5}$ cm/s；老黄土(Q_2)成土时间长而密实，黏粒含量高，透水性很差，其渗透系数一般 0.039~0.073 m/d。

黄土的垂直渗透系数为 0.120~0.829 m/d，一般为水平渗透系数的 2~8 倍。这是由于良好的垂直节理和大孔隙所致。而黄土类土的垂直渗透性差，渗透系数为0.054 m/d，一般为水平渗透系数的 1/4 左右。这是由于黄土类土具有水平节理，多水平孔隙的缘故。

3.3 黄土强度特性

根据所获得的力学参数加以统计，黄土类土自然快剪 $C=30\sim44$ kPa，$\varphi=28.9°\sim29.5°$；饱和固结快剪 $C=1\sim10$ kPa，$\varphi=25.1°\sim26.5°$；上更新世黄土自然快剪平均值 $C=10\sim55$ kPa，$\varphi=22.0°\sim28.0°$；中更世黄土 $C=33.87$ kPa，$\varphi=18.5°\sim30.0°$。由此可看出，黄土的强度与黄土的形成时代、成因类型关系密切，即时代越早，其强度参数越大；一般情况下，新近堆积的黄土类土的强度参数较小。

黄土的力学性质与其含水量的关系也十分密切，当含水量低时，强度高；反之，则强度低。如邙山上部上更新世黄土的含水量从 6.4% 逐渐增加到饱和含水量时，其不固结不排水三轴抗剪强度 C_u 值由 25.0 kPa 增加到 45.0 kPa，φ_u 值由 34.2°降低到 2.7°[5,6]。

4 结论

(1)区内全新世黄土、上更新世黄土为弱-中等湿陷。中更新世黄土一般不具有湿陷性。

(2)区内黄土的矿物组成为伊利石,其次是蒙脱石、高岭石、绿泥石。在上更新世黄土中未发现含有蒙脱石。颗粒组成以粉粒为主,含量占50.43% ~76.2%,低于我国西北地区。砂粒的含量在8% ~33.79%,高于我国西北黄土。

(3)区内黄土中易溶盐、有机质含量均较低,西北地区黄土易溶盐较此区高3 ~5倍。

(4)区内黄土的微观结构与土的形成时代、成因类型关系密切。全新世黄土颗粒间为开放或次开放式架空结构,具有较高的湿陷性,上更新世黄土接近接触式胶结,存在粒间架空孔隙,潜在弱 - 中等湿陷性;中更新世黄土为不等粒基底胶结结构,存在骨架接触式孔隙,一般不具有湿陷性。

参考文献

[1] 安芷生. 黄土 · 黄河 · 黄河文化[M]. 郑州:黄河水利出版社,1998.
[2] 谢封春,等. 豫西黄土的基本特征[J]. 河南地质,1987(3):42-48.
[3] 强瑜. 关于湿陷性黄土属性的认识[R]. 洛阳:中国石化洛阳石油化工工程公司,1996.
[4] 张荣祥,等. 大直径扩底桩承力和沉降变形分析[J]. 工程勘察,1998(4):18-23.
[5] 李广诚,等. 南水北调工程地质分析[M]. 北京:中国水利水电出版社,2002.
[6] 马国彦,等. 黄河下游河道工程地质及淤积物物源分析[M]. 郑州:黄河水利出版社,1997.

本文发表于2005 年第 2 期《水文地质工程地质》。

河南省西部湿陷性黄土地基勘察与处理

1 黄土的分布

河南西部是我国湿陷性黄土分布的主要地区之一,黄土总厚度0~94 m,湿陷性黄土厚度0~10 m,豫西黄土堆积从第四纪中更新世开始,直到全新世都有堆积。

(1)全新世黄土(Q_4^{eol}):褐灰色亚砂土,包含土壤结构清晰的现代耕作层和全新世古土壤(S_0),厚度小于1.0 m。

(2)晚更新世马兰组黄土(Q_3^{eol}):包括1层黄土(L_1)和1层红褐色古土壤(S_1),黄土厚度小于10 m,土质疏松多孔,古土壤厚度0.4~1.0 m。该地区马兰黄土组中采有腹足类化石:Cathaica Palveratricula (Martens), Bradybaena similarismut. Lungtanensis (Hsii) 及 Metod ontia cf. houaiensis(Crosse)等。巩义市竹川也曾发现Cathaica confucii(Hiber),郑州中原砖厂、荥阳高山层产鸵鸟蛋化石。

(3)中更新世离石组黄土(Q_2^{eol}):平行整合于马兰黄土之下,厚度34.91~70.0 m,其中含7层红褐色古土壤(S_2~S_8),层序清晰完整,第五层古土壤(S_5)由密集的三个单层合成(红三条),土壤结构清晰,各土层下均有含钙结核(层),该地区离石黄土中发现的哺乳动物化石计有:Equns Sanmeniensis Teilhardet Piveteau;Cervinae, Pseudaxis gragi Zdansky 及 Hyaena Sinesis Owen 等。

2 黄土的物理力学性质

不同时期、不同地带黄土堆积环境、地理、地质和气候条件的不同,导致黄土在厚度、物理、力学性质等方面都有明显的差异,如豫西黄土的湿陷性具有从塬区到高阶地再到低阶地逐渐减弱的规律;从老到新呈现逐渐增强的趋势。豫西黄土主要分布在黄河南岸,一般为非自重湿陷性黄土,粉粒含量较高,湿陷敏感性弱,湿陷量不大。但在黄土厚度较厚的地方分布有自重湿陷性黄土,与区内中心城镇的工程建设关系密切。黄土的物理力学性质见表1。

3 湿陷性黄土场地岩土工程勘察的要求

《湿陷性黄土地区建筑规范》(GB 50025—2004)及《岩土工程勘察规范》(GB 50021—2001)中都专门对湿陷性黄土地区岩土工程勘察做了详尽的规定和说明,并作为国家标准强制执行。勘察成果是进行设计、地基处理等工作的基础,其质量的好坏直接影响工程的安全性和造价。即黄土地基工程勘察除应查明黄土的一般工程地质条件,还应结合建(构)筑物的特点,提供对场地湿陷性黄土地基处理措施的建议,并预测建筑物建成后地基土可能会出现的变化,且应对地基的改良提供正确的建议。所有这些,在工作中要严格按规范要求做,这一点没有什么商讨的余地。下面是多年来在本地区从事勘察工作的一些体会,供商榷。

表1　豫西东部湿陷性黄土物理力学性质一般值统计

地区	含水量 w(%)	容重 γ	孔隙比 e	饱和度 S_r(%)	液限 w_L	塑限 w_P	塑性指数 I_P	液性指数 I_L	湿陷系数	湿陷等级	自重湿陷性
洛阳	20~24	1.56~1.87	0.87~1.038	50~74	23.5~32.03	15~22.66	6.9~13.6	<0.64	0.02~0.03	I	局部
郑州	12.78~15.3	1.64~2.21	0.511~0.772	70.1	20~31	12~22	3.3~14.6	3.97~0.63	0.072 7~0.016 4		局部
荥阳	5.83~9.29	1.48~1.59	0.80~1.00	19.25~26.09	28	19	9	<0	0.015~0.043	I	局部
巩义	30	1.37	0.854~1.046	77	25.7~28.6	16.7	9.0	<1.54	0.008~0.155	I	局部

3.1　正确合理布置工作量

规范中对不同勘察阶段的勘察工作量布置均做了不同的规定和要求。然而,目前的岩土工程勘察大部分是一次性勘察,不是按勘察阶段逐步进行的。根据现状,我们认为在工作中应按照初步和具体阶段的要求开展工作,应注意以下几点:

(1)根据建筑物的总平面布置图、建筑物类别荷载等情况,进行必要的工程地质测绘,查清场地所处的地貌单元、地貌部位,收集邻近已有岩土工程勘察资料,并进行认真分析研究(这里要考虑地区经验)。

(2)勘探点的布置应根据建筑物总平面图、类别和场地工程地质条件布设,如不同地貌单元、不同地貌位置必须有勘探点,勘探点间距按规范中规定的最小值考虑,一般宽度在12 m以内,单排布孔,否则布双排;大于40 m时,中间要布点,工业厂房按柱列线布置,点距一般25~30 m;大型仓储工程适当加密,如果对一个小区或多栋建筑群,点距可放大,互相利用。

(3)勘探深度根据建(构)筑物类型、场地条件、地基方案及基础形式区别对待。甲、乙类建筑应有2/3的勘探穿透湿陷性黄土层(据地区经验确定),丙类建筑(多层)一般10~15 m,当湿陷性黄土下部有软弱层或可能采用桩基时,应满足地基规范及桩基规范要求。

(4)取土勘探点一般不少于全部勘探点的2/3。若勘探点的间距较大或其数量不多时,全部勘探点都作为取土勘探点。对单独的建筑物取土勘探点不少于3~5个,对建筑群在能控制场地湿陷类型及地基湿陷等级时可减少到1/2。

采取原状土样,必须保持其天然的强度和结构。在探井中取样,竖向间距为1 m,土样直径不应小于10 cm;在钻孔中取样,应严格按《湿陷性黄土地区建筑规范》(GB 50025—2004)附录D的要求执行。一般基础下5 m取土间距为1 m,5~10 m取土间距为1.5 m,大于10 m取土间距为2 m。取土勘探点中必须有一定数的探井,一般控制在取土勘探点的1/3;但对于单栋建筑物,探井数量不少于3个,便于对比。

(5)查清湿陷性黄土的年代、成因、分布及其中的夹层、粒度、成分、胶结结构的类型。这一方面往往被勘察部门忽略,应引起重视。

(6)原状土的湿陷性试验及其他试验必须按照规范要求进行,保证试验结果真实可靠。规范中规定室内测定湿陷系数的压力,基底下 10 m 以内用 200 kPa,10 m 以下就用其上覆土饱和自重压力,当大于 300 kPa 时仍用 300 kPa,当基底压力大于 300 kPa 时,应按实际压力测定的湿陷系数值判定黄土湿陷性。若采用深基础,如扩底墩,则应用实际压力。一般选用 10 m 以下古土壤层做持力层较合适。

对于饱和黄土,特别是软弱饱和黄土,采取原土状土样比较困难,有的土层处于流塑状态,所取原状土样难以保证原状结构不受扰动,一般采取野外原位测试手段,如静力触探、十字板剪切试验等。

对于附加压力加自重压力大于 300 kPa 的特重型建筑场地,即大型基础,最好采用实际压力做浸水试验,以确定在大压力下黄土的湿陷性。如洛阳炼油厂黄土地基,先后有 3 个国家级勘察单位和众多的地方勘察单位对该厂不同区域进行勘察,绝大部分区域被判定为Ⅰ级非自重湿陷性黄土,少部分区域判为Ⅱ级非自重湿陷黄土,还有的报告认为该厂个别区域地面下 7 ~ 9 m 深处一层应判为自重湿陷性土层。对此,洛阳石化工程公司在该厂被判为Ⅱ级湿陷的区域做了十余组浸水载荷试验,其中有两组大压板深层土浸水载荷试验,了解深层处被判为自重湿陷性土层的实际湿陷性,所有试验结果表明,全为非湿陷性黄土。

另外,湿陷性试验中还有自重湿陷系数试验、湿陷起始压力下不同含水量(天然、增湿、饱和)的湿陷系数测定等。

若有可能采用灰土挤密桩垫层处理地基,还应分层取土做击实试验,以求得最大干容重及最佳含水量,为地基处理设计提供依据。

3.2 湿陷性评价

黄土湿陷性评价,在规范中已做详细规定,我们按要求执行是不容置疑的。但是,在评价时,应对土工试验结果进行全面的分析,特别要注意各物理力学指标之间的关系,不能出现相互矛盾,如含水量、孔隙比是黄土湿陷性的“制控指标”,然而含水量、孔隙比受人为影响往往最大,应进行对比(如探井、钻孔)。我们曾遇到过所有钻孔取土试验结果均判定不具湿陷性,然而探井取土试验,结果均判定具湿陷性的情况,这就应考虑钻孔取土中存在问题。另外,湿陷起始压力的应用于判定黄土场地类型与自重湿陷系数是否矛盾,以及有关承载力的确定都要慎重。

3.3 对勘察成果的要求

勘察成果应为地基基础设计提供土的物理力学性质指标和施工及监测建议。同时,提供基坑开挖时的边坡坡角计算指标、土层渗透指标,当场地地下水位有可能上升至影响建筑物安全时,应提供饱和状态下土的强度和变形参数。当天然地基不能满足建筑物上部荷载和变形要求时,应提供地基处理方案。根据黄土的地基湿陷类型、级别和建筑分类,提供消除黄土湿陷性或部分湿陷性处理措施。

4　湿陷性黄土地基治理

勘察成果(岩土工程勘察报告),除了对场地进行工程性质评价,还应在报告中提出供设计人员选择的经济合理、安全可靠、技术可行的地基处理措施和地基基础方案,同时提供相应的地基设计参数。目前,豫西地区所采取的地基处理方法较多,常用的主要有垫层、重锤夯、强夯、灰土桩、土桩、碎石桩等,近些年来桩、墩基础也越来越多,在勘察、设计、施工、检验方面都取得了较好的地区经验。湿陷性黄土地基处理的要求,在国标《湿陷性黄土地区建筑规范》(GB 50025—2004)中对各类建筑(甲、乙、丙、丁)有详细的规定。豫西建筑地基一般属Ⅰ级非自重湿陷性黄土地基,规范中规定,Ⅰ级湿陷性黄土地基上的丙类单层建筑可不处理地基,但我们认为应采取结构措施和基本防水措施。据洛阳市已建建筑物调查情况,凡是未做地基处理的,不管是否采取了结构措施和基本防水措施,大部分建筑物不同程度地出了问题。如洛阳市 20 世纪 50、60 年代的房屋建筑大部分都开裂变形,尤其在新近堆积黄土状土地基上的房子长高比大于 3 的 90% 以上开裂,长高比小于 3 大于 2.5 的大都有开裂(砖混结构)。80 年代以前的丙类建筑(洛阳市)大部分没做地基处理,现在大部分都发生了开裂变形。另据机械四院资料介绍,该院 1963 年所建房屋,属Ⅰ级非自重湿陷性黄土地基,地基采用灰土垫层处理,1976 年以前全部完好,而后都相继产生了不同程度的开裂。究其原因,主要是基本防水措施在设计、施工中存在问题,或做了因年久失修,如下水管道破漏,造成地基浸水,建筑物产生不均匀沉降,致使建筑物开裂。因此,根据地区经验,在Ⅰ级湿陷性黄土地基上的丙类建筑地基也需要处理,尤其是新近堆积黄土地基更需处理,以免建筑物遭受变形破坏。本地区常用的地基处理方法简述如下:

(1)垫层法:由表 2 可看出此种地基处理方法在本地区丙类建筑物中常用,孟津县约 90% 以上的多层建筑物都采用垫层法处理,很好地保证了建筑物安全。在黄土规范中对垫层法做了详细的规定,分为局部垫层和整体垫层。根据施工经验,当采用局部垫层处理时,在有上、下水道的地方垫层(灰土等)要厚一些,一般不小于 30 cm,最厚 1.5 ~ 2.5 m。有时为了提高地基承载力,调整地基不均性,设置较厚的整片垫层,如洛铜小区多层商住楼,洛财 7 层商住楼及上阳宫小区商住楼均采用整片厚垫层法处理,效果很好。

表 2　豫西东部地区常用地基处理方法

地区	新安	洛阳	偃师	孟津	巩义	洛宁	伊川	宜阳	荥阳	郑州
垫层	+	+	+	+	+	+	+	+	+	+
强夯	+	+	+	+						
重锤夯		+			+	+				+
灰土桩	+	+	+		+	+ +	+			
土桩						+				
碎石桩			+		+	+			+	+
灌注桩	+	+	+		+				+	+
扩底墩		+								
喷粉桩		+	+							+

(2)挤密桩法:本地区一般采用沉管挤密法,可分为碎石挤密桩法和灰土(素土)挤密

桩法,在洛阳市、洛宁县、偃师市等地广泛应用,除用于乙、丙类建筑,还用于甲类建筑,这种方法不仅可消除较厚的湿陷性土层的湿陷性,又可提高桩间土的承载力,本地区桩长3~5 m,桩位布置按规范要求执行。在勘察工作中,应考虑若有可能采用挤密桩处理,若有可能就应对需处理的土层做击实试验,提供最大干容重作为设计依据。

(3)掏土成孔桩法:此种方法没有挤密作用,主要目的是为提高地基承载力,在丙类建筑中应用越来越广,尤其是在饱和黄土或高湿度黄土地基中广泛应用,如洛阳、偃师、巩义等地,其布桩方案形式多样,以桩土置换率 m 来控制。这种复合地基的成败与否关键在于回填夯实的质量,灰土回填压实系数,各部门规范有不同规定。多年来研究认为,本地区一般压实系数应为0.93~0.96(探井大环刀取样测定),值得重视的是,在灰土桩之上,必须做灰土垫层,以减少桩土应力比,充分发挥桩间土的作用。设计和施工中还应特别注意严格执行操作程序,保证施工质量。

(4)强夯法:近年来,强夯法在处理位于地下水位以上湿陷性场地的各类建筑物中广泛应用,如洛阳、孟津、偃师、新安等地多次使用,效果良好,首阳山电厂在灰坝地基处理中采用强夯法,取得了很满意的效果,至今坝基安全稳定。

(5)桩基础处理法:灌柱桩在本地区广泛应用于乙、丙类建筑中,值得注意的是,桩的摩阻力应按饱和状态取值,在高孔隙比的黄土中,地基浸水后摩阻力很低。桩底端应支撑在压缩性较低的非湿陷性土层或基岩中。也应注意桩径的设计,尽量选用桩径较小,桩长较短,入土深度较浅的布桩方案。对于甲类建筑一般用下伏的稳定的砂卵石作为持力层。

巩义市某厂场地属Ⅰ级非自重湿陷性黄土,厚度1.5~9.0 m,为不均匀地基,按条形基础验算,地基强度能满足上部荷载要求,但因持力层强度及压缩性相差较大,采用天然地基时必须采取措施控制差异沉降,最终选用人工成孔灌柱桩(嵌岩桩),经过多年运行,安全稳定,建筑物运行正常。

(6)扩大墩法:大直径扩底墩作为一种基础形式,墩身直径大于0.65 m,采用人工开挖或机械成孔,具有施工简便,承载力高的特点。多用于工业厂房、多层住宅、8~10层写字楼等建筑物,扩底墩的持力层必须是承载力较高,并有一定厚度的密实土层,其厚度不应小于扩底直径的1.5~2.0倍,且在扩底施工中有足够的稳定性。一般选择十几米深的古土壤层作为墩的持力层,其入土深度对黏性土和砂类土不小于1.5 m,砂卵石层不小于0.5 m。在勘察时应对持力层作400~500 kPa压力下湿陷性试验,无湿陷性时方可作为持力层。此外,由于单墩的承载力高,必须严格保证墩的施工质量,一旦发生质量问题,承载力达不到设计要求或留下施工隐患,将产生难以处理的后果。

(7)喷粉桩:喷粉桩地基近几年来才广泛用于地基处理,用来消除地基的湿陷性和提高地基的承载力。本区所用喷粉桩是用水泥浆作为固结剂(水泥搅拌桩),通过深层搅拌机在地基一定深度内钻进、搅拌,使水泥浆和土层充分拌和,凝结形成桩体,达到提高地基强度的目的。亦以置换率 m 来控制(在设计施工前注意做土样和水泥的掺合比室内试验及现场成桩试验)。喷粉桩加固地基具有效益高、成本低、施工场地小、无环境污染等优点,因而在地基处理应用中必将愈来愈广。

参考文献

[1] 强瑜.关于湿陷性黄土属性的认识[R].洛阳:中国石化洛阳石油化工工程公司,1996.
[2] 张荣祥,等.大直径扩底桩承力和沉降变形分析[J].工程勘察,1998(4).
[3] 谢封春,等.豫西黄土的基本特征[J].河南地质,1987(3).
[4] 李广城,等.南水北调工程地质分析[M].北京:中国水利水电出版社,2002.
[5] 安芷生.黄土·黄河·黄河文化[M].郑州:黄河水利出版社,1998.
[6] 马国彦,等.黄河下游河道工程地质及淤积物物源分析[M].郑州:黄河水利出版社,1997.

本文发表于2005年第4期《岩土工程界》。

万家寨水利枢纽区层间剪切带工程地质特征

万家寨水利枢纽自1983~1993年,先后完成了可行性研究和初步设计阶段的勘测设计工作,1995年坝基开挖时,揭露了一条连续分布的层间剪切带,为进一步查明坝基岩体层间剪切带的分布、形状和力学特征,施工期补充了勘探和试验工作。

夹于岩层间的层间剪切带对坝基抗滑稳定有很大影响[1],进而影响工程安全、工程投资和施工工期等。对层间剪切带的工程地质研究,首先要查明层间剪切带的分布规律,然后根据其物质组成和结构进行分类,最后确定其力学性质指标,提出抗剪强度指标建议值,为工程的稳定性分析提供依据。

1 地层岩性特征

枢纽区主要由寒武系、奥陶系及第四系地层组成,其中河床坝基主要持力层为张夏组第五层、张夏组第四层。

(1)张夏组第五层(ϵ_2z^5):总体厚度22.63~25.06 m,岩性为中厚层灰岩夹薄层灰岩、鲕状灰岩及少量泥灰岩,底部为竹叶(砾)状灰岩。河床坝基及护坦基础直接坐落在该层岩体上。坝基、护坦部位该层保留厚度分别为6~18 m、9~14 m。

(2)张夏组第四层(ϵ_2z^4):总体厚度11.75~15.20 m,岩性为薄层灰岩、页岩夹泥灰岩、竹叶(砾)状灰岩。电站厂房基础直接坐落在该岩体上,该层在电站厂房下厚度为10~12 m。

坝区地层呈单斜构造,岩层产状平缓,总体走向NE30°~NE60°,倾角为2°~3°。岩层走向与坝轴线夹角为26°~56°。

层面经风化、卸荷作用,浅部多呈张开状态。在构造应力作用下,经过层间剪切错动,原岩结构遭到较轻微破坏,再经地下水活动和物理化学作用,使受到机械破碎的物质性质进一步恶化,在软硬相间的相对软弱岩层内或二者界面附近形成层间剪切带[2]。

2 层间剪切带的空间分布

河床部位,在张夏组第五层内共发育10条层间剪切带,自上而下编号为SCJ01~SCJ10。SCJ07层间剪切带的抗剪强度低,并位于地层岩体的浅层,使大坝无法满足抗滑稳定要求,地基的开挖高程在4~11号坝段由原来的894 m降到891.5 m。SCJ02~SCJ06层间剪切带连通性差,仅在4~11号坝段局部分布,且在设计开挖线以上,已经被挖除。坝基内仍存在或局部存在的有SCJ01、SCJ07、SCJ08、SCJ09、SCJ10 5条层间剪切带[3]。

3 层间剪切带的厚度及起伏差

根据勘探点揭露和基础开挖情况统计,按规模、起伏变化可分三级,较低一级起伏组成较高一级起伏,形似“复式褶皱”。各层间剪切带起伏形状差别主要在二级起伏上。

SCJ01:主要分布在右侧坝基,呈连续分布。厚度为2~5 cm,一般为4 cm,局部7~9 cm,二级起伏差多在0.5~3.0 cm。

SCJ07:在河床右侧坝基连续分布,厚度一般为4 cm,最大厚度8 cm,二级起伏差1~5 cm。

SCJ08:在河床坝基及护坝基础部分连续分布,厚度一般为0.2~4 cm,最大厚度为12 cm,二级起伏差多为1~8 cm,剪切带连通率约为35%。

SCJ09:仅在河床左侧坝基4~6号坝段局部分布,厚度为0.5~5 cm,一般约为2 cm,二级起伏差在4号坝段为3~5 cm,在5号坝段为12~28 cm,剪切带连通率约为10%。

SCJ10:在河床右侧连通率约为70%,厚度一般为1~5 cm,最大厚度为8 cm,二级起伏差多为2~8 cm。

4　层间剪切带的分类及发育规律

按物质组成和结构特征,参照国内常见分类方法,坝基岩体层间剪切带大致分为:Ⅰ类,岩屑夹泥型;Ⅱ类,碎块(片)与岩屑型;Ⅲ类,硬性结构面型。

根据勘探平硐统计结果(统计长度1 154.5 m):Ⅰ类层间剪切带为93.0 m,占总长的8.06%;Ⅱ类层间剪切带为286.9 m,占总长的24.85%;Ⅲ类层间剪切带为774.6 m,占总长的67.09%。

同一剪切带在不同部位表现为不同类型,也表现出不同性质。根据已有资料统计分析:各层间剪切带从下游至上游厚度逐渐变薄,泥质含量逐渐减少,性状逐渐变好;从左岸到右岸厚度逐渐变薄,岩屑泥逐渐减少;自上而下各剪切带岩屑泥也逐渐减少。SCJ01剪切带埋藏较浅,受地表风化和地下水化学作用影响较大,岩屑泥含量较高,以Ⅱ类和Ⅰ类为主。

由试验结果可知:岩屑泥为岩屑、岩粉、粉土、黏性土混合物,水理性质表现为遇水后均不具膨胀性。岩屑和岩粉的主要矿物成分是方解石。黏土矿物的成分以水云母为主,相对含量占81%~83%;其次为绿泥石,相对含量占17%~19%。岩屑泥水溶盐含量很低,水化学作用很弱,因此在一定时段内,地下水对层间剪切带物理力学性质的弱化作用不明显。

5　层间剪切带抗剪强度试验及指标

在万家寨水利枢纽坝基下,针对层间剪切带共做了12组原位大型抗剪试验和46组中型剪切试验。不同剪切带或同一剪切带的不同部位,遭受各种地质作用破坏的程度不同,致使其结构、组成和工程地质性状差异较大。虽然做了大量的试验,但对于这种差异性,单纯靠少数点的试验成果难以覆盖,且试验数据特别是凝聚力试验值具有离散性。因此,层间剪切抗剪强度指标的取值,更应在试验基础上,结合具体工程地质特征,并参照相关工程加以综合确定。影响剪切带抗剪强度的主要因素包括物质组成和结构、厚度、起伏差及发育的不均一性。

(1)物质组成和结构。物质组成和结构特征是层间剪切带分类的基本依据。SCJ08、SCJ10剪切带:岩屑夹泥型、碎屑与碎块(片)主要分布在4~8号坝段坝基下游的护坦等埋藏较浅的部位，而坝基下则以硬性结构面和性状较好的劈理带为主。SCJ07 剪切带：在河床右侧各坝段以硬性结构面为主。SCJ01 剪切带：因埋藏较浅，受地表风化和地下水化学作用影响较大，岩屑泥含量较高，以碎屑与碎块(片)和碎屑夹泥型为主。

可见，层间剪切带物质组成为泥灰岩、薄层灰岩岩块、岩块及少量岩屑泥。在结构上，层间剪切带虽有明显的分带性，但以解理带、劈理带为主，在坝基部分更以硬性结构面为主。绝大部分仅受到轻微的破坏，属多薄层层状结构，薄层间及薄层与上下鲕粒灰岩间一般结合紧密，致使大部分层间剪切带具有较高的抗剪强度指标，只有 SCJ01 剪切带相对较低。

(2)厚度及起伏差。受岩壁效应的影响，当剪切带厚度与其起伏差之比小于 1 时，剪切面不可能完全在剪切带内通过，势必有局部的啃断、爬坡作用，因而其强度大于剪切带本身的强度。万家寨坝基层间剪切带的起伏有利于提高其抗剪强度。

(3)发育的不均一性。剪切带发育的不均一性是影响其抗剪强度的重要因素。以硬性结构面为主的坝段，剪切带的抗剪强度相对较高，同时，因连通率的不同，部分剪切带可适当考虑“岩桥”作用。因此，在确定层间剪切带抗剪强度时，须结合各剪切带的发育规律，分段区别对待。

需要说明的是，在确定抗剪强度指标时，除主要考虑上述因素，还需考虑试验条件及试验成果分析的取值方法。根据前述分析，以试验成果为基础，考虑到层间剪切带的工程地质特征对抗剪强度的影响，作适当调整，并参照相关工程经验，提出各层间剪切带抗剪强度指标地质建议值，见表 1。

表 1　万家寨坝基层间剪切带强度指标地质建议值

剪切带编号	位　置	抗剪指标建议值	
		内摩擦角(°)	黏聚力(MPa)
SCJ01	右侧坝基	0.35	0.20
SCJ07	右侧坝基	0.50	0.25
SCJ08 (10)	4～8 号坝段	0.50	0.28
	0.30	9～11 号坝段	0.52
	0.35	12～13 号坝段	0.55

6　结语

层间剪切带是在构造应力作用下，沿泥质灰岩、页岩等抗剪强度较低的层面发生了层间剪切作用而形成的，在许多工程特别是水利水电工程中大量存在。其不仅会带来顺层滑动问题，而且还可能引起沉陷、渗透变形及性状演化等问题。

层间剪切带的抗剪强度指标是分析和评价坝基抗滑稳定的重要参数，关于该参数的确定国内外有很多看法，笔者认为应以抗剪强度试验成果为基础，结合层间剪切带的工程地质特征，采用工程地质类比法综合确定。

参考文献

[1] 吴琦,杨国华,王磊.索达干坝地区软弱夹层工程地质特征[J].岩土工程技术,2002(3).
[2] 刘满杰,高义军,孙先鸣.万家寨水利枢纽工程地质条件[J].水力发电,1999(1).
[3] 吴正桥,刘战生,包翼邢.万家寨水利枢纽工程坝基剪切带处理及大坝抗滑稳定安全性综合评价[J].水利水电工程设计,2005(2).

本文与吴琦、张世平、牛波合作,发表于2006年第11期《人民黄河》。

地下水对栾川炉场沟尾矿坝稳定性影响分析

拟建的10 000 t/d钼选厂位于栾川县赤土店乡马圈村,扩建后选厂生产规模将由4 500 t/d提高到14 500 t/d。栾川炉场沟尾矿库作为选厂的配套工程,需对该尾矿库进行扩容建设,为了给扩容建设提供必需的地质资料及技术依据,对炉场沟尾矿库加高扩容工程在前期勘察的基础上进行工程地质补充勘察。据勘察资料知:地下水位埋深(浸润线高低)对尾矿坝稳定性产生的影响较大。

1 尾矿库概况与地质环境条件

1.1 尾矿库概况

炉场沟尾矿库地处秦岭山脉东北缘低中山区,位于一狭长山谷中,三面环山,构成良好封闭型天然库盆,地貌单元属山地,山岭标高1 320~1 612 m,相对高差100~300 m。炉场沟发源地段,东、西两侧为一凹谷即东凹和西凹,与炉场沟在平面上呈“Y”字形展布。炉场沟两岸山体呈V形谷,谷坡较陡,一般坡度在35°~50°。两岸基岩大多被植被覆盖,表面强风化,以下中等风化,深部风化较弱。覆盖层多分布于山坡上部及冲沟沟底。主沟谷方向大致由东北至西南向,纵向长度约1.26 km。

炉场沟尾矿库在地理位置上位于马圈选厂以东约0.4 km,炉场沟尾矿库从南向北由初期坝、一期尾矿堆积坝、二期尾矿堆积坝、干滩、湿滩和水面区等6部分组成。初期坝位于炉场沟沟口,为均质土坝,坝顶标高为1 211 m,高18 m,坝顶宽3 m,坝顶长60 m。1982年10月投入使用,1990年进行改造,2002年尾矿堆积坝坝顶标高为1 280 m,见图1。

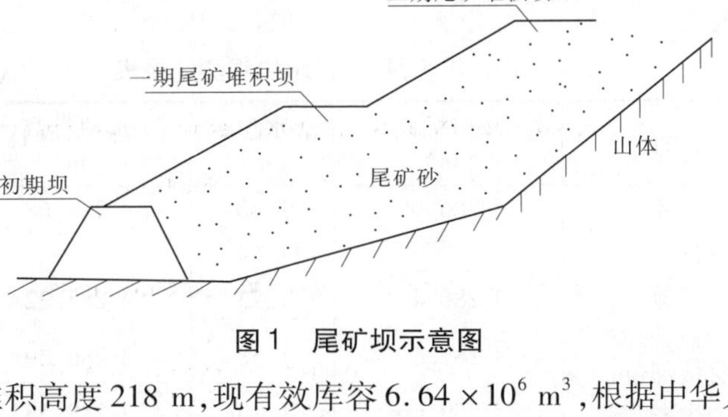

图1 尾矿坝示意图

尾矿坝最终堆积高度218 m,现有效库容6.64×10^6 m^3,根据中华人民共和国冶金部标准《上游法尾矿堆积坝工程地质勘察规程》(YBJ 11—86)(试行)附录1,炉场沟尾矿库等级为二级。

排水系统采用$D=2.5$ m排水井,$B\times H=1.5$ m$\times1.8$ m隧洞——原排水隧洞排洪。排水井高24 m,3座,钢筋混凝土结构,新建隧洞总长1 050 m,全段采用钢筋混凝土,混凝土支护。

1.2 尾矿库地质环境条件

1.2.1 尾矿库区域地质环境条件

库区内的地层岩性主要有第四系残坡积形成的粉质黏土和碎石、堆积的尾矿砂及震旦系冯家湾组白云石大理岩。尾矿库区位于秦岭东西向构造带的西段，地质构造作用强烈，活动持续时间长，主要为断裂构造；岩层产状变化较大，但岩层一般走向280°~310°，倾向北东、南西不等，倾角30°~60°；局部地段受挤压，使层间褶曲发育以及伴随岩浆活动等。

1.2.2 尾矿坝工程地质条件

尾矿坝坝体岩性为尾矿砂，由尾中砂、尾细砂和尾粉砂组成，局部含尾亚砂、尾砂泥和尾轻亚黏土。①~⑤层尾矿砂呈松散—稍密状态，⑤层（含⑤层）以下尾矿砂呈稍密—中密状态。尾矿坝岩性见图2。

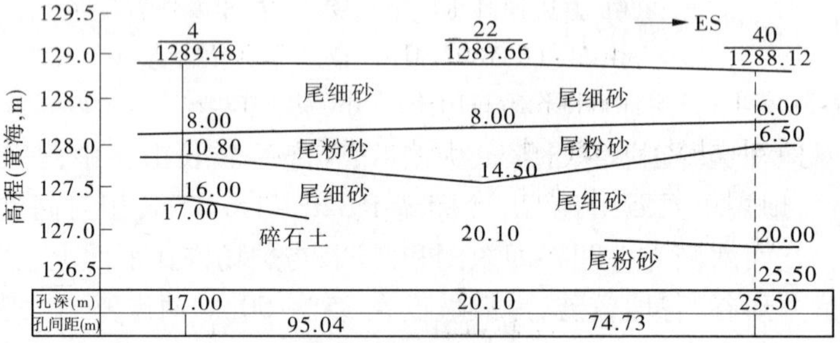

图2 工程地质剖面图

2 尾矿库地下水埋深(浸润线)分析

在钻探过程中，为了测得库内地下水浸润线的位置，分别在4#孔（干滩）、21#孔（坝顶）、22#孔（干滩）、23#孔（干滩与湿滩交接部位）、24#孔（湿滩）、25#孔（湿滩）和26#孔（湿滩）埋设了长期观测管，安排了专人进行观测，而且对前期勘察时施工的观测孔也进行了观测，观测记录见表1。

表1 2005年5月26日水位观测记录表

孔号	位置	孔口标高(m)	水位(m)	水位标高(m)	观测时间(月-日)
25	湿滩	1 286.08	1.40	1 284.68	05-26
26	湿滩		1.69		05-26
24	湿滩	1 286.45	1.23	1 285.22	05-26
23	干滩与湿滩交接部位	1 287.67	1.58	1 286.09	05-26
22	干滩	1 289.66	1.13	1 288.53	05-26
4	干滩	1 289.48	3.36	1 286.12	05-26
21	坝顶	1 291.00	13.00	1 278.00	05-26
J_2(原11)	坝下	1 231.55	5.00	1 226.55	05-26
J_4(原12)	坝下	1 248.34	4.00	1 244.34	05-26
J_5(原13)	坝下	1 258.63	10.40	1 248.23	05-26

由表 1 可知：浸润线的起伏趋势从南向北，从下至上，从坝下、坝顶、干滩到湿滩浸润线埋深越来越浅，有抬升的趋势。这对尾矿坝的稳定是不利的。

3 尾矿坝稳定性评价

3.1 尾矿坝稳定性计算

对尾矿坝的稳定性计算从正常运行、洪水运行和特殊运行三个方面根据坝的工程地质条件采用瑞典圆弧滑动面法进行计算，计算模型见图 3。

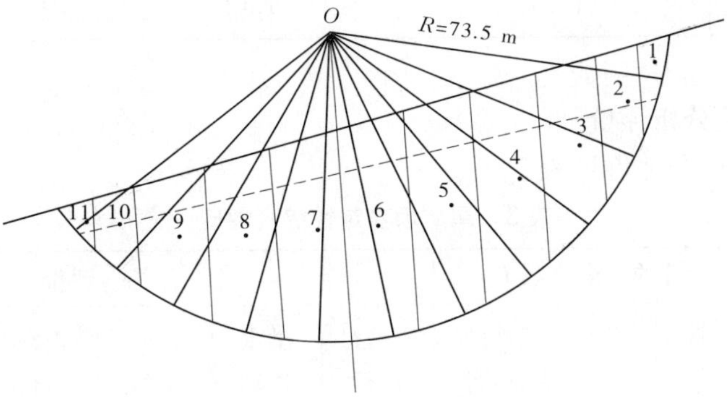

图 3 尾矿坝稳定性计算模型图

3.1.1 正常运行

正常运行指尾矿库水位处于正常水位时的工况，浸润线水位根据实测水位计算。其安全系数按下式计算：

$$F_s = \sum [c_i l_i + (w_i \cos\alpha_i - w_{ci}) \tan\Phi_i] / \sum (w_i \sin\alpha_i)$$

式中：F_s 为安全系数；i 为土条编号；c_i 为第 i 号土条的黏聚力，kPa；Φ_i 为第 i 号土条的内摩擦角（°）；l_i 为第 i 号土条的底部弧长，m；w_i 为第 i 号土条的重力，kPa；w_{ci}为作用在 i 号土条底部滑弧面上的渗透压力，kPa；α_i 为第 i 号土条底部中点和圆心 O 点的连线与通过 O 点的铅垂线之间的夹角（°）。

3.1.2 洪水运行

洪水运行指尾矿库水位处于最高洪水位时的工况。当尾矿库水位处于最高洪水位时，地下水埋深（浸润线）按距离坝顶 1 m 计，其安全系数仍按下式计算：

$$F_s = \sum [c_i l_i + (w_i \cos\alpha_i - w_{ci}) \tan\Phi_i] / \sum (w_i \sin\alpha_i)$$

式中符号意义同前。

3.1.3 特殊运行

特殊运行指尾矿库水位处于最高洪水位，同时又遇到设计烈度的地震时的工况。特殊运行时，地下水（浸润线）溢出坝顶，地下水埋深为 0 m，其安全系数按下式计算：

$$F_s = \sum \{c_i l_i + [(w_i - Q_i') \cos\alpha_i - w_{ci} - Q_i \sin\alpha_i] \tan\Phi_i\} / \sum [(w_i + Q_i') \sin\alpha_i + M_{ci}/R]$$

式中：R 为滑动圆弧的半径，m；Q_i 为作用在土条重心处的水平向地震惯性力，kN，可用 $Q_i = k_h c_z \alpha_i w_i$ 计算；Q_i' 为作用在土条重心处的竖向地震惯性力，kN，可用 $Q_i' = 1/3 Q_i$ 计算；M_{ci}为水平向地震惯性力 Q_i 对滑动圆心的矩，m；k_h 为水平向地震系数，为地震时地面水平最大加速度的统计平均值与重力加速度之比值；c_z 为综合影响系数，取 0.25；α_i 为土条重心处的地震加速度分布系数；w_i 为土条实际重量，水上用湿容重，水下用浮容重。

式中其他符号意义同前。计算结果见表 2。

表 2　尾矿坝安全系数计算表

尾矿库级别	计算的安全系数 F_s		
	正常运行	洪水运行	特殊运行
2 级	1.26	1.12	1.01

3.2　尾矿坝稳定性分析评价

尾矿坝稳定性综合评价见表 3。

表 3　尾矿坝稳定性综合评价

尾矿库级别	计算的安全系数 F_s			综合评价					
	正常运行	洪水运行	特殊运行	正常运行	洪水运行	特殊运行	正常运行	洪水运行	特殊运行
2 级	1.26	1.12	1.01	1.25	1.15	1.05	稳定	不稳定	不稳定

由表 3 可知：尾矿坝正常运行情况下，计算出来的安全系数 1.26 大于规程规定的抗滑稳定的最小安全系数 1.25，尾矿坝是稳定的。

尾矿坝洪水运行情况下，计算出来的安全系数 1.12 小于规程规定的抗滑稳定的最小安全系数 1.15，尾矿坝是不稳定的；尾矿坝特殊运行情况下，计算出来的安全系数 1.01 小于规程规定的抗滑稳定的最小安全系数 1.05，尾矿坝是很不稳定的。

正常运行时尾矿坝是稳定的，而在洪水运行和特殊运行情况下尾矿坝是不稳定的，其中的原因从地下水位的角度分析如下：

尾矿坝正常运行时地下水位（浸润线水位）采用的是实测水位，洪水运行情况下，地下水（浸润线）距离坝顶 1 m，特殊运行情况下，地下水（浸润线）溢出坝顶，地下水埋深为 0 m。

洪水运行情况下的地下水位高于正常运行时的实测水位，而特殊运行情况下的地下水位又高于洪水运行情况下的地下水位，浸润线水位愈来愈高，也即是地下水位埋深由深至浅，尾矿坝由稳定到不稳定。

4　结论与建议

正常运行时尾矿坝是稳定的，而在洪水运行和特殊运行情况下尾矿坝是不稳定的，地下水（浸润线）埋深越浅，尾矿坝越不稳定。

建议：打排水坑或渗水井以降低地下水位、降低浸润线位置，从而提高堆积坝的稳定性；对尾矿坝进行治理。

参 考 文 献

[1] 尹光志.细粒尾矿及其堆坝稳定性分析[M].重庆:重庆大学出版社,2004.
[2] 李作章,徐日升,穆鲁生,等.尾矿库安全技术[M].北京:航空工业出版社,1996.

本文与葛雁、陈付中、梁龙豹、王勉、梁爱英合作,发表于2007年第4期《地下水》。

金盘洞水库库区渗漏及坝址选线分析

拟建金盘洞水库位于湖北省保康县清溪河支流黄堡河上，距保康县城约 8 km，处于扬子地台之大巴台褶的北部边缘。黄堡河自东南向西北，与区域构造线近于垂直，多属横向河谷。其中上游(黄堡坪以上)，支流繁多且长，河床开阔；下游支流短而少，河谷相对狭窄。根据地形和施工条件等在金盘洞村已确定了上坝址和下坝址两个拟选坝址(见图 1)，本文主要探讨库区渗漏问题和坝址选线分析。

1　地质概况

库区内主要出露地层为志留系页岩、砂页岩及寒武系、奥陶系灰岩，局部有极少震旦系地层分布。志留系地层主要分布在北部及东部，为区内分布较广的地层，面积占 70% 以上；寒武系、奥陶系地层分布于西南，面积约占 20%；震旦系地层出露在流域的上游。库区内主要发育三组裂隙，第一组：走向 0°~20°，倾向 85°~110°，倾角 60°~76°，线密度 0.5~1 条/m，微张开，面起伏，延伸短；第二组：走向 150°~170°，倾向 330°~350°，倾角 10°~30°，线密度 6 条/m，微张开，面平直，延展性较好，为顺层发育裂隙；第三组：走向 290°~310°，倾向 20°~40°，倾角 40°~53°，线密度 1~2 条/m，几乎闭合，面平直，延展性较好。其中第二组较为发育，第一组和第三组较不发育。

坝址区出露奥陶系中上统地层和第四系地层。奥陶系中上统地层可分为两段：第一段(O_{2+3}^1)深灰、灰绿色中厚层龟裂纹灰岩偶夹黄绿色页岩，坝址区主要分布该类岩性地层；第二段(O_{2+3}^2)浅灰、灰色薄层泥灰岩与灰绿色页岩互层，坝址区仅夹有一层该岩性地层，厚度约 15 m。

坝址处于金斗—鞍字寨倒装背斜轴向的西侧，受 NNW 向断裂的影响，坝址区岩体产状变化较大，总体倾向 NW。坝址区主要构造如下。

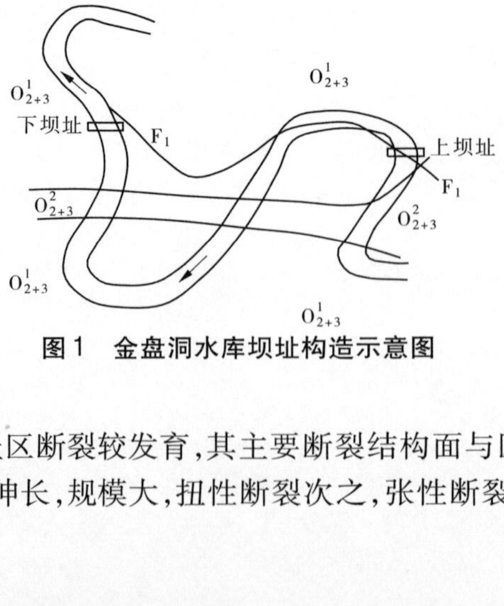

图 1　金盘洞水库坝址构造示意图

1.1　断层

由于受构造影响，坝址区断裂较发育，其主要断裂结构面与区域相吻合，以压性断裂为主，呈近东西向展布，延伸长，规模大，扭性断裂次之，张性断裂不发育。扭性断裂均具压扭性质。对工程有较大影响的断层 F_1 特性如下：F_1 呈一倒立缓“S”分布在上、下坝址之间的右岸河湾处，总体上走向北西，倾向 15°～25°，倾角 50°～65°。断层斜切黄堡河，发育方向与构造轴迹近于平行，上下两盘挤压褶皱强烈，破碎带宽 0.1～0.5 m，充填角砾岩，胶结较致密，可见挤压形成的透镜体。上盘岩层产状倾向北北西，倾角5°～50°，岩层产状变化大，错距不明显。在上坝址岩体近于水平。下盘倾向北北西，倾角 60°～90°。上下盘岩性均为奥陶系上中统的灰色中厚层龟裂纹灰岩。

1.2 裂隙

由于受多期构造的影响，坝址区裂隙发育较复杂。在上、下坝址区进行裂隙统计，经综合分析区内主要发育以下 6 组裂隙。

第一组：走向 10°～20°，倾向南东东，倾角 80°～90°，面弯曲，延伸短，张开宽 1～2 cm，无充填，线密度 8 条/m。第二组：走向 30°～50°，裂隙面较起伏，延展性好，张开宽 0～0.5 cm，无充填，线密度 0.5 条/m。第三组：走向 80°～90°，倾向南南东，倾角 70°左右，延展性好，张开宽 0～0.2 cm，充填较好，充填物以碎石和粉质黏土为主，线密度约 3 条/m。第四组：走向 140°～150°，倾向北东，倾角约 65°，面平直，延展性好，延伸从上至下，微张开，无充填，线密度约 0.3 条/m。第五组：走向 160°～175°，倾向北北西，倾角 5°～15°，面平直，延展性好，张开度 0～0.5 m，无充填，线密度约 7 条/m，为顺层裂隙。第六组：走向 160°～175°，倾向北北西，倾角 80°～90°，近乎垂直，面平直，延展性好，延伸从上至下，多张开，钙质和少量泥质胶结充填，线密度 5～8 条/m，为顺层裂隙。总体上第一、五、六组较密集，第三组次之，第二、四组发育密度较小但其延展性好。

2 库区渗漏问题分析

黄堡河为一峡谷型河流，河水流向总体与岩层走向垂直，基本上属斜向河谷，局部河湾急转处为横向谷或纵向谷，对边坡稳定有利。库区范围内，正常蓄水位以下，山高坡陡，仅仅有几户民房与极少的旱地，地下水的上升对其影响不大，因而不存在浸没问题。库区岩质较为坚硬，抗风化能力强，固体径流来源少。近年来，该地区封山造林，水土保持甚好。因此，金盘洞水库淤积问题不严重。以下重点讨论库区渗漏问题。

库区出露一套碎屑岩和碳酸盐岩类岩石，根据岩性可将库区分为三段：一是坝址区到猴儿沟螺丝沟一带；二是猴儿沟螺丝沟到冷水沟一带；三是冷水沟上游段。第一段和第三段岩性主要为奥陶系中上统（O_{2+3}）灰到灰绿色中厚层龟裂纹灰岩偶夹少灰绿色页岩。第二段岩性主要为奥陶系下统（O_1）灰黑色薄层灰岩，灰岩表面溶蚀现象明显，可见黄铁矿化，局部地区可见黑色炭质页岩和灰黄色板状页岩。另外，黄堡坪（库区上游）一带，由不透水的志留系地层组成。以上三段都不具备向库外渗漏的可能性。分析如下：

（1）黄堡河为一深切峡谷型河流，相对高差 200～400 余 m，是本区内最低侵蚀基准面，左岸无邻谷，右岸分布两条较大的溪沟。坡降较大，溪沟河床总体高程较黄堡河高，地下水最终向黄堡河排泄。

（2）黄堡坪一带（库区上游）为志留系的粉砂岩、粉砂质页岩，为一套隔水岩组，库区主要为奥陶系地层，奥陶系的中厚层灰岩透水性较强，但厚度较薄，夹有多层页岩，透水性相对较弱，两种岩性多次重复出现，限制了可溶岩的岩溶发育。经调查，在正常蓄水位以下，未见溶洞、泉点等现象。正常蓄水位以上，见裂隙性泉水，均向库内排泄。因此，此段库区岩性组合的特点，也是库水不会向库外渗漏的原因之一。

(3)库区处于板庙（保康）倒转向斜之内，核部地层为奥陶系的薄至中厚层灰岩、页岩，两翼被保康正断层错动，为志留系地层。背斜轴向 SW－NE，黄堡河库区总体流向由 S 至 N。二者相互垂直，而岩溶发育规律之一是顺层发育，库区顺层岩溶不发育，同时，该区也未见与河流平行发育的岩溶。因此，构造上的特征也决定了库水外渗的可能性极小。

(4)断裂是地下水最活跃的场所，库区发育规模较大的断层为近坝库段的 F_1，发育方向基本上与河流斜交，属压性断层，在两岸库壁，断层带充填角砾岩，胶结致密，未见沿断裂发育的宽大裂隙和溶洞，向两岸延伸进入雄厚山体，逐步高于水库正常蓄水位，不会产生顺断层外渗的可能性。

(5)水库两岸山体雄厚，邻谷相距甚远。由于分水岭地区岩溶不发育，地下分水岭较高，水库蓄水后，地下分水岭有壅高趋势，其分布区域宽厚。地下分水岭与地表地形基本一致。不具备库水向邻谷渗漏的条件。

上述条件可以说明建库后，库水不会向库外渗漏。

3　坝线比较分析

3.1　上坝线工程地质条件

上坝址区为横向河谷，有利于边坡稳定。左岸坡度较缓，约 50°，山体最大高程较小，约 370 m，山体较为薄弱。右岸坡度较陡峭，约 70°，山体最大高程较大，约 410 m，山体较为厚实。

此坝址处两岸岩性均主要为奥陶系中上统（O_{2+3}）灰到灰绿色中厚层龟裂纹灰岩，其岩性较坚硬，风化剥蚀作用不强。岩体表面覆盖层较薄，均被乔木覆盖。但左右岸岩层产状差别很大。左岸岩层倾向 354°，倾角 82°，近乎垂直；右岸岩层倾向 350°，倾角 8°，几乎水平。推测断层 F_1 刚好从坝址处河谷通过。左岸岩体发育第六组顺层裂隙；右岸岩体发育第四组裂隙和第五组顺层裂隙。岩体被斜切割成楔体状，较为破碎。第四组和第五组为卸载裂隙，对岩体稳定性和透水性影响较大。

3.2　下坝线工程地质条件

下坝址区也为横向河谷，利于边坡稳定。此处河谷较窄，约 18 m。左右岸山体整体上均较上坝址厚实。

坝址处两岸岩性也主要为奥陶系中上统（O_{2+3}）灰到灰绿色中厚层龟裂纹灰岩，风化剥蚀作用较弱，岩体表面覆盖层 0～1.0 m，较上坝址处要厚，表层被乔木灌木覆盖。左岸岩层倾向 350°，倾角 35°～42°；右岸岩层倾向 300°～349°，倾角 32°～50°。断层 F_1 刚好斜切右岸岩体而过。上盘岩层倾向 300°，倾角 50°；下盘岩层产状倾向 345°，倾角 81°。左岸岩体发育第一组和第三组裂隙，其中第一组裂隙较为发育，岩体被切割成楔体状，较为破碎。右岸岩体发育第二组和第六组裂隙，其中第八组裂隙较发育，为卸荷裂隙。

3.3　坝线比较与选择

3.3.1　地形地貌

上坝址左岸坡度较缓，约 50°，山体最大高程较小，约 370 m，山体较为薄弱；右岸坡度较陡峭,约70°,山体最大高程较大,约410 m。下坝址左岸平均坡度约65°,山体最大高程较大,约418.72 m;右岸坡度较陡,近乎垂直,山体最大高程较大,约411.3 m。由此可见,上坝址山体整体上较下坝址山体薄弱。

3.3.2 河谷形态

上下坝址均为横向河谷,利于边坡稳定。下坝址处河谷较窄,约18 m。该角度上上坝址劣于下坝址。

3.3.3 第四系覆盖层厚度

上下坝址处两岸岩性均主要为奥陶系中上统(O_{2+3})灰到灰绿色中厚层龟裂纹灰岩。上坝址处较下坝址处风化剥蚀作用较弱,第四系覆盖层厚度较下坝址处要薄,岩体表层被乔木、灌木覆盖。该角度上坝址要优于下坝址。

3.3.4 断层因素

上坝址左右岸岩层产状差别很大。左岸岩层倾向354°,倾角82°,近乎垂直。右岸岩层倾向350°,倾角8°,几乎水平。推测断层 F_1 刚好从坝址处河谷通过;下坝址左岸岩层倾向350°,倾角35°~42°。右岸岩层倾向300°~349°,倾角32°~50°。断层 F_1 刚好斜切右岸岩体而过。上盘岩层倾向300°,倾角50°。下盘岩层产状倾向345°,倾角81°。因此,相对来讲,上坝址较下坝址对拟建坝体稳定不利。

3.3.5 岩体破碎程度

上坝址岩体第四组和第五组卸载裂隙很发育,岩体较下坝址破碎。

综上所述,综合各方面条件推荐选择下坝线为拟建坝址。

4 结论

(1)库区地形地貌属构造侵蚀中低山区,河谷较宽阔,水库回水区分布岩性为奥陶系中上统灰色中厚层灰岩夹灰绿色页岩,经初步分析,无渗漏之虑;水库蓄水不深,对岸坡稳定无重大影响。

(2)坝址区为横向河谷,岩性为奥陶系中上统中厚层灰岩夹灰绿色页岩。新鲜岩石透水性极弱,防渗性较好,工程地质条件较好,基本满足建坝条件。但岩体受区域构造影响,产状变化较大,断裂较发育,对坝基、坝肩稳定存在影响。根据地形地貌、河谷形态、第四系覆盖层厚度、断层因素和岩体破碎程度等综合确定选择下坝线为拟建坝址。

参考文献

[1] 刘瑞懿,韩玲. 土坝坝基渗漏成因分析及处理实例[J]. 水利水电快报,2001(9).
[2] 李景山,翟彦波,赵善国. 伊春西山水库库区渗漏分析[J]. 黑龙江水利科技,2007(3).
[3] 张海军,鲍立新,罗京元. 王家坎水库大坝工程地质评价与渗漏分析[J]. 东北水利水电,2007(3).
[4] 工程地质手册编委会. 工程地质手册[M]. 4版. 北京:中国建筑工业出版社,2007.

本文与王欢、桑红、罗聪合作,发表于2008年第1期《地下水》。

塘口水电站坝基岩体透水性和渗漏问题分析

1　工程概况

塘口水电站位于鄂西来凤县的酉水河干流上，是一座以发电为主的混凝土重力坝枢纽工程，主要建筑物由混凝土重力坝和坝后式厂房组成，水库总库容 3 960 万 m^3，最大坝高 34.20 m，电站装机 1.5 万 kW，3 台机组，单机 5 000 kW，电站最大引水量 96.6 m^3/s，设计水头 19.10 m，原设计多年平均发电量 8 035 万 kWh。塘口电站至 1994 年建成投入运行以来，由于一直受渗漏的影响，制约了电厂的正常运转，并严重威胁电站厂房乃至枢纽工程的安全。

2　坝址工程地质条件

2.1　地层岩性

大坝坝基建基面岩石以奥陶系中统宝塔组龟裂纹灰岩为主，其分布面积占建基面的 86%，其次为奥陶系上统临湘组瘤状灰岩（占 12%）和五峰组页岩（占 1.2%）；志留系下统龙马溪组粉砂岩和黏土岩见于左、右坝肩部位，各组之间地层均为整合接触，第四系松散堆积体覆盖于上述地层之上，在开挖中被清除。而奥陶系中统牯牛潭组灰岩埋于建基面以下 6 ~ 10 m，坝基没有露头。

2.2　坝基构造

坝址区构造比较简单，为一单斜构造。受北东向漫水—沙道湾与百福寺—大溪口两条断裂的影响，坝基断层和伴生裂隙发育，发育的优势方向基本上与区域构造线一致，以北西向与北北东向为主的构造线为最发育，连同北东及北东东向次发育的等四组断裂面将坝基岩体切割成块状，破坏了岩体的完整性。

2.3　岩溶特征

坝区岩溶受地层岩性的控制不甚发育；区内的碳酸盐岩虽属可溶岩—微溶岩，但上覆不透水岩层影响了可溶岩层中地下水的循环，坝基岩层中岩溶仅见小规模的溶蚀槽、坑及小型溶洞，相互贯通性较差，主要沿断层和裂隙面分布，延伸方向与断裂面的走向一致，多充填泥质，少量为砂和角砾，分布高程 356 ~ 370 m。

3　坝基岩体的透水性及主要渗漏问题分析

3.1　岩体透水性

坝基开挖露头岩石 90% 为奥陶系灰岩，其余为五峰组页岩和志留系龙马溪组粉砂质黏土岩、页岩和粉砂岩。根据岩体的透水性将其分为透水岩层和隔水岩层。其中，奥陶系上统五峰组、志留系下统龙马溪组为页岩、黏土岩及粉砂岩，透水性差，属隔水岩层；奥陶系上统临湘组泥质瘤状灰岩，中统宝塔组龟裂纹状灰岩受断层和裂隙切割、地下水的溶蚀影响，透水性明显，属含水岩层。

初设阶段坝址共钻 6 孔，做压水试验 45 段(见表 1)试验结果表明：灰岩的透水性变化较大，跨越微透水和强透水范围。近地表浅层碎屑岩透水性较强，中深部透水性差，属相对隔水层。

表 1 坝轴线岩层透水性统计表 (单位:Lu)

位置	段数				备注
	微透水 $(0.1\leqslant q<1)$	弱透水 $(1\leqslant q<10)$	中等透水 $(10\leqslant q<100)$	强透水 $(q\geqslant100)$	
右岸		5	1		计 6 段，中等透水层为灰岩
左岸	2	14	9	1	以弱透水上层及中等透水层为主
河床	8	3	1	1	强透水层为表层弱风化粉砂岩，硅质页岩
合计	10(22.2%)	22(48.9%)	11(24.4%)	2(4.5%)	括号内为占总段百分比

由坝线渗透剖面可知，河床部位中等透水层的厚度大。河床靠右岸岩层受北东向断层与北北东向断层切割，顺断层与裂隙溶蚀现象明显，局部见溶洞，透水性强，其中等透水层的下限高程约为 349.1 m；靠左岸河床溶蚀程度低，中等透水层的厚度有所减小，但仍处于弱透水的上层，岩层的透水率多大于 0.5 Lu，只有局部夹薄层的微弱透水层。

两坝肩碎屑岩层透水性较差，可视为隔水岩层，河床部位及坝肩底处灰岩中，裂隙发育，但处于弱透水上层及中等透水层中。因此，设置防渗帷幕是必要的。

根据设计资料：坝轴线设防渗帷幕孔及排水孔，由于防渗帷幕深度仅 35 m，为悬挂式帷幕，坝基仍有渗漏现象。

3.2 渗漏问题

3.2.1 排水廊道坝基冒水

据检测，目前排水廊道底部有 2 处冒水现象，其中 W_1 漏水点桩号为 0+077.05，下 0+046.21，漏水量为 1.9×10^{-3} m³/s；W_2 漏水点桩号为 0+083.05，下 0+045.11，漏水量为 5.2×10^{-2} m³/s。

从坝基渗水水量特征看，坝基渗水的 84% 来自于 W_1、W_2 渗漏点。对于 W_2 渗漏点，据电站工作人员介绍，电站运行之初，该点即有坝基漏水渗出，但渗流量小，经历几次洪水后，排水廊道 W_2 渗漏点的涌水明显增加，涌水点随水涌出小砾石、贝壳及鱼虾类，先后曾采取木桩、钢钎与棉织物堵塞，均告失败。

自 1995 年开始，排水廊道 W_2 渗漏点涌水量开始增加，并随尾水的升降流量增加，与库水位并无明显的联系，此时排水廊道底板已遭破坏，形成两处集中漏水，涌水点位于排水廊道的右端,用木塞、钢钎堵塞漏点后,漏点向左侧扩散。

1997 年西水出现高水位,塘口电站泄洪中尾水位抬高,排水廊道产生大量涌水,右侧长约 8.0 m 的范围内产生漏水,涌水量大增。当时排水井全部抽水设备启动仍不能及时抽排廊道涌水,至 2000 年,排水廊道的渗流量基本稳定在现有的水平上。此时漏点已由原来的靠近冲砂洞轴线位置向左移动了 3 ~ 4 m,形成涌水洞径 30 ~ 40 cm,洞深 1.2 ~ 1.40 m。

3.2.2 灌浆廊道漏水

W_3、W_4 渗漏点位于灌浆廊道,W_3 渗漏点桩号为 0 + 128.55,下 0 + 003.41,渗漏量为 0.6×10^{-3} m^3/s;W_4 渗漏点桩号为 0 + 140.05,下 0 + 004.41,渗漏量为 1.2×10^{-3} m^3/s,外观检测发现,灌浆廊道洞身内壁约有 30 条裂缝,总长 142.7 m,缝宽 0.5 ~ 2 mm,裂缝内有渗水及析盐现象。

3.3 坝基漏水成因分析

3.3.1 排水廊道

3.3.1.1 基础开挖

根据电站大坝施工资料,坝基开挖高程:河床处 358.0 ~ 360.0 m,向两坝肩渐提高为 366.0 ~ 390.0 m。原河床表层冲积堆积的砂砾石及风化破碎的瘤状灰岩与龟裂纹状灰岩均在开挖范围内,坝肩强风化碎屑岩层及坡积层全部清除。

3.3.1.2 基础处理

为了减小水库的坝基渗漏量和保证大坝的安全,对大坝基础进行了固结灌浆和帷幕灌浆,依设计对坝体的下游进行了帷幕灌浆,并有相应的施工记录,但是在竣工验收资料中不见固结灌浆内容。据参与工程管理的人员介绍,大坝右岸下游局部地段,基础施工时未按规程进行的现象有:断裂带面泥膜清洗欠佳,甚至低洼积水未排或大雨浇筑前未经地质人员验槽、素描,未经验收小组验收同意即开仓浇筑;排水孔造孔在帷幕灌浆之前形成,这些影响了帷幕灌浆的施工质量。

3.3.1.3 坝基漏水来源及形成原因

根据工程施工、工程运行情况,结合地基地质情况,对渗漏水的来源及形成原因分析如下。

第一:工作人员通过对 W_1、W_2 渗漏点实测水温,其水温为 21 ~ 25 ℃,与坝后水温(24 ℃)较为接近,而与其他渗透水温相比高 5 ~ 6 ℃。该处水点水温较高,反映该点非深层循环水,与坝后尾水联系紧密。检测单位利用连通试验检测其渗漏源,判断此区域的渗漏源水来源于坝后尾水。

第二:坝基落在奥陶系上统临湘组泥质瘤状灰岩上,裂隙发育,其地下水的溶蚀影响透水性明显,属含水层;W_1、W_2 渗漏点分别距 F_{18} 和 F_{17} 断层很近;原来设计的坝基下游侧固结灌浆未实施。据此判断 W_1、W_2 渗漏点渗漏通道主要由坝基顺河向裂隙或断层所形成。

3.3.2 灌浆廊道

据多年运行观察,灌浆廊道各漏点在电站的运行中并无明显的变化,水流较稳定,流量维持在较小的范围内,廊道中排水孔压力表示不能观测到坝基渗透水压力值;测水温发现其水温明显低于当时气温(洞室)4 ℃左右,且携带出的物质为水泥浆或溶蚀后的混凝土岩屑。结合地质情况,分析形成 W_3、W_4 渗漏水的原因主要为:

(1)首先是防渗帷幕为悬挂式,深度较浅,帷幕的底端仍为弱透水层的上段。

(2)其次是帷幕的质量较差,据施工技术人员反映,灌浆过程中下游排水廊道产生大量冒浆现象,以至于堵塞排水廊道的通道,水泥浆的流失严重影响了帷幕的质量及帷幕的形成。

(3)坝体分缝处渗水,反映分缝止水效果较差。

(4)W_4 渗漏渗水正落在初设阶段钻孔之上,与钻孔的封孔不善应有直接关系。

4 堵漏工程处理

4.1 排水廊道

根据前面排水廊道成因分析,排水廊道渗漏水来源于下游尾水,且基岩裂缝为主要渗漏通道。因此,采用堵其源头、封闭渗漏通道的方法进行处理,即在大坝消力戽下游浇筑护坦(桩号 0 +052.714 ~0 +058.714 处),护坦下基岩设固结灌浆,对渗漏段进行帷幕灌浆,渗漏通道设回填灌浆,对渗漏口开挖并回填混凝土封堵。

4.2 灌浆廊道

灌浆廊道渗漏水来自于上游,主要原因为原帷幕灌浆质量较差,因此对桩号 0 +120.00 ~0 +145.00 段进行补灌(见图 1)。

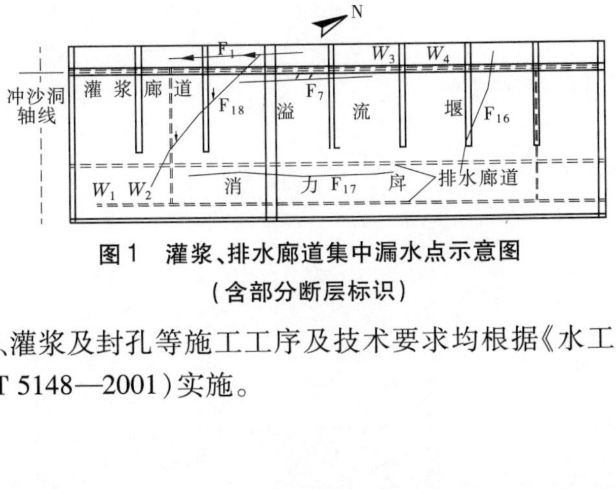

图 1 灌浆、排水廊道集中漏水点示意图
(含部分断层标识)

以上所有造孔、灌浆及封孔等施工工序及技术要求均根据《水工建筑物水泥灌浆施工技术规范》(DL/T 5148—2001)实施。

5 结语

(1)塘口水电站坝基龟裂纹状灰岩裂隙发育,造成了排水廊道和灌浆廊道集中漏水(见图 1),总渗漏量达 56 L/s,不但影响电站正常发电,而且危及大坝安全。

(2)在对坝基地质情况、施工情况及渗漏特征分析的基础上,采用对灌浆廊道补充帷幕灌浆,对排水廊道进行固结灌浆和帷幕灌浆综合处理的方案,方案实施后,有效地封闭了坝基上下游的渗漏通道,使集中漏水点断流,并顺利经受了汛期洪水的考验,证明渗漏处理工程是成功的。

参 考 文 献

[1] 张景秀. 坝基防渗与灌浆技术[M]. 北京:中国水利水电出版社,2002.
[2] 水利部工程技术咨询中心. SL 62—94 水工建筑物水泥灌浆施工技术规范[S]. 北京:水利电力出版社,1994.
[3] 东北勘测设计院勘测公司. 钻孔压水试验手册[M]. 1991.
[4] 杨月林,朱均超. 水工建筑物水泥灌浆施工技术[M]. 武汉:长江出版社,2004.
[5] 李茂芳,孙钊. 大坝基础灌浆[M]. 2 版. 北京:水利电力出版社,2002.
[6] 赵志仁,叶泽荣. 混凝土坝外部观测技术[M]. 北京:中国水利水电出版社,2000.
[7] 中华人民共和国国家经济贸易委员会. DL 5108—1999 混凝土重力坝设计规范[S]. 北京:中国水利水电出版社,2000.
[8] 祁庆和. 水工建筑物[M]. 2 版. 北京:水利电力出版社,1986.

本文与桑红、李玉才、何练民合作,发表于 2008 年第 1 期《地下水》。

三、环境地质

三门峡市地质灾害发育特征与防治对策研究

1 引言

三门峡市是随着黄河第一座水利枢纽工程的兴建而诞生的一个新兴城市。目前，该市共辖3县（卢氏、陕县、渑池）2市（义马市、灵宝市）1区（湖滨区），总面积10 498 km^2，人口174.5万人。

三门峡市地处晋、陕、豫交界处，是以山西为中心能源基地“南三角”的重要组成部分。区内不但交通便利，而且物产相当丰富。陇海铁路、209国道、310国道纵横全区。驰名全国的灵宝小秦岭金矿，义马煤田，渑池铝土矿，灵宝苹果、大枣，卢氏木耳等均产于该区。随着能源基地的开发和兴建，该区将成为河南省能源、重化工、有色金属基地之一。

2 自然地理地质条件

（1）本区属半干旱－半湿润大陆性季风气候，年降水量多在600～800 mm，且多集中在7～9月。该区地跨长江、黄河两大流域，黄河从区北部自西向东流过。其他河流除卢氏南部的老灌河、淇河汇入长江支流丹江，均为黄河支流。

（2）区内地形西南高、东北低，具有自山地向河谷平原变化的地貌景观。总体上南部为绵延起伏的中低山，东部为比较低缓的低山丘陵，山前为黄土台塬地貌，北部为黄河河谷平原。

（3）区内地层出露比较齐全，基底为太古界变质岩系，盖层缺失志留系、泥盆系。由元古界浅变质岩系，古生界浅海相碳酸盐岩，陆相碎屑岩，海陆交互相含煤岩系及新生界冲积、洪积、湖积、风积、残积等碎屑组成。局部地区分布有规模不同的岩浆岩体，岩性为石英闪长玢岩、玄武玢岩、安山岩等。

（4）受多期地壳运动的影响，断裂构造发育，主要有近EW、近SN向及NE、NW向4组，它们构成复杂的断裂网络。山前断裂规模最大，其总体走向近EW；其次是朱阳—三门峡断裂，其走向为NE。多数断裂显示多期活动的特点，特别是前述2断裂，现今仍在活动。沿断裂带局部有小型侵入岩体或岩脉、温泉分布；现代地震也时有发生。

（5）区内地下水类型齐全，水资源丰富，但具有供水意义的只有河谷阶地区松散岩类孔隙水和部分碳酸岩类裂隙岩溶水，单井涌水量多大于1 000 m^3/d。区内工程地质条件比较复杂。岩土体类型、结构和性质在水平和垂向上变化较大。基岩山区，岩石致密坚硬，抗压、抗剪强度高，局部有泥岩、页岩夹层。影响了岩体的强度和稳定性；松散层覆盖区分布有黄土及黄土状亚黏土，具有较强烈的湿陷性。黄河漫滩与一级阶地区的轻亚黏土、粉砂，具有易液化性。

3　主要地质灾害类型

本市工农业发展迅速，在复杂的生产活动中，由于人们对自我致灾的行为认识不足，加之受到生产技术水平等因素的影响，已引起一些自然型地质灾害的变化和产生了新的人工诱发型地质灾害，已发生的主要地质灾害有以下几种。

3.1　地震

本区位于汾渭地震带南支东段灵宝—三门峡盆地。地质构造复杂，继承性活动断裂比较发育。历史地震、近代地震时有发生，给人民生命财产造成了重大损失。据历史记载，震源发生在该区的有感地震达 15 次之多，其中震级 $M_S \geqslant 5$ 级的破坏性地震有 4 次（见表 1），邻区发生的中强地震波及本市的有 9 次之多。如 1556 年 1 月 23 日陕西华县地震震级 8 级，震中烈度达Ⅺ度，据《世宗实录》载：此次地震"压死官史军民奏报有名者八十三万有奇"。《陕县志》载："陕、灵、阌地大震，人畜压死无算。"1815 年 10 月 23 日山西平陆 6 级地震震中烈度Ⅸ度。据《嘉庆实录》载："今豫省陕州、暨所属之灵宝、阌乡二县，亦于九月二十四日夜间地震，城垣、庙工、考棚、仓库、监狱及民间房屋皆有塌损，并有压死压伤之人。"

1950～1986 年间，发生在该市 3.0 级以上地震 10 次（见表 2）。其中，1982 年 6 月 9 日陕县张湾发生 4.0 级地震。震时伴有黄土崩塌、滚尘土等现象，至今使人记忆犹新。

表 1　历史地震统计表（$M_S \geqslant 5$ 级）

发震时间（年-月-日）	震中位置			震级 M_S	烈度
1812-04-02	北纬 34.6°	东径 110.6°	地点：阌乡	5	Ⅵ
1820-10	北纬 34.8°	东径 111.2°	地点：陕县	5	Ⅵ
1829-08-18	北纬 34.6°	东径 110.6°	地点：阌乡	5	Ⅵ
1847-03	北纬 34.8°	东径 111.8°	地点：渑池	5	Ⅵ

表 2　近代地震统计表（$M_S \geqslant 3$ 级，1950～1986 年）

发震时间（年-月-日）	震中位置			震级 M_S	烈度
1861-01-18	北纬 34.45°	东径 111.42°	地点：渑池西	3.4	Ⅵ
1970-02-02	北纬 34.45°	东径 111.42°	地点：渑池西	4.0	Ⅵ
1973-04-15	北纬 34.45°	东径 111.37°	地点：渑池	3.2	Ⅵ
1973-10-30	北纬 34.48°	东径 111.58°	地点：渑池	3.6	Ⅵ
1975-05-14	北纬 34.41°	东径 111.00°	地点：卢氏南	3.2	Ⅵ
1976-06-06	北纬 34.32°	东径 111.04°	地点：灵宝东南	3.0	Ⅵ
1980-12-30	北纬 34.34°	东径 111.37°	地点：渑池	3.6	Ⅵ
1981-07-18	北纬 34.45°	东径 111.49°	地点：渑池	3.3	Ⅵ
1982-06-09	北纬 34.43°	东径 111.12°	地点：陕县张湾	4.0	Ⅵ
1982-09-17	北纬 34.47°	东径 111.47°	地点：渑池	3.2	Ⅵ

3.2 滑坡、崩塌灾害

滑坡、崩塌灾害主要分布在基岩山区、黄土台塬、红土丘陵及黄河岸边，滑坡多成群出现在黄土陡坡区。崩塌多发育在冲沟陡岸地带。据已有资料统计，崩塌、滑坡 267 处，基岩多为顺层滑坡，土质多为黄土滑坡，其中黄土滑坡 107 处，红土滑坡 2 处，崩塌 3 处，一般都属小型滑坡或崩塌。如 1987 年 7 月 2 日 4 时，三门峡水库库区会兴村发生高岸崩塌，上午 10 时又发生从高崖顶部到基部的一次性滑塌，两次崩塌总长 40 m、宽 16 m、高 20 m，总体积 15 万 m^3。滑塌形成的土石堆伸入库区 43 m，使河道阻塞，水流不畅，损失耕地 0.4 hm^2，各种树木 1 800 余株，3 挡高压线路发生 150 m 位移，危及 7 个村庄，直接经济损失达 60 余万元。1990 年 4 月 26 日发生在陕县宜村乡南沟村南的黄土滑坡，总体积达 5 000 m^3，造成死亡 4 人受伤 3 人的损失。

1982 年 11 月 1 日发生的灵宝阳平镇大湖峪基岩滑坡，体积约 40 万 m^3，造成 3 人死亡，一座两层楼被推倒，直接经济损失达 700 余万元。1996 年 5 月，灵宝市陇海铁路闵乡段，发生黄土滑坡，体积约 1 万 m^3，造成一列货车颠覆。1984 年 9 月 21 ~ 27 日，降雨致使灵朱路发生崩塌、滑坡 26 处，灵寺路发生崩塌、滑坡 18 处，造成公路中断 5 次，直接经济损失达 9 万余元。1998 年 8 月卢氏县瓦窑沟乡观沟村，由于坡脚开挖，导致山坡上 5 m 厚的残坡积层发生下滑，房舍全部推倒，3 户村民家产几乎全部被毁坏；卢氏县城东 209 国道在一滑体上经过，该滑坡为不稳定滑坡，每年雨季发生缓慢滑动，路基已下滑移动数米，维修治理资金达数 10 万元，卢氏县 209 国道五里川—瓦窑沟路段发生大小滑坡 20 余处，每年雨季都有发生。2001 年 11 月 15 日，灵宝市高柏村发生黄土滑坡，滑体面积约 4.75×10^6 m^2，宽约 1 200 m，滑体前缘地鼓现象特征明显，发生时伴有喷砂冒水，造成 1 人受伤，电网和路被毁，经济损失达 42.2 万元。洛三高速公路三门峡市湖滨区交口段，高速公路经过黄土滑坡，虽经治理，但效果不好，计划投资数亿元改道重建。

3.3 土壤侵蚀

土壤侵蚀可导致土层减薄，肥力下降，耕地被毁；河道、水库淤积；旱涝灾害增加；水资源枯竭等。土壤侵蚀已成本区的一大环境地质问题，它是农业低产和河流多砂的症结所在。它的产生和发展主要取决于地质环境（包括地貌条件，地表岩土体特征和内、外地质作用的性质及强度等）；不良的人为因素加剧了其发生过程。据此将区内土壤侵蚀强度分为 3 个等级（见图 1）。弱侵蚀区：土壤侵蚀模数小于 1 000 $t/(km^2 \cdot a)$；中等侵蚀区：土壤侵蚀模数1 000 ~5 000 $t/(km^2 \cdot a)$；强侵蚀区：土壤侵蚀模数 5 000 ~ 10 000 $t/(km^2 \cdot a)$。侵蚀类型主要为流水侵蚀和重力侵蚀。强侵蚀区主要分布在黄土塬和黄土丘陵区。中等侵蚀区分布在东部渑池盆地中的红土丘陵区，弱侵蚀区为基岩山区。

3.4 地面变形

区内地面变形主要有地裂缝、地面塌陷、特殊类土地面变形。它给区内工农业生产、交通、地面地下建筑物已造成严重危害。

3.4.1 地裂缝

在三门峡西大营—温塘灵宝大王镇一带，地貌部位属黄河Ⅱ级阶地后缘，岩性为黄土状亚黏土，地表可见宽 1 ~ 3 cm，大者 6 ~ 15 cm 的地裂缝，当地百姓称“地龙缝”。走向多 NE 向，较深，长数米到数十米，呈断续状分布，雨季或灌溉期裂缝长宽均有明显变大，长度可达 100 ~ 200 m。陕县大营村南菜园附近，民房下有数条地裂缝通过，导致房墙折线状开裂，菜地局部沉陷，灌溉水大量流失；供电所附近地裂缝横切公路，造成路面开裂，影响正常交通。

究其原因，主要是自然因素作用的结果，人为因素只是在此基础上加速其活动。自然因素主要包括地壳差异性升降，活动构造断裂，具有特殊结构和物理力学性质的不稳定岩土体。人为因素主要是指超量开采地下水，引起地下水位急剧下降，渗流场发生显著变化。

此外，在矿区采空地带，由于上部岩土体在重力作用下发生坍落，反映到地表，即形成地裂缝，采矿形成的地裂缝主要分布在陕县观音堂、渑池、义马等煤矿开采区。如：渑池县张村北煤矿开采引起的地裂缝长数十米，宽 2 ~ 6 cm，深不见底。陕县观音堂一带造成 310 国道路面开裂变形，阻断交通。历史上也有地裂缝发生的记载，如《陕县志》记载“闵乡县南七里许地裂”。

3.4.2 地面塌陷

近几年来，随着采矿业的急剧发展，出现了国家、集体、个人齐上马的局面。在矿产开采量成倍增长的同时，也出现了忽视安全生产，特别是数目较多的乡镇个体小矿，无视地质条件和有关生产规程，致使一些矿井、矿坑在开挖过程中或采后发生顶板坍落，一部分反映到地表，引起地面塌陷。20 世纪 50 年代和 60 年代在老鸦沟、角胡同煤矿开采地段，地表就分布有陷坑和裂缝。据有关部门资料，义马、渑池、陕县、灵宝、卢氏等地的煤矿采空区，分布有不等规模的现今塌陷坑。

2000 年陕县煤矿因开采造成地面塌陷，1 人失踪。灵宝市朱阳镇银家沟硫铁矿采矿塌陷面积 2 500 m^2，8 间房塌毁，损失耕地 0.2 hm^2，直接经济损失达 1.9 万元，目前受威胁人员 80 人，民房 100 间，耕地约 6.67 hm^2。卢氏县五里川镇，1999 年 7 月发生采矿塌陷，陷坑呈长条形，长 5 m，宽 3 m，深约50 m。陷坑长轴方向 120°，与矿脉走向一致，陷坑周围伴随数条地裂缝，缝最宽达 1.3 m。卢氏县双槐树乡寺河院辉锑矿采空区地面塌陷，发生于 1980 年 10 月，陷坑呈长条形，呈两个单坑分布，其中一个长 8.6 m，宽 2 m，深约 5.6 m，另一个长 3.5 m，宽 1.8 m，深 5.7 m，两坑相距约 12 m，造成毁地 0.5 hm^2，毁房 12 间，伤 1 人的损失。陕县观音堂矿区 310 国道因采矿引起的地面塌陷，造成公路下沉，路面破坏，严重影响了交通安全。

3.4.3 特殊类土的地面变形(黄土湿陷变形)

区内地表泛布第四纪更新世黄土状亚砂土，具自重湿陷性，湿陷等级一般为 2 ~ 3 级。遇水易产生湿陷变形。由此而造成的工程建筑变形非常严重。据调查统计，20 世纪 70 年代，三门峡市区建筑物因地基湿陷产生不均匀沉降导致变形破坏者达 30% 有余。三门峡铝厂办公楼地基为黄土状亚砂土，地基处理不当，降雨下渗引起湿陷变形。墙体出现 10 余条裂缝，被迫进行加固处理；市煤建公司办公楼，由于地下输水管道漏水引起地基湿陷变形，出现裂缝，输水管道被错断，不得不再次铺设。

3.5 泥石流

泥石流灾害亦是三门峡市域内的主要灾害之一。泥石流主要发生在小秦岭地区。据不完全统计，区内经过调查评估的泥石流沟达 24 条。1994 年 7 月 11 日灵宝市大西峪沟发生水石流,当时降水量54.6 mm/d,雨水携带矿渣下泄形成水石流,造成52人丧生,数百人失踪,矿山停产,交通中断,经济损失惨重。1991年7月,陕县四村沟、张村发生泥石流,经济损失达24万元,1998年7~8月,小秦岭地区多次降大到暴雨,洪水夹杂采矿废石形成水石流,将矿区公路、桥梁冲毁,个别尾矿库被冲毁,造成大量尾矿泄入下游水库。区内泥石流的发生与人类工程活动(采矿)关系密切。

3.6 地方病

地方病是指具有明显地区性,只在特定地区发生的各种疾病,它与环境条件,特别是与水土有密切关系。区内地方病病种全、分布广、病人多,有"地方病博物馆"之称。常见的地方病有氟中毒、克山病、大骨节病、甲状腺肿、克汀病等。其中氟中毒、大骨节病、甲状腺肿分布最广,患病人数多。义马、渑池一带的地方性氟中毒是由含氟烟煤污染引起的。人们长期使用含氟烟煤,造成空气污染,形成高氟环境。人们通过呼吸摄取氟,引起氟中毒。据调查资料,这种煤烟型氟中毒自然村1351年患病率在50%以上。全市氟骨症患者达4 230人,大骨节病13岁以下患者5 019人,这些疾病严重危害着当地人民的身体健康甚至生命。

除上述主要地质灾害,本区还存在矿井突水、瓦斯突出、煤自燃、矿井热害、堤坝溃决、水库淤积、沙土液化、水质恶化、地下水水位持续下降等地质灾害。

4 地质灾害的形成条件及分布特征

区内地质灾害的形成、发生、发展是在地形地貌、地层岩性、地质构造、新构造运动与地震、降水、地下水、岩土体工程特征、地表植被、人类工程活动等诸多因素的综合作用影响下产生的。

(1)崩塌滑坡是区内最为发育的地质灾害类型之一,它不仅分布广、数量大,而且规模较大,且稳定性差。以土质滑坡为主,基岩滑坡次之,基岩滑坡分布在基岩山区,土质滑坡分布在低山区及黄土塬边缘区。区内崩塌亦有土质崩塌和岩质崩塌两种,土质崩塌主要分布在黄土塬边缘以及由人工切坡形成的陡崖处;黄河岸边由于受三门峡水库水位变化的影响,也经常发生塌岸灾害,其塌岸规模大,速度快,事发突然,易造成较大损害;岩质崩塌分布在基岩山区人类工程活动形成的陡崖处,如公路沿线是崩塌发生的多见地带。

(2)泥石流灾害主要分布在小秦岭地区,该地区矿区密布,采矿矿渣沿冲沟乱堆乱放,沟道堵塞严重,甚者被全部堵塞,本区又是暴雨多发区,遇暴雨常发生泥石流灾害。据有关资料知,灵宝市境内的大西峪、文峪、枣香峪、大湖峪、藏珠峪、杨寨峪、朱家峪泥石流沟为中等易发的泥石流沟。

(3)地面塌陷灾害主要是由采矿引起的,此类灾害的分布与矿区开采范围相一致,黄土湿陷引起的地面沉降主要分布在黄土塬区及黄河Ⅱ、Ⅲ级阶地地区;地裂缝主要分布在黄河阶地的后缘、黄土塬的边缘。

(4)历史地震和现代地震的分布表明,三门峡灵宝盆地区是地震多发地带,具有发生中强地震的地质背景,历史上曾发生过多次5~8级破坏性地震。

区内地质灾害的发育分布除了在空间上的不均匀性,在时间上的分布也具有相对集中性,降雨、降雪是诱发灾害发生的主要因素之一,雨雪期是地质灾害的多发期。

区内地质灾害的发生具有一地多发性，如卢氏县黑马渠沟从1925～1995年70年间，暴发18次灾害性泥石流。灵宝市大西峪沟在1994年和1998年发生2次泥石流灾害。

区内地质灾害的发育还具有一时多发性，形成地质灾害链，如地震时伴有崩塌、滑坡等灾害；又如卢氏县黑马渠沟上游的一滑坡，1953年、1957年、1971年曾3次滑动，堵塞沟道，因堰塞湖溃决，引发泥石流灾害，造成耕地淤埋，渠道淤平，房屋倒塌，人员伤亡的重大损失。

5 主要地质灾害发展趋势的预测及采取的防治对策和建议

5.1 主要地质灾害发展趋势

目前，三门峡市已发生的地质灾害类型多，形成机理复杂，所造成的人员伤亡，房屋修建，道路开裂，公路、铁路被毁等诸方面的损失已十分严重，然而令人担忧的不仅是已经出现的这些灾害，更重要的是，这些灾害不断蔓延发展的势头。崩塌、滑坡、泥石流灾害随着人类工程活动的加剧，有愈来愈严重的趋势，小秦岭矿区，随着采矿活动的发展，矿区内河（冲）沟堵塞愈来愈严重，在降雨等因素诱导下，必将发生泥石流灾害。

黄土丘陵区和红土丘陵区，冲沟纵横，沟深坡陡，植被覆盖度低，据大地地形测量资料，区域地壳处于上升状态，这种条件有利于土壤侵蚀的发生和发展。

区内地面变形灾害除少数是由自然因素所造成的变形外，多数是自然因素和人为因素共同作用产生的现今地面变形，随着不良人为活动的发生，此种灾害将会不断发生。

（1）三门峡市矿产资源丰富，矿产资源的不科学开采可带来采空塌陷等严重的人为地质灾害，煤矿开采资料显示，市域内煤矿区每年新增加塌陷面积约26.7 hm^2。在小秦岭地区，由于对金矿、硫铁矿等矿进行的开采，近年来因采矿引起的开采塌陷、地裂缝、山体开裂崩塌等地质灾害时有发生，经济损失也呈增加的势头，据估计，2000年度仅灵宝市因地面塌陷造成的经济损失达132万元，卢氏县因地面塌陷造成的经济损失达58万元。塌陷不仅造成耕地减少，水系破坏，而且影响到道路畅通，正是由于煤矿采空区的存在，洛三高速公路不得不放弃原来的设计方案，绕道施工。

（2）崩塌、滑坡地质灾害近几年来时有发生，且多与人类活动密切相关，2000年4月22日，310国道灵宝西路段施工时因不合理开挖边坡，导致大面积黄土崩塌，瞬间造成8辆汽车被埋，2人死亡，6人受伤，阻断交通数十小时。2001年3月6日陕县某单位由于不合理开挖坡脚，巷道一侧黄土崖突然崩塌，酿成一死一伤的惨剧。此外域内义马矿区是较为典型的基岩崩塌区，主要是由于义马矿区地处丘陵，露天采煤导致地表植被破坏，每年在强暴雨作用下，发生岩层崩塌。每次发生崩塌，都造成大量土地被毁，这种趋势随着采煤活动的加剧，呈现愈来愈严重的势态。此外，在黄河三门峡库区沿岸，每年都发生大规模的崩塌、滑坡，使原有的防冲工程报废，沿岸村庄有倒入河中的危险，如2001年7月4～5日仅湖滨区塌岸长度达800 m以上。

（3）泥石流灾害主要分布在小秦岭地区，小秦岭地区金矿资源丰富，采矿活动强烈，采矿废渣、废石沿沟道、河道堆放，局部河道、沟道被渣石全部占居，据调查资料统计，本区存在泥石流沟24处，具中等易发程度的有9处，沟内均分布有大量的矿渣。随着采矿活动的继续，矿渣排放量的增加，小秦岭是豫西地区暴雨多发中心之一，一旦遇到强暴雨天气,小秦岭地区必将暴发泥石流灾害,如 2000 年 9 月 17 日,灵宝市朱阳镇秦地、下河一带,突降暴雨,引发泥石流,造成 13 人死亡,冲毁耕地 750 亩,毁坏道路 11 km,直接经济损失达 600 余万元,由此可见,小秦岭地区有再次发生泥石流灾害的隐患,泥石流灾害勘察防治已迫在眉睫。

(4)近几年来,由于国家和地方政府对地方病防治工作投入的加大,采取了科学的防治措施,地方病得到了有效的控制,发生率呈现下降趋势。

除上述地质灾害外,随着区内人类工程活动的加剧,区内存在的矿井突水、瓦斯突出、煤自燃、矿井热害、堤坝溃决、水库淤积、沙土液化、水质恶化、地下水持续下降等地质灾害若得不到有效的防治,其必将会愈来愈严重。事实告诉我们,在不同历史时期,甚至现代人类活动加剧都诱发了地质灾害的发生,现在人类活动规模之大,如果处置不当,会给环境平衡造成严重破坏,随着大规模的开发,新一轮的人为灾害可能与大工程(如修路、开矿)等有关,注意事先研究好防范措施是有必要的。

在上述情况下,各种地质灾害的发生和发展将会对区内工程建设和经济发展构成严重的威胁。因此,采取有效措施,控制和防治地质灾害具有十分重要的意义。

5.2 针对上述问题提出如下对策和建议

(1)建设地质灾害监测预警系统,做好灾害预测预报。在全市范围内进行系统的专门调查研究,查清已发生主要环境地质问题和地质灾害的分布;开展城市地质环境研究,分析其形成条件,认识和掌握其发展规律和未来趋势,建立全市地质灾害群测群防网络。

(2)在深入调查研究的基础上,科学地规划本市工农业生产发展方向和布局,依照地质自然条件,合理地进行各项经济活动;通过建立和实施有关法规等手段,有效地制止破坏地质自然环境的行为;在综合考虑经济效益、社会效益、环境效益的基础上,合理开发利用矿产资源。

(3)对已经发生和可能发生的地质灾害,采取"以防为主,防治结合,全面规划,综合治理"的原则,建立健全监测研究预报系统,根据情况,实施必要的治理、控制或避灾措施,将损失减小到最低程度。如在黄土丘陵区,加强泥沙侵蚀、运移、淤积规律的研究,按照"宜林则林、宜牧则牧、宜农则农"的原则,采取工程治理和生物措施相结合的方法,尽可能减少水土流失,在陡坡地段加强边坡稳定性研究,对不稳定地段提出合理的加固措施。

(4)加强地质灾害易发区的调查与区划工作。三门峡地区是地质灾害多发区,其类型多,规模较大,应尽快开展全市的地质灾害调查与防治区划工作,进一步查明区内各类地质灾害的形成背景、分布规模、危害方式、成因机制、诱发条件等,从而有针对性地开展防治工作,不断提高对地质灾害的防治水平,有效地减少地质灾害所造成的损失,达到防灾、减灾的目的。

(5)对区内重大地质灾害隐患点进行勘察。区内已经存在重大的地质灾害隐患点,应据其发展现状和危害程度,有针对性地进行勘察,查明其形成条件、稳定特征、危害程度等,为重大地质灾害隐患点的有效防治提供可靠依据。根据区内重大地质灾害隐患点的分布及规模、稳定状况,应尽快开展小秦岭地区滑坡、泥石流、采矿塌陷、危岩崩塌及黄河阶地区地裂缝的勘察防治工作。

(6)增加地质灾害防治科研经费,提高防治水平。地质灾害防治主要以科技为先导,防治与区内产业经济发展相适应,不断增加科技投入,加强地质灾害防治技术研究,保证治理资金及时到位。充分采用3S等各种新技术、新方法,提高地质灾害管理水平和治理水平,地质灾害防治工作应与本地区经济可持续发展紧密结合起来,贯穿于市域经济发展规划中,采用科学技术方法,实现经济效益、环境效益和社会效益的统一。

(7)加大地质灾害的防范与治理,将地质灾害控制在最小程度,进一步加强地质生态环境保护、地质灾害防治宣传,提高全社会保护环境及防灾、减灾意识。通过多种形式让群众了解保护生态环境、防治地质灾害的重要性,宣传短期利益和长期利益的辩证关系,宣传人口、资源、环境可持续发展战略,引导人们自觉地加入到保护生态环境、积极防治地质灾害的行列中去,有效地防范人为地质灾害的发生。

(8)充分发挥政府国土资源主管部门监督作用和市场机制。采取多渠道投资于地质灾害防治工作,鼓励企业和个人投资,也可采取“谁破坏,谁治理”的投资对策。采取有效的防范措施,制止人为地质灾害的发生,将地质灾害控制在最小程度内,为本地区经济可持续发展提供可靠的环境保障。

总之,对策及建议贯彻应以预防为主,控制发展,重点防治的原则,即根据引起地质灾害发生和发展的各种人为因素,首先限制和改善自身活动;对目前尚无法抵御的自然因素,则避害趋利。

本文与吴东民、陈峰、强山峰合作,发表于2003年第3期《中国地质灾害与防治学报》。

灵宝市大湖滑坡灾害特征及防治对策

1 区域概况

灵宝市位于河南省西部,地处暖温带半干旱大陆性季风气候区,年均气温13.6 ℃,年均降水量645.8 mm,年最大降水量984.7 mm,最大24 h降水量110.2 mm,最大1 h降水量93.2 mm,一年中降水集中在7~9月,其降水量可占年降水量的50%,且多以暴雨形式出现。

大湖滑坡位于本市阳平镇南阳平河右岸大湖峪村,该区属小秦岭深切割型中山区,区内最高海拔2 413.8 m,山岭起伏,沟壑纵横,山坡陡峻,多悬崖及深切沟谷,山坡坡度多在45°以上。

2 滑坡特征及发展趋势预测

2.1 滑坡特征

大湖滑坡属中型基岩滑坡,发生于1987年11月1日,滑坡体长192 m,宽80~120 m,体积40万m^3。滑坡体后缘形成的陡坎高约30 m,舌部向前移动了30 m。滑坡体上部发育有多条宽1~2 m的张裂缝,北部周边发育有雁行张裂缝,长3~4 m,宽0.5 m。该次滑坡造成3人死亡,一栋两层楼房、一座厂房和一条运输斜坡道被毁,选矿厂停产达一年之久,直接经济损失达700万元。按有关标准判别,该次滑坡的灾情及危害程度属重大级。

2.2 滑坡形成机理分析

大湖滑坡位于构造带出露区,该构造带倾向340°、倾角30°,地面坡度35°、坡向307°,地层岩性主要为高岭土化糜棱岩、混合花岗岩、碎裂糜棱岩、混合花岗糜棱岩等。滑坡沿北东向发育的一条走向346°、倾向南西、倾角82°的平移断裂下滑面,滑动方向320°,由此可知此断裂的发育为滑坡的发生创造了条件。另外,滑坡体岩层裂隙较发育,为降水入渗提供了通道,促进了滑坡的形成。

降雨、人类活动是诱发该滑坡产生的主要因素。滑坡区内分布有4条采矿坑道,长期的采矿使大面积岩体临空,岩体应力状态发生了大的变化,加上降雨使滑动面摩擦力减小和多种因素的综合作用,致使滑坡灾害产生。

2.3 滑坡发展趋势预测

大湖滑坡发生后,灵宝市政府和有关部门邀请有关专家对该滑坡进行了初步调查,采取了削坡减载、上部裂缝夯实等措施,并于1988年开始监测。近年来,由于自然因素和人类活动的影响,滑坡体上部产生了面积达1 072 m^2的新的塌陷区,滑坡体后缘产生了数条裂缝。据2001年5月12~14日对滑坡进行调查,发现滑坡体上部塌陷面深达1.5~2 m,滑坡体后缘山脊上有张裂缝数条,裂缝最长的150 m,宽度0.3~2 m,深不可见底,且裂缝有逐渐扩张之势,滑坡体上“醉汉树”发育,位于滑坡体中的人工通道不断变窄,通行难度不断增加。调查认为滑坡体处于不稳定状态,若遇强暴雨、地震等,极可能发生新的滑坡,滑坡的影响范围也会增大,预测新的滑坡面积12万 m^2,体积240万 m^3。

2002年6月27日23时57分至28日零时,该滑坡体发生了一次大的局部滑动,滑坡体长30 m、宽10 m、厚7 m,体积约2 100 m^3。由于滑坡防灾预案工作做得扎实,当发现有下滑征兆时,及时发出撤离、疏散信号,使区内数十人都按撤离路线迅速撤离,没有造成人员伤亡,仅造成1.5万元的直接经济损失。

2.4 滑坡危害程度分析

滑坡影响范围内的大湖主矿的选矿厂、选矿职工和一个村庄、临时工工棚等将直接受到威胁,矿山公路将被毁埋350 m,直接受威胁的人达200人、公路350 m,财产在4 000万元以上。

历史上区内24 h最大暴雨383 mm,滑坡一旦再次发生,必定在大湖峪沟形成高50~100 m的临时性水坝,仅大湖峪西峪的汇水面积就有16.74 km^2。这样大的汇水面积,加上滑坡体极其破碎,坝体溃决将会产生泥石流,下游的大湖峪村及阳平镇等将受到巨大威胁,受威胁人数达4 000人、财产数千万元。预测大湖峪滑坡地质灾害危害程度为特大级。

3 滑坡防治对策

大湖滑坡地质灾害防治的原则是“以防为主,避让与治理相结合;工程措施与非工程措施相结合”,防治对策是编制详细的防灾预案并采取有效的治理措施。

3.1 滑坡防灾预案

3.1.1 监测

(1)定期目视检查。对稳定性较差、次危险、危害程度较小的隐患点上的微地貌、地裂缝及变形位置、滑坡下滑情况等进行定期检查和记录,然后分析灾害点的稳定性、危险性。每10 d检查1次,雨天、雨后及连阴雨天每天1次,有变化时加密观测。

(2)大地形变监测。采用经纬仪、测距仪监测滑坡区内测点的三维坐标,从而导出测点的三维变形位移量、位移方位与变形位移速率等。

(3)气象监测。利用常规仪器进行温度、雨量、降雨过程等观测。

3.1.2 地质灾害临灾预防措施

(1)报警。①考虑因素有后缘裂缝宽度、连通情况、监测曲线和大气降雨等。②预警状态,后缘裂缝发展、监测曲线平缓时为预警状态,此时应向镇及市主管部门报警。③警报状态,后缘裂缝发展并增加新的裂缝,后缘拉裂缝基本形成,监测曲线变陡,特大、大暴雨、连阴雨期间及预测有地震发生时,应及时向镇、市、省有关部门报警。④临灾状态,后缘裂缝全部贯通,前缘鼓起并出现小崩塌掉块,动物表现异常、山体轰响声出现,前缘有倾倒趋势,监测曲线接近拐点。此时来不及汇报,可由村干部或监测人员立即报警,设立警戒线,派专人日夜值班,随时将情况向各级主管部门汇报。

(2)报警方式。利用广播、敲锣等方式通知灾害区内人员及时撤离。

(3)疏散。在滑坡灾害即将发生时,有关人员和财产按事先拟定的路线进行有序撤离、转移。我们编制了大湖滑坡地质灾害隐患点的疏散方案,明确了责任人、撤离路线、撤离距离等。

(4)应急抢险。灾害发生时,当地政府及主管部门应立即组织力量进行应急抢险。①堵塞交通后,应立即组织人员进行地质灾害应急调查,确定灾害体的稳定性、危险范围,抢修公路,同时对灾害体进行简单的排险处理。②堵塞沟谷可能会形成滑坡坝,造成河道上游水位上涨,使上游群众及财产受损失,下游村庄受到洪水、泥石流威胁。若出现以上情况,应立即组织力量将上游、下游受威胁的群众尽快撤离,将财产进行转移,然后采取排水、炸坝等方式排险,努力做到上、下游群众及财产都不受损失。

3.2 滑坡治理措施

(1)搞好场地排水。根据滑坡区地形地貌、水文气象、水文地质条件等,结合原有道路排水和自然排水线路布设排水系统:在滑坡体变形区外 3 ~5 m 处修环形截水沟、排水沟,在滑坡体后缘修 1 条底宽 0.4 m、上口宽 0.6 m、深 0.5 m 的梯形截水沟,滑坡体两侧修底宽 0.6 m、上口宽 0.9 m、深 1.0 m 的梯形排水沟与后缘截水沟相连,直接将水排入河流。整平滑坡体地表,将滑坡体上的裂缝(含后缘裂缝)用黏土分层夯实堵塞,夯实松动的滑坡体表土并铺防渗层,以防止雨水下渗。

(2)修建抗滑支挡工程。滑坡体前缘部分的岩土体较破碎,宜筑重力式混凝土挡墙,以防止破碎岩土体下泄。修筑挡墙时要注意排水,墙的基础须砌置于滑动面以下,其抗滑安全系数不小于 1.3,抗倾覆安全系数不小于 1.5。滑坡体的中部及后缘部分较完整,宜采用单排大直径桩支挡体系,桩的截面为矩形,宽 1.2 ~1.5 m,长 2.0 ~2.5 m,桩距 4.5 ~5.0 m,桩长 15 ~20 m,将桩身长的 1/3 ~1/4 埋置于滑动面以下完整的基岩中。

(3)削坡减荷与下部反压。人工剥离滑坡体上部 900 m 标高以上的岩土体,卸去滑坡体上部荷载,同时把剥离的岩土体堆放在滑坡体前缘被人工挖空的部位,分层压实并布设排水孔。

(4)植树种草。滑坡体地表多被黄土覆盖,基岩裸露区属中强度风化,滑坡体前缘部分长期遭受雨水冲刷,增加了滑坡的不稳定性。为防止滑坡体水土流失,在滑坡体地表种植常绿树种(如松树等)或植草皮进行防护。

(5)建议建立政府引导、市场运作的投入机制,实行多元化、多渠道筹集资金开展滑坡综合整治。尽快建立矿区与地方政府合作的地质环境防治管理机构,专门负责有关组织、管理和协调事宜,以使防治工作收到好的效果。

本文与郭友琴、吴东民合作,发表于 2004 年第 10 期《中国水土保持》。

黄河下游环境地质问题及其对堤防的影响

1　黄河下游环境地质条件

1.1　地质和地貌条件

黄河下游是由地质时期黄河所携带的大量泥沙塑造而成的广阔冲积平原，属于第四纪松软地层。由于黄河频繁发生决口与改道，加之新构造运动的影响，因此华北平原特别是其中的黄河冲积扇平原内，河流泛滥留下的古河道广泛分布，古河道、碟形洼地有规律地相间分布，形成了“大平小不平”的格局。若干低洼处积水成湖，每逢雨季则可能积涝成灾。冲积扇平原的地表沉积物有明显的分布规律，随着地势的倾斜，岩性由古河道的粗砂、细砂向远离河道的粉砂和黏土变化。在风力作用下，古河道内往往存在着数米高的沙堆(丘)。

黄河下游河道是在早中更新世末期[1]以后才贯通古三门湖以东缺口向东流向华北平原的。下游河道随着海陆的变迁，河流时进时退，黄河河道也不固定。其迁徙规律是：南宋之前(公元 1127 年前)改道泛滥于现行河道之北；南宋至清咸丰五年(公元 1855 年)，则迁徙改道于淮河流域而入黄海；铜瓦厢决口后(清咸丰五年)，黄河夺大清河于利津县境内复入渤海。

黄河下游上更新世分布面积最大，各地的沉积厚度和埋深变化不大，其厚度一般在 20 ~ 50 m，局部大于 60 m，岩性以砂土、粉细中砂为主。全新世早期，黄河下游持续堆积，在黄河滩及低地普遍形成了一层淤泥质堆积物。此后，华北平原继续以下降为主，下降速率为 1.0 ~ 2.5 mm/a，沉积物厚度为 2 ~ 53 m。岩性以砂土、粉细砂为主。黄河下游河道带除个别地段外均为松散的现代堆积物。

1.2　地质构造

黄河下游位于华北地台的华北平原断块凹陷区，新构造运动强烈，自西向东分布有 4 条特征显著的断裂带，即山西隆起断裂带、太行山前断裂带、沧东断裂带和郯庐断裂带，台区次级隆起和坳陷发育。黄河下游河段基本上分布在济源—开封凹陷、东明—濮阳凹陷、济阳凹陷内。区域构造的活动性对河道的控制作用非常明显[2]。区内主要构造线以 NNE、WE、NW 及向 NE 扩散向 SW 收敛的弧形断裂为主，基本上为隐伏断裂。不同方向、不同类型、不同深度、不同级别的断裂互相交叉分布，且延伸长、落差大、形态复杂、活动性强。NNE 方向断裂有长垣断裂、黄河断裂、聊兰断裂、曹县断裂及巨野断裂等，近 EW 向的断裂有汶泗断裂、郓城断裂及菏泽断裂等。

2　黄河下游主要的环境地质问题

2.1　河道淤积

在新中国成立前，黄河决口泛滥达 1 500 多次，洪水泥沙分散落淤在北到海河、南到淮河的范围内；新中国成立后，为确保两岸亿万人民的安全，加高了原有堤防，迫使黄河在两堤之间行洪,使每年有3亿~4亿t的泥沙淤积在下游河道。一方面使得河流地貌加速向不良化方向演化,如郑州—东坝头河段两级河漫滩已呈现高滩不高、两级河漫滩基本持平的态势,东坝头—高村段呈现“槽高、滩低、堤根洼”的“二级悬河”地貌,使黄河河道行洪能力降低;另一方面使得下游河道泥沙不断落淤,使黄河高悬于河流两岸地面之上,悬差一般为3~5 m,最大在封丘县达11 m,构成了黄河下游决口泛滥的潜在威胁。

2.2 地面沉降

黄河流域地面沉降的具体表现为:地表阶地较少,河漫滩冲积平原广泛发育。鲁西隆起上升速度约3 mm/a,东明凹陷连同内黄隆起均为下沉,濮阳一带下沉速度为2 mm/a。

除上述基底构造沉降外,还有因沿黄城市抽取地下水而导致的地下水位大幅度下降及地面沉降。如濮阳市因抽取地下水导致地下水位1990~2000年间下降了15 m,市区中部平均沉降量22 mm,最大达49 mm;开封市因抽取地下水,1954~1989年间累积沉降量达242 mm;山东济宁市因开采地下水引起地面沉降52 mm;河南新乡、郑州两市及山东德州市由于开采地下水而诱发的地面沉降也均有不同程度的表现。

2.3 松软土广泛分布

黄河下游广泛分布着松散砂土、淤泥及淤泥质黏性土。砂土颗粒由河南孟津至河口由粗变细,岩性由中砂、细砂逐渐变为粉细砂及粉土;自深部至地表,砂土颗粒由粗变细。由郑州北郊水源地勘探资料可知,地表20 m深度以上基本上以细砂、粉砂、淤泥质粉细砂为主;而以下则以中细砂、粗砂为主。受黄河侧渗影响,两岸地下水埋藏较浅,松散砂土呈饱和状态,容易产生地震液化和地基的渗透变形。海相、湖相、沼泽相的淤泥及淤泥质土多处于软塑及流塑状态,土的抗剪强度低,压缩性大,属于软弱的不良土层,作为地基容易产生不均匀沉降及滑动变形。

2.4 水质污染

根据近年来的水质监测资料,黄河干流及支流水质均受到了不同程度的污染,黄河支流的水质污染又重于干流。如伊河、洛河水质均呈逐年变差的趋势,洛阳市水质已超过Ⅳ类,局部河段已达Ⅴ类。按可比评价河长,对黄河干支流12 550 km河长进行了评价,与20世纪80年代初的评价结果相比,Ⅰ、Ⅱ类优良水质的河长缩短了42.8%,Ⅲ、Ⅳ、Ⅴ类水质尚好、水质较差、水质很差的河长分别延长了37.2%、24.7%和10.9%,由此可以看出地表水的水质恶化速度正在加快。

沿黄地下水也受到了不同程度的污染。如郑州市浅层地下水主要污染超标因子为铁、锰、总硬度及溶解性总固体;濮阳市浅层地下水主要污染超标因子为总硬度、溶解性总固体及氟化物;新乡市浅层地下水主要污染超标因子为总硬度、溶解性总固体及硫酸盐;开封市浅层地下水主要污染超标因子为总硬度和氟化物;商丘市浅层地下水主要污染超标因子为总硬度和挥发酚。

总的来说,黄河下游各城市浅层地下水都有不同程度的污染,地下水的污染主要与城市“三废”的排放有关。据沿黄水源地勘察的水化学资料可知,黄河岸边地下水基本符合生活饮用水水质标准,超标因子主要为铁和锰,超标原因与原生水文地球化学环境有关。

2.5 地下水位持续下降

随着流域内工农业生产的发展及城市规模的扩大,黄河下游逐渐形成了人工开采地下水降落漏斗,并且漏斗中心水位还在不断下降。如开封市降落漏斗面积为122.0 km^2,年水位下降0.1 m;濮阳市地下水降落漏斗面积为171.0 km^2,年水位下降1.2 m;郑州市地下水降落漏斗面积为225.9 km^2,年水位下降0.6 m;新乡市地下水降落漏斗面积为37.6 km^2,年水位下降0.4 m;清丰—南乐形成复合降落漏斗,面积达8 236.0 km^2,年水位下降0.5~1 0 m;滑县—孟州降落漏斗面积为562 km^2,漏斗中心水位埋深20~22 m,年水位下降0.5 m。

2.6 河岸侵蚀崩塌

黄河下游孟津宁嘴至邙山黄土丘陵段,随黄河主流线摆动,河道右岸受流水侵蚀,崩岸不断发生。如2003年11月黄河流向由顺邙山走向突变为垂直邙山走向流动,直接威胁了荥阳市的汉霸二王城遗址。

黄河下游崩岸的发生、发展除了与河岸的抗冲刷性能有关,在河漫滩区主要与河流主流线,特别是高水位主流线的摆动有密切关系。贴近河流主流线的一岸,因水流冲刷作用强,往往产生规模较大的崩塌,造成岸线不断后退,直至危及大堤。黄河下游主流傍岸冲刷深度可达10 m以上,坝垛主要迎流部位根石深度为9.3~10.4 m,最大达23.5 m。如马渡险工根石深度一般为10.0~12.0 m,其中最大深度达16.5 m。从1984~1987年资料可知,根石深度在逐年增大,表明河岸堤坝处于不稳定状态。

3 环境地质问题对黄河大堤的影响

3.1 堤基地层结构

黄河下游堤基地层结构及危害[3]主要有:①砂性土单层结构,堤基为厚层或较厚层的砂性土,其主要工程地质问题是渗水和渗透变形,遇强震时有可能发生液化;②黏性土单层结构,堤基中分布有湖相、海相、沼泽相及淤泥质层,较易产生不均匀沉降及滑动变形;③上部为黏性土、下部为砂性土的双层结构,当上部黏性土层厚度变小或人工开挖穿透黏性土层时,可产生渗透变形;④多层结构,堤基地层岩性变化大且复杂多样,其工程地质问题较复杂,有渗水及渗透变形问题,有时也可发生不均匀沉降及滑动变形问题;⑤黄土类土,堤基地层岩性为上更新世黄土类砂壤土及黄土类壤土,其主要工程地质问题为黄土湿陷问题。上述工程地质问题的存在,往往使大堤有失稳的危险。如1982年8月2日花园口站出现15 300 m^3/s洪峰流量时,黄河大堤靠水段长889 km,其中河南段310 km;发生渗水段4处、长556 m,裂缝18处、长502 m,出险350坝次。

3.2 河道淤积

黄河下游河道淤积使黄河河床抬高,河槽容量减小,蓄水排洪能力下降,直接后果是洪水位抬升且延长了洪峰持续时间,降低了大堤设防标准,给黄河大堤的稳定性带来了极为不利的影响。

在黄河沙量未减少之前,河口海岸属于进积海岸,海岸平均以每年2 km的速度向海洋推进,最大生长速度达11 km/a(1976年),1980年输入河口的泥沙量高达8.49亿t[4]。海岸的蚀退是短期的、暂时的,随着河口的淤积,河道不断向海洋延伸,河道行洪能力逐渐降低,这也是洪峰抬高、高水位持续时间延长的重要原因。

河道淤积使汛期水位抬高、高水位持续时间延长,再加上淤积所形成的“二级悬河”,

都对大堤的安全构成了威胁,这种威胁包括两个方面:一是侵蚀岸边大堤堤脚,影响大堤的稳定性;二是汛期持续的高水位加大了发生渗水、渗透变形甚至潜蚀管涌的几率,危及了大堤的安全。

3.3 崩岸

在黄河主流顶冲或贴岸的部位,河岸将发生强烈冲刷,导致临水河岸崩塌或倒塌等,给大堤造成威胁,黄河下游河床在汛期或大水时经常发生裁弯、切滩的演变。历史上的河道变迁及大堤决口与崩岸发生是相应的,主流往往稳定在弯道凹岸,因此在弯道的凹岸最易出险。

3.4 地面沉降

黄河下游的地面沉降将使堤防的防洪设计标准降低。除自然因素外,沿黄开采地下水也会导致地区性的地面沉降,造成差异性沉降,既降低了防洪工程的抗洪标准,又导致堤身因不均匀沉降而产生开裂。随着沿黄经济带的发展,沿黄地下水的开采量必然增加,由此带来的地面沉降问题以及对黄河大堤安全的影响应引起重视。

3.5 海平面变化

国家海洋局发布的2003年《中国海平面公报》表明,中国沿海海平面多年来一直呈波动上升趋势,平均上升速率为2.5 mm/a,这与美国提出的最近40年来全球海平面以平均每年3 mm以上的速率上升的观点基本一致。海平面上升将导致河床淤积加快,进而影响黄河大堤的安全性。

4 防治环境地质问题的对策

(1)要坚持从地质学、生物学、海洋学、地球化学、生态环境学等多学科入手,综合研究这些环境地质问题间的关系和它们的演化特征,以及对黄河大堤的影响程度。

(2)要着重研究黄河下游河道带地貌、微地貌,尤其是“二级悬河”的形成与演化规律。

(3)要着重对黄河下游区域基底断裂的分布、活动性及地震问题进行研究,加强对活动断裂的两盘活动进行监测、分析和预测,并分析其对黄河河道演化的影响。

(4)应把黄河看做是一个复杂的系统,加强对黄河中游泥沙的来源、运移、侵蚀和下游泥沙落淤的规律进行研究。

(5)从新构造运动入手,分析研究海岸带地质作用、海平面的变化对黄河河床冲淤规律的影响和在黄河下游河道变迁演化中的作用。

(6)应开展不良环境地质问题的调查、监测、预报工作,防止或减少各种地质灾害的发生,为沿黄经济建设提供保障。

参考文献

[1] 戴英生.黄河的形成与发展简史[J].人民黄河,1986(6).
[2] 王学潮,戴其祥,张瑞怡.黄河下游堤防地质勘察与研究回顾[J].人民黄河,2001(9).
[3] 马国彦,王喜彦,李宏勋.黄河下游河道工程地质及淤积物物源分析[M].郑州:黄河水利出版社,1997.
[4] 成国栋.黄河三角洲现代沉积作用及模式[M].北京:地质出版社,1991.

本文与王和平、吴东民、彭涛合作,发表于2004年第8期《人民黄河》。

平顶山矿区地面塌陷灾害发展趋势及防治对策研究

平顶山矿区是我国重要的煤炭工业基地，区内煤质优良，煤种齐全，现有21对生产矿井，年生产能力2 341.1万t。区内煤矿自1955年建矿，截至1996年末，剩余保有储量26.59亿t，其中工业储量25.53亿t，可采储量13.23亿t，D级储量1.06亿t。平顶山矿区是我国建矿比较早的老矿山，40多年的开采，在为国家做出贡献的同时，也使矿区地质环境日益恶化，为了保证平顶山矿区经济与社会的可持续发展，加强地质环境恢复与保护迫在眉睫。

1　区域概况

平顶山矿区位于河南省中部，矿区绵延60 km，包括平顶山、韩梁、朝川3个煤田，地理坐标：东经112°47′~114°00′，北纬33°30′~34°05′，含煤面积767 km^2。矿区地处伏牛山脉与黄淮冲积平原的过渡地带，地势西高东低，西部山地海拔多在500 m左右，东部冲积平原海拔多在150 m以下，北部、中部和南部地形比较复杂，分布有汝河、沙河等河谷冲积平原和不连续的低山、丘陵，海拔在80~500 m。

矿区地处北亚热带向暖温带的过渡地带，气候具有明显的过渡特征，季风性气候特征明显，四季分明。年平均气温14.5~15.2 ℃，年平均降水量801 mm，降水量年际变化大，年内分配不均，最大年降水量1 288.5 mm，最小年降水量408.2 mm，年降水量的62.5%集中在6~9月份，年平均蒸发量1 488.6 mm，全年无霜期226 d。

矿区位于华北板块与华北板块南缘构造带的结合部位，由华北台型地壳组合组成，基底为太古宇太华群，盖层为板内盆地稳定沉积。从零星的基岩露头和钻孔资料看，从老到新依次有太古界太华群（Ar_2th），中元古界汝阳群（Pt_2ry），上元古界震旦系罗圈组（Zl），古生界寒武系（€）、石炭系（C）、二叠系（P），新生界老第三系（E）、新第三系（N）及第四系等。受华北板块南缘构造带的影响，区内以北西向构造为主，发育一系列北西向褶皱构造和中浅层次的逆冲推覆构造，主要褶皱有李口向斜、辛集向斜。断裂以北西向为主，主要有石灰窑、九里山、锅底山、襄—郏、青草岭断层等，近东西向的鲁山—叶县断层（三门峡—鲁山深大断裂的东延部分）从矿区的南部通过，且具有一定的活动性。喜山期发育北东向断裂，主要有郏县断层、井营—郏山断层，鲁—叶断层带在鲁山县境内有温泉分布，2001年11月15日在白龟山水库一带发生2.0级地震，襄—郏断层带上1979年8月4日曾发生2.5级地震，说明断裂仍在活动。

2　地面塌陷发育分布现状与危害

随着煤炭工业的发展，采煤量的增加，40多年的强力开发，使得矿区地质环境日益恶化，煤矿开采引发的地质灾害主要有：地面塌陷、水资源系统破坏、土地资源破坏、矿坑突水、瓦斯突出、水土流失、植被毁坏等[1,2]。其中地面塌陷灾害最为突出。

目前,采空区地面塌陷面积185.4 km^2(见表1),开采沉陷影响土地总面积260 909亩;地表沉陷深度一般为2~6 m,最大沉降深度可达10 m,万吨沉陷率2.46~5.66亩/万t,平均万吨沉陷率为3.06亩/万t。采煤沉陷影响村庄121个,厂矿、企业、单位、学校、村庄公共设施等118个,造成建筑物强烈变形破坏的村庄70个,异(就)地拆建、抗变形村庄、单位等42个。共计受灾人数96 951人;耕地232 800亩,房屋195 480间,厂矿、企业、单位、学校等建筑面积(已变形)60.59万m^2,目前已补偿损失用25 843.8万元。

表1 塌陷情况一览表

矿区	塌陷面积(km^2)	<2 m	2~4 m	4~6 m	>6 m
平顶山区	119.7	35.89	45.39	27.64	10.77
韩梁区	58.9	11.75	20.54	17.82	8.80
朝川区	6.8	1.95	2.72	1.36	0.76
合计	185.4	49.59	68.65	46.82	20.33

煤矿开采易形成地面沉陷等,进一步致使斜坡失稳,坡体破碎形成崩塌、滑坡灾害。区内因采矿诱发崩塌2处,滑坡1处,娘娘山滑坡体,直接威胁207国道,造成公路变形长度500 m;郏县前窑村潜在崩塌,造成3人死亡,2人重伤。

由于采矿地面塌陷引起的采空区地裂缝十分发育,矿区规模较大的地裂缝有5条,落凫山电视转播台地裂缝,长约500 m,宽10~20 cm,其走向为310°,造成墙体开裂,地下室墙壁产生严重裂缝,直接威胁着电视转播台的正常运行。王建庄地裂缝长500 m左右,宽10~15 cm,可见深度2 m,走向130°,造成14间房子严重损坏。娘娘山地裂缝位于娘娘山的东山坡上,地裂缝多达数10条,宽度一般在1.5~3 m,最宽可达3.5 m,山体整体下滑2~5 m,最大可达10 m,其中4条大的裂缝,长度断续延伸约4 500 m,纵贯整个青草岭东坡中上部。目前该地裂缝引起局部产生崩塌、滑坡,直接威胁207国道和山下居民的安全。

3 地面塌陷发展趋势预测

3.1 地面塌陷预测方法与参数确定

平顶山矿区从20世纪50~60年代,分别在2、4、5、7、10、12等矿建立了20多个岩移观测站,进行采矿塌陷区地表岩层位移检测,积累了丰富的岩移观测资料,总结出适合矿区的地表移动角量参数和岩移预计参数[3~6]。

冲积层移动角:45°~55°;

走向移动角:首次采动$\delta=(96-21h)/(H_0-25n_1n_2)$,重复采动$\delta=(76.5-25h)/(H_0)$;

最大基岩下沉角：$\theta = 90° \sim 0.77\alpha$；

最大下沉值：充分采动 $W_0 = 0.757\ m\cos\alpha$，非充分采动：$W_0 = 0.757m\cos\alpha(0.485D)/(H_0 - 0.06)$。

以上式中，h 为松散层厚度；H_0 为平均采深；α 为煤层倾角；D 为工作面倾向长。

根据实际观测资料分析，矿区地面塌陷符合概率积分数学模型。因此，地面塌陷采用概率积分法进行预测。单工作面地表某点(x,y)的沉陷值计算为：

$$W(x,y)_i = \int_m F(x,y,s,t)\mathrm{d}A_i \tag{1}$$

式中，A_i 为计算开采面积，$i = 1,2,\cdots,m$；

$$F(x,y,s,t) = \frac{W_{\max} f(x,y,s,t)}{\int f(x,y,s,t)\mathrm{d}A_i} \tag{2}$$

式中，$W_{\max} = \dfrac{qm\cos k\alpha}{\cos(1-k)\alpha}$；$f(x,y,s,t) = \dfrac{1}{r^2\exp\{-\pi/r^2[(x-s+d)^2+(y-t)^2]\}}$；$r = (H - s\times\tan\alpha)\tan\beta$；$d = (H - s\times\tan\alpha)\cot\theta$；$k = (90° - \theta)/\alpha$；$H$ 为下山边界采深；t,s 分别为煤层沿走向和上山方向积分变量；y,x 分别为地表沿走向和上山方向的坐标；α 为煤层倾角；$\tan\beta$ 为主要影响角正切值；m 为煤层开采厚度；θ 为开采影响传播角。

计算受多个工作面开采沉陷影响地表某点(x,y)沉陷值预测为：

$$W(x,y) = \sum_{i=1}^{n} W(x,y)_i$$

式中，n 为计算工作面个数；$W(x,y)_i$ 为第 i 个工作面开采后，地表某点(x,y)沉陷计算值。

根据矿区煤层开采条件，在综合分析岩移实测资料的基础上，考虑以后开采深的影响，矿区岩移预测参数选取如下：

下沉系数：$q = 1.7e^{\frac{-0.479H_0}{d}}$；

水平移动系数：$b = 0.24 \sim 0.34$；

主要影响角正切：$\tan\beta = 0.654 + 0.0093H_0, H \leqslant 150$；$\tan\beta = 1.5 \sim 2.015, 0 < H \leqslant 400$；$\tan\beta = 2.2 \sim 2.8, H > 400$；

主要影响角传播角：$\theta = 90° \sim 0.5\alpha$；

拐点平移距：初次采动为 $S_{走} = 0.106H_0, S_{上} = 0.14H_0, S_{下} = 0.11H_0$；

重复采动为 $S = 0$。

3.2　地面塌陷预测

根据矿区开采现状和开采规划，采用上述方法对各个矿井地表最终开采下沉值进行计算，同时，依据各矿井地面塌陷现状资料和地表预测沉陷结果，预测各矿井开采后最终地表沉陷影响面积，见表 2。

表 2　采空塌陷预测结果表

名称	现状			预测			备注
	矿井计划总产量（万 t）	地表沉陷总面积（亩）	万吨沉陷率（亩/万 t）	生产计划总产量（万 t）	地表下沉总面积（亩）	万吨沉陷率（亩/万 t）	
一矿	17 200	35 456	2.06	23 672	54 849	2.32	改扩建
二矿	800	4 528	5.66	2 152	12 174	5.66	生　产
三矿	675	1 660	2.46	1 740	4 296	2.47	生　产
四矿	4 060	8 150	2.00	8 230	18 432	2.24	生　产
五矿	3 480	12 110	3.48	6 572	22 060	3.36	生　产
六矿	16 440	49 000	2.98	18 640	56 062	3.01	改扩建
七矿	3 240	11 664	3.60	5 908	21 263	3.60	生　产
八矿	20 400	71 007	3.48	21 966	77 074	3.51	改扩建
九矿				354	1 763	5.00	改扩建
十矿	11 340	10 638	0.94	15 291	35 818	2.34	生　产
十一矿	6 900	20 266	2.94	7 407	21 928	2.96	改扩建
十二矿	2 310	11 850	5.13	3 606	18 488	5.13	改扩建
高庄	1 900	10 454	5.50	3 070	16 211	5.28	生　产
大庄	4 320	14 126	3.27	5 947	19 444	3.27	生　产
十三矿				13 920	45 513	3.27	新　建
首一				13 920	45 513	3.27	新　建
首二				20 880	60 278	2.89	新　建
滑山角				22 500	73 575	3.27	新　建
堂街				20 160	65 923	3.27	新　建
总计	93 065	260 909	2.80	215 935	679 473	3.15	

4　地面塌陷的防治措施

防治是为了保护和改善矿区地质环境，正确处理好矿山经济发展与地质环境保护之间的辩证关系，合理开发和利用矿产资源，最大限度保护地质环境，保障矿区经济可持续发展。采空塌陷治理的目的，是减轻人为灾害，改善矿区环境，安全文明生产。进行综合防治，才能从根本上做到对矿区地面塌陷的治理[7~9]。

矿区已形成的塌陷地面面积为 185.4 km^2，根据灾害情况，对常年和季节性积水地，采取“一疏二平三改造”的塌陷治理措施：“一疏”即挖沟开渠，建设渠系配套工程，旱能浇、涝能排,疏排塌陷区积水;"二平"即对已排除积水的塌陷地,采用平整和梯田的办法,复垦还耕,或采用剥离煤矸石充填方式进行复垦还耕;"三改造"即对疏排无法排除积水的塌陷坑,采取"就地取土建鱼塘,垫高土地造菜田"的方法进行改造。塌陷区的村庄、干旱裂缝、荒山地,对变形破坏的村庄建筑物,严重的采用异地拆建、抗变形村庄、单位等,破坏较轻的维护加固。修建供水工程,解决农用水和饮用水枯竭,植树种草绿化荒山,防止水土流失。

以往,多是在塌陷区形成以后,已经造成了危害,才着手进行治理,这种"滞后"的治理行为,常常事倍功半,今后应当提倡以防为主、防治结合的原则。在塌陷区形成之前,就采取"超前"防治措施,即在制定开采设计时就考虑预防措施,并在开采过程中认真实施,包括在采矿过程中所使用的各种"减塌技术和措施"等,如充填采矿法、条带采矿法、房柱采矿法、破碎带注浆法,多煤层、多工作面协调采矿法以及井下支护和岩层加固措施等,采取这些措施能够大大减少矿区塌陷的范围、塌陷幅度,减缓塌陷的时间进程,减轻塌陷的危害程度。在塌陷区发展立体型生态农业,进行土地恢复治理,还田于民,加强煤矸石综合利用研究,改善矿区生态环境[10~12]。

5　结论

通过对平顶山矿区地质环境问题的分析研究,初步掌握了矿区资源开发过程中遇到和诱发的地面塌陷规律,采用概率积分法对地面塌陷范围进行了预测,塌陷面积达679 473亩,平均开采万吨煤土地沉陷率为3.06亩。同时提出不同地面塌陷的防治措施,为平顶山矿区地质环境问题的治理恢复提供了依据,但是地质环境问题是多年来积累形成的,1996年以前,由于计划经济时期矿区把大部分利润交给了国家,没有及时实施矿山环境治理,也没有留下环境治理的费用,仅塌陷地采用3年1次清,或征用土地的方法给予补偿,均无治理。矿山地质环境已达到非治理不可的程度,仅靠企业和地方政府难以达到治理目标,急需国家投资支持治理,恢复矿山地质环境。建议对历史遗留的地质环境问题以国家出资为主,建立政府引导、市场运作的投入机制,多元化、多渠道筹集资金。同时切实加强对地质环境防治管理,建立矿区与地方政府合作的统一地质环境防治管理机构,专门负责组织管理,协调各方面的关系,并负责监督工作,以期达到防灾减灾的目的。

参考文献

[1] 董祥,王彦祺,张明义.矿区环境地质预测与防治[M].北京:地质出版社,1997.

[2] 张梁.地质灾害灾情评估理论与实践[M].北京:地质出版社,1998.

[3] 肖兴田,王志宏.煤炭资源开发对土地破坏及土地复垦之研究[J].露天采煤技术,2001(4):31-34.

[4] DUAN Z H. The effects of development and environmental and geological problems in Yu - Shen - Fu miningareas[J]. Shanxicoal, 2001(2):1-3.

[5] JIANG F Q I, CAOCY, ZENG D H, et al. Degradation and restoration of theecosystem on keerqins and yland [J]. Chinese Forestry Press, 2002, 30(4):111-112.

[6] YANG B Z, BIAN ZF. Some discussions on the ecological rehabilitation technologies in mine areas in the eastern China[J]. Coal Mine Environmental Protection, 2000, 19(3):7-10.

[7] 何书金,郭焕成,韦朝阳.中国煤矿区的土地复垦[J].地理学报,1996,9(3):23-32.

[8] 姜军,程建光.煤矿区资源开发与生态保护指标体系的建立[J].煤矿环境保护,2002,16(2):16-18.
[9] 冯杰,马彦卿.酸性土壤矿区复垦中护坡植被品种筛选研究[J].冶金矿山设计与建设,2001,33(1):28-30.
[10] 何书金,苏光全.矿区废弃土地复垦潜力评价方法与应用实例[J].地理研究,2000,19(2):163-171.
[11] 苏光全,何书金,郭焕成.矿区废弃土地资源适宜性评价[J].地理科学进展,1998,17(4):39-46.
[12] 束文胜,张志泉,蓝崇玉.中国矿业废弃地的复垦对策研究[J].生态科学,2000,19(2):24-28.

本文与刘平河、吴东民合作,发表于2004年第3期《湖南科技大学学报(自然科学版)》。

开采地下水对黄河郑州段大堤稳定性的影响

郑州市是全国重点缺水城市之一，随着城市的飞速发展和规模的不断扩大，城市需水量急剧增加。为缓解郑州市供水紧张状况，调整引黄水量与地下水开采量的比例，确保郑州市的供水安全，目前在黄河沿岸已探明地下水 B 级储量 34 万 m^3。本文对水源地开采后流场范围内地下水位下降及流场改变对黄河大堤稳定性是否产生影响进行了初步研究。

1 黄河岸边地质环境现状

1.1 岸边水文地质和工程地质条件

黄河郑州段大堤一线开采层以上地层岩性为晚更新世以来沉积的松散的中细砂、中砂、细砂、淤泥质粉土和粉土等，其中粉土的液性指数大于 0.47，压缩系数在 0.10～0.44 MPa^{-1}，属可塑、软塑、局部为流塑状态的中等压缩性土[1]。砂性土的标准贯入击数一般小于 27 击，属中等密实的土层[2]。大堤附近地表以下 20 m 范围内分布的粉砂、细砂、粉土等均为全新世河流冲积物，总厚度 3.0～20.0 m，平均厚度 15.0 m 左右。据地下水动态资料，水位埋深多小于 2.0 m，西南部边缘为 2.0～5.0 m，局部大于 5.0 m。

1.2 岸边饱水砂土的地震液化分区

据郑州地区目前所了解的古地震、历史地震情况，国家地震局物探大队把古地震的地震烈度定在Ⅷ度左右，郑州市地震烈度区现划为Ⅶ度。因此，区内具备发生地震液化的环境条件。依据《建筑抗震设计规范》、《岩土工程勘察规范》和《饱和轻亚黏土液化判别暂行规定》(试行)，对黄河大堤附近饱水砂土进行了地震液化判别，表明黄河大堤位于中等或严重液化区。

2 地面沉降量与土体压实固结过程预测

2.1 地面沉降量预测

水源地在开采条件下，地下水降落漏斗范围内孔隙水压力降低，有效应力随之增加，导致松散土层进一步固结和压实，从而诱发地面沉降[3]。根据太沙基土体一维固结理论，并考虑下列假定条件：①土体是均质且完全饱和的；②土粒和水均为不可压缩体；③土体中只引起垂直方向上的渗透压缩，并且压缩变形只是体积压缩变形；④土体中水的渗流服从达西定律；⑤土体变形完全是由孔隙水的排出和孔隙水压力消散引起的；⑥黄河大堤下地层在堤体荷载下处于稳定状态，为正常固结的地层。

根据上述假定条件，在水源地开采 5 年后，沿黄大堤不同地带的最终沉降量预测计算结果分别为：凌庄，21.81 cm，石桥，22.23 cm，黄庄，19.61 cm，万滩，13.50 cm。

2.2 土体的压实固结过程预测

砂性土的压实固结过程在很短时间内便可完成，而黏质粉土的压实过程比较缓慢。

根据土体的单向固结理论,黏质粉土的压实量按 $S_t = S_{黏}^{\infty} \cdot U$ 计算[4]。其中:S_t 为水位降低时间 t 内的压实量,cm;U 为固结度;$S_{黏}^{\infty}$ 为黏土层的最终压实量,cm。实测的黏质粉土的压实过程见图1。

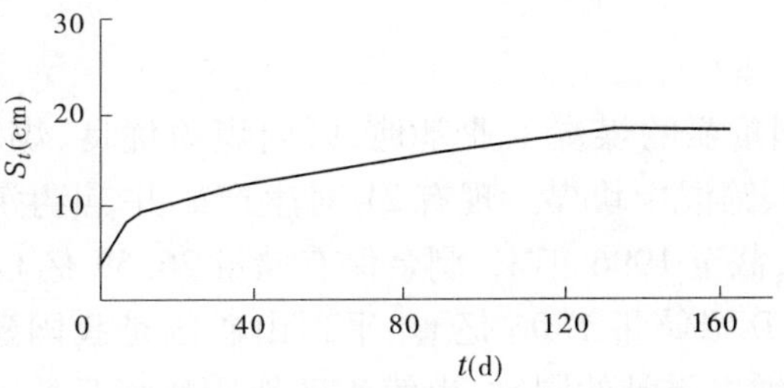

图1 黄庄大堤下部黏质粉土的压密固结过程

3 结论

根据太沙基土体一维固结理论预测,黄河大堤下土体的最终压实量为13.50~22.23 cm。由图1可知,黄河大堤下土体在水源地开采水位稳定后很快就处于稳定状态。然而,水源地投产后,地下水稳定流场的形成是一个较长时间的渐变过程。据水位预报资料,水源地开采3年后,漏斗中心水位才趋于稳定,因此地面沉降也是一个较长时期的渐变过程[5]。同时,黄河大堤并非刚性体,开采浅层地下水所诱发的地面缓慢沉降不会对大堤造成危害。

开采条件下,黄河大堤附近水位降幅为3.79~10.05 m,水位埋深为8.0~17.5 m,黄河大堤沿线上部可液化的粉砂、细砂、粉土多处于地下水位(开采动水位)以上,不具备地震液化的基本条件[6]。水源地开采后,地下水位降低,可减轻或消除地震砂土液化的威胁,减轻地震灾害,同时又可强化淤泥土性质,改造天然状态不良地基,且饱水砂土遇震时会由生产井释放孔隙水压力,这一点对大堤的稳定也是有利的。

参考文献

[1] 张倬元,王世天,王兰生. 工程地质分析原理[M]. 北京:地质出版社,1997.
[2] 工程地质手册编委会. 工程地质手册[M]. 北京:中国建筑工业出版社,1999.
[3] 张克绪. 开采地下水引起地面变形的分析[J]. 自然灾害学报,1996(4).
[4] 朱百里,沈珠江. 计算土力学[M]. 上海:上海科学技术出版社,1990.
[5] 张业成,张梁. 京津唐地区水资源开发的环境效应及地质灾害分析[J]. 地质灾害与环境保护,1992.
[6] 薛禹群,朱学愚. 地下水动力学[M]. 北京:地质出版社,1986.

本文与王和平、闫震鹏合作,发表于2004年增刊《人民黄河》。

平顶山矿区环境地质问题及防治对策

平顶山矿区是我国重要的煤炭工业基地，区内煤质优良，煤种齐全，有焦精煤、肥精煤、1/3 焦精煤、筛混煤、筛混中块煤。现有 21 对生产矿井，年生产能力 2 341.1 万 t。区内煤矿自 1955 年建矿，截至 1996 年末，剩余保有储量 26.59 亿 t，其中工业储量 25.53 亿 t，可采储量 13.23 亿 t，D 级储量 1.06 亿 t。平顶山矿区是我国建矿比较早的老矿山，40 多年的开采，在为国家做出贡献的同时，也使矿区地质环境日益恶化，为了保证平顶山矿区经济与社会的可持续发展，加强地质环境保护工作迫在眉睫。

1 区域概况

平顶山矿区位于河南省中部，矿区绵延 60 km，横跨叶、襄、郏、宝丰、鲁山五县和汝州市。包括平顶山、韩梁、朝川三个煤田，地理坐标：东经 112°47′～114°00′，北纬 33°30′～34°05′，含煤面积 767 km^2。

1.1 地形地貌

平顶山矿区地处伏牛山脉与黄淮冲积平原的过渡地带，地势西高东低，西部山地海拔多在 500 m 左右，东部冲积平原海拔多在 150 m 以下，北部、中部和南部地形比较复杂，分布有汝河、沙河等河谷冲积平原和不连续的低山、丘陵，海拔在 80～500 m。

1.2 气象水文

平顶山矿区地处北亚热带向暖温带的过渡地带，气候具有明显的过渡特征，季风性气候特征明显，四季分明。年平均气温 14.5～15.2 ℃，年平均降水量 801 mm，降水量年际变化大，年内分配不均，最大年降水量 1 288.5 mm，年最小降水量 408.2 mm，年降水量的 62.5% 集中在 6～9 月份。年平均蒸发量 1 488.6 mm，全年无霜期 226 d。

区内河流均属淮河流域沙颍河水系，水系发育，河网密布。区内主要河流有汝河、沙河、湛河；渠系主要有白龟山水库北干渠；水库主要有白龟山水库、外口水库、凤凰岭水库等。

1.3 区域地质概况

平顶山矿区位于华北板块与华北板块南缘构造带的结合部位，由华北台型地壳组合组成，基底为太古界太华群，盖层为板内盆地稳定沉积。从零星的基岩露头和钻孔资料看，从老到新依次有太古界太华群（Ar_2th），中元古界汝阳群（Pt_2ry），上元古界震旦系罗圈组（Zl），古生界寒武系（∈）、石炭系（C）、二叠系（P），新生界老第三系（E）、新第三系（N）及第四系等。

受华北板块南缘构造带的影响，区内以北西向构造为主，发育一系列北西向褶皱构造和中浅层次的逆冲推覆构造（见图 1），主要褶皱有李口向斜、辛集向斜。断裂以北西向为主，主要有石灰窑、九里山、锅底山、襄—郏、青草岭断层等，近东西向的鲁山—叶县断层（三门峡—鲁山深大断裂的东延部分）从矿区的南部通过，且具有一定的活动性。喜山期发育北东向断裂,主要有郏县断层、井营—郏山断层。

鲁—叶断层带在鲁山县境内有温泉分布,2001 年 11 月 15 日在白龟山水库一带发生 2.0 级地震,襄—郏断层带上 1979 年 8 月 4 日曾发生 2.5 级地震。说明断裂仍在活动。

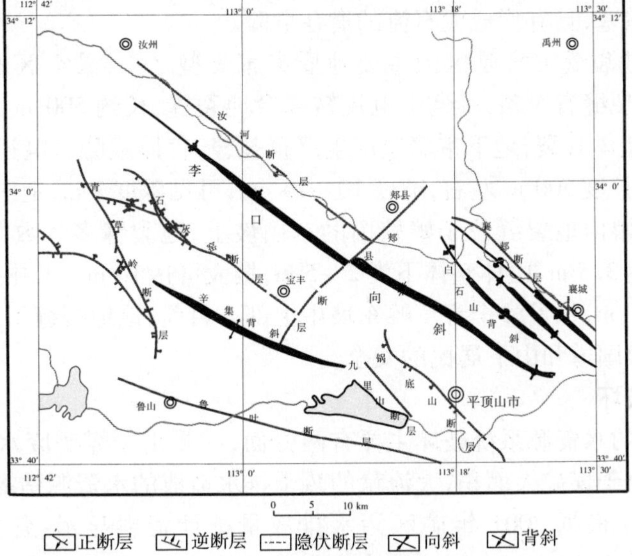

图 1　区域构造纲要图

2　主要环境地质问题

随着煤炭工业的发展,采煤量的增加,40 多年的强力开发,使得矿区地质环境日益恶化。煤矿开采引发的环境地质问题主要有地面变形、水资源系统破坏、土地资源破坏,矿坑突水、瓦斯突出、水土流失等。

2.1　地面变形

由于煤矿开采,引起地表稳定性变差,其主要环境地质问题及地质灾害有地面塌陷、崩塌、滑坡、泥石流、地裂缝等。

(1)地面塌陷。目前地面塌陷面积 185.4 km^2,开采沉陷影响土地总面积 15 520 hm^2;地表沉陷深度一般 2 ~ 6 m,最大沉降深度可达 10 m,万吨沉陷率 0.164 ~ 0.377 hm^2/万 t,平均万吨沉陷率为 0.204 hm^2/万 t。采煤沉陷影响村庄 121 个,厂矿、企业、单位、学校、村庄公共设施等 118 个,造成建筑物强烈变形破坏的村庄 70 个,异(就)地拆建、抗变形村庄、单位等 42 个。共计受灾人数 96 951 人;耕地 15 520 hm^2,房屋 195 480 间,厂矿、企业、单位、学校等建筑面积(已变形)60.59 万 m^2,目前已补偿费用 25 843.8 万元。

(2)崩塌、滑坡。区内崩塌、滑坡灾害较少,主要分布在山区土质陡崖、陡坡及人类活动形成的陡崖、陡坡处。煤矿开采形成地面沉陷、地裂缝等,在这些外因作用下,致使斜坡失稳,坡体破碎形成崩塌、滑坡灾害。区内崩塌 2 处,滑坡 1 处,娘娘山滑坡体,直接威胁 207 国道,造成公路变形长度 500 m;郏县前窑村潜在崩塌,造成 3 人死亡,2 人重伤。

(3)泥石流。泥石流是由于降水作用突然发生在沟谷及山坡上的一种携带大量泥沙、石块等固体物质的特殊洪流。具有暴发突然、运动速度快、能量大的特点,其破坏性非常强。平顶山矿区曾发生过多次泥石流,未造成人员伤亡,但造成部分果园、农田、林场被毁。目前,在稻田沟上游下晋沟村处,煤矸石堆放在沟谷内,沟谷堵塞长度300 m左右,如遇大的暴雨,沟谷堵塞,具有形成泥石流的潜在危险。

(4)地裂缝。地裂缝灾害是区内主要地质灾害类型之一,采空区地裂缝十分发育。矿区规模较大的地裂缝有5条,落凫山电视转播台地裂缝,长约500 m,宽10~20 cm,其走向为310°,造成墙体开裂,地下室墙壁产生严重裂缝,直接威胁着电视转播台的正常运行。王建庄地裂缝长度500 m左右,宽度10~15 cm,可见深度2 m,走向130°,造成14间房子严重损坏。娘娘山地裂缝位于娘娘山的东山坡上,地裂缝多达数十条,宽度一般在1.5~3 m,最宽可达3.5 m,山体整体下滑2~5 m,最大可达10 m。其中4条大的裂缝,长度断续延伸约4 500 m,纵贯整个青草岭东坡中上部。目前,该地裂缝引起局部产生崩塌、滑坡,直接威胁207国道和山下居民的安全。

2.2 水资源系统破坏

煤矿开采引起的水资源系统破坏主要有两方面,一是由于煤矿废水排放引起的水质污染;另一方面是由于煤矿大面积、大流量的疏干排水造成的水资源枯竭。

(1)水质污染。根据2001年矿区污水排放量统计资料显示:各类废水年排放量5 300万t,其中矿井水4 401.92万t,约占废水总量的75%,其他废水1 017.30万t。累计年排放悬浮物2 004.88 t,COD 2 256.57 t,挥发酚6.62 t,氰化物0.051 t。

据2001年平顶山市环保局公报,湛河所控制的三个断面,两个劣于Ⅴ类水质,尤其下游污染严重,综合污染指数为33.56。

(2)水资源枯竭。随着平煤集团矿业开发的不断加强,矿坑排水量不断增加,目前已造成寒武系灰岩岩溶水水资源枯竭。目前条件下,煤矿日平均总排水量17.49万m^3,其中平顶山煤田平均日排水量130 052.3 m^3,韩梁煤田平均日排量15 983.85 m^3,朝川煤田日平均排水量28 856.24 m^3。

平顶山矿区经过多年的疏干性排水,浅部含水层已被疏干,深部寒武灰岩地下水位已由1957年10月的83 m下降到2001年的-110 m(二矿附近)、-250 m(八矿附近),见图2。在李口集向斜南翼已形成一个沿轴向长达40 km左右的降落漏斗。

韩梁矿区矿坑日排水量15 994.8 m^3,造成浅层地下水被疏干,矿区内农田井、生活饮用水水井(30~50 m)都已干涸,使矿区内31个村536户3 860人吃水困难,深层地下水位也已大幅度降低,已由原来50 m降到现在-140 m,降幅达190 m,地下水资源量也大大减少。

2.3 土地资源破坏

煤矿开采对土地资源的破坏,主要表现在矸石山占压土地和开采沉陷毁坏耕地。矿区自建矿以来产生煤矸石直接堆放在地表,已形成73座矸石山及3个排灰场,共占压耕地687.4 hm^2。矿区地面沉陷面积185.4 km^2,其中平顶山区119.7 km^2,塌陷耕地4 208.47 hm^2,常年积水1 010.0 hm^2,季节积水1 052.13 hm^2,干旱裂缝地2 146.3 hm^2;韩梁区及朝川区塌陷地面积65.7 km^2,塌陷耕地2 309.93 hm^2,其中常年积水地554.4 hm^2,季节积水

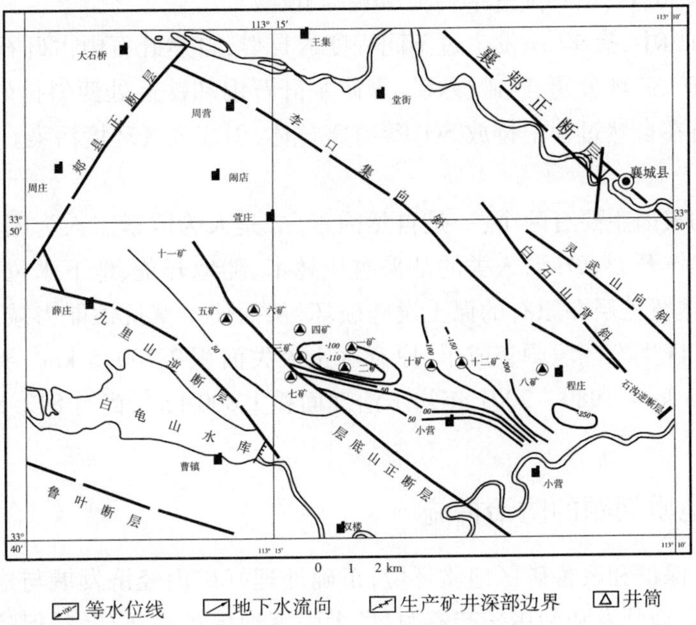

图2 平顶山灰岩含水层等水位线图

地 577.47 hm^2，干旱及裂缝地 1 178.07 hm^2。

矿区土壤汞污染比较严重，特别是一矿区，超标达 35 倍，除了 Cr，其他元素(Cu、Pb、As 等)都有不同程度的超标，矿区土壤污染为煤矸石长期淋滤相应元素迁移至地表，被土壤吸收而富集所致。

2.4 矿坑突水

矿坑突水是煤矿开采的主要环境地质问题之一。平顶山矿区自建矿以来大型的突水有 7 次，中型突水 101 次，小型突水 178 次，流量最大 4 999 m^3/h。造成淹井 4 次，死亡 8 人，受伤 120 余人，直接经济损失约 5 353 万元。其中大型突水经济损失约 4 000 万元。突水水源一般为岩溶裂隙水。

2.5 瓦斯突出、煤层自燃、热害及矸石山自燃

自 1984 年 10 月 13 日发生第一次煤与瓦斯突出至 2001 年末，累计发生煤与瓦斯突出 109 次，总突出煤量 5 840.0 t；瓦斯涌出总量 395 214 m^3，突出强度最大的一次为八矿 1997 年 4 月 13 日己 15 - 14 081 风巷掘进工作面，突出强度 478 t/次，瓦斯涌出量 40 217 m^3。

矿区所采丁、戊、己、庚等 4 组 7 层煤，均属有自燃倾向煤层，各煤层在开采过程中都曾发生自燃发火。从 1962 ~ 1990 年的 29 年间，矿区共发生内因火灾 72 次，累计封闭回采工作面 15 个，冻结煤量 448.2 万 t。1991 年至今，未发生重大火灾事故，没有封闭回采工作面。

目前，出现高温热害矿井的地温梯度为：五矿 3.3 ℃/100 m，四矿 3.2 ℃/100 m，八矿 3.2 ~ 4.4 ℃/100 m。据井下实测，采深达到 500 ~ 700 m 工作面即出现高温热害，在 5 ~ 7

月份气温为 27 ~ 36 ℃，相对湿度平均为 94% ~ 100%。

现有的矸石山中，有 17 座发生过不同程度的自燃，自燃矸石山占矸石山总数的 23% 左右。目前，一矿、三环公司、四矿、六矿、十矿主矸石山和铁运处西斜排矸场煤矸石山正在自燃。煤矸石在自然过程中排放 SO_2 等有害气体，引起大气环境污染。

2.6 水土流失

水土流失的成因主要有两个：一是自然因素，二是人为因素。人为因素起主要作用，煤矿开采造成山体开裂、破碎，人类的乱采滥伐林木、陡地开荒、地下水位下降等，使植被覆盖率减小，土壤覆盖层和原有的保土设施破坏，从而使土壤抗蚀能力减小，造成水土流失。据平顶山矿区生态环境调查成果：原有水土流失面积 2 700.5 km^2，到 1989 年底，已初步治理面积 88 km^2，1989 ~ 2001 年初步治理面积 1 800 km^2，尚有 812.5 km^2 水土流失面积亟待治理。

3 主要环境地质问题的防治措施

防治是为了保护和改善矿区地质环境，正确处理好矿山经济发展与地质环境保护之间的辩证关系，合理开发和利用矿产资源，最大限度地保护地质环境，保障矿区经济可持续发展。

3.1 矿区地面塌陷防治

平顶山矿区已形成的塌陷地面面积为 185.4 km^2，根据灾害情况，对常年和季节性积水地，采取“一疏二平三改造”的塌陷治理措施：“一疏”即挖沟开渠，建设渠系配套工程，旱能浇、涝能排，疏排塌陷区积水；“二平”即对已排除积水的塌陷地，采用平整和梯田的办法，复垦还耕，或采用剥离煤矸石充填方式进行复垦还耕；“三改造”即对疏排无法排除积水的塌陷坑，采取“就地取土建鱼塘，垫高土地造菜田”的方法进行改造。

以往，多是在塌陷区形成以后，已经造成了危害，才着手进行治理，这种“滞后”的治理行为，常常事倍功半，今后应当提倡以防为主，防治结合的原则。在塌陷区形成之前，就采取“超前”防治措施，即在制订开采设计方案时就考虑预防措施，并在开采过程中认真实施，包括在采矿过程中所使用的各种“减塌技术和措施”等，如充填采矿法、条带采矿法，多煤层、多工作面协调采矿法以及井下支护和岩层加固措施等，采取这些措施能够大大减少矿区塌陷的范围、塌陷幅度，减缓塌陷的时间进程，减轻塌陷的危害程度。综合治理系统见表 1。

3.2 矸石山灭火及复垦

平顶山矿区现有矸石山 73 座，现存矸石量 244.3 Mt，占地 671.13 hm^2，其中有 6 座呈现不同程度的自燃，自燃产生的有毒有害气体对矿区环境造成了严重污染。矸石山灭火目前主要采用黄土覆盖法、石灰乳喷洒法、浇注灭火剂法等。矸石山绿化主要采用坡覆土、种树、植草。煤矸石综合利用是解决煤矸石堆放的最有效途径，目前主要应用于发电、建筑材料、修路等。

表1 采矿塌陷区综合治理系统

<table>
<tr><td rowspan="20">塌陷区综合治理</td><td rowspan="6">井采减塌技术措施</td><td rowspan="3">充填采矿法</td><td>干式充填法</td><td>人力、重力、风力充填</td></tr>
<tr><td>水力充填法</td><td>水砂充填、尾矿充填</td></tr>
<tr><td>胶结充填法</td><td></td></tr>
<tr><td colspan="3">条带采矿法</td></tr>
<tr><td colspan="3">房柱采矿法</td></tr>
<tr><td colspan="3">覆盖破碎带、断裂带注浆法</td></tr>
<tr><td rowspan="11">土地复用还田于民</td><td colspan="3">改旱地为水田</td></tr>
<tr><td colspan="3">井上、井下疏、排水——降低地下潜水位高度</td></tr>
<tr><td colspan="3">挖深垫浅或围盆造田</td></tr>
<tr><td rowspan="6">发展塌陷区“立体型”生态农业</td><td colspan="2">外缘带—旱作物</td></tr>
<tr><td colspan="2">外缘带内—水生作物</td></tr>
<tr><td colspan="2">水旱过渡带—林业(喜湿林木)</td></tr>
<tr><td colspan="2">牧业(喜湿牧草)</td></tr>
<tr><td colspan="2">积水区边缘带—养殖业(水禽、小水兽及高产值养殖业)</td></tr>
<tr><td colspan="2">积水区—养鱼业(提倡网箱养鱼)</td></tr>
<tr><td>矸石</td><td rowspan="2" colspan="2">综合利用</td></tr>
<tr><td>废石</td></tr>
<tr><td rowspan="3">村镇迁建</td><td colspan="3">矸石、废石回填,强夯加固,人造迁建地基</td></tr>
<tr><td colspan="3">设计抗变形建筑物</td></tr>
<tr><td colspan="3">环境优美、美化</td></tr>
</table>

3.3 矿区崩塌、滑坡、泥石流等地质灾害防治

煤矿开采诱发的地质灾害主要有滑坡、崩塌、泥石流、地裂缝、矸石山边坡失稳等,这些地质灾害已影响到矿山生产和当地居民的安全。崩塌、滑坡治理主要是在上缘及坡面修排水沟,滑坡中下游部打抗滑桩,滑坡下缘修挡土墙等。必要时采用避让、放坡卸载等措施。泥石流防治主要根据泥石流沟的地形特征和废矿渣等泥石流堆积物的分布位置,划分泥石流的供给区、流放区和堆积区,修建拦渣坝、格栅坝、排水沟、排导槽等。同时对这些突发性地质灾害应建立地质灾害防治系统,该系统包括预防、预警和治理(见表2)。

表 2　滑坡、崩塌、泥石流防治系统表

滑坡、泥石流防治系统	预防系统	避、撤	划定滑坡、泥石流危险区	
			撤离危险区的人、财、物	
			禁止在危险区建居民点、工厂、铁路等	
		保护环境	保护、恢复区域林草覆盖	
			合理施工,避免造成坡体失稳	
			严禁乱采滥挖,合理堆放废土、弃渣	
			改善坡面排水系统	
	预警系统	确定活动的、危险的滑坡、泥石流点		
		监测（人工、仪器）	降雨（暴雨）、泉水变化	
			地表变化、岩体破坏、滑坡移位	
			裂缝变化、移位、地声	
		预测评价	分析研究	
			建立评价系统	
			预警预报	
	治理系统	工程措施	滑坡治理工程	载水工程
				排水工程
				减重工程
				抗滑工程
				抗岸工程
				固土工程
			泥石流治理工程	调蓄水工程
				稳坡工程
				拦挡工程
				排导工程
				停淤工程
		生物措施	山地水源涵养林	
			沟谷水土保持林	沟头预防林
				沟坡防护林
				沟底防冲林
			护堤固滩林	
		社会经济措施		

3.4 煤矿瓦斯突出的防治

瓦斯突出可以预防和避免,除了要掌握瓦斯赋存规律及其爆炸条件,主要应控制人为诱发因素,平煤集团防治煤与瓦斯突出主要措施有:①优化和完善通风系统,完善突出采区专用回风巷,提高矿井抗灾能力;②坚持瓦斯的抽放工作,实施本煤抽放与顶板高位抽放、井下局部抽放与地面抽放相结合等综合抽放技术;③强化现场管理,落实“四位一体”综合防突措施;④研究探索适合各突出煤层的实际预测敏感指标及临界值,提高预测预报的准确性。

4 建议

通过对平顶山矿区地质环境问题的分析研究,初步掌握了矿区资源开发过程中遇到和诱发的环境地质问题。针对所存在的环境地质问题提出了不同环境地质问题的防治措施,为平顶山矿区地质环境问题的治理恢复提供依据。但是地质环境问题是多年来积累形成的,1996年以前,由于计划经济时期矿区把大部分利润交给了国家,没有及时实施矿山环境治理,也没有留下环境治理的费用,仅塌陷地采用三年一次清,或征用土地的方法给予补偿,均无治理。矿山地质环境已达到非治理不可的程度,仅靠企业和地方政府难以达到治理目标,急需国家投资支持治理恢复矿山地质环境。

建议对于历史遗留的地质环境问题以国家出资为主,建立政府引导,市场运作的投入机制,多元化、多渠道筹集资金。同时切实加强对地质环境防治管理,建立矿区与地方政府合作的统一地质环境防治管理机构,专门负责组织管理,协调各方面的关系,并负责监督工作,以期达到防灾减灾的目的。

参 考 文 献

[1] 董祥,王彦祺,张明义.矿区环境地质问题的预测与防治[M].北京:地质出版社,1997.
[2] 张梁,等.地质灾害灾情评估理论与实践[M].北京:地质出版社,1998
[3] 赵云章,等.河南省环境地质问题研究[M].北京:大地出版社,2001.
[4] 刘平河,王现国,梁天佑,等,河南省平顶山煤矿区地质环境调查报告[R].2002.

本文与吴东民、牛波、杜春彦合作,发表于2004年第3期《地质灾害和环境保护》。

豫西黄河流域土壤侵蚀现状研究

1　土壤侵蚀现状

豫西黄河流域是黄土高原的东延部分，面积约为 2.78 万 km^2。该地区属暖温带半干旱气候区，根据 69 个雨量站资料统计，年降水量一般为 500 ~ 1 000 mm，多年平均为 653.9 mm，7 ~ 9 月为集中降雨期，降雨量 300 ~ 500 mm，占年降水量的53%左右。区内土壤侵蚀严重，据调查，中等以上侵蚀面积为13 091 km^2，占总面积的47%，其中，极强侵蚀区分布在三门峡水库岸边地带（平均年侵蚀模数大于 10 000 t/km^2）；强烈侵蚀面积 4 177 km^2（年侵蚀模数为 5 000 ~ 10 000 t/km^2）；中等侵蚀面积 8 914 km^2（年侵蚀模数为 1 000 ~ 5 000 t/km^2）；弱侵蚀面积 11 498 km^2（年侵蚀模数为 200 ~ 1 000 t/km^2）；轻微侵蚀面积 3 287 km^2（平均年侵蚀模数小于 200 t/km^2）。全区每年流失表土 3 258 万 t，农肥 67.17 万 t，导致生态环境不断恶化，水旱灾害加剧。据济源县统计，1375 ~ 1980 年共发生水灾 80 次，平均七八年一次，1949 ~ 1981 年发生水灾 24 次，平均 1.33 年一次[1,2]。土壤侵蚀所产生的泥沙被洪水带入黄河，造成水库淤积，加剧了黄河下游水患沙害，据相关资料统计计算，全区年产沙量 0.321 亿 t，年输入黄河沙量 0.305 亿 t[3,4]。

2　土壤侵蚀的影响因素

土壤侵蚀是一种自然灾害，它的发生、发展和变化受多种因素的影响和制约。豫西黄河流域地处华北陆块南缘，近代地壳运动表现为强烈的升降运动，地形地貌、地质构造复杂多样，地表岩性差异大，气象水文条件独特，植被覆盖度偏低，人类活动影响剧烈。这种自然条件的复杂性，决定了影响土壤侵蚀因素的地域性差异，从而使区内近代土壤侵蚀表现出不同的特征和规律。

2.1　地壳运动强烈上升影响

在地表岩性等条件基本相同的情况下，近代地壳运动强烈上升区的土壤侵蚀强度大，反之则小。如皆为黄土覆盖的郑州—洛阳地区的上升幅度小于灵宝—陕县地区的上升幅度，所以前者是中等侵蚀区，后者是强烈侵蚀区。洛阳盆地、济源盆地处于地壳运动下降区，其土壤侵蚀轻微。

2.2　地表岩性影响

崤山、熊耳山区多为坚硬基岩，抗侵蚀能力强；郑州—洛阳、灵宝—三门峡地区，地表为黄土或黄土状土，抗侵蚀能力弱。此外，黄土厚度大的地区比厚度小的地区的侵蚀强度大，如灵宝—三门峡一带黄土厚度较大，其侵蚀强度强烈；郑州—洛阳一带黄土厚度小，其侵蚀强度中等。

2.3　土壤侵蚀类型影响

区域侵蚀强度随土壤侵蚀类型的不同而变化。以沟蚀为主的地区，侵蚀强度大，如洛宁盆地为强烈侵蚀区；以面蚀为主的地区，侵蚀强度小，如洛阳盆地为轻微侵蚀区。

2.4 地形坡度影响

土壤侵蚀强度随地形坡度的变化而变化。据试验，不论是红土地区，还是黄土地区，地面坡度大，侵蚀强度也大（见表1、图1）。若坡度相同，则坡长越长侵蚀强度越大。此外，坡面形态不同其侵蚀强度也不同，据调查，凸型坡面的侵蚀强度大于凹型坡面。

表1 不同坡度、坡长时坡面侵蚀量

坡度（°）	坡长（m）	作物	岩性	侵蚀量（t/hm^2）
15	10.0	黑豆	红土	337
15	20.0	黑豆	红土	353
25	20.0	黑豆	红土	408
25	25.5	黑豆	红土	659
35	20.0	黑豆	红土	623
35	23.5	黑豆	红土	686

2.5 土壤侵蚀强度与降雨强度、植被覆盖度关系密切

区内降雨多集中在7～9月，而土壤侵蚀也多发生在这段时间，即侵蚀强度的时空分布与降雨强度的分布相一致。据嵩县、陕县、济源市水土保持试验站资料，雨季土壤侵蚀量占年侵蚀量的95%以上，且降雨量与侵蚀强度呈正相关关系（见图2），尤其是暴雨的侵蚀作用最强，如1982年7月30日，暴雨量为259.2 mm，产生的土壤侵蚀量达9 140 t/hm^2。另据试验证明，地表植被覆盖度与侵蚀量呈负相关关系（见图3、表2）。

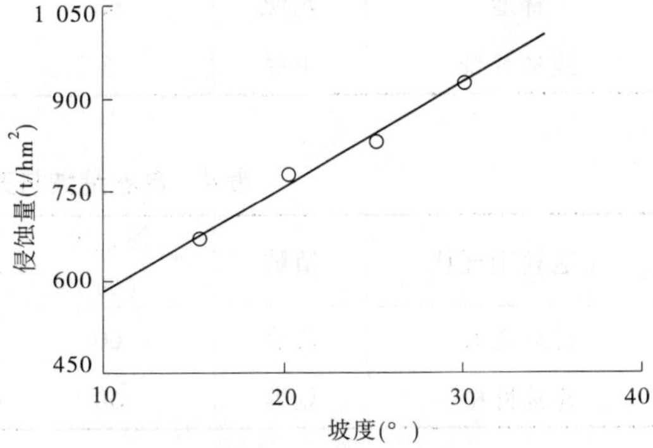

图1 黄土斜坡坡度与侵蚀量关系

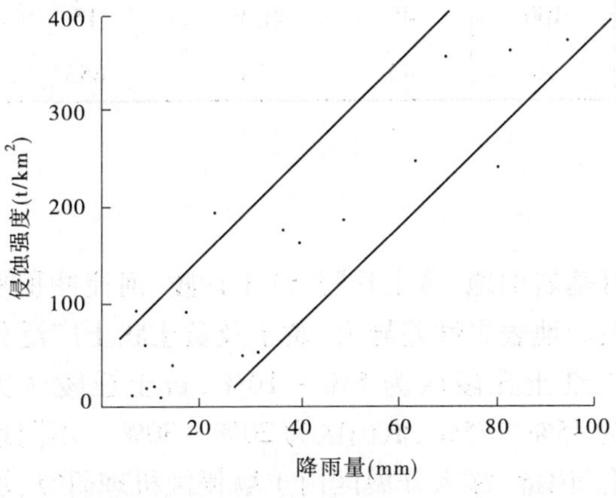

图2 降雨量与侵蚀强度关系

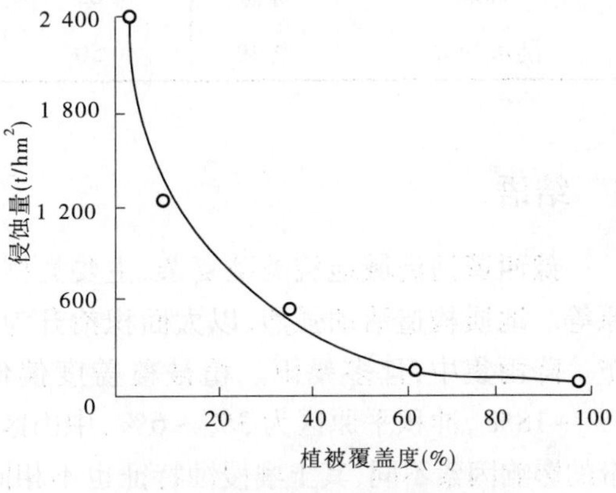

图3 植被覆盖度与侵蚀量关系

表 2　天然空白地与棕条地侵蚀量对比

试验地块编号	降雨量（mm）	岩性	侵蚀量（t/hm²）	
			空白地	棕条地
1	18.4	黄土	220	153
2	59.8	黄土	1 250	786
3	51.3	黄土	1 380	366

注：各试验地块坡度和坡长均相同。

2.6　人为因素对土壤侵蚀的影响

人类不合理地开发利用土地，如在陡坡垦殖，乱砍滥伐林木，过度放牧等，使地表植被覆盖度降低或土壤的结构被破坏，就会大大降低土壤的抗侵蚀能力（见表 3 ~ 表 5）。

表 3　林地与毁林开荒地侵蚀量对比

土地利用现状	植被	覆盖度（%）	坡长（m）	坡度（°）	岩性	侵蚀量（t/hm²）
林地	刺槐	65	28	35	红土	311
毁林开荒	黑豆	5	28	35	红土	1 089

表 4　自然荒坡与开荒种植侵蚀量对比

土地利用现状	植被	覆盖度（%）	坡长（m）	坡度（°）	岩性	侵蚀量（t/hm²）
自然荒坡	杂草	60	26	26	红土	251
开荒种植	豆类	60	26	26	红土	458

表 5　林地与陡坡开荒侵蚀量对比

土地利用现状	植被	覆盖度（%）	坡长（m）	坡度（°）	岩性	侵蚀量（t/hm²）
林地	栎树	85	100	45	红土	15
陡坡垦殖	芝麻	50	90	45	红土	653

3　结语

豫西黄河流域地貌类型复杂，主要类型有基岩山地、黄土丘陵、红土丘陵、河流冲积平原等。地质构造活动强烈，以大面积抬升为主。地表岩性差异大，黄土及黄土状土广泛分布。降雨集中，且多暴雨。植被覆盖度偏低，红土丘陵区为 5% ~10%，黄土丘陵区为 5% ~18%，冲积平原区为 3% ~6%，中山区为 45% ~75%，低山区为 20% ~30%。不同地带的影响因素不同，其土壤侵蚀特征也不相同。因此，深入开展区内土壤侵蚀机理研究，加强水土保持工作，对黄河的治理与开发以及区内生态环境可持续发展具有重要意义。

参考文献

[1] 关伯仁,徐云麟. 黄河水资源保护研究文集[C]. 北京:北京大学出版社,1990.
[2] 苏人琼,杨勤如,吴志华,等. 黄河流域灾害环境综合治理对策[M]. 郑州:黄河水利出版社,1999.
[3] 赵业安,潘贤娣,刘月兰,等. 黄河下游河道淤积情况及近期发展趋势估计[A]//黄河的研究与实践[C]. 北京:水利电力出版社,1986.
[4] 戴英生. 黄河中游黄土地层的发育特征[J]. 人民黄河,1984(2).

本文发表于2005年第3期《人民黄河》。

小秦岭矿区泥石流灾害特征及其防治

小秦岭矿区位于河南省西部灵宝市境内的豫、陕、晋三省交界处，区内山势挺拔陡峻，切割强烈，主峰老鸦岔脑海拔 2 413.8 m，矿区面积 1 049 km^2，是我国第二大岩金基地，年产黄金量居全国县（市）第二位。区内矿业经济发展很快，特别是 20 世纪 80 年代矿山采选企业迅速发展，区内有国家和地方黄金企业数十家，有矿山坑口数千个，矿业已成为灵宝市的支柱产业。随着人类开发活动的不断增强，矿山开采中对自然环境的破坏也日趋严重，矿渣尾沙无序堆放，目前的堆积量达 575 万 m^3，导致了泥石流灾害的频繁发生。泥石流淤塞河道、水库等，使区内自然环境遭到严重破坏，由此而引发的地质灾害严重威胁着国家和人民生命财产的安全。

1　泥石流形成条件

本区自然降水和因人类活动而形成的不良地质现象，有利于泥石流的形成。

1.1　水源条件

降雨是形成泥石流的水动力条件。小秦岭矿区年降雨量大，降雨集中且多暴雨。据灵宝市气象站 1956 ~ 1998 年资料，年均气温 13.6 ℃，年均降水量 645.8 mm，年最大降水量 984.7 mm（1958 年），年最小降水量 318.7 mm（1997 年），年降水量多集中在 7 ~ 9 月，可占全年降水量的 50.8%，并且多暴雨，最大日降雨量 110.2 mm（1960 年 7 月 22 日），最大次降雨量 194.9 mm。

区内地下水主要为基岩裂隙水、碳酸盐岩类裂隙溶洞水，松散沉积物厚度不大，一般厚 5 ~ 10 m，微透水但不含水。基岩裂隙水富水性差，泉水流量一般小于 1.0 L/s，最大可达 9.55 L/s；碳酸盐岩类裂隙溶洞水流量在 2.01 ~ 15.90 L/s。

1.2　地形条件

地形是泥石流形成的又一重要条件。小秦岭矿区为中山区，地貌类型属侵蚀的流水地貌，海拔 1 200 ~ 2 413.8 m，相对高度 800 ~ 1 500 m，山坡陡峭，深切沟谷发育，坡度多在 45°以上，自然坡降达 34.4%。

1.3　固体物质条件

丰富的松散固体物质是泥石流形成的充分必要条件。小秦岭矿区的地表地层主要为晚太古界结晶基底，该地层是金矿脉的围岩，岩性以斜长角闪岩、黑云更长片麻岩、黑云角闪斜长片麻岩、片麻状斜长花岗岩、花岗闪长岩、片麻状黑云二长花岗岩、片麻状角闪花岗岩、片麻状似斑状二长岩为代表。区内地质构造极为复杂，总体上表现为多构造类型、多期次构造的相互叠加，形成了大规模的褶皱和韧性断裂带、脆性断裂带，岩层中构造节理、裂隙发育，致使岩层较破碎，崩塌、滑坡发育，冲沟内堆积了大量的松散固体物质，造成沟（河）道淤塞，为泥石流的形成提供了丰富的固体物质。

区内工程建设活动强烈，近年来随着采矿业的迅猛发展，地质环境日趋恶化，现分布有数千个矿山坑口,大部分山体已被开挖得千疮百孔,山体富水性本来就较差,开采后大量的水源流失,致使山坡植被因缺水而枯死,再加上人为的破坏,这就使得区内生态问题更为严重。采矿使山体的自然平衡遭到破坏,导致区内崩塌、滑坡、泥石流等地质灾害时有发生。此外,很多冲沟被采矿排弃的废石废渣所充填,暴雨中极易形成泥石流。

2 泥石流灾害分布现状与发展趋势预测

20 世纪 80 年代以来,区内已发生多次泥石流灾害:1994 年 7 月 11 日,大西峪沟突降暴雨,山洪暴发形成巨大的水石流,致使 52 人丧生,经济损失惨重;1996 年,大西峪沟再次暴发泥石流,矿区公路多处遭破坏,造成文峪金矿矿区交通中断,全矿停产十余天,经济损失极大;1998 年 7 ~ 8 月,区内多次降大到暴雨,洪水携带采矿废弃石渣将矿区公路冲毁,个别尾矿库被冲毁,造成大量尾矿泄入下游水库,导致水库严重淤积和水质污染。

据不完全统计,近年来区内泥石流灾害已造成上百人伤亡或失踪,经济损失达 5 000 余万元,并且有大量的松散固体物质随泥石流进入下游水库。

根据实际调查资料,考虑崩塌、滑坡及水土流失的严重程度、泥沙沿程补给长度比、沟口泥石流堆积活动程度、河沟纵坡降、区域构造影响程度、流域植被覆盖率、河沟近期一次变幅、地表岩性影响、沿沟松散物储量、沟岸山坡坡度、产沙区沟槽横断面、产沙区松散物平均厚度、流域面积、流域相对高差、河沟堵塞程度[1~2]等,采用《县市地质灾害调查实施细则》中推荐的单沟泥石流易发程度评价模型进行评价,确定目前区内可能发生泥石流灾害的冲沟共有 22 条,其中中等易发程度的泥石流沟 7 条(见表 1)、低易发程度的 15 条。区内冲沟切割深、纵坡降大,固体物质以采矿废弃的石渣为主,石渣直径 0.1 ~ 0.3 mm,并且沿沟堆放,有的沟道堵塞严重,若遇暴雨极易形成人为泥石流灾害。

表 1 主要泥石流沟评价

泥石流沟	流域面积 (km^2)	相对高差 (m)	山坡坡度 (°)	植被覆盖率 (%)	纵坡降 (%)	松散物储量 (万 m^3/km^2)	易发程度
大湖西峪	16.7	1 200	40 ~ 60	60	18.3	3.38	中等
文峪西峪	12.5	810	53	55	14.5	11.25	中等
大西峪	8.8	1 200	51	50	10.9	7.60	中等
苍珠峪	3.8	820	32	30 ~ 60	33.8	18.52	中等
朱家峪	4.4	935	32	30 ~ 60	1.9	2.63	中等
杨寨峪	6.2	1 025	32	30 ~ 60	23.6	2.11	中等
枣香峪	43.0	1 640	40 ~ 60	55	12.6	5.67	中等

3 泥石流防治措施及建议

小秦岭矿区的泥石流是以前采矿等工程建设活动导致的重要环境问题之一。对该区泥石流灾害进行综合防治,应坚持“以人为本,预防为主,避让与治理相结合”的原则,以控制人为弃土弃渣为主,修建排疏工程和弃土弃渣场工程为辅[3],积极实施各项水土保持治理措施。

(1)严格控制人为弃土弃渣的堆放,规划弃土弃渣堆放位置,采用固、排两种措施,尽快对现有的松散堆积物进行处理。

(2)将泥石流沟道系统划分为汇水区、形成区、流通区、堆积区,汇水区以建设基本农田为主,坡面植树种草,沟道修建拦沙坝;形成区以修建拦挡措施为主;流通区以降低沟床坡降、修建排导工程为主;堆积区以彻底清理泥石流沉积物为主。

(3)积极开展区内重大泥石流地质灾害隐患点勘察,加快泥石流灾害危险性区划研究,在未能得到有效治理之前,应禁止在危险区内开展各项工程建设。

(4)水土保持是综合防治泥石流的基础,应大力实施造林种草、保土耕作等措施,加强矿区土壤侵蚀规律、水土保持综合防治措施及采矿弃土弃渣综合利用研究。

(5)政府部门应采取行政、法律等手段,严禁采矿弃土弃渣的乱堆滥放,闭坑矿山要及时进行矿山环境恢复。

参考文献

[1] 吴积善,田联权,康志成,等. 泥石流及其综合治理[M]. 北京:科学出版社,1993.

[2] 周必凡,李德基,罗德富,等. 泥石流防治指南[M]. 北京:科学出版社,1991.

[3] 张丽萍,唐克丽. 矿山泥石流[M]. 北京:地质出版社,2001.

本文与田秋菊、吴东民、马喜合作,发表于2005年第8期《中国水土保持》。

国道连霍高速公路(河南段)地质灾害发育特征及治理原则

连霍高速公路是中国正在实施的西部开发战略中有关交通干线的重要组成部分,自商丘市东边界开始,经开封、郑州、洛阳至三门峡西边界终止,总计约610 km。国道连霍高速公路(河南段)基本与陇海铁路平行,全线已建成通车,成为连接郑、汴、洛三城镇的黄金通道,也是通往我国西北最重要的国家级公路干线。

1 地质环境条件

1.1 地形、地貌特征

线路东起商丘东部边界至郑州市,地形平坦,地貌为黄河冲积平原;郑州以西沿黄河而上,穿越嵩山余脉北端,经巩义、跨伊洛河、翻邙山、崤山至三门峡进入灵宝—三门峡盆地,向西抵达陕西省的潼关市,沿线地形起伏大,穿越了邙山黄土丘陵区、伊洛河河谷区、新安至渑池基岩低山区、三门峡黄土台塬丘陵区、黄河阶地区。尤其是新安至渑池基岩低山区、三门峡黄土台塬丘陵区地段地形极为复杂,或山高坡陡,峡谷深切,悬崖峭壁,或山岭连绵,峰峦叠峰,沟深壑险。

1.2 地层岩性

沿线地层分布有寒武系、奥陶系、石炭系、二叠系、三叠系、侏罗系、第三系、第四系,以碎屑岩、可溶岩、黄土及黄土状土、粉土、黏性土、淤泥质土为主。

1.3 地质构造

连霍高速公路(河南段)位于华北地台区,跨越鲁西中台隆、华北凹陷、华熊沉降带等二级构造单元,区内构造作用强烈,褶皱、断层发育,构造线多为EW向,部分为NW、NE向。线路穿越的主要活动性断裂有:聊城—兰考断裂、老鸦陈断裂、首阳山断裂、新安—平顶山断裂、灵宝—三门峡断裂等。

2 地质灾害类型及特征

沿线地形地质条件复杂,地质灾害发育,尤其在黄土丘陵和基岩低山丘陵区,地质灾害集中且规模较大。对于大型地质灾害,公路上均采用绕避为主的原则,因此在初测阶段线路作了大量的绕避,测定中又进行了局部方案优化,对于处理工程量较大、施工难度大、可能遗留隐患的地段作了进一步的绕避,线路区已发生的各种地质灾害综述如下。

2.1 滑坡

沿线滑坡主要发育分布在黄土丘陵区和基岩低山丘陵区。按滑坡体的岩性可分为黄土滑坡、基岩滑坡。基岩滑坡大多发育于软质基岩地区,因其岩性软弱,受各种内外地质营力的作用,岩层破碎,风化剥落、崩塌作用强烈,在其坡脚堆积了大量的坡崩积层,这种堆积体稳定性较差,在一定的条件下,特别是暴雨的诱发,极易沿基岩面发生滑坡。该类滑坡因其具有多期性和继承性,对线路的危害较为严重.是公路重点防治的对象。区内基岩滑坡主要发育在新安到三门峡段二叠系,三叠系,侏罗系泥岩、页岩、砂岩地层中,滑坡一般规模较小,多为小型滑坡,滑体物质为碎、块石土夹黏性土、基岩块石,如2003年10月11日连霍高速公路新安—义马段路堑边坡发生滑坡,并伴有路基塌陷,导致交通中断。渑池英豪滑坡群,由4个滑坡组成,滑体岩性为泥岩、砂岩、第四系碎石土等,规模56.6万m^3。黄土滑坡多发育于巩义、荥阳、三门峡以东黄土丘陵沟谷地段,如2003年10月11日7:40时左右,因连续降雨,陇海铁路铁门站西吴庄段发生山体滑坡,造成西宁开往郑州的2010次旅客列车机车和机车后5节车厢脱轨,致使陇海线中断13个小时多,该滑坡为土质滑坡,滑坡体宽40 m,长约12 m,平均厚度10 m左右,总体积约5 000 m^3。滑面为上覆第四系黄土状土与下覆上三叠系接触面,滑动方向142°,造成灾害的滑坡前缘滑体体积近200 m^3。1998年夏季,因降雨巩义路段某处发生黄土滑坡,造成高速公路半幅路面被压,中断交通数小时。三门峡市青龙涧河交口路段,因高速公路穿过黄土滑坡群,切坡造成滑坡复活,直接危害公路,多次治理造成了很大的经济损失。2004年4月24日灵宝市豫灵镇段因高速公路施工诱发黄土滑坡,滑坡体积约6万m^3,造成2人死亡、6人重伤、8辆卡车被埋,经济损失90余万元,切层坡悬崖高度达100余m。

2.2　崩塌、危岩落石

沿线崩塌、危岩落石主要分布于基岩低山丘陵区段等陡崖脚与软、硬质岩接触带附近,黄土丘陵路段黄土崩塌也比较发育。崩塌形成机理大多为第四系新构造使地壳大面积抬升,河谷强烈下切后形成临空面,受各种地质营力作用,沿构造裂隙、风化裂隙、卸荷裂隙发生失稳、坍塌、剥落,堆积于坡脚,形成现在各种形态的岩堆和坡、崩积层,特别是在软硬岩相同的地段,因差异风化,更易形成大规模的岩堆和坡、崩积层。岩堆的物质成分取决于母岩岩性,一般为硬质岩,如灰岩、白云岩、砂岩等。块石含量大都在70%~80%,粒径0.5~1 m,最大可达2~3 m。由于岩堆形成的时期久远,具有多期性,岩堆体物质大小混杂,无明显层次、无连续性较好的软弱结构面,分选差、松散。岩堆与坡、崩积层对线路的影响主要表现为:路堑通过时,路堑边坡的稳定性较差,大量的路堑开挖甚至导致整个岩堆体失稳,形成工程滑坡;路堤通过,则因岩堆体物质松散和岩堆体内部的软弱透镜体,造成路堤不均匀沉降和局部失稳。

基岩丘陵区地形陡峻,有危岩落石分布,主要分布于义马、渑池地段,在软、硬质岩接触带附近。软质岩因差异风化后内陷,硬质岩形成倒悬,在构造裂隙和卸荷裂隙切割后形成危岩。沿线的危岩落石有以下几种地层组合:侏罗系厚层砂岩和下伏软质岩接触带;二叠系砂岩和泥页岩接触带;寒武系、奥陶系灰岩与软质岩接触带。

2.3　地面塌陷

连霍高速公路(河南段)陕县、渑池地段穿越煤矿开采区,公路有遭受采空区地面塌陷灾害的可能性。如310国道陕县观音堂路段曾多次遭受煤矿开采塌陷灾害,阻断交通,公路被迫重建。

2.4　松软土

郑州市以东路段分布于黄河冲积平原区,沿线分布有软土。据钻探揭示主要为淤泥、淤泥质土、软黏土和泥炭质土，呈褐黄—灰黑色，软塑—流塑，天然含水量在液限附近，孔隙率一般大于1，属中—高压缩性土，强度参数值较低。软土对线路的危险除引起路堤沉降、剪切破坏，更多的是路堤填筑后沿具有一定横向坡度的软土层发生横向滑动，在软土厚度分布差异大的地段发生不均匀沉陷。

2.5 湿陷性黄土

郑州市以西至三门峡路段沿线分布有湿陷性黄土及黄土状土，其分布范围广，如三门峡市黄河阶地路段黄土状土均具有不同程度的湿陷性，具弱—强湿陷性，属Ⅱ～Ⅲ级自重湿陷性黄土状土，湿陷系数0.015～0.134；交口路段为上更新世风成黄土，湿陷性较大，为中—强湿陷性，平均湿陷系数0.063，为Ⅲ级自重湿陷性黄土，湿陷性黄土及黄土状土体湿陷引起不均匀沉陷危害公路安全。2003年9月1日，因连续降雨，310国道巩义至大峪沟段（K676+400）处发生地面不均匀沉陷，长近1 km，导致交通中断；陇海铁路郑州段发生地面沉陷，沉陷量达6～20 cm，导致路基悬空，致使列车限速5 km/h。

2.6 地裂缝

三门峡以西路段位于汾渭地堑东延部分，地质构造比较复杂，断裂构造发育，尤其是活动性断裂比较发育，如灵宝—三门峡断裂等。20世纪80年代中期陕县大营村和供电所附近发生数条地裂缝，横切公路、民房，造成公路和民房开裂；2003年10月7日8时30分左右，灵宝市尹庄镇管庄村发生4条地裂缝，主裂缝长约250 m，宽3～5 cm，走向15°左右，贯通全村、裂缝两侧形成高低错位达4 cm，造成路面、房屋、窑洞开裂，经济损失约500万元。由此可见，高速公路有遭受地裂缝灾害的危险性。

2.7 沙土液化

据区域工程地质资料知，郑州以东路段分布有粉土、砂性土等，地下水位浅。依据现行《建筑抗震设计规范》（GB 50011—2001）、《岩土工程勘察规范》（GB 50021—2001）和《饱和轻亚粘土液化判别暂行规定》（试行）对饱水沙土进行的地震液化判别，区内具备发生地震液化的环境条件。区内目前了解的古地震、历史地震情况有：1977年大河村遗址挖掘时，考古人员发现有古地震喷沙包体，经国家地震局物探大队考察，确定为古地震遗迹，地震烈度Ⅷ度左右，郑州市地震烈度区划现为Ⅶ度。因此，高速公路可能会遭受沙土液化灾害。

3 地质灾害成因分析

沿线地质灾害的发生和发展是自然条件、人为活动、公路工程等诸多因素共同作用的结果。其中地形、地貌、地质构造是各类灾害形成的内在因素；气象水文条件和地震是各类灾害的激发因素；人类不合理的工程活动则加剧灾害活动进程；现有公路承灾能力不足，使灾害的发展趋势难以得到进一步遏制。沿线灾害类型多样，成因复杂。复杂的地形、地貌，地形起伏高差悬殊；褶皱断裂发育，基岩破碎，新构造运动强烈，如三门峡路段位于汾渭地震带，该区地震活动的特点是频度高、强度大、震源浅、分布广；降雨量集中且多发暴雨，暴雨是诱发各类灾害发生的主要因素；人类不合理的工程建设活动不仅破坏公路周边的山地生态环境，导致环境恶化，同时也诱发新的灾害，如边坡开挖不当引起的黄土滑坡；截排水工程不合理会造成坡面泥石流、坡面水毁、路面过水；路区通过的义马—渑池煤矿区,已发生多次地面塌陷危害;不良的土体,如湿陷性黄土、松软土体,已造成不均匀沉陷灾害。

4　地质灾害防治原则

对于大型地质灾害和地质灾害集中发育的地段,都采用绕避的方法,对于处理困难或处理后可能遗留隐患的地质灾害仍采用绕避。应通过公路地质灾害分布特征的研究,交口线路段应绕避地质灾害集中发育的一岸,如线路于交口滑坡群通过,采用隧道绕避。对于单一地质灾害,线路绕避工程量大,在查明其发育特征后设置有针对性的整治措施,同时调整线路平、纵面,使其在最有利的部位通过,如于滑坡后缘挖方或前缘填方通过。滑坡整治主要采用抗滑桩、锚索桩等主动措施,同时辅以地表、地下排水措施。堆积层路堑、软质岩高边坡等边坡工程,为避免开挖后引起大规模的地表开裂甚至出现工程滑坡,采用坡脚预加固桩、坡面锚索、土钉墙等。顺层地段按下列原则处理:长大的顺层地段均采用绕避(如基岩低山丘陵区顺层),尽量控制顺层地段的挖方高度,必要时以延长桥跨和增设路基下挡换取降低挖方高度;无法避免的顺层路暂尽可能采用顺层清方,清方量过大的工点采用抗滑桩、锚索桩、钢管桩、坡面锚索等措施。软土地段在设计中对浅部的薄层软土清除、换填;厚层软土采用反压护道、土工材料、固结排水、复合地基等处理措施;对于斜坡软土以侧向约束为主。湿陷性黄土及黄土状土路堑段,以放缓边坡,必要时增设渗沟,基床换填等为主要处理措施;一般不采用湿陷性土作路堤填料,必要时经改良方可作为填料。

5　防灾对策及建议

全线地质条件复杂,地形起伏大,地质灾害发育,主要灾害类型包括滑坡、崩塌、黄土湿陷、沙土液化、地面沉降、松软土、地裂缝、地面塌陷。全线地质灾害的发生对公路工程安全的影响很大。对于重大地质灾害、处理工程较大或处理后可能留有隐患的地段以线路绕避为主。大型地质灾害的形成机理较复杂,其过程有时是不可逆的,人为的治理往往事倍而功半,并且给公路运营带来较多的隐患,增加运营成本,一般的地质灾害以一次根治、不留后患为原则。公路工程呈线性带状分布,长度较大,跨越不同的地貌单元和地质构造单元,所涉及的地质灾害较多。目前,对沿线灾害的研究仅限于初步调查和考察,深入的研究和勘察远未涉及,尚难以制订切实可行、行之有效的防治方案。所以,应加强施工地质工作,对于出现的地质灾害要及时整治,避免发生大范围的地质灾害,增加整治工程的难度和数量。

因连霍高速公路(河南段)在工程建设前没有进行专门的地质灾害危险性评估,建议尽快开展此项工作,查明路区地质灾害的分布特征、危险程度及对公路的影响,结合公路灾害的特点,作出沿线地质灾害危险性评价和分区,制订具体的灾害勘测和研究方案,尽量减少或避免地质灾害发生。建议建立专门的公路地质灾害监测机构、对路区所发生的地质灾害建立监测网络,获取防灾工程设计所需的参数,为地质灾害治理提供科学依据。

加强各类灾害相互作用规律的研究,各类灾害成因机制虽不尽相同,但在发育背景、形成条件、成灾方式等方面还是相互关联、互为因果的,通过对其相互作用规律的研究,将沿线灾害作为一个整体来考虑,寻求最佳治理途径和方法,达到多害同治、综合防治的目的。

开展各类灾害防治试验示范工程研究,对典型灾害类型,在深入勘察的基础上,先行实施防治工程设计与施工,并跟踪检测,不断完善设计,形成较为成熟的防灾工程模式,作为示范向全线推广,这样可以极大地减少因盲目铺开全线防治工程可能导致的工作失败和隐患。

参考文献

[1] 胡厚田. 崩塌与落石[M]. 北京:中国铁道出版社,1989.

[2] 张倬元,王士天,王兰生. 工程地质分析原理[M]. 北京:地质出版社,1981.

[3] 刘光润. 论地质灾害防治工程[J]. 中国地质灾害与防治学报,2001,12(3):1-5.

[4] T Y lrfan. Characterization of weathered volcanic rocks in Hong Kong[J]. Quarterly Journal of Engineering Geology,1999,32:317-348.

[5]《工程地质手册》编写委员会. 工程地质手册[S]. 北京:中国建筑工业出版社,1992.

[6] 地质矿产部成都水文地质工程地质中心,成都地质学院,水利部长江水利委员会勘测总队. 长江三门峡工程库岸稳定性[M]. 北京:中国科学技术出版社,1992.

本文与田秋菊、彭涛合作,发表于2005年增刊《湖南科技大学学报(自然科学版)》。

龙门石窟主要变形破坏原因及保护对策

龙门石窟位于河南省西部，十三朝古都洛阳市南 15 km 处，是 20 世纪 50 年代国务院批准的国家级文物保护单位。2000 年被联合国教科文组织批准为世界文化遗产。龙门石窟与云岗石窟、敦煌莫高窟齐名，是我国三大艺术宝库之一。龙门石窟开始刻凿于北魏孝文帝太和十九年，历经东魏、西魏、北齐、北周以及隋唐，长达400 余年[1]。由于龙门石窟群体现着高超的建筑水平，所以引起考古界和旅游界的广泛关注。多部门从多学科角度对龙门石窟进行了专门详细的研究。

1 龙门石窟的地质背景

龙门石窟位于嵩山复背斜西段倾覆端。区内主要的构造有燕山早期形成的 NW 向正断层（F_1，F_2），燕山晚期形成的 NE 向正断层（F_{41}）及喜山期形成的 NEE 向断层（F_3）[2]。其中 F_1、F_2 断层为活动断裂，两断裂断距 800 ~ 2 000 m，沿断层出露温泉（见图 1）。

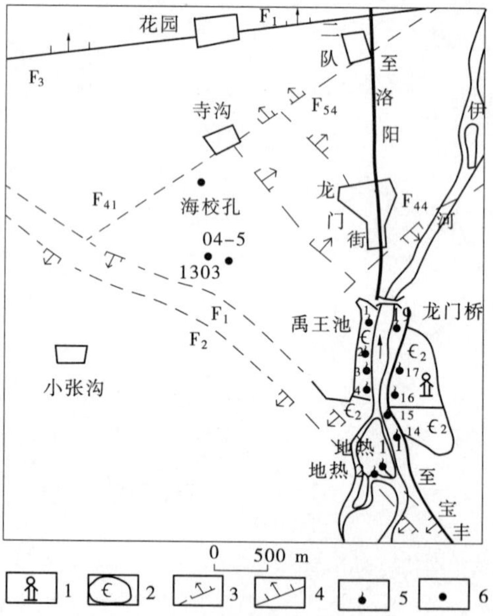

图 1 龙门石窟风景区地质略图

1—文物；2—基本露头；3—隐伏断裂；4—正断层；5—上升泉及编号；6—热水孔及编号

龙门石窟开挖在伊河两岸的 ∈ 2、ϵ_3 灰岩中，灰岩厚度大，岩性单一。ϵ_2 灰岩厚 168 ~ 563 m，含毛庄、徐庄、张夏 3 个组。ϵ_3 灰岩厚度约 300 m，仅保存崮山组，ϵ_2 与 ϵ_3 灰岩为整合接触。

龙门石窟群附近还出露有太古界登封群中深区域变质岩系，岩性为片麻岩、片岩、变粒岩；元古界浅变质岩系，岩性为砂砾岩、砂质页岩、石英砂岩、铁质砂岩、钙质砂岩、冰碛岩等;古生界石炭系、二叠系煤系地层;中生界的三叠系及新生界第三系、第四系。

2 工程地质条件分析

龙门石窟群围岩灰岩,物理化学性质稳定,质地细腻、坚硬。干抗压强度 83.5 ~ 225.4 MPa,软化系数 0.77 ~ 0.85,由此可见,灰岩致密坚硬,抗压强度高,抗风化能力强,为石窟开挖提供了基础条件。而附近煤系地层砂岩、砂质泥岩、石英砂岩的干抗压强度小于 58.8 MPa,软化系数小于 0.75,可见其岩质软弱,抗压强度低,易风化,具干缩、湿胀特征。鉴于夹有坚硬岩类,力学强度具各向异性,工程建筑条件较差。

据调查,灰岩属厚层状或巨厚层状,单层厚度一般大于 1 m,多数层面结合良好,组成岩层的颗粒较细、均质,因水平结构面(层面)发育而垂直结构面不发育的特征,决定了石窟区灰岩风化深度较浅,但灰岩中的岩溶与溶隙比较发育,石佛裸露,自然风化溶蚀对石佛有很大的破坏性。

3 水文地质条件分析

石窟群所在的山体由灰岩组成,山顶由薄层的残积层、坡积层覆盖,且处于地下潜水位以上。只是在降雨期雨水、融雪水沿灰岩中的溶隙下渗或溢出,对石窟影响较大。而地下水对石窟的影响并不突出。

龙门石窟群内出露有温泉,主要分布在伊河两岸 ϵ_2、ϵ_3 灰岩及河心滩上,温度 21 ~ 26 ℃,最高达 42 ℃,泉水流量 3.17 ~ 148.4 L/s。此处为嵩山岩溶含水系统的排泄点之一[3]。

区内控热构造为 F_1、F_2 断层。地下水径流至本区沿 F_1、F_2 断裂,经深循环后沿断层溢出地表,温热水呈线状分布在断层两侧,远离 F_1、F_2 断裂的水温变低。

4 石窟群围岩的主要变形破坏类型

对围岩变形破坏规律及其主要类型的研究不仅具有科学价值,而且对石窟群的保护长期具有重要指导意义。所以,笔者从已掌握的资料及石窟特定的工程地质条件等方面出发对石窟群围岩的变形破坏规律进行了分析,提出了以下几种主要的破坏类型[4~6]。

4.1 块状崩塌、滑移

对于厚层状结构的石窟围岩来说,由于结构面(溶隙、层面、节理)和开凿形成的临空面共同切割所形成的块状体的滑移、崩落已成为主要的破坏方式,在石窟群分布区已有下落的崩塌块体。

在龙门石窟区,伊河自南向北经石窟区向下游流过,由于伊河河谷在该区的深切侵蚀作用,形成了两岸陡立的岩石边坡,石窟的洞穴和石像即开挖和雕刻在两岸陡立的边坡上。石窟区断裂构造比较发育,系一走向近东西,倾向 4° ~ 5°,倾角 25° ~ 34°的单斜岩层,岩性为寒武系结晶灰岩和白云岩,岩层中构造节理较发育,其产状主要有:走向 NNE20° ~ 30°,倾角 60° ~ 64°;走向 NEE80° ~ SE100°,倾角 75° ~ 85°;走向 SSE150° ~ S180°,倾角 86° ~ 87°;裂隙间距 10 ~ 30 cm。因伊河在石窟段流向近南北,因而控制边坡稳定性的节理主要为走向 SSE150° ~ S180°的一组,其余节理只起着控制岩块体滑移的侧向切割面作用。边坡卸荷裂隙作为一种次生结构面主要沿走向 S180°左右的一组节理面发展,发育深度 8 ~ 10 m,长度可达 20 ~ 30 m,张开度 1 ~ 3 cm,成为控制边坡岩体稳定性的主要结构面。根据野外调查和实测资料分析研究龙门石窟岩体破坏模型面有图 2 中的 3 种。

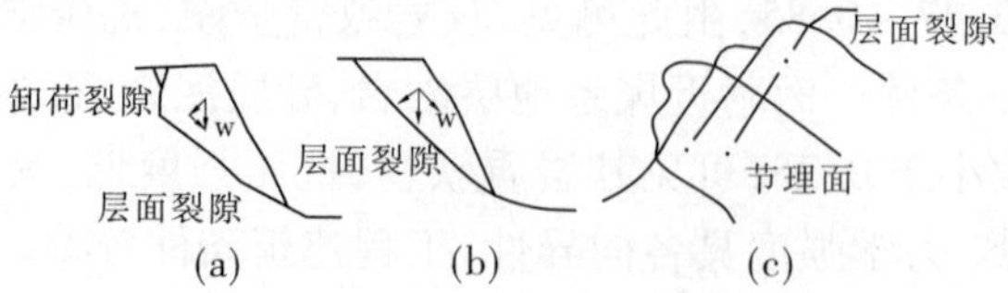

图 2　龙门石窟岩体破坏模型图

4.2　风化、溶蚀

风化、溶蚀不是一种变形破坏类型。但因它可使岩体结构松散、强度和弹性模量下降而使岩体变形破坏加剧,所以在研究岩体变形破坏问题时所面临的风化、溶蚀问题是必须考虑的。显然,风化程度越高,其强度下降就越多。如降水沿裂隙渗入对裂隙进行溶蚀、侵蚀,使裂隙变宽,使岩体的整体稳定性变差,已有不少石窟穴用水泥加固以保证安全。总之,就石窟的长期保护而言,风化、溶蚀问题应是所面临的最关键的问题之一。

龙门石窟位于中、上寒武系碳酸盐岩体中。这种可溶岩体在渗水作用下产生了溶蚀。溶蚀作用除直接破坏石窟艺术雕刻品,还在雕刻品的表面沉积灰白色的钙质物,影响石窟的观赏艺术价值。据野外调查,主要溶蚀通道沿层面裂隙、构造节理、卸荷节理发育,石窟发育有多层溶洞、溶沟,溶槽也比较发育,落水洞、溶蚀漏斗也有发育。另据地热勘探资料,伊河河床下碳酸盐岩中也见有溶洞发育,直径达 7.96 m。目前,石窟遭受的溶蚀水的来源主要为大气降水入渗。石窟区周围的煤矿等厂矿企业以及洛阳市区的工矿企业的废气排放,造成大气污染,导致雨水中的 Cl^-、SO_4^{2-} 含量较高,多年来,洛阳市大气降水监测资料显示,经常出现酸雨。雨水 pH 值为 4.38 ~ 7.80,酸雨入渗的水流,具有较高的溶蚀能力。

5　龙门石窟保护对策

有效地进行长期的保护、利用龙门石窟是人们最为关心的问题,但要做到这一点必须从工程地质学、岩溶地质学、岩石力学、化学、物理学、建筑学、气候学、考古学、文物保护学、石窟学等多方面、多学科联合进行综合研究。如何防风化、溶蚀和如何有效地防治崩塌发生,是龙门石窟保护对策研究的两个基本点。应当提出,防风化、溶蚀是当前文物界和岩石工程界的一大难题。通过工程地质研究,认为目前应采取各种措施,尽量减缓岩体的自然风化、溶蚀速率和减少人为活动对岩体稳定造成的破坏。保护对策如下。

(1)为了防止风化、溶蚀,进一步进行试验,研究灰岩物质成分、结构构造、抗风化能力、溶蚀性,为石窟保护提供科学依据。

(2)进一步加强对石窟区活动断裂的活动性,尤其是断裂活动对石窟影响程度的研究。

(3)尽快迁移石窟保护区内的村庄和居民,关闭污染严重的工厂,对石窟群内公路进行改道,禁止对石窟有影响的采矿、采石活动等,以避免生活、生产活动以及废水、污水、废气对石窟造成破坏和腐蚀。

(4)结合石窟的分布特征,综合考虑设计科学的地表排水系统,防止或减少地表水渗入破坏石窟。

(5)加强对石窟群分布区斜坡稳定性研究,进行危险性评估,对于较危险的地段,采取符合文物保护要求的工程加固措施是必要的。若有必要,可选点在不影响旅游的条件下进行石窟变化动态监测也是十分必要的。

(6)在不影响旅游的条件下采取"接近封闭"的工程措施,保护石窟不遭人为破坏。

(7)"涂层封闭"是保护石窟的一种新方法,但目前尚不成熟,从长远保护石窟出发,进行试验研究,也不失为一种防风化侵蚀的重要措施。

开发利用龙门石窟的同时应很好地加以保护,走可持续发展道路。对龙门石窟进行工程地质和岩石力学等方面的综合研究不仅有助于石窟的长期保护和旅游安全等,而且有助于对古代石窟的科学价值和石窟文化的进一步认识,这些研究对进一步挖掘旅游资源和促进石窟旅游与地学科学的结合都具有不可估量的意义。

参考文献

[1] 庞萍,等.浅议龙门石窟风景区旅游资源的开发利用[J],河南地质,2000,18(3):291-296.
[2] 河南省水文地质二队.洛阳市城市地质系列图说明书[R].1989.
[3] 河南省地矿局水文地质二队.洛阳临汝幅综合水文地质普查报告[R].1984.
[4] 杨志法,王思敬,许兵,等.龙门石窟工程地质条件及保护对策初步研究[J].工程地质学报,2000,8(3):292-295.
[5] 谷德振.岩体工程地质力学基础[M].北京:科学出版社,1979.
[6] 李立慧,杨志法,潘炜,等.龙门大型古地下洞室群加固方法的探讨[J].岩石力学与工程学报,2004,25(6):98-101.

本文与彭涛、郭友琴、吴东民合作,发表于2006年第1期《中国地质灾害与防治学报》。

豫西黄河流域土壤侵蚀环境特征研究

豫西(河南西部)黄河流域是黄河泥沙的产区之一,也是黄河流域土壤侵蚀最强烈的地区之一[1]。区内黄河河道主要处于晋豫峡谷之中,河宽多为400~600 m,两岸支流水系十分发育,流域面积2.7万km^2,年均产沙量3 258万t,其中含粗泥沙867.77万t。严重的水土流失不仅使区内土壤贫瘠、生态环境恶化,而且也使黄河下游泥沙、洪水问题更加严峻。因此,研究分析豫西黄河流域土壤侵蚀的类型及其特征,对于区内水土流失防治、生态重建及黄河下游河道整治都具有十分重要的意义。

1 豫西黄河流域土壤侵蚀的地质环境

1.1 自然地理特征

(1)气候特征。气候因素主要指降雨和大风。区内年降雨量由南部、西部地区的500~1 000 m,向东北部递减为500~600 mm。黄土区因降雨造成侵蚀最活跃的是年降雨量400~500 mm的地区,这一降雨范围几乎涵盖了整个研究区。统计分析表明,大于50 mm的暴雨出现几率较高,因其多数是局部暴雨,故对全区侵蚀产沙的影响有限;但大于50 mm的暴雨侵蚀影响一般较大,尤其是雨量大、雨强大、笼罩面积广的暴雨,会发生强烈的侵蚀。

(2)植被特征。研究区植被分带可分为森林地带、森林草原地带、草原地带,以森林草原地带面积最广,是研究区内的主要植被带。由于历史上的人为破坏,黄土分布区天然植被几乎全部被毁,梁峁坡仅有稀疏的草被、次生灌丛或矮林,许多地方几近光秃。乔木林分布的地方林分结构简单、郁闭度低,尤其是地表缺乏枯枝落叶层,植被已起不到保护岩土免遭侵蚀的作用[2]。

1.2 侵蚀岩土特征

研究区易侵蚀岩土总体上可分为两大类,即松散岩类和碎屑岩类。松散岩类地层以黄土为主。碎屑岩类抗侵蚀强度不一,其中中生界碎屑岩类普遍易侵蚀,三叠系碎屑岩类抗侵蚀能力较强,二叠系上石盒子组碎屑岩则为易侵蚀岩。

1.2.1 松散岩类

(1)分布及物理力学性质特征。大部分地区黄土层厚度超过50 mm,最大厚度可达200 m。晚新生代以来各种地层发育完好,三趾马红土(N_2)、午城黄土(Q_1)、离石黄土(Q_2)、马兰黄土(Q_3)等均有分布,其中以离石黄土分布厚度最大,马兰黄土分布最广。马兰黄土结构松散,垂直节理及大孔隙发育,有机质含量低,易溶盐含量高,具湿陷性,天然含水量低,吸水性强,饱和后几十秒或数分钟内即可全部崩解,抗水蚀能力极差。

(2)颗粒组成特征。上更新世黄土主要分布在三门峡地区,厚度由北向南逐渐变薄,而不小于0.05 mm的粗颗粒含量由65%左右变为30%左右;中更新世黄土主要分布在洛阳境内,由南向北厚度变大,最厚可达100多m,不小于0.05 mm的粗颗粒含量由北部的

60%左右向南变为20%左右。总体上看,黄土的颗粒组成主要集中在0.005 mm以上,占颗粒组成的78%~90%。

(3)矿物成分特征。研究区北部马兰黄土中的石英和长石的含量在50%以上,南部含量为30%~40%;云母含量北部高于南部;少量的重矿物含量南、北部无明显变化。离石黄土北部的石英和长石含量为30%~40%,南部含量小于30%,北部含量高于南部;细粒中少量的重矿物含量北部低于南部,这可能与风向有关。

(4)微结构特征。黄土的结构是一个三维空间体系,它由黄土的骨架颗粒、胶结物和孔隙三个基本部分组成。研究区黄土一般可划分为6种结构类型,即:①粒状、架空、接触结构;②粒状、架空、接触—胶结结构;③粒状、架空、胶结结构;④粒状—凝块、架空胶结结构;⑤粒状—凝块镶嵌、胶结结构;⑥凝块、镶嵌、胶结结构[3]。

1.2.2 碎屑岩类

(1)微结构及化学性质特征。刘家沟组、和尚沟组及上石盒子组沙岩特征变化不大,基本为沙状结构、块状构造,主要碎屑矿物成分为长石、石英,填隙物为泥质、钙质或铁质;碎屑含量40%~90%,胶结物10%~30%,杂基<10%;颗粒形态为次圆状、棱角状—次棱角状,表面光滑,较圆滑;颗粒接触为飘浮式—点接触,基底式、孔隙式或混合式胶结;成岩后变得易风化、易软化,风化后疏松。

(2)物理力学性质特征。在干燥情况下,易风化基岩质地非常坚硬,不容易被侵蚀,遇水后发生软化:一方面颗粒间内聚力大大降低,呈松散状,极易被水力冲刷、搬运;另一方面基岩遇水后发生软化,在冷热、干湿等作用下,母岩发生风化崩解形成岩屑,风化松散岩屑附着在坡面或在重力作用下泻溜堆积到坡脚,形成扇形的坡积裙。这些松散的风化物在水力作用下被搬运到下游沟道及河道,最终被输送到黄河,成为黄河的主要粗沙来源之一。

1.3 地貌特征

在漫长的地质演变过程中,研究区历经多期构造变动和地表各种外营力综合作用,以至形成现今的地貌特征[4]。

1.3.1 黄土地貌

黄土地貌是研究区主要的地貌类型,西从三门峡黄河沿岸东到郑州黄河沿岸广泛分布。

(1)黄土丘陵沟壑区。黄土丘陵沟壑区仅分布于洛阳、郑州一带,地表切割较弱,相对切割深度一般小于50 m,谷坡较缓,沟壑密度小于3 km/km^2。现代风沙及马兰黄土覆盖较薄,离石黄土构成梁峁主体,下伏第三系红土、中生界碎屑岩,地表植被发育较差,基岩表面风化剥蚀强烈。

(2)山间黄土盆地区。山间黄土盆地区分布于渑池、洛宁、宜阳等地,为山间洼地经流水堆积作用形成的次生黄土山间低地,最大厚度可达100 m。黄土盆地底部平坦,边缘地带已切割成梁状黄土丘陵。

(3)黄土梁峁沟壑区。黄土梁峁沟壑区分布于三门峡黄河沿岸广大地区,为典型的黄土丘陵地貌。区内广布新生界黄土,厚度一般为40~100 m,是切割最为破碎的地貌类型。沟壑密度达4 km/km^{2}以上,沟谷切割深度一般大于200 m,形成黄土梁与峁的混合形态。黄土喀斯特、黄土陷穴、黄土桥及黄土柱等微地貌发育。

(4)黄土残塬沟壑区。黄土残塬沟壑区分布于孟津、巩义、荥阳等地,塬面平坦,宽0.5~1 km,长数千米,由西向东渐低,坡度小于5°。塬面周围地形破碎、沟谷深切,沟底多切穿第三系红土、基岩,沟头附近可见黄土陷穴。

1.3.2 河流谷地

河流谷地分布于黄土丘陵沟壑区内,是由流水长期侵蚀形成的宽阔谷地。宽数百米至数千米,谷地平坦开阔,并有流水沉积物堆积,各谷地高程不等,多北高南低、东高西低。区内较大的河流谷地有伊洛河、青龙涧河、宏农涧河、苍龙涧河、涧河、黄水河等。

1.3.3 基岩山地

基岩山地主要分布于研究区西部,由变质岩、岩浆岩、碳酸盐岩及碎屑岩组成;海拔大多在500 m以上,相对高差200~2 000 m。此外,还分布有诸多基岩低山。

2 土壤侵蚀环境类型

豫西黄河流域土壤侵蚀强烈,生态环境脆弱,是各种侵蚀营力在特定的地质环境条件下综合作用发生迁移的结果。依据研究区不同地质环境特征,主要考虑地形地貌类型和地层岩性的差异,将研究区土壤侵蚀环境划分为如下3种类型区。

2.1 基岩山地丘陵侵蚀环境类型

该类型主要分布于豫西山区,其地貌主要为基岩中低山、丘陵,基岩由难侵蚀的变质岩、火成岩、灰岩和较难侵蚀的古生界、易侵蚀的中生界沙泥岩组成。

该类型侵蚀复杂,重力侵蚀、水蚀交替作用,由于基岩以泥质胶结为主,遇水易软化、疏松甚至溜沙,加上气候干燥、温差变化大,故基岩表层风化极为严重,为泻溜侵蚀及水力侵蚀提供了丰富的岩屑。夏秋暴雨季节水力侵蚀强烈,冬春有风蚀,泻溜侵蚀则贯穿于一年四季,基岩崩塌、滑坡也较常见,沟谷泥石流也有发生。如大湖峪基岩滑坡属特大型滑坡,多次发生滑动,使数万立方米的岩土进入河道,几次造成河道堵塞。该类型区年土壤侵蚀模数为200~5 000 t/km^2。因此,该区应加强基岩崩塌、滑坡、泥石流等不良地质现象形成机理和防治措施的研究,采取工程措施或非工程措施对重要的崩塌、滑坡、泥石流进行有效治理,是减少区内水土流失的重要途径之一。

2.2 黄土塬梁峁丘陵侵蚀环境类型

该类型为研究区最为重要的岩土侵蚀环境类型,包括黄河南岸的广大黄土分布区。区内黄土分布广、厚度大,近代地质作用活跃。地形差异明显,梁峁起伏,沟壑纵横,侵蚀作用不断加剧,水蚀、重力侵蚀强烈,各种侵蚀形态发育,是多沙粗沙的重要产区。由于受黄土岩性、黄土下垫面地层岩性以及地貌、气候等因素的影响,侵蚀在地域上具有明显的差异。如黄河沿岸为黄土盖顶石质梁状沟壑地貌,沟深坡陡,多为窄V形谷,切割深度200~300 m,沟壑密度高达5~6 km/km^2,黄土大部分已被侵蚀,仅在梁顶或斜坡低洼处有少量保留,基岩裸露;黄土梁坡浅沟、切沟发育,沙泥岩谷坡泻溜、崩塌等重力侵蚀时有发生。岩土侵蚀主要包括黄土梁峁顶面侵蚀,坡面侵蚀,滑坡、悬沟侵蚀,潜蚀,谷底侧向侵蚀,谷底下切侵蚀等,年土壤侵蚀模数1 000~10 000 t/km^2。该区应加强黄土地貌演化与形成机制的研究,尤其是加强黄土边坡稳定性和泥沙运移机理研究,防止黄土崩塌、滑坡、泥石流的发生;加强沟道径流调控体系优化配置,修建泥沙拦截工程,控制入河入库泥沙;加强小流域治理植物措施与工程措施优化配置,在加快人工治理的同时,注重发挥生态系统自我修复能力,把造林、种草、基本农田建设、治沟工程建设生态自我修复措施有机结合起来,统一规划,统筹安排,改善区内生态环境,保护水土资源,实现人与自然和谐共处。

2.3 河谷侵蚀环境类型

该类型系指研究区黄河较大的一级支流,依其河谷侵蚀特征的不同,可分为水蚀(侧蚀)宽谷阶地型及水蚀(下蚀)峡谷型。上述两种类型的侵蚀具有明显的分布规律:水蚀(侧蚀)宽谷阶地型分布于河流的中游地段,河谷宽阔,河漫滩及一级阶地发育,河床及漫滩均为现代河流堆积,两岸下部多出露基岩,河道较窄,常有流水;水蚀(下蚀)峡谷型分布于河流的下游地段,其主要特点是河谷狭窄,河漫滩不明显,河床基岩裸露,无现代河流堆积,有的河段切入基岩形成“谷中谷”或基岩陡坎跌水,河谷有常流水。该类型侵蚀区年土壤侵蚀模数多在200~10 000 t/km^2,局部地方大于10 000 t/km^2。该区应加强河流地貌演化的研究,尤其是加强河岸边坡稳定性和河流泥沙运移机理研究,对不稳定河岸进行加固治理,防止河岸崩塌、滑坡的发生。

除上述几种侵蚀环境类型,区内人类活动造成了矿区地质环境的破坏,可称为人为侵蚀环境类型。在矿业开采区人为岩土侵蚀也很严重,如义马、宜洛、偃龙、荥巩煤田、栾川钼矿及小秦岭金矿等开发区。矿产开采造成大量岩土体剥离、堆积和扰动,破坏了原有地表形态,降低了土壤的抗侵蚀能力。根据煤矿矿区的试验资料,松散堆积物的泥沙起动拖曳力为原生土壤的1/3左右,松散堆积物区的径流系数减小60%~75%,从而导致地表入渗加大,土体含水量增加,使土体极易达到饱和,降低了土体的凝聚力和内摩擦角,从而降低了土壤的抗蚀性[3,4],形成土壤侵蚀新的物源和触发机制。河道、滩地及其附近开矿使大量泥沙直接进入河道,大大增加了河流泥沙。小秦岭金矿开发区曾多次发生矿山泥石流,使大量的矿山废渣被冲入三门峡水库或黄河支流河道,造成水库和河道淤积阶[5,6]。矿山泥石流是矿区的主要环境地质问题之一,对泥石流进行综合防治,应以控制人为弃土弃渣为主,修建排疏工程和弃土弃渣场为辅,积极实施各项水土保持治理措施。政府部门应采取行政、法律等手段,严禁采矿弃土弃渣的乱堆滥放,闭坑矿山要及时进行矿山环境恢复。

3 结语

豫西黄河流域地貌类型复杂,主要有基岩山地、黄土地貌、河谷平原等。区内地质构造活动强烈,以大面积的抬升为主。地表岩性差异大,黄土及黄土状土壤广泛分布,降雨集中且多暴雨,植被覆盖度在5%~75%,不同地区的植被覆盖有很大差别。人类活动强烈,尤其是矿业开发对地质环境的影响十分严重。因此,深入开展区内地质环境演化、环境地质问题调查评价、岩性结构差异与抗侵蚀能力、泥沙和粗泥沙迁移与落淤和气候演化对土壤侵蚀强度变化模式的研究,加强水土保持工作,对于黄河的治理与开发以及区内生态建设具有重要的意义。

参 考 文 献

[1] 徐建华,吕光圻,张胜利,等.黄河中游多沙粗沙区区域界定及产沙输沙规律研究[M].郑州:黄河水利出版社,2000.
[2] 苏人琼,杨勤业,关志华.黄河流域灾害环境综合治理对策[M].郑州:黄河水利出版社,1997.
[3] 董兆祥,王彦祺,张明义,等.矿区环境地质问题的预测与防治[M].北京:地质出版社,1997.
[4] 陈永宗,景可.黄土高原现代侵蚀与治理[M].北京:科学出版社,1988.
[5] 景可,卢金发,樊季阳,等.黄河中游侵蚀环境特征和变化趋势[M].郑州:黄河水利出版社,1997.
[6] 王现国.豫西黄河流域土壤侵蚀现状研究[J].人民黄河,2005(3):40-41.

本文与务宗伟、牛波、刘学善合作,发表于2008年第3期《人民黄河》。

四、综合研究

水文地质、工程地质、环境地质研究现状与进展

1 国内外水文地质研究现状与进展

1.1 地下水环境演化研究现状与展望

地下水环境演化是国际水文地质、环境科学研究的前沿和热点领域，主要通过研究地下水化学特性的时空分布规律，刻画地下水化学分区和各种水文地球化学过程，重建和预测地下水系统地球化学演化过程。因此，在大时间尺度上确定地下水化学演化的总体格局，研究处于不同地质条件下的地下水系统地球化学演化规律，进而科学认识天然过程和人为扰动对地下水环境的影响，合理解释各种水文地球化学现象（包括地下水化学异常、人为活动对水环境的影响等）是地下水环境演化研究的发展趋势。

地下水环境演化研究是全球变化和全球水循环演化研究的重要组成部分。Emunds（1995）提出把地下水作为可量测环境变化的介质，划分出天然的水文地球化学作用及人为污染带来的特征，并给出了它们相应的指标体系。这些指标大多对应某种或某些水-岩相互作用：饱和带的指标包括水位、HCO_3^-、O_2、Cl、δ^3H、NO_3、COD、Si、$SI_{方解石}$、主要离子、Eh、Fe、Mg/Ca、δ^2H、Br、$\delta^{14}C$、$\delta^{36}Cl$、K、杀虫剂、B 等指标；非饱和带的指标包括 Cl、pH、NO_3、δ^3H、$\delta^{14}C$、$\delta^{36}Cl$、Al 和碱金属离子。

从研究内容和研究方法看，地下水环境演化可以分为天然条件下地下水环境演化、天然—人为条件下地下水环境演化、人为强烈活动影响下地下水化学演化。天然条件下地下水环境演化研究重点集中在天然条件下各种水文地球化学过程上，通过地下水中常量组分、微量组分、稳定同位素以及水化学指标的分析，研究地下水来源、形成过程以及分布规律（Condesso de Melo M T 等，1999；Kretzschmar T 等，1995；Adams S 等，2001）。研究的手段主要为水-岩相互作用模拟、水文地球化学图解及多元统计分析。个别研究涉及放射性同位素和微量元素地球化学，利用这些信息有助于查明地下水的来源、确定地下水化学过程以及演化速度（Edmunds W M 等，2002；Rademacher L K 等，2001；Plummer L N 等，1990）。

天然-人为条件下地下水环境演化研究是探讨由于人类过度利用地下水，导致地下水动力场发生改变，使不同成因或不同水化学组成的地下水发生相互作用的情况下，地下水化学场的重新分布和水文地球化学过程的变化规律。这方面最典型的例子是开采地下水引起的海水入侵。通过对不同化学成分的地下水指标分析，这些指标包括常量元素、微量元素以及同位素，利用某些水的化学特征、多元统计分析、同位素组成或水化学手段划分不同地下水化学带，然后通过水-岩相互作用模拟或矿物相平衡计算揭示地下水的演化过程（Barbecot F 等，2000；Beaucaire C 等，1995；Sikdar P K 等，2001；Xue Y 等，2000）。

人为强烈活动影响下地下水化学演化研究，针对人类活动作为新的强大地质营力已经改变并且正在加速改变全球环境的情况下，研究改变地下水系统地球化学演化路径、污

染物水文地球化学作用，以及成因、水文地球化学场的时空分布与演化。张宗祜等(2000)在华北平原的工作表明，人类活动已成为现今控制某些地区地下水环境演化的主导力量，地下水演化已进入由量变到质变的新阶段。目前，地下水环境演化的研究主要集中在研究人为活动介入的污染物类型和人为活动对各种水文地球化学过程的影响。

时间尺度是地下水环境演化研究的基本特征。Laaksoharjn(1999)在研究瑞典AsPo-HPL试验场的地下水化学状况和演化时，通过13 000年以前各种重要环境地质事件的重建，提出一末次冰期以来地下水形成演化的概念模型，并在这种基本格局下应用多元统计分析和水-岩相互作用模拟，获得以下认识：各环境地质事件中形成水的混合作用、方解石的溶解与沉淀、氧化还原反应以及生物作用是现今地下水形成与演化的主要控制因素。张宗祜等(2000)也在不同时间尺度上研究了华北平原地下水环境演化。这是在不同时间尺度上研究地下水形成和演化的范例，为水文地质作用研究提出了一种全新的思路和方法。

地下水水质演变的研究是一个由来已久的课题。早期的环境水文地质工作一般把重点集中在自然作用下地下水化学成分的形成与演化及人类活动导致地下水水质恶化——地下水污染方面(沈照理等，1993)；在国际上，20世纪50年代主要集中在污染检测和控制措施方面的研究，但并未能解决地下水实际问题；60年代，尤其是70年代，国际上仍着眼于地下水污染控制措施方面的研究；70年代以后，随着工业化和都市化进程的加快，出现世界范围的地下水水量误差和地下水水质恶化，一些发达国家开始意识到要从根本上解决地下水实际污染问题，必须加强地下水污染的基础理论的研究(沈照理等，1985；Ratzlaff. S. A等，1992，)；70年代后期至80年代，地下水污染形成条件、地下水污染机理等成为主要研究方向，开展了大量的地下水污染检测方法、评价方法、污染物迁移转化规律及污染机理研究，不仅研究工农业及城市生活等方面产生的常规污染物对地下水造成的污染机理，而且在研究重视重金属、氮及微量有机毒物污染机理等方面取得较大进展，并开始利用计算机技术开展污染物在地下水中运移的数值模拟研究(陈金秀等，1986；刘兆昌等，1991)；90年代，地下水污染研究的热点逐渐转向地下水有机物、海水入侵及氮污染问题，并积极开展地下水污染治理技术研究(刘吉成，1997，1998；良可译，1998)，就目前研究水平和技术而言，距离真正解决地下水实际问题可能还相当遥远。地下水污染及其防治是目前水文地质乃至地球科学研究的前缘之一。

随着地下水环境问题研究的逐步深入，近几十年来，环境水文地质学的研究领域亦不断拓宽。诸如因地下水超采引起的区域地下水位下降、地下水水量衰竭、地下水水质恶化以及地面沉降、地面塌陷等环境地质问题均已成为环境水文地质研究的重点。但研究应把哪些问题列为环境水文地质的研究范畴目前还未定论，一般地，把地下水水质的恶化、地下水位下降等与水文地质因素及人类活动密切相关的问题作为环境水文地质的重点研究领域已得到多数学者的公认。综合前人的研究成果，可以认为：地下水环境应包括两个方面，即地下水动力场和地下水化学环境。地下水动力场体现了地下水的“量”，受含水系统水文地质结构、地下水补径排条件及地下水循环交替条件等所控制；地下水化学环境反映了地下水的“质”，受含水系统岩土性质、氧化还原条件、酸碱度等所控制。从水文地质角度讲，上述概念比较符合地下水系统本身的规律，因为地下水系统的“量”和“质”之间存在密切的有机联系。因此,地下水环境演化也必然包括两个方面,即地下水动力场演化及地下水化学演化。地下水环境是地下水水流场和地下水化学环境综合作用的结果,地下水环境的演化则是地下水系统一个复杂的地下水动力场时空演化和水－岩作用过程。

地下水环境演化与人类活动密不可分,尤其近几十年来,从某种意义上说,人类活动的强度决定了地下水环境演化的性质和速度,因此地下水环境演化与社会、经济的发展存在着有机的联系(沈照理,1993;张宗祜,1992;郭永海,1994)。20 世纪 80 年代以前,地下水水量、水质管理往往忽视了与地下水有关的社会、经济、环境等因素,因而大大削弱了地下水资源的实用价值;80 年代中期以后,随着人们对环境问题的重视以及受可持续发展思想的影响,在对地下水的开发利用过程中越来越多地综合考虑资源、社会、经济、环境等制约因素,地下水资源管理更多地体现了社会、经济、环境协调发展的原则,但从国内外的文献收集、检索来看,地下水资源的开发利用和管理只是考虑现实的社会、经济、环境条件,没有从历史的角度考虑地下水环境的演化对地下水使用价值的控制的制约作用(曲焕林等,1998;陈崇希等,1996)。

1.2 地下水人工调蓄研究现状与应用趋势

近几十年来,我国修建了很多地表水库,这些水库在防洪抗旱方面发挥了重要作用,并带来了巨大的经济利益。与此同时,修建地表水库也出现了不少问题。例如,库区泥沙淤积降低了水库调蓄能力,甚至导致水库壅水淤积、洪灾加剧(如三门峡水库);干旱半干旱地区,水库蒸发损失造成水资源的巨大浪费;水库壅水及水库渗漏导致库区地下水位抬升,引起次生沼泽化和盐渍化,触发滑坡崩塌,破坏洄游鱼类的生态环境;库区移民造成了沉重的社会经济负担等。

基于以上原因,发达国家正在放弃修建地表水库来调蓄水资源的传统做法,甚至考虑拆除一些已建水库,转而利用地下含水层——地下水库来调蓄水资源(Stephen B,1999)。地下水库将水蓄存在地下岩土的空隙中,可以避免因修建地表水库引起的负效应,造价远远低于同等规模的地表水库。

修建地下水库,还可以多方面改善生态环境。例如,通过人工补给含水层抬升地下水位,可以消减因地下水超采形成的降落漏斗,缓解地面沉降,减少由于抽水引起不均匀沉降导致的地裂缝,阻止海水入侵,恢复湿地面积,缓解土地荒漠化、沙漠化等。人工补给不但增强了含水层的水量(潜水面上升),而且还改善了水资源的总体质量,尤其是硬度和硝酸盐的含量(G. delos cobos,2002)。

作为一种有效的、环保的、经济的地下水开发工程,地下水库在国外发展很快。对于地下水库,国外常用的提法是“含水层人工补给”或“含水层储存与回采(ASR－aquifer storage and recovery)”。

美国正在实施“含水层储存回采 ASR 工程计划”,到 2002 年 7 月,正在运行的 ASR 系统共有 56 个,而建成的系统则有 100 个以上(韩再生,2002)。仅佛罗里达州南部,在墨西哥海湾沿岸已经修建了 26 个 ASR 工程,约有 330 眼 ASR 井;下一步,该州将会在内陆湖 Okeechobee 周围修建 ASR 工程。目前,ASR 工程是美国 CERP(Comprehensive Everglades Restoration Plan——综合湿地恢复计划)的重要组成部分(National Research Council. etc. ,2001)。美国国家研究理事会水科学与技术委员会和美国地质调查局水资源研究分委会,还把“含水层储存与回采 ASR 工程”作为“区域和全国尺度地下水系统调查”最优先资助领域之一。

瑞典、荷兰、德国、澳大利亚、日本、伊朗等国,都在实施地下水人工补给,以解决国内水资源短缺问题。瑞典、荷兰和德国的人工补给含水层工程,在总供水中所占的份额分别达到20%、15%和10%。20 世纪50 年代起,荷兰在沿海人口稠密的城市地区开展了大规模的地下水人工补给工程;到 1990 年,地下水人工补给量达到了 1.8 亿 m^3/a(张丽君,2002)。

我国也已经开始实施地下水库调蓄工程,如北京西郊、山东龙口、大连旅顺等地都已经修建了地下水库,积累了一些经验(刘青勇,2004;赵天石,2002),并于2005 年4 月在南京召开了全国地下水库建设学术研讨会,对我国利用地下水库调蓄水资源研究现状、存在问题等方面进行了广泛的讨论。处于永定河冲洪积扇中上部的北京西郊地下水库,是个多年调节型地下水库。该地下水库利用旧河道、平原水库、深井、废弃砂石坑进行回灌,取得了一定的效果,使得永定河河床地下水位上升 2 ~3 m(刘家祥,1988)。山东龙口黄水河地下水库, 建成于1995 年,是国内第一个设计功能较为完整的地下水库,通过修建拦河闸、地下坝及大量引渗设施,联合调蓄地表水与地下水;据估算,此工程每年可增加地下水1 193.4 万 ~5 967.0 万 m^3,起到了阻断海水入侵的作用,同时也改善了库区的生态环境(刘青勇,2004)。

但是迄今为止,我国利用地下水库调蓄水资源的工作仅局限于个别地区,已经修建的地下水库报道较少,尚未形成示范工程。因此,有必要充分理解其意义,总结国内外经验,有计划、分步骤、讲究实效地加以系统推广。

地下水库蓄水的形式主要有两种,即有坝地下水库和无坝地下水库。是否需要修筑地下坝,取决于当地的水文地质条件。一般来说,平原地区地势平坦,地下水水力梯度小,流速慢,或者是一个完整的地下含水层,可以不用修筑地下坝。在地下水流速快(如山前冲洪积扇带),或者有海水入侵威胁时,则往往需要修筑地下坝。例如,龙口黄水河地下水库和大连旅顺地下水库,都在入海口处修建了一道地下坝,除拦蓄洪水外,还起到了阻挡海水入侵的作用。相比于地表水库,地下水库“肚大口小,能容难进”。因此,采取各种措施增强地下水库的进水能力,是成功建立地下水库的关键。

目前,国内外采取的含水层人工补给方法主要有三种:地表入渗系统、人工渗透带和灌注井(Herman Bouwer,2002)。地表入渗系统一般适用于对潜水含水层的人工补给,需要一定的地面作为蓄水入渗池,通过渗透层补给含水层(见图1);当含水层上方缺乏良好渗透层时,对于上覆弱透水层比较薄的承压含水层或地下水埋深较深的潜水含水层,需要开挖渗透沟渠或设置渗透砂井,制造人工渗透带增加入渗(见图2);如果承压含水层上覆弱透水层较厚,也可以采用管井进行灌注,由于利用此种方法补给的水没有经过土壤渗透层的净化,要求灌水具有良好的水质,以免造成含水层污染。通常这三种方法都是综合使用的,以求达到对含水层的最有效补给,例如,图3 所示的地下水补给系统便是由地表入渗系统和灌注井组成的。也有学者认为,人工含水层补给可分为以下 4 种(J. Hoogendoorn,2002):①河流诱导补给;②人工地表水补给;③池塘补给;④含水层储量补给(指在丰水季节抽出浅层含水层的水来补给中深层水)。

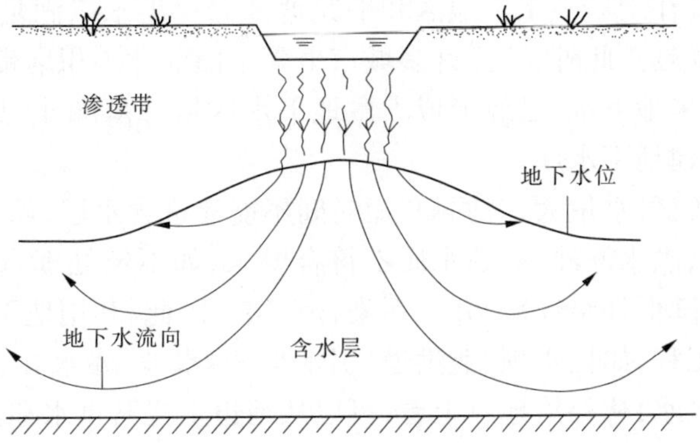

图1 盆地地表渗透系统

(据 Herman Bouwer,略有修改)

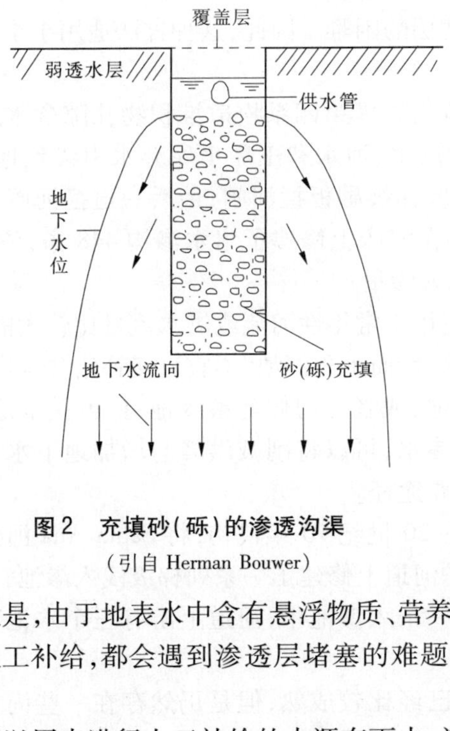

图2 充填砂(砾)的渗透沟渠

(引自 Herman Bouwer)

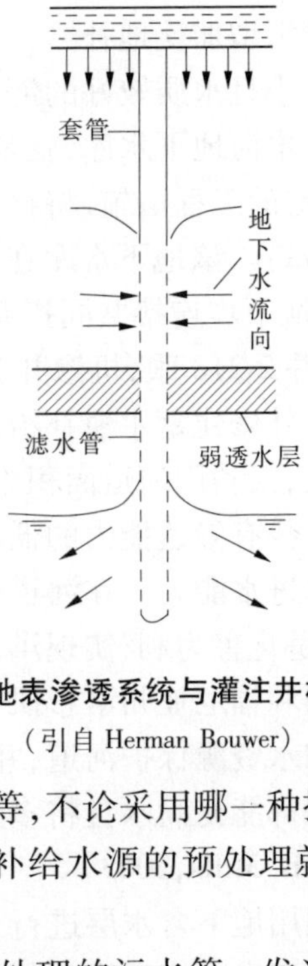

图3 地表渗透系统与灌注井相结合

(引自 Herman Bouwer)

但是,由于地表水中含有悬浮物质、营养物质、有机碳等,不论采用哪一种措施进行地下水人工补给,都会遇到渗透层堵塞的难题。因此,对于补给水源的预处理就显得很重要。

可以用来进行人工补给的水源有雨水、洪水以及经过处理的污水等。发达国家和处于干旱半干旱地区的一些中东国家,利用城市污水进行地下水人工补给,已经取得了很大的成功。但是目前我国污水处理率比较低,1997 年我国城市污水集中处理率仅为 13.65%,与欧美各国 80% ~90% 的城市污水处理率相比,相差甚远,即使到 2005 年,中国城市污水集中处理率也只达到 45%(刘昌明,陈志恺,2001),利用城市污水补给含水层还受到一定限制。

我国北方干旱半干旱地区,经常同年遭受洪灾和旱灾。例如,黄河下游近年来就是如此。黄河流域,每年 60% ~80% 的降雨集中在 7 ~8 月,而需水高峰期 3 ~6 月径流量仅占全年的10% ~20%;汛期大量洪水入海,而非汛期极易断流。在这些地区修建地表水库,存在种种弊端,要在干旱半干旱地区和平原地区储存洪水以满足供水需求,利用地下水库要比地表水库优越。此外,北方许多城市坐落于山前冲洪积扇带,多以地下水作为供水水源,但因长期超采地下水,已经形成大量地下水区域降落漏斗,具备很大的地下调蓄空间,十分有利于修建地下水库。

由于洪水来势凶猛,水量大,时间短,短时间不能渗进含水层,需要修建拦水工程或蓄水池储存洪水;同时,洪水浑浊,有的水质不符合要求,如不经处理直接补给含水层,会造成渗透系统的堵塞,降低补给速率,并会污染含水层。因此,利用地下含水层调蓄洪水,需要修建配套的辅助工程,如拦水坝、泄洪道、引水渠、蓄水池、渗水井、水质预处理设施等。利用地下水库调蓄洪水,从补给地点上看,可以从河道上拦蓄洪水和河道外修建蓄水池两方面着手。

河道上拦蓄洪水时,需要在河道上修建梯级拦水闸、临时堤或渗漏水库,扩大河道的受水面积,以利于洪水以更长的时间、更大的水头差将更多的水补给地下含水层。但是,在河道上建坝增加就地补给,易造成清理堵塞层的困难。因此,这种方法适用于季节性河流或流量较小且水质较好的河流。

龙口黄水河地下水库,就是利用山谷河流河谷区第四系松散堆积物孔隙含水层的空间,采取一定的工程措施,将自然排泄入海的洪水、河水和王屋水库弃水引渗到地下(刘溱蕃等,2003)。该地下水库在河道上修建6座梯级翻板拦河闸,最后一道拦河闸与长达5 996 m的地下坝连接共同拦蓄河水;此外还在河床上修建了集水渗沟448条,渗盆773个,人工渗井2 218眼,机渗井300眼,以增加入渗量。

在河道外修建蓄水池补给地下含水层,适用于常年性河流或洪水流量比较大的河流;由于流量大,仅利用河道面积难以捕获较大水量,而水质浑浊,不宜直接补给含水层,需要在河道外寻找有渗透能力的低洼地设立蓄水池,或者专门修建蓄水池,扩大受水范围,增加地下水库进水能力。在河道外设置蓄水池渗水,可以将削减洪峰与增加地下水人工补给相结合,是化害为利、实现洪水资源化的重要途径。

美国加利福尼亚州洛杉矶市orange县,在20世纪70年代初,将Santa Ana河道分成泄洪河道和水资源保护河道,并在水资源保护河道上修建了一系列梯级浅入渗池,每个上游的入渗池都能充满水且将多余的水溢至下一个入渗池中,河道上游有三个水池专门用来除泥(W. R. Mills,2003)。

尽管利用地下含水层进行人工补给技术已经比较成熟,但是仍然存在一些尚待解决的问题。对于尚未广泛推广的中国来说,需要在借鉴中加以完善;此外,中国现存的社会经济体制的制约,也决定着我们需要探索适合国情的利用地下水库调蓄水资源的路子。存在的主要问题有:

(1)工程可行性论证投入不够。对于拟建区周围各种可能影响补给工程的因素,都要进行详细精确的调查。调查内容包括:气候(降雨、湿度、蒸发等),水文地质、工程地质条件,用于补给的水质、水量和时间选择,含水层合理埋深和储存能力,当地经济发展和供水需求,现有供水和排水网络,农作物生长,生态植被情况,陆地面积的可用性及修建技术,操作和维持地下水库运行的可行性等。精确详细的调查可以保证地下水库的设计正确可行。例如，确保含水层的补给能力，避开弱透水层，如果无法避开，则要研究增强引水入渗的措施。这方面，伊朗东北部沙鲁德地区两个洪水补给工程，给我们提供了重要的教训。过去几年连续干旱造成整个地区的入流很少，有时还出现断流，从而导致伊朗 Kalaclh Asad 工程的利用率仅达到设计能力的62%，Binriomand 工程则仅达到56%；这一失误可能与对干旱地区的气象预测不准有关，从而降低了对地表径流的准确预测（G. A. Kazemi，2003）。

（2）现场试验研究程度较低。人工补给地下含水层的方法，从技术上来说已经比较成熟，但是仍然会碰到各种各样的难题，如渗透层的堵塞、含水层回采率的确定、补给和回采时间的安排、补给水与含水层本身的天然水之间的化学作用、含水层水质的污染等，如在水的入渗过程中，由于水与水池和含水层中的有机软泥或含水层中的硫酸盐的相互作用，使硝酸盐部分脱氮，形成氨氮（H. G. de jonge，M. W. Kortleve，2002）。渗透层表面的堵塞及其产生的渗透速率的降低，是所有含水层人工补给系统都会遇到的问题。尤其是对于浑浊的洪水，通过沉沙池等进行预处理，以降低泥沙悬浮物质、营养物、有机碳等，十分必要。即使悬浮物质、营养物和有机碳大部分已经去除，由于渗透表面微生物的增长，堵塞仍然可能发生。Santa Ana 河水中的营养物尤其是氮不仅对公共健康有潜在威胁而且还是与人工入渗系统的堵塞有关的微生物生长的重要因素，人工入渗补给系统入渗补给能力在时间上的稳定性是今后要特别注意研究的问题（包括淤泥和营养物清除技术等，W. R. Mills，2002）。目前，国外对渗透层堵塞研究得较多，主要从改进清理设备和减少水中营养物两个方面着手解决堵塞问题。不同地区、不同目的的人工补给地下水的回采率，有很大区别。如何最大限度地利用含水层的储存能力，又不致引起生态环境的负面变化，这一问题还需要深入研究。含水层补给和回采的时间取决于气象水文条件，如何既能保证储存的水可以满足当地水供应需求，又能在雨水和洪水来临之前腾出空间，这都需要对气象、水文进行实时监测和准确的预测。补给水进入含水层后会使含水层流动方式发生改变，补给水与含水层自身水之间也会发生化学反应，这些变化和反应对于含水层有无不良影响，以及如何防止含水层水质的污染，对于利用地下水库调蓄水资源来说，都是非常重要的问题。由于每个含水层，甚至同一个含水层不同的补给地点所碰到的问题都有自身的特殊性，对于将会出现的问题怎么预防和解决，必须要有预先的准备；这就需要在大的工程开工之前，先进行小规模的现场试验研究。尤其是对于大尺度或者区域性的地下水人工补给系统来说，更需要事先进行小尺度的补给试验研究，获取较全面的数据，以确保建成后的地下水库能够正常运行。例如，龙口黄水河地下水库修建前，龙口市西部八里沙河地下水库进行拦蓄调节地下水试验研究历时三年，进行了地下水库设计应用水文地质参数、高压喷射灌浆建坝技术、地下水库人工回灌试验、地下水库径流调节计算等研究，这些现场试验及技术研究为黄水河地下水库施工提供了必要的科学依据（刘溱蕃，2003；刘青勇，2004）。

（3）管理水平较低。根据国内的地下水库情况，存在重建轻管的问题，能够经常维护、保持良好运转的地下水库并不多见。目前国内修建的某些地下水库由于运行管理不当已经出现了一些问题：有的地下水库修建了大量的增渗工程，但由于河床上的泥沙淤泥造成渗透层的堵塞，使得渗透系统的入渗能力不到修建初的一半；有的地下水库周围地下水位抬升过高，影响到城市建筑物地基的稳定，使得城市地下防空洞充水，每天要大量往外抽水，甚至反过来修建防渗措施来抑制地下水位的抬升；地下水库水源水质得不到保证，使得地下水受到污染。地下水库的维护和运作管理非常重要，其在很大程度上决定着地下水库的成败；这种管理需要各个管理决策部门的协调支持。由于地下水库的水源涉及地表水、地下水，规划与管理涉及水利部门、农业部门、环保部门、城市规划部门、交通部门等，鉴于我国目前的条块分割管理体制，需要采取切实可行的措施，加以协调。

1.3 可持续发展与水资源可持续利用研究进展

水资源可持续利用优化配置在我国是在水资源出现严重短缺和水污染不断加重这样一个背景下于20世纪90年代初提出来的（李令跃，2000），并逐步应用到水资源的规划与管理中，目前仍处于发展中。区域水资源优化配置可定义为：一定时期内，在一特定的区域内，以有效、公平和可持续的原则，对有限的、不同形式和质量的水资源，通过工程措施与非工程措施在各用水对象之间进行科学分配。水资源优化配置不仅要适应经济发展和人民生活的需求，还应尽可能地满足人类所依赖的生态环境对水资源的需求，以及未来社会对水资源的基本需求。水资源优化配置是需水管理的核心之一，是区域水资源系统可持续发展的关键，也是可持续发展观在水资源利用上的具体体现（冯耀龙，2003）。

水资源可持续利用主要通过水资源优化配置来实现。水资源优化配置泛指通过工程措施和非工程措施，改变水资源的天然时空分布；开源与节流并重，兼顾当前利益和长远利益；利用系统科学方法、决策理论和先进的计算机技术，统一调配水资源；注重兴利和除弊的结合，协调好各地区及各用水部门之间的利益与矛盾，尽可能地提高区域整体的用水效率，以促进水资源的可持续开发利用和区域的可持续发展（沙鲁生等，1995；刘健民等，1993；许新宜等，1997）。亦即“运用系统工程理论方法，建立水资源优化配置模型，以此制定水资源配置方案”。水资源配置研究首先源于20世纪40年代Masse提出的水库优化调度问题。20世纪50年代以后，随着系统分析理论和优化技术的引入以及60年代计算机技术的发展，水资源系统模拟模型技术得以迅速发展和应用。

水资源系统为复杂的非线性系统，包含的因素多，边界条件及因果关系复杂，有些指标难以量化或者不能量化，数学模型与实际系统存在偏差；常规数学规划方法无法反映整个规划过程中决策者的主观偏好并缺少专家指导，不能自我反馈自我校正；常规的数学模型由于建模者与使用者往往是分开的，模型的精度究竟如何，研制者明白，而使用者并不清楚，因而也影响了模型的应用（康德善，1992；靳孟贵等，1998）。

水是生命之源，是社会发展和人类进步必不可少的自然资源，是生态环境系统中最活跃和影响最广泛的因素。随着人类进步和社会经济的迅速发展，水资源需求不断增长，供需矛盾日益突出，水资源危机日趋严重，已经严重影响社会经济的发展和人类生存。进入20世纪以来，随着世界人口的骤增和工农业及城市化的迅猛发展，用水量急剧增长，需水量激增和可用水量的不断减少的矛盾已成为当今世界各国面临的最大问题之一，水资源研究已成为世界各国科学研究中的重大课题。目前，与本研究有关的研究热点主要有地表水与地下水之间的相互作用及水资源的可持续利用。

1987年世界环境与发展委员会在《我们共同的未来》中明确提出“可持续发展”的概念，1992年里约热内卢“世界环境与发展”大会上，“可持续发展”得到了国际社会和各国政府高层的承诺。随着人们对社会进步、经济发展和环境改善问题的认识提高,走可持续发展之路已经得到了各行业和各部门的广泛认同。1992 年在爱尔兰召开的"国际水和环境大会:21 世纪的发展和展望"(ICWE),提出了水资源系统及可持续研究问题。此后水资源的可持续管理成为当今世界水问题研究的热点之一。目前关于水资源可持续利用的研究主要集中在如下几个方面。

1.3.1 水资源可持续利用评价

区域可持续发展系统是由人口、资源、环境、经济、社会 5 个子系统构成的相互联系、相互依存、相互制约的多维非线性复杂大系统。欲实现以水资源可持续利用来保障经济社会可持续发展的战略目标,必须透彻研究水资源与其他子系统之间的相互关系,建立一套量化系统要素的指标体系,给出定量评价水资源可持续利用的指标体系,从而比较科学地识别水资源可持续利用的发展程度和水平,为区域资源优化配置、产业结构调整、经济发展整体规划提供科学依据。

水资源可持续利用指标主要包括社会经济指标、水资源指标和生态环境指标。现有指标体系建立的方法基本上是基于可持续利用的研究思路。宋松柏(2003)对水资源可持续利用指标的建立方法和评价方法进行了归纳,主要有:①系统发展协调度模型;②资源价值论;③系统层次法;④压力—状态—反应(PSR)结构模型;⑤生态足迹分析法;⑥归纳法;⑦不确定性指标模型;⑧区间可拓评价方法;⑨状态空间法度量方法;⑩系统预警方法;⑪属性细分理论。

现在对水资源可持续利用程度的评价方法主要有:

(1)层次分析法(温淑瑶,2000);

(2)不确定性评判法,包括模糊识别模型(陈守煜,2001)和模糊物元模型(潘峰,2003);

(3)多元统计法,包括主成分分析法和因子分析法;

(4)协调度,利用系统协调理论,以发展度、资源环境承载力和环境容量为综合指标来反映社会、经济、资源(包括水资源)与环境的协调关系;

(5)多维标度方法,主要包括 Torgerson 法、K-L 方法、Shepard 法、Kruskal 法和最小维数法;

(6)基于 RAGA 的 PPC 模型(黄晓荣,2003)。

1.3.2 水资源可持续利用的不确定性

水资源系统中存在大量的不确定性因素,表现为水文要素的随机性和模糊性。水资源系统中,影响因素众多、关系复杂,各因素之间相互影响。其中某些要素,如降水、径流发生的时间是随机的,难以准确预测,但是降水和径流,除了随机成分,还有确定性成分(丁晶,1987);此外人口增长、工农业发展以及需水量等既具有确定性成分,又含有随机成分。通过分析这些随机要素的前期影响因子,统计其历史演化过程中所反映的规律并进行预测,从而为水资源的管理决策提供科学依据。1996 年 10 月在日本京都召开的"国际水资源及环境研究大会:面向 21 世纪新的挑战"和 1997 年 4 月,在摩洛哥召开的第 5 届 IAHS 科学大会中,专门讨论了不确定因素下的水资源可持续管理问题以及水质水量的可持续模拟、风险和不确定性等。在水资源中,模糊概念是普遍存在的,例如径流的丰枯、洪水的大小、水质的好坏、水资源量的丰富程度，都是难以明确界定的，都是模糊概念（陈守煜，1988）。

目前与水资源可持续利用的不确定性有关的研究主要有：①水文要素的预测：常用的方法有数理统计学（包括历史演变法、周期叠加法、时间序列法、多元回归法）、模糊数学预测法、灰色系统预测方法、神经网络预测方法等；②水资源评价的不确定评价和风险分析；③工程方案的评价与决策；④水资源系统调度管理；⑤）水资源区域优化分配；⑥水资源工程的可靠性分析。

1.3.3　可持续利用指导下的水资源合理配置

水资源合理配置是实现水资源可持续利用的有效控制措施之一。目前水资源合理配置已经被写入水法中。随着水资源合理配置实践的不断深化，水资源合理配置的概念逐步明确，其内涵日益丰富，至今仍在发展之中。《全国水资源综合规划大纲》对水资源合理配置的定义是"在流域或特定的区域范围内，遵循有效性、公平性和可持续性的原则，利用各种工程措施与非工程措施，按照市场经济的规律和资源配置准则，通过合理抑制需求、保障有效供给、维护和改善生态环境质量等手段和措施，对多种可利用水源在区域间和各用水部门间进行的配置"（王浩，2004）。水资源优化配置是需水管理的核心之一，是区域水资源系统可持续发展的关键，也是可持续发展观在水资源利用上的具体体现（冯耀龙，2003）。

水资源优化配置的研究主要有以下几个方面：

（1）水资源模拟技术，随着水循环系统理论的发展、数值模拟技术的进步以及计算机技术的发展，对水资源系统的仿真精度越来越高；

（2）优化模型，目前常用的优化模型有动态规划、线性规划、非线性规划、整数规划等；

（3）大系统理论，水资源系统是一巨大的非线性复杂系统，应用大系统分解－协调等方法可以将问题简化；

（4）随机优化技术，针对水文要素、水文地质参数等的随机性，利用随机模型和随机规划理论进行水资源的合理配置；

（5）新技术的应用，策论、存储论、灰色理论、模糊理论、神经网络、遗传算法、决策支持系统以及3S技术等新技术、新方法在水资源合理配置中得到了越来越多的应用。

1.4　地表水与地下水之间的相互转化研究现状

地表水与地下水之间的相互作用是水文循环不可分割的重要组成部分，是水资源评价的主要工作之一。自20世纪60年代以来，地表水与地下水之间的相互转换研究范围不断扩大，涉及河流、湖泊、湿地、河口与地下水的相互作用等（Winter，1995）。

河流与地下水之间的相互转化既与地形、地貌、含水层岩性等许多因素有关，又随季节发生变化，二者是一个不可分割的整体，在水量交换的同时，水质也发生交换。河流（包括渠系）与地下水通常有着密切的水力联系，河流往往是地下水的主要补给来源或排泄去处。傍河水井开采往往能够获得河流补给的增量或排泄量的减少量，容易形成稳定井流，增大了允许开采量。此外，河流的存在还对矿坑突水、基坑降水等存在重要的影响。因此，正确地刻画和处理河流与地下水的补排关系及其交换量对水资源的正确评价具有重要的意义。河流与地下水交互作用的研究主要有以下几个方面:①傍河水井开采或矿坑降水量的确定;②河流与地下水的污染物交换;③计算灌渠入渗;④计算地下水对河流的补给量(即基流量);⑤河流对地下水的补给量等(陈崇希,1999;Osman,2002)。

从地下水动力学的角度出发,根据河流切割含水层的情况,可以将河流分为完整河和非完整河,前者是指河流完全切穿含水层;后者指河流与含水层有一定的水力联系,河流未切穿含水层,河水与地下水水力交换受到较大的渗透阻力,倘若河流是多泥沙河流,河床底部沉积一薄层淤泥,水量交换阻力更大(蒋业放,1994)。河流大多直接与潜水含水层相联系,结合河流与潜水位的关系,可以将河流与地下水的相互关系分为连续完整河、连续型非完整河和非连续非完整河(Osman,2002)。

目前常见的确定河(渠)渗漏补给量的方法有试验法、水文学法和地下水动力学法以及数值模拟等方法。

1.4.1 试验法

地下水与河水的相互交换量可以通过野外试验法进行直接或间接的测定。通过流量仪可以直接测定河水与地下水的转化量,使用压力仪测定水位的变化,应用地下水与河水的温度数据来分析河水对地下水的补给范围(Silliman,1993),确定河水向地下水补给的渗透速度和渗漏量(Belanger,1990)。Lyons 等人(1995)利用锶同位素研究了某干盐湖泉域的地下水混合及盐水圈划。Silliman 等人(1995)通过测量水体和河床沉积物的温度序列确定通过河床沉积物的流量。Criss 等人(1996)利用氢氧同位素和地球物理分析方法确定了地下水的补给源,并计算了地下水的运移速率。Yehdegho 等人(1997)利用同位素平衡方法研究了疏浚湖与邻近地下水流场的相互作用。Cey 等人(1998)讨论了大尺度测量地下水补给河流相对于点测量的优点,结合同位素测试技术和地球物理技术计算了地表水—地下水之间的交互作用。Beyerle 等人(1999)利用$^3H/^3He$、惰性气体和 CFCs 研究了河流向浅部含水层的入渗。仵彦卿等(2000)通过测定含水层的电导率,分析地下岩层和地质构造,进而分析河水与地下水的转化途径。束龙仓等(2002)利用竖管法现场测定河床各个方向的渗透系数,并间接确定了河流与地下水的相互作用。Cook 等人(2003)利用氡同位素研究了澳大利亚北部地下水向某河流的排泄量。

1.4.2 水文学法

水文学法是通过测定河流断面流量过程或水位动态直接确定河流与地下水之间的转化量或建立该河段上的渗漏量与河床岩性、河流流量以及河水位与地下水位之差等参数之间的关系。常见的方法有如下几种。

(1)水文动态资料分析法:应用地下水和河水的水文动态资料,了解地下水与河水的水位、流量、水温和化学成分随时间的变化规律,初步分析两者的转化关系。一些学者根据河流上下游流量资料,求得河段与地下水的补排量,然后结合流量过程线进行对照分析,发现河水水位与河水流速呈线性相关(Heij,1989)。Spalding 和 Khaleel(1991)在分析水文数据的基础上,用数值模拟法进行计算,结果相差 20% ~45%,原因在于没有考虑河流部分切割含水层以及河底弱透水层的影响。

(2)基流分割法:根据实测的河流径流过程,利用基流分割法可以确定地下水向河水的排泄量,该方法有逐日平均流量过程线切割法和枯季径流法。日平均流量过程线切割法，计算精度相对较高，但要求有较长系列的日流量资料。枯季径流法主要以年内枯季几个月径流量的平均值，换算成年径流量，即为地下水对河水的补给量。基流分割法有直接分割法、库捷林法、退水曲线法、参数分割法、水文模拟法等（沈振荣，1992；赵玉友，1996；Fetter，2001）。基流切割法应用广泛，随着计算机技术的发展，该方法在精度和计算速度上也有长足的进展（Rutledge，1992；Arnold，1995）。

（3）河段水量平衡法：根据河段上下游的入水量和出水量，以及引水、降水补给、蒸发等，确定地下水与河水的交换量。

水文学法不仅费用及工作量大，而且得到的公式都是经验性的。

1.4.3　地下水动力学法

地下水动力学是计算河水与地下水相互转化量的基础。目前，常用基于裘布依（Dupuit）假定的布西涅斯克（Boussinesq）微分方程来描述地下水—河流之间的相互转换（陈崇希，地下水动力学）。苏联学者柯琴娜、威立根、阿威梁诺夫，德国学者傅希海门以及我国学者张蔚榛、李文渊等人，利用布西涅斯克方程，讨论了河渠水位突然上升、均匀上升和按正弦变化、按折线变化以及呈阶梯状变化时，一维及二维非稳定顶托渗漏量计算问题；苏联学者柯琴娜和阿维扬诺夫曾用保角变换方法，分别推出了自由渗漏情况下梯形断面河渠的渗漏公式和稳定顶托渗漏情况下的宽浅型河流的渗漏公式。近年来，随着数学方法及计算工具的发展，许多学者利用新的理论对布西涅斯克方程进行求解。Workman 等人（1997）利用解析半群（analytic semigroups）的理论对线性布西涅斯克方程进行求解，在河流水位波动不大的情况下，线性布西涅斯克方程的解与地下水位观测值比较符合，但当河水位变化很大时，河流附近含水层的导水系数是水头的函数，布西涅斯克线性方程的解就不能符合实际了，而应该用非线性方程，Serrano 等人（1998）年利用 Adomian 等人于 1994 年提出的分离变量的改进方法对非线性布西涅斯克方程进行求解，计算结果则比较准确。P. G. Grebenyukov（2001）对影响地表水和潜水含水层之间水力联系的因素进行了野外试验研究，指出在河水位变动情况下，河水与地下水之间的相互作用不能简单地用线性地下水运动方程和含水层介质的弹性储存量来刻画，在考虑静水压力和地下水流水平及垂向分量的基础上，给出了河水位波动情况下的静水压力的垂向和水平向的传导速率公式和地下水位计算公式，并获得了较好的效果。

1.4.4　数值模拟法

地表水与地下水转化量的模拟预测一直是区域水资源评价和管理中的一个棘手问题，尤其是在有人工补给和开采影响条件下，地表水与地下水转化量计算精度直接影响区域水资源评价的可信度。对于完整河，可以作为已知水头边界进行刻划。但对于非完整河，河流与地下水相互转化机理比较复杂，转换量的大小，除与河床岩性结构有关之外，还与二者水位差有关，不能直接概化为已知水头边界（蒋业放，1994），对于河流与地下水相互作用应采用三维流进行模拟（陈崇希，1999）。在傍河地区建立地下水资源评价和管理数学模型，对非完整河的处理一直引起众多专家的关注。J. Bear（1979）在讨论傍河地区地下水数学模型时，把非完整河当做第三类边界，该方法不能反映河流补给地下水由压力式向淋滤式转变的全过程，特别是当河流径流量与水位受地下水开采影响较大时，该法不适用。Morel－Seytoux 等早在 20 世纪 70 年代就开始了河流—含水层系统的研究，其做法是用系统分析方法分别建立河流子系统和含水层子系统的状态方程,然后将二者耦合构造河流—含水层离散核函数模型,但是该模型无法刻画地表水与地下水之间不存在连续浸润面的淋滤补给情形,而且不适用于自然界广泛存在的河床底部有淤泥层的多沙河流。张福生(1991)在分析非完整河地表水与地下水相互作用机理的前提下,提出了非完整河地表水与地下水转换近似计算式。赵耀东(1991)在室内做了傍河水源地诱发补给试验,证明在河水位固定的情况下,地下水开采量增加,不管是粗砂还是中砂含水层,均可出现淋滤补给现象,并且给出了河流补给地下水由压力式向淋滤式转变的判别式。

目前常见的河流—地下水系统模拟方法主要有:Illangasekare 等(1982)用河流损失函数描述河流与含水层间的水量交换,提出的算法形式繁杂,较难实现。蒋业放等(1999)运用动态水量交换机制,将河水模型和二维地下水模型进行耦合,分别用欧拉法和三角网格差分法求解。Barlow 等(2000)采用解析分步响应函数和叠加原理研究含水层系统对河流水位及区域补给变化的响应。以往研究更多涉及单层含水层和二维水流情形,多层含水层系统的地表水与地下水转化量模拟预报有待探讨。

目前常用的河流—地下水系统模型主要有:Bouwer 模型,Bouwer(1969)利用一饱和三维有限差分地下水模型计算了非连续型河流的渗漏量;Rovey 模型,Rovey 等(1975)构建了类似 Bouwer 模型的公式来模拟包括河流—地下水交互作用的渗流场;Dillon 和 Liggett(1983)模拟了一季节性非连续型河流与潜水含水层之间的水量交换;MODFLOW 中的河流—地下水渗流模拟(McDonald 和 Harbaugh,1983,1984,1988,1996),潘世兵等(2002)提出了类似的方法;蒋业放(1999)运用动态水量交换机制,建立了河流—含水层水力耦合模型;Osman 和 Bruen(2002)在 Rovey 模型、Bouwer 模型及 Dillon 和 Liggett 模型的基础上,对 MODFLOW 进行了修正,提出了 MOBFLOW 模型;Osman 和 Bruen(2002)利用非饱和模型 SWMS－2D 对河床不同岩性组合情况下的河流入渗进行了模拟。

据 CDM(Camp Dresser & McKee Inc.)2001 年统计,目前比较常用的可以进行地表水—地下水相互转化的软件有 75 个,其中比较通用的有 MIKE SHE、HMS、FHMFIPR、SWATMOD、MODFLOW、DYNFLOW、MODBRANCH、SWMM 和 HSPF。通过对模型功能、成本、界面等 13 项的综合比较,MIKE SHE 和 MODFLOW 是最好的两个软件,其中 MODFLOW 已被广泛用于地下水模拟。本文采用 MODFLOW 来模拟地表水—地下水之间的相互转换。

1.5 灌溉水—土壤水—地下水—排水之间的相互转换研究现状

土壤水是联系灌溉水与地下水之间的纽带。灌溉水只有入渗成为土壤水才能被作物吸收利用和补给地下水,多余的水分则通过排水渠排出;而地下水也只能通过土壤水才能蒸发和被作物利用。它们之间相互影响,构成了复杂的非线性系统(Irrigation－Soil Water－Groundwater_Drainage System,简称 ISWGDS)。

自 1907 年白金汉(Buckingham)提出了毛管势的理论,1931 年理查德(Richards)导出非饱和流方程,将数学物理方程方法引入土壤水的研究,使土壤水研究取得了长足的进步。计算机技术的迅速发展使在复杂的田间情况下对水盐运动进行定量化研究成为可能,生产实际中存在的排水、灌溉、盐碱地改良等问题也促使水盐运动的研究转向田间。大量学者针对作物发育阶段、灌溉制度、土体结构等不同条件,进行了一系列试验和研究,并对不同灌溉条件、不同田间处理、不同耕作方式和不同作物种植条件下土壤水分的运移规律进行试验和模拟，并将结果应用于指导田间灌溉（Hillel et al.，1977；Feddes et al.，1978，1988；雷志栋等，1988；李卫东等，1996；王桂芬，1996；Unger 等，2000；尹美娥，2000；吕殿青，2000，2001；程先军，2001；许迪，2002；汪丙国，2002）。在理论研究方面，雷志栋等（1988）编著的《土壤水动力学》、张蔚榛（1996）主编的《地下水与土壤水动力学》全面概括了不同补排条件下的一维土壤水运动机制。许兆义（1993）利用试验研究了包气带水的横向渗流机制问题，结果表明，支持毛细水能传递静水压力，与饱水带构成统一的渗流场，进行着垂向渗流和横向渗流。靳孟贵等（1998）以地下水流动系统理论为基础，提出了土壤水流动系统的概念，以系统的观点探讨土壤水的时空分布特征。

田间土壤水分运动的研究主要有两种方法。

（1）建立在水动力学基础上的非饱和土壤水分运移模型。它将农田不同状态的水分作为一个统一的系统，采用水动力学方法建立模型，通过研究各种要素的变化来模拟土壤水的运移状态。在 20 世纪 50 年代，大多数非饱和流动问题需要用解析法求解。随着非饱和水流理论的发展以及近代物理学、数学的融入，土壤水分运动的数值模拟得到了迅速发展。随着有限差分法、有限单元法、边界单元法、元体平衡法等数值方法的发展以及计算机技术的进步，使得可以解决诸如不同初边条件、饱和—非饱和多相域、土壤物理性质的空间变异性、持水的滞后效应、植物根系吸水等复杂的非稳定流问题（Simunek，1996；Heinen，1998；Beliaev，2001）。与此相应的软件不断出现，目前比较通用的用于非饱和模拟的软件有 HYDRUS、TOUGH2 等。数值模拟在我国土壤水分运动研究中被广泛应用，许多学者对不同田间情况下的土壤水盐运移进行了模拟（雷志栋，1998；木拉提，2001；尚宗波，2002），而且计算不同补排条件下的一维土壤水分运动数值模拟已从实验室走向田间，非饱和条件下的二维土壤水流运动模拟也得到了迅速发展（郑耀泉，1997；虎胆，2002；汪丙国，2002）。

（2）农田水均衡法。在确定的时空条件下，研究水分均衡要素的动态规律。该模型在用于剖面土壤水分转化模拟时，简单方便。该模型用于区域水均衡研究时，避开了一些土壤水分物理参数（如导水率等），但是某些分量难以确定，因而精度不高。Hearn 等（1981）建立了反映植被根层水分状况的土壤水分平衡模型。龚元石和李保国（1996）利用农田水量均衡模型，计算了土壤水的渗漏量。侯琼和郝文俊（2000）根据多年实际观测资料，利用初始土壤有效水分储存量、降水量和实际蒸散量三要素，建立了基于农田土壤水分均衡的土壤水分动态预测模式，对农田土壤墒情进行了评估。

田间水盐运动的研究相对于实验室内在特定条件下的研究，难度大得多。主要原因是土壤的空间变异极大，加上气候和人类活动的非稳定条件十分复杂。水盐平衡法是研究田间水盐运动重要的常用方法。Jury（1984）系统总结了在田间水盐运动规律研究中提出的各种模型，把模型分为确定性模型和随机模型两大类。其中随机模型可进一步分为 4 种：标定理论、蒙特卡罗模型、随机动量理论和随机对流模型。这些模型在处理随机环境因子变量、土壤的空间变异方面有很大的优越性，但至今还仅限于田间一些特定条件下的应用。

1.6 水循环研究现状与未来

1.6.1 国际大型水循环研究计划

水循环研究是当今全球变化研究中最为重大的科学问题之一（刘昌明等，1999）。自1965年联合国教科文组织（UNESCO）成立“国际水文十年计划”以来，世界各国对全球水循环及大陆尺度水文过程进行了大量的研究，先后开展了许多大型科学计划（张宗祜，2001）。这些计划主要包括（王守荣等，2003）：1976年至今的国际水文计划（IHP）（由世界各国政府组织参加、在国际上有重要影响的水科学及其相关的水资源和环境科学的大型国际研究计划），1990年的世界气候研究计划（WCRP），1990年的全球能量与水循环实验（GEWEX），1990年的国际地圈生物圈计划（IGBP）中的水循环的生物圈方面计划（BAHC），1992年的服务于环境、生活和政策的水文计划（HELP），1996年的国际全球环境变化人文因素计划（IHDP），1999年的第五期水文与水资源计划（HWRP），1999年的美国全球水循环研究计划（GWCP），以及2001年的全球系统计划（GWSP）等。

其中，与干旱半干旱地区水资源及生态环境保护关系密切的计划主要有：

（1）IHP计划。该计划第五阶段（1996～2001年）项目设有干旱半干旱地区的水资源综合管理（含水文过程、水资源评价以及可持续开发的水资源管理等项目）和地表生态过程等8个主题。该计划第六阶段（2003～2007年）包括全球性变化和水资源、综合流域动力学、陆地栖息地水文学等5个主题。

（2）全球能量和水循环试验（GEWEX，中国开展了淮河流域能量与水循环试验研究国际合作项目）等。

（3）国际地圈生物圈计划（IGBP）中的水循环的生物圈方面计划（BAHC）。

这些大型科学计划，越来越注重人类活动对水循环的影响、水资源系统与生态系统的相互作用；注重水循环中各圈层的相互作用和物质能量交换，以及区域水循环演化与全球变化的关系；重视高新技术与数字化、虚拟模拟技术在水问题研究中的应用。这些大型的科学计划，为解决全球水资源的合理利用提供了科学依据，同时，对于客观评价地下水资源形成及利用具有重要的作用。但是，上述研究计划的不足之处在于研究水循环时普遍忽视对盐分的研究。

1.6.2 中国西部水问题研究

1.6.2.1 大型研究项目

西北干旱内陆盆地水资源短缺，由此导致流域生态环境质量趋于退化和社会经济发展面临一系列问题（刘昌明等，1996；夏军等，2003）。为此，国家自然科学基金委员会以及其他各部委相继设立了一系列涉及西部水问题的大型研究项目，其中包括国家“七五”攻关项目“西北地区地下水资源评价及合理开发利用研究”、国家“九五”攻关项目“西北地区水资源合理开发利用与生态环境保护研究”、国家自然科学基金委员会“中国西部环境和生态科学研究计划”以及“西北地区水资源与可持续发展”等。这一系列研究计划的实施，在西部流域水循环中的水与生态问题研究方面取得了一些突出进展（聂锋，1998；马金珠等，1998；王根绪等，1999）。

1.6.2.2 干旱区“四水”转化研究

近年来，在西部干旱内陆区开展了大量基于“降水—地表水—土壤水—地下水”的四水转化试验与研究，并取得了可喜的成果，如清华大学雷志栋教授主持的"新疆叶尔羌河平原区绿洲四水转化关系研究"课题。这对于解释干旱区水资源形成、转化、消耗起到了重要作用，但主要是从"四水"转化机制和理论上开展各项试验研究，以寻求干旱区绿洲水循环过程与规律。

董新光等(2004)，在总结干旱内陆平原区"四水"转化特点的基础上，提出"四水"平衡观点，即地表水平衡、地下水平衡、供需水平衡以及耗水平衡，并阐述了四水平衡的基本原理及水平衡模型建立的基本方程，对各项参数、输入与输出变量、方案(项目)选择变量及决策变量等水平衡模型组成的结构进行了解析；分析了"四水"转化与"四水"平衡的内在关系，从"四水"转化的理论、试验研究过渡到工程、管理以及保护的"四水"平衡应用。

刘延锋(2004)对新疆焉耆盆地地表水—地下水转化及水资源可持续利用作了研究，计算了地表水与地下水之间的相互转化量。

1.6.2.3 西部流域水循环研究

夏军等(2003)从中国西部流域水循环的特点及存在的问题出发，探讨了中国西部流域水循环研究基础科学问题，如西北地区的径流特点、天然状态下平原绿洲区地下水的补给来源和排泄通道、山区与平原的水源关系等。邓铭江等(2004)以新疆为例，通过对干旱地区河流的基本特征和水文机理的分析研究，从全流域水文循环的角度出发，提出了以山区水文、绿洲水文、荒漠生态水文为三大构成要素的干旱地区内陆河流域水文系统的新概念，并基于干旱地区内陆河流域水文问题的研究实践，提出了各自领域的研究内容和方向，进一步拓宽了水文问题的研究领域，对水文学科的研究与发展提出了新的思路，注入了新的内容。

1.6.2.4 西部地下水循环模式研究

近几十年来，众多学者从各种角度研究地下水的形成演化模式和划分地下水系统。地下水流动系统理论指出，在地形稍复杂的盆地中，存在着以流面隔开的地下水局部流动系统和区域流动系统，前者嵌套在后者之上，现代水文循环形成的90%以上的地下水均在此系统中循环交替(Tóth J,1978)。地下水区域流动系统是由河流出山口的冲洪积扇地带的地下水强烈下渗区，经深部径流到盆地腹地地下水上升区的整体空间构成(徐恒力等,2000)。研究表明，来自盆地边缘的大气降水、山区的地表水下渗形成的地下水和侧向潜流，运移到离盆地边缘百余千米的距离内，大部分转化成浅层地下水以泉或潜水排泄形式回返地表(久宁 BЙ,1990)。李文鹏等(1995,1999)划分了内陆干旱盆地平原区地下水系统，并解释了盆地地区地下水具有上咸下淡的普遍特点，及其深部存在由盆地边缘向中部延伸的舌状淡水带的原因。中国科学院寒区旱区环境与工程研究所也开展了西北干旱区内陆河流域水资源形成与变化的基础研究，以河西走廊黑河流域为代表，研究了不同海拔地带的能量、水量和盐分平衡以及水资源的形成和演化规律。潘世兵等(2003)将西北内陆盆地地下水系统划分为两个大类6个亚类，认为从水动力学理论解释盆地地下水系统咸淡水分布规律更为合理，并指出了区域地下水资源评价应按地下水流系统进行。

1.6.3 毛细水带侧向运动研究

毛细水带作为非饱和带与饱和带的过渡带，起着联系土壤水和地下水的通道作用。很多学者从不同角度对其进行了研究。

一些水力方面的研究表明(Abdul,A. S. 等,1984;Mixon,F. O. 等,1984;Gillham,R. W. 等,1984;Akindunni,F. F. 等,1992),毛细水带中的侧向径流是地下水水平运动的重要机制之一。当水力系统在局部补给、边界条件或抽水发生变化时,毛细水带的水力系统会发生重要的局部响应(Kinouchi,T. 等,1991;Li,L. 等,1997;Zhang,H. 等,1999;Nwankwor,G. I. 等,1992;Jayatiaka,C. J. 等,1996;Rosenberry,D. O. 等,1997);在潜水面以上,当土壤含水量和水势在垂向上发生改变时,毛细水带的水力系统也会发生重要的局部响应(Lehmann,P. 等,1998;Nielsen,P. 等,2000)。考虑了毛细水带中的侧向径流,基于数值模拟的渗出面研究证明了(Shamsai,A. 等,1991;Wise,W. R. 等,1994),毛细水带是决定渗出面高度的重要因素之一,及其对全部水流的贡献。从这些研究可以总结出,在一个饱和地下水流模型中,能否正确预测潜水面以下部分的水流,依赖于是否考虑了作为上边界的毛细水带的影响,或者将非饱和带、毛细水带及饱水带中各部分水流进行耦合研究(Parlange,J. -Y. 等,1987;Simunek,J. 等,1999)。

许兆义(1993)认为,包气带水的垂向渗流与横向渗流是密切相关的有机整体,哪一种运动形态占主导地位,取决于整个渗流场的动力条件。他通过试验研究证明了,支持毛细水能传递静水压力,与饱水带构成统一的渗流场,进行垂向渗流和横向渗流。独仲德等(1997)在解释毛细饱水带的水动力特性时指出,对毛细饱水带,在垂直方向受重力、介质结构支持力和毛细力作用而保持平衡;在水平方向上,地下水受到侧向压力和与之反方向的介质结构阻力的作用而产生运动。他们进一步通过支持毛细水横向示踪渗流试验证明了毛细饱水带与潜水一样也存在地下水污染及污染物的水平运动,而且两带在水平向的水动力情况基本相同。

靳孟贵等(1998)在研究土壤水流动系统时发现,包气带水不仅存在垂直运动,也存在较强的水平运动,特别在排水条件下,毛细饱和带土壤水呈现明显的水平运动。

Stephen E. Silliman 等人(2002)曾用两个大小不同、分别装有均质与非均质砂样的实验室渗流槽,研究流体和溶质在毛细水带中的迁移。试验结果表明,流体和溶质在毛细水带中也会发生有秩序地迁移,迁移包括垂向(向上和向下)和水平向(侧向)的流速。潜水面以上局部高饱和地段会极大影响毛细水带中的水平流动。观测结果显示,毛细水带中的水与潜水面以下的水之间进行着积极的交换,交换量既有从毛细水带中进入潜水面以下,也有从潜水面以下向上进入毛细水带。如果砂样是非均质,这种交换会增强。

关于毛细水带的这些研究结果对于理解水土盐化机理很有意义:地下水蒸发浓缩过程中,最接近地面的毛细饱和带水含盐量最大,毛细水的水平流动,使这部分高含盐量水经常被替换排走;以同等水分通量蒸发时,盐分通量将明显减少,土壤积盐也明显减轻。绿洲地下水位浅而不发生土壤盐化,原因即在于此。干旱半干旱地区有灌溉排水的农田,水循环属于入渗—径流型,排水深度即使远小于“临界深度”,土壤也并不发生盐化,原因也在于此。

1.6.4 水循环研究方法

1.6.4.1 河流—地下水相互转化研究方法

河流—地下水相互转化是水循环中“四水”转化的一个重要环节。河流与地下水的相互转化包括二者的补排关系及交换量。目前常见的确定河(渠)渗漏补给量的方法有试验法、水文学法、地下水动力学法及数值模拟法。数值模拟，是处理复杂水文地质条件的有力手段，目前被广泛应用于地下水、河流与地下水相互作用的模拟预测。据 Camp Dresser & McKee 公司 2001 年调查结果显示，目前有 75 个软件模型具有模拟地表水与地下水相互转化的功能。其中比较常用的有 MIKE SHE、HMS、MODFLOW、DYNFLOW、MODBRANCH、FHM－FIPR、SWATMOD、HSPF、SWMM 等 9 个软件。通过成本、界面、以及模型功能等 13 项指标对这 9 个软件进一步评价得出，MIKE SHE、MODFLOW 和 DYNFLOW 提供地表水—地下水集成模拟的功能最好。

1.6.4.2 田间“四水”转化研究方法

自 1907 年 Buckingham 提出毛管势理论，1931 年 Richards 导出非饱和流方程，数学物理方法被引入土壤水研究，土壤水研究取得了长足的进步（黄领梅等，2000）。计算机技术的迅速发展使复杂的田间水盐运动定量化研究成为可能。

田间土壤水分运动研究主要有两种方法：①数值模拟法，将农田不同状态的水分作为一个统一的系统，采用水动力学方法建立模型，通过研究各种要素的变化来模拟土壤水的运移状态。目前，非饱和数值模拟常用软件有 HYDRUS、TOUGH2 等；②农田水均衡法，即在确定的时空条件下，研究水分均衡要素的动态规律。该方法在剖面土壤水分转化计算时，简单方便；用于区域水均衡研究时，避开了一些土壤水分物理参数，但由于某些分量难以确定，因而精度不高。

1.6.4.3 分布式流域水文模型

分布式流域水文模型不仅可以帮助人们更加深入地了解水文循环在不同时间和空间尺度上的演变规律和过程，而且为综合解决实践中与各种水文循环紧密相关的问题提出了一个更加有效的框架和平台（熊立华等，2004；王中根等，2003；王旭东等，2004；杨桂莲等，2003）。

1969 年 Freeze 和 Harlan 提出了分布式水文物理模型（physically - based distributed models）的概念和框架。随后，Hewlett 和 Troenale 在 1975 年提出了森林流域的变源面积模拟模型（简称 VSAS）。1979 年 Beneah 和 Kirbby 提出了以变源产流为基础的 TOPMODEL模型。由丹麦、法国及英国的水文学者联合研制及改进的 SHE 模型（System Hydrologique European）是第一个真正的具有代表性的分布式水文物理模型。现在 SHE 模型已发展到第四代模型，即 MIKE SHE 模型。1980 年，英国的 Morris 进行了 IHDM（Institute of Hydrology Distributed Model）研究。1994 年，Jeff Arnold 为美国农业部（USDA）农业研究中心（ARS）开发了 SWAT 模型（Soil and Water Assessment Tool）。SWAT 是一个具有物理机制的长时段的流域分布式水文模型，能够利用 GIS 和 RS 提供的空间数据信息，模拟复杂大流域中多种不同的水文物理过程。王中根等（2003）将 SWAT 成功应用于径流模拟。

1.7 水盐运移研究现状

盐分运移以水分运移为前提。水分运动的定性定量研究促进了盐分运移研究的发展。在研究盐分过程中常常将水盐结合。水盐研究开始于土体的微观运动规律研究，后来逐渐发展到田间、区域水盐运移研究（黄领梅等，2000）。

1.7.1 田间水盐运移研究

为了解决农业灌溉、排水及盐碱地改良等问题,水盐运移研究逐步从室内转向田间。人们针对作物发育阶段、灌溉制度以及土体构型等不同条件,开展了一系列田间土壤水分运移研究,并把部分研究结果用于指导田间灌溉;农田水利或灌溉排水专家从盐碱地改良的角度,比较深入地研究了灌区盐分的动态与均衡(张蔚榛等,1999;Al-Ajmi 等,2002);通过动力学理论进行盐分运移模拟计算(孟江丽等,2004),并将成果用于盐碱地改良。土壤物理化学过程和空间变异是田间水盐运移研究的两个重要方向。Grove 和 Stollenwer(1987)对地下水盐分运移化学过程变化做了系统总结。Nielsen(1973)等人的研究结果表明,土壤空间变异对田间水盐动态变化的影响极大。目前,土壤空间变异研究还限于取样点数目的选择与土壤某些在空间上的插值运算方面。

受土壤空间变异性、气候以及人类农业灌排等多种因素影响,田间水盐运移研究要比室内特定条件下研究更复杂,而且难度要大得多。目前,田间水盐运移研究方法包括:①确定性研究,变量不含随机性,如水盐平衡计算和数值模拟;②随机研究,变量含随机性。至今已发展的随机模型主要有标定理论模型、蒙特卡罗模型、随机动量模型和随机对流模型(Jury,1984)。这些模型在处理随机环境因子变量、土壤空间变异方面具有很大优越性,但其应用还仅限于田间某些特定条件。

1.7.2 区域水盐运移研究

区域上的水盐运移研究是应大规模区域性旱涝和土壤盐渍化综合治理需要而发展起来的。区域水盐运移研究,常常以流域为单位,对流域内的水盐运移过程及其规律进行宏观性研究,为区域综合治理和水盐调控提供科学依据。区域水盐研究一般通过大量野外定点试验观测,从观测资料中找出规律,绘制变化曲线,推求经验公式,来描述水盐动态。相对于实验室内特定条件研究来说,区域水盐运动的研究难度要大得多。

1930 年,Tepacnmog 提出了利用水盐平衡研究法预报地区水盐动态模式。经过许多人的研究,这种方法得到不断完善。

我国区域水盐运动研究,从 20 世纪 70 年代以来取得了显著成果。黑龙江省水利勘测设计院(1978)为评估“引嫩”工程,进行了面积为 2.4 万 km^2 的水盐均衡分析,指出工程实施后将有 26% 的灌溉水进入地下,并会使地下水抬升 0.32 m,以及应采取的预防措施。中国农科院、水利部等单位在从 20 世纪 80 年代期间也分别对黄淮海平原区不同条件下的水盐运动规律进行了研究。黄运祥等(1985)在新疆焉耆盆地盐碱土综合治理方面做了研究。袁宾(1992)系统总结了人民胜利渠灌区的水盐运动规律,并对灌区的水盐动态现状进行了分析,提出了实现灌区水盐平衡良性发展的措施。

区域水盐均衡研究多结合分区法。石元春等(1983、1986、1991)应用分区水盐均衡方法,研究了黄淮海平原的水盐规律,划分了八个类型的水盐运动区域,并进一步考虑了人为因子对水盐运动强度的影响,绘制了区域水盐运动类型图,为区域水盐平衡分区计算打下了良好基础。李韵珠等(1988)进行了不同地学条件的分区水盐均衡计算。

区域地下水盐运动的研究,近年来多应用分布参数模型方法研究(Huggins,1968;Gupta 等,1978;Williamson 等,1980),并以水动力学方法为基础。利用数值方法可对地下水运动偏微分方程求解,大大加快了对区域地下水运动规律的研究。近年来,也有运用系统工程方法对区域水盐运动进行系统研究的，如黄运祥（1985）在新疆进行了有益的尝试。现阶段，对区域地下水盐运动的研究已进入区域水资源综合管理层次。

从20世纪60年代起，盐渍化研究逐渐由简单的物质平衡发展到数学和计算机模型。以流域为基本单位的区域水盐运动模型的特点是以水盐平衡为基础，宏观地从盐分的各种来源表示了水盐变化，进行盐渍化预报，使人们对复杂的大范围水盐运动的认识进一步深化和定量化。区域水盐运移模型的成果相对较少（Kaddah，1976；Lane，1984；Dennis，1987），主要原因是区域的空间变异大，直接受气候，尤其是人类活动影响。区域与区域之间的差异也很显著。区域水盐运移模型为宏观结果，只能提供区域的总体信息。Tanji，K. K. 总结了近20年美国西部10个水文盐渍化模型，包括土壤、地下水以及地表径流三个子系统中的水盐运动。他指出，以流域为尺度的水文盐渍化模型研究是当前和今后区域水盐运动研究的一个重要领域，但大部分模型是在某些具体条件和专门目标下建立的，还缺乏经验和对生产的一般性指导意义。

1.8 非饱和水运移研究现状与展望

20世纪60年代中期，随着土壤水势及其各分势的概念趋于完善，土壤水流与溶质运移理论和试验研究飞速发展。几十年来，国内外开展了大量的理论研究和室内外试验研究，以搞清土壤水流与溶质运移这一客观事实的规律。

1.8.1 土壤水分运动研究

L. A. Richards（1931）应用非饱和流达西定律推导出的非饱和流运动方程，一直沿用至今，是土壤水分运动理论研究的基本方程；澳大利亚学者Philip（1966）在土水势的基础上，提出了土壤－植物－大气连续体（SPAC）的观点，把土壤水分调控与植物、环境水分状况联系起来作为一个动态系统来加以考虑，这是土壤水分运动研究理论的一个重大突破。近年来，倾向于通过SPAC研究田间水分循环，将土壤水分和植物、大气联系起来研究，其结果比较接近田间实际。然而，水分在SPAC系统各个环节中的运动和变化的物理机制还有许多不够清楚的地方，因此国内外许多学者正致力于研究这些过程。

近年来，关于土壤水分运动研究的代表性成果主要有：R. W. 吉尔哈姆（1984）主要从地下水的补给和消耗计算、河川径流的形成、污染物质向地表水体的运移、污染物质在浅埋地下水动态中的传输等几个方面研究了各种沉积物中的包气带对地下水位的影响；许兆义（1993）试验研究了包气带水的横向渗流机制问题，结果表明，支持毛细水能传递静水压力，与饱和带水构成统一的渗流场，同时存在着垂向渗流和横向渗流；C. J. Jayatilaka et al.（1996）建立了模拟毛细饱水带对河流附近地下水流影响的模型，研究了非饱和水与地下水的相互转化问题；靳孟贵等（1998、1999）以地下水流动系统理论为基础，提出了土壤水流动系统的概念，以系统的观点探讨了土壤水分的时空分布特征及其运动规律；Christoph Hinz（1998）在室内一维土柱上，对变动水位附近的饱和－非饱和水流特征进行了试验研究，初步描述了动态水位条件下的一维土壤水分运动特征；王志明等（2000）研究了半干旱地区黄土浅部包气带中的水分运移特征，结果表明，在半干旱地区的黄土包气带中，土壤浅部的水分上下运动明显，降水的垂直入渗量甚小，最多为降水量的1%左右，而且降水的垂直入渗量随深度的增加而减小；胡安焱（2000）利用昌吉地下水均衡场资料，从土壤水势梯度和土壤含水量出发，分析研究得出一维条件下土壤水和地下水的相互转化关系；杨建锋等(2001)通过对夏玉米和冬小麦生长季节期间土壤水动态观测试验，探讨了地下水浅埋条件下土壤水动态变化规律，结果表明，浅埋地下水对土壤水动态具有很大影响，农田土壤水分变化主要发生在根区深度0~50 cm的土壤中。

在20世纪50年代，大多数非饱和流动问题需要用解析法求解。随着土壤非饱和水流理论的进一步发展以及近代物理学、数学的渗入，土壤水分运动的数值模拟得到了迅速发展。1975年，许多一维流动问题的有限差分法得到应用，但是多维流动问题数值的模拟进展被当时应用的数值方法和计算机的速度所阻碍。随着高效的有限单元法、控制体积法和快速计算机的出现，使得可以解决诸如饱和－非饱和变化、土壤物理性质的空间变异性、持水的滞后效应、植物根系吸水等复杂的非稳定流问题(Simunek et al.,1996;Heinen et al.,1998)。De Vos et al.(2000)应用Simunek et al.的软件包分析了一个有大量现场资料的数据集，获得了土壤剖面的物理性质分布。随着计算机技术的发展，数值模拟在我国土壤水分运动研究中被广泛应用，计算不同补排条件下的一维土壤水分运动数值模拟已从实验室走向田间(雷志栋,1982;王金平,1989;周维博,1991;左强,1999)；同时，二维土壤水分运动的数值模拟也得到了迅速发展(雷志栋,1988;张蔚榛,1996)。

利用数值模拟方法求解的精度主要取决于数学模型的土壤水力性质参数。因此，在国内外土壤水分运动的研究中，首先涉及模型参数的研究。20多年来，对其测定方法做过许多探讨，但至今尚未有十分成熟而又统一的方法，这不能不对土壤水分运动的研究与进展产生不利的影响。1989年11月在美国加州召开了关于土壤水力性质评估的国际会议，主要讨论了用间接方法估计非饱和土壤水力特性，其中van Genuchten教授等人提出的估算方法颇为流行。

1.8.2 土壤溶质运移研究

20世纪60年代初，Nielson建立的CDE方程是土壤溶质运移理论研究的基本方程和经典方程，国内外有关溶质运移理论研究的教材、专著均以此方程作为研究的起点。

1.8.2.1 物理模拟

美国加州大学的Jury教授(1971)在砂土中拌盐用灌水入渗淋溶试验，观测溶质在均质土壤中的迁移规律；澳大利亚土地研究中心的Ross(1971)在室内一维土柱上进行了溶质运移的试验研究，并测定了穿透曲线；美国国家盐改中心的van Genuchten(1981)教授用硼做示踪剂的迁移试验，并考虑不动水体因素，得到有关规律和参数，在进行了一系列室内土柱试验后，系统地论述了室内一维土柱试验的初边值条件，及各种初边条件下土壤溶质运移的解析解；美国国家耕作室的Jaynes(1991)在野外进行了漫灌、滴灌条件下溴(Br^-)元素的示踪试验，探讨了溴在土壤中运移时，其孔隙水流速和水动力弥散系数随土层深度的变化规律；Starislaw Maciejewski(1993)用碘的同位素作为污染物示踪剂、Kookana(1993)用$CaCl_2$作为污染物的示踪剂分别研究了污染物在非饱和土壤中迁移、衰减及吸附规律；美国伊利诺斯大学自然与环境科学系的Ellsworth(1996)在露天试验场进行了2 m×2 m的微区试验，研究了Br^-、Cl^-、NO_3^-随水流在非饱和土壤中的运移规律等。

我国土壤溶质运移研究与土壤水研究密切相关。从20世纪50年代开始，主要围绕黄淮海平原的开发与利用而展开。许多研究者对盐碱土的可溶盐分布、聚积、迁移规律及盐碱土的次生盐渍化进行了大量的卓有成效的研究。20世纪60年代初，主要是室内蒸发条件下土壤的水盐动态研究。周祖澄（1982）用^{15}N示踪、盆栽法及微区法研究了固体氮肥施入旱田的去向；聂永丰等（1989）利用室内一维土柱试验研究了污染物氚在下包气带非饱水条件下的迁移转化；刘兆昌等（1990）在室内一维饱水土柱上，动态模拟了重金属污染物在饱水的土壤下包气带中的迁移、转化，结果表明，不同的重金属污染物进入饱水条件的土壤下包气带之后，在土壤中的迁移、转化有着非常明显的差别，其迁移顺序为$Cr_2O_7^{2-} > AsO_2^- > Hg^{2+} > Cd^{2+} > Pb^{2+}$；左强（1991）研究了排水条件下饱和－非饱和水盐的运动规律；杨大文、杨诗秀（1992）在室内三个一维垂直土柱上研究农药在土壤中迁移及其影响因素时，考虑了对流、弥散、吸附、降解四因素的影响，结果表明，对流、弥散、吸附作用对农药运移影响大，而降解作用影响小，降解仅决定了农药在土壤中的残留量；王福利（1992）在一维垂直土柱上，研究了降雨淋溶条件下，溶质在土壤中运移时，仅考虑了对流、弥散二因素的影响，结果表明，降雨量越大，溶质被淋洗的深度愈大，当溶质以液态形式加入土壤时，降雨强度对溶质淋洗的影响小，而当溶质以固态形式加入土壤时，则降雨强度越小，溶质淋溶效果越好，这是因为降雨量相同时，雨强越小，雨水与固态接触而溶解的时间越长，溶解越充分；冯绍元、沈荣开（1995）在一维水平土柱上研究排水条件下非饱和土壤中氮素运移与转化试验时，考虑了对流、弥散、吸附、硝化四种影响因素，结果表明，对流、弥散、吸附作用对氮素运移影响大，而硝化作用影响小，可忽略；王超等（1996）借助于一维土柱物理模拟装置，试验研究了保守性污染物在非饱和土壤中的迁移规律，得到了污染物瞬时输入和连续输入条件下，非饱和土壤中污染物浓度时空的变化过程；独仲德等（1997）试验研究了污染物在毛细饱水带的迁移过程，认为毛细饱水带与潜水含水层在水平方向上的水动力特性基本相同；魏新平（1999）利用非饱和土壤溶质运移的对流扩散方程及其解析解，联系大田漫灌、喷灌的入渗实际，在室内一维土柱试验的基础上，研究了漫灌、喷灌条件下的土壤养分运移特征；王玉等（2000）利用土柱切割法获得了饱和流运移土柱在不同运移时间的土壤溶质（NH_4^+）剖面分布曲线，并提出了溶质运移穿透时间和完全穿透时间等概念以描述溶质运移特征；刘广明等（2001）利用粉砂土土柱进行了室内模拟试验，研究了不同地下水埋深及其矿化度作用下的非饱和粉壤土的盐分动态规律；吕殿青等（1999、2000）在室内一维土柱上研究了入渗条件下的土壤水盐运移过程和浓度分布规律；曹红霞等（2003）通过室内一维均质土柱试验，对不同灌水频率的处理土壤中表施和灌施溶质的迁移规律进行了研究，结果表明，溶质施加方式和灌水频率对溶质迁移影响比较大。

1.8.2.2　数学模拟

对流－弥散方程（CDE）是描述溶质在饱和－非饱和土壤中运移的基本方程，用 CDE 方程模拟溶质运移问题，无论用解析的方法还是用数值的方法，首先要求出方程中的关键参数 D_{sh}，即水动力弥散系数。对此，国外学者进行了大量的探索性研究。目前，估计水动力弥散系数的方法有 20 多种。近年的论文资料表明，国外学者常用极大似然估计法和最小二乘法估计 D_{sh}，其优点是可用多点观测值确定 D_{sh}，且误差最小，如美国地质勘测局的 Wagner（1986）提出的溶质运移参数的估计方法；以色列 Bresler（1987）提出的用极大似然法进行溶质运移参数估计和日本学者 Yamaguchi（1989）提出的用穿透曲线估计水动力弥散系数的方法；西澳大利亚大学水研究中心的 Barry 教授（1989）用时间独立变量来表达水动力弥散系数、孔隙水流速度，从而成功地求解了 CDE 方程；美国国家盐改中心的 van Genuchten 教授(1991)就各种初边条件下，CDE 方程的解析解进行了系统的研究，并出版了研究专著。

20 世纪 80 年代中后期，借助电子计算机技术，使应用数值方法模拟土壤溶质运移问题成为可能。溶质在饱和－非饱和土壤中运移的问题，最重要的还是要研究土层中溶质的运移情况，开发水质模型及软件可定量地描述溶质在作物根区的运移规律，评价农业活动对水环境的影响、排水设施对作物根区溶质运移的影响。因此，饱和－非饱和土壤中溶质运移模型，是近几年国外溶质运移研究的一个热点。1991 年，美国国家盐改中心的 Kool 和 van Genuchten 教授共同研制了一维饱和－非饱和流条件下的水流与溶质运移模拟软件：HYDRUS Version3. 31；1992 年，美国衣阿华州大学 P. Singh 博士开发了根区水质模型软件 RZWQM；Hutson 和 Wagenet (1992) 开发了计算瞬时条件下分层土壤中垂直一维水流与溶质运移的软件包：最新版本的淋溶评价和化学模拟软件 LEACHM；1994 年美国国家盐改中心的 van Genuchten 教授研制了二维饱和－非饱和水流与溶质运移模拟软件：SWMS_2D。

美国爱达荷州大学农业生物工程系的 Izadi(1993)在野外沟灌条件下，进行了溴(Br^-)示踪试验，并分别用传输模型和田间持水模型对研究结果进行了模拟比较；1994 年，美国柯罗立达州农业研究中心的马秋理用 RZWQM 模型预报农药在田间土壤中的运移，获得成功；1995 年，P. Singh 用 RZWQM 软件评价了耕作制度对玉米地硝酸盐(NO_3^-－N)迁移到排水渠中的情况，亦获得成功；M. Dust, et al. (2000)利用 LEACHP 软件较好地模拟了分层砂壤土和壤质土中的水、溴化物和杀虫剂的迁移。

刘亚平等(1985)用数学模拟方法预测了稳定蒸发条件下的土壤水盐运动状况；贾大林等(1985)用数值模拟方法研究了砂土柱的水盐运动；叶自桐、黄康乐(1987)分别对饱和－非饱和土壤溶质运移进行了试验研究及数值模拟，叶自桐(1990)还对传输函数模型(TFM)进行了简化，提出了适于研究入渗条件下土壤盐分对流运移的传输函数修正模型，根据田间不同矿化度灌溉入渗试验结果，得到了盐分通过 0～60 cm 土层时的时间概率函数；王福利(1992)采用室内试验及数值模拟的方法研究了降雨淋洗条件下溶质在土壤中运移的问题；黄元仿、李韵珠 (1996)在田间条件下研究了土壤氮素运移的模拟模型，他们未做微区试验，只借用了美国学者 Warrick(1970)的试验资料验证了他们的模型，然后用田间观测值进行了氮素平衡计算，讨论了氮肥施入的动向，结果表明，根系吸氮总量远远大于其他一切影响因素，是氮在农田中的主要支出项。

1. 8. 3 水流与溶质运移相互作用研究

以上研究绝大多数只考虑水分的重力势和基质势、溶质的对流和弥散作用，而较少涉及水与溶质之间的相互作用，例如溶质浓度梯度对水分运移的影响等。

实际上，溶质浓度对土壤水分运动有着重要的作用。Qayyum 等(1962)认为，在黏壤和砂壤的密封土柱中，当土壤含水量小于 1/2 田间持水量水分时有指向含盐表层的扩散运动，当土壤含水量大于 1/2 田间持水量时存在黏滞流；Kemper 等(1966)指出渗透势梯度对土壤水分运动有相当大的影响；Nassar 等(1989)通过室内密封土柱试验，提出在含盐土壤中溶质浓度梯度是土壤水分输运的驱动力之一，并基于黏滞流理论和水汽扩散理论建立了考虑包括溶质浓度梯度、水分梯度和温度梯度影响的水、汽传输模型，但未在野外和有作物生长的大田中进行应用和分析；杨劲松（1992）通过试验发现灌溉水的盐分浓度对土壤水力传导特性具有一定的影响，但未给出定量的表述。乔云峰（2001）在室内一维土柱上，分别进行了垂直和水平方向上的土壤水分入渗和盐分运动规律试验，研究了土壤含盐量、土壤初始含水量对水分运动的影响，结果表明，土体含盐量越大，水分入渗速率和湿润峰前进速度越小，但对土壤水分剖面没有很大的影响，土壤初始含水量的增加降低了土壤的持水能力，同时加快了土壤水分的入渗速率；土壤初始含水量对一维土壤水盐运移有重要的影响，土壤初始含水量的增加，使得表征土壤盐分变化的特征量呈减小趋势。E. J. Henry（2002）利用室内试验和数值模拟软件模拟了不同污染物对包气带－毛细饱水带－饱和带中水分运动的影响，结果表明，水在含有易溶解、易移动表面活性剂（丁醇）的多孔介质中的运动与其在不易溶解、不易移动表面活性剂（肉豆寇醇）的多孔介质中的运动有很大的不同。

1.8.4 研究中存在的问题

综观国内外对土壤水流与溶质运移的研究现状，当前对土壤水流与溶质运移的试验研究和理论研究中，主要存在以下不足：

（1）当前在我们国家，土壤水流与溶质运移的试验研究仍没有得到足够的重视。

（2）在已开展的试验研究中，对土壤水流与溶质运移模拟研究最多的是室内一维土柱试验，但由于土柱尺度小，其边壁对土壤水流与溶质运移过程影响大，使得试验缺乏代表性；而大型二维土槽模拟试验装置制作复杂、费用高、试验周期长，故大型土槽模拟试验很少进行；野外田间试验由于农业污染物通量的时空变化过程很难测得，使得田间试验难以实现。

（3）当前的试验研究，仅考虑包气带中非饱和条件下水流与溶质运移的比较多，而很少涉及考虑把包气带－毛细饱水带－饱和带（潜水含水层）作为一个整体的水流与溶质运移物理模拟试验。

（4）对污染物通过土壤包气带进入毛细饱水带，进而进入地下水的迁移、转化机制还缺乏深入的研究，而且对保守性污染物研究的多、对非保守性污染物研究的少。

（5）在一些研究中虽然提到溶质浓度、种类等对于水分运动有较重要的影响，但是很少从定量上研究水、溶质迁移过程中的相互影响。

（6）现有的研究多集中在利用溶质穿透曲线来确定溶质运移的特征，而直接描述溶质运移过程中土壤溶质时空分布的研究还不多见。

（7）在考虑土壤中溶质迁移转化的物理模拟和数学模拟中，单元层模拟多，整体性模拟少。

（8）现有的模型从应用角度来衡量，经验参数多，对实测资料依赖程度太高，考虑污染物迁移转化的机理因素较少（黑箱模型），过分理想化，应用时精度难以达到要求，故难以推广应用。

1.8.5 研究发展趋势

综上所述，特别应该重视以下几个问题的研究：

（1）试验是人类探索自然奥秘的手段。没有一流的试验研究，很难在基础理论上有所突破。张人权教授曾经指出，如果我们要想探索自然本身的规律，只有进行控制性室内试验才能重现真正的自然。土壤水流与溶质运移的很多机制，人们还未完全掌握，需通过室内、室外精密的试验，检验传统的对流弥散方程、动水－不动水体模型及随机传输函数模型等各种各样描述土壤溶质运移的数学模型，并对它们的准确性、灵活性、通用性和可操作性做出科学的评价。

（2）包气带、毛细饱水带与潜水含水层之间水及污染物交换方式。

（3）水－溶质迁移相互作用的机理。

（4）饱和－非饱和土壤中水与溶质的迁移规律不仅与土壤自身的物理化学性质有关，还与外界环境有关，而且在实际生产中人们更加关心的是特定土壤中的水、溶质的迁移规律受不同补排条件的影响及其影响程度，以便在人类活动中采取相应的防治措施。

（5）以溶质迁移、转化机理为基础，建立适合土壤环境评价分析的非饱和带（土壤水带、中间带）、毛细饱水带、潜水含水层整体的数学模型。

总之，土壤水流与溶质运移是一个非常复杂的问题，要真正掌握其迁移、转化机理，必须借助大量的室内外试验研究，在获得大量试验资料的基础上，才能在理论上有所突破。

1.9 基岩（岩体）裂隙水研究现状

1.9.1 裂隙岩体渗流模型

裂隙岩体渗流模型可归纳为三种：①把岩体看做等效连续介质体，建立等效连续介质渗流数学模型；②不考虑岩块的渗流，把裂隙作为非连续网络处理，建立离散裂隙网络渗流数学模型；③考虑岩体内裂隙导水、岩块储水而建立的岩体裂隙－孔隙双重介质渗流数学模型（仵彦卿，1997）。双重介质模型后来发展为多重介质模型，根据裂隙发育规模把裂隙分为几个级别。

本文统计了中国期刊网上 1994～2004 年发表的有关裂隙岩体渗流研究的文章（见表1）。总结近年来有关裂隙岩体渗流模型的研究，可以得出以下结论：

表1 裂隙水渗流各类模型发表文章统计表（1994～2004 年）

年代	总数量	连续	离散	双重	多重
1994	2	1	0	1	0
1995	4	1	1	2	0
1996	6	2	2	2	0
1997	5	1	4	0	0
1998	9	3	1	5	0
1999	12	9	1	2	0
2000	18	6	4	6	2
2001	12	4	5	1	2
2002	5	1	1	1	2
2003	6	1	3	1	1
2004	3	1	1	1	0
总数	82	30	23	22	7

1.9.1.1 等效连续介质渗流模型

等效连续介质渗流模型是将裂隙中的水流等效平均到整个岩体中,将裂隙岩体模拟为具有对称渗透张量的各向异性连续体,然后利用经典的连续介质理论进行分析。等效连续介质模型的优点是可以沿用连续介质理论进行分析,无论在理论上还是在解题方法上均有深厚的基础和经验,而且不需知道每条裂隙的确切位置和水力特性,对于那些不易且不需获得单个裂隙数据的工程问题不失为一个很有价值的工具(王大纯,1994;肖裕行,1997;柴军瑞,2000;钱家忠,2003;宋晓晨,2004)。

1.9.1.2 离散裂隙网络模型

这种模型忽略岩块孔隙系统,把岩体介质系统看做单纯的裂隙介质系统,地下水仅沿裂隙网络系统运动。离散裂隙网络模型对岩体裂隙网络体系中的每条裂隙都加以具体的模拟,并试图得到裂隙体系中各点的真实渗流状态,具有拟真性好、精度高等优点。但当裂隙较密集时,其工作量相当大;受目前测量手段和计算量的限制,人们不可能把大范围研究区内的每一条裂隙都测出来,且目前的测量都是平面二维测量,如何转化成三维测量还存在很多问题。从文献上看,目前大多只应用于小范围研究,适用尺度一般在100 m以内,所涉及的裂隙数目一般特别少(王恩志,1992,2002;贺少辉,1995;谢和平,1998;肖裕行,1998;王洪涛,1997;柴军瑞,2002;宋晓晨,2004;Tsang,1987;Cacas,1990)。

1.9.1.3 双重介质模型或多重介质模型

仵彦卿把这种模型分为两类:狭义的双重介质和广义的双重介质。狭义双重介质是孔隙介质和裂隙介质共存于一个岩体系统中形成的含水介质。广义双重介质的定义为"连续介质与非连续网络介质共存于一个岩体系统中形成的具有水力联系的含水介质"。这里的连续介质可以是均质各向异性或非均质各向同性的孔隙介质,也可以是由密集裂隙构成的具有非均质各向异性渗流特点的裂隙网络介质;非连续介质是连通或部分连通裂隙网络介质。

目前我国主要采用广义双重介质模型,即对主干裂隙采用离散裂隙网络模型,对于次要裂隙采用连续介质模型。此法结合了上述两种模型的优点:连续介质模型的成熟理论和适用于大范围的研究,离散裂隙网络模型精确反映裂隙网络的渗流规律。模型应用较为广泛,是一个比较有效的方法(王媛,1995;陈崇希,1995;杜广林,2000;柴军瑞,2000;Brian Berkowitz,2002)。

1.9.2 裂隙岩体渗透系数确定方法

近年来裂隙岩体渗透系数的确定方法,主要有现场水力试验法、裂隙测量法、基于裂隙测量的校正系数法和离散裂隙网络渗流数值试验法等。

1.9.2.1 现场水力试验法

1)单孔压水试验

单孔压水试验是用栓塞将钻孔隔离出一定长度的孔段,并向该孔段压水,根据压力和流量的关系确定岩体渗透特性的一种原位渗透试验,是水电工程中的常规压水试验。在预先打成的钻孔中,采用单塞或双塞止水方法,选取试验段 L,一般 $L\approx 5$ m;再用水泵向试验段中压水(Lugeon 规定水柱压力为 10 kg/cm^2),迫使水流进入试验段周围岩体中,经过一段时间后,当渗透水量趋向一个稳定值时,测耗水量 Q(L/min)。在实际应用中,我国

用单位吸水量 ω 表示压水试验结果。ω 的单位是 L/(min·m·m),它表示在单位水头压力下,每米试段岩体每分钟的吸水量升数。国际上多用 Lugeon(1Lu = 100ω)作为压水耗水量单位,它是指在 10 kg/cm² 压力水头作用下,10 min 耗水量换算成每分钟的单位水柱高度试段上的耗水量(仵彦卿,1997)。

如果将裂隙岩体处理为各向同性介质,渗透系数 K 用以下公式计算:

$$K = 0.00528\ \mathrm{Lu}\lg(1.32\frac{\bar{L}}{\bar{r}}) \tag{1}$$

式中 Lu——压水耗水量单位;

$\bar{L}$—— 压水段长度;

$\bar{r}$——压水孔半径。

单孔压水试验将介质视为各向同性,没有考虑裂隙岩体渗透性的各向异性,结果比较粗糙。但是该试验简单、直观,工程上应用最为广泛。

2)三段压水试验

1970 年,Louis 提出三段压水试验:假定岩体内分布三组正交裂隙,钻孔方向与其中一组垂直,和另外两组平行,用压水试验确定单组裂隙的渗透系数;按照同样的方法求取另外两组裂隙的渗透系数,然后根据每组裂隙的产状把渗透系数叠加就可得到渗透张量。该方法需要制造专门的三段压水试验器,其中主压水试验段的长度近似为 5 m,钻孔布置严格考虑裂隙的展布。

三段压水试验可以获取各向异性的渗透张量,但对于存在三组以上或者不互相正交的裂隙,受到限制;该试验步骤复杂,费用昂贵,在工程中并不常用。

3)交叉孔压水试验

1985 年,Hsieh 和 Neuman 提出交叉孔压水试验,由单孔压水试验和钻孔周围的观测孔构成,不需要事先知道裂隙发育的主方向,钻孔可以沿任意方向上钻进。交叉孔压水试验方法和技术设备简单,可以获取局部岩体的渗透系数张量,但理论计算较复杂(田开铭,1989)。

4)抽水试验

各向异性含水层中的井流公式是由 Papadopulos(1965)提出的,他给出了平面二维承压含水层中完整井的非稳定流公式,并提出了一阶渗透张量的计算方法。1966 年,Hantush 利用坐标变换法把一系列各向同性非稳定井流公式转变为各向异性条件下的井流公式。1985 年,田开铭和万力根据 Hantush 的各向异性越流承压含水层中不完整井非稳定流公式,用单纯形法和数值积分反求三维各向异性渗透张量。前述方法都假定各向异性三个主方向之一是已知的。1999 年,周志芳通过坐标轴的旋转、压缩和再旋转变换,推导出了有越流条件下任意各向异性含水层中地下水三维井流问题的计算公式,提出了确定渗透张量的方法。抽水试验至少需要三口观测井,在裂隙岩体上进行抽水试验时,抽水井一般难以保持连续稳定出水。

1.9.2.2 裂隙测量法

1969 年,Snow 假定单条裂隙为一无限延伸光滑平行板,推导出单条裂隙中的水流公式为:

$$K_f = \frac{gb^2}{12\mu} \tag{2}$$

当岩体中只有一组裂隙时，裂隙的隙宽为 b，间距为 S，渗透系数为 K_f；岩块的渗透系数为 K_m。将裂隙的水流平摊到岩体中去，可得到顺裂隙走向方向的等效渗透系数 K 为：

$$K = \frac{b}{S}K_f + K_m \tag{3}$$

实际上岩块的渗透性比裂隙的要弱得多，因此常可将 K_m 忽略，这时岩体的渗透系数 K 为：

$$K = \frac{b}{S}K_f = \frac{gb^3}{12\mu S} \tag{4}$$

当岩体内分布有多组裂隙时，假定裂隙无限延伸且无充填物，裂隙组在裂隙网络中相互连通，同时各组裂隙水流互不干扰。这样可以把实际岩体按裂隙网络各方向裂隙组解析成几个只有唯一方向裂隙组的虚构介质，则实际岩体系统的水流等于这些虚构介质水流的叠加。根据所求出的裂隙组的产状（倾角 α、倾向 β）、隙宽 b_i 和间距 S_i，坐标 x 轴与地理 N 方向一致，y 轴与 E 方向一致，则有：

第 i 组裂隙的渗透系数张量为

$$K_i = \frac{\gamma b_i^3}{12\mu S_i}\begin{bmatrix} K_{xxi} & K_{xyi} & K_{xzi} \\ K_{yxi} & K_{yyi} & K_{yzi} \\ K_{zxi} & K_{zyi} & K_{zzi} \end{bmatrix} = \frac{gb_i^3}{12v_w S_i}\begin{bmatrix} K_{xxi} & K_{xyi} & K_{xzi} \\ K_{yxi} & K_{yyi} & K_{yzi} \\ K_{zxi} & K_{zyi} & K_{zzi} \end{bmatrix} \tag{5}$$

式中　γ——流体密度，g/cm^3；

g ——重力加速度，cm/s^2；

μ——流体（此处指水）的动力黏滞系数，N · s/m 或 Pa · s；

v_w——水的运动黏滞系数，cm^2/s。

$$K_{xxi} = 1 - \sin^2\alpha_i\cos^2\beta_i$$
$$K_{xyi} = K_{yxi} = -\sin^2\alpha_i\cos\beta_i\sin\beta_i$$
$$K_{zxi} = K_{xzi} = -\sin\alpha_i\cos\alpha_i\cos\beta_i$$
$$K_{yyi} = 1 - \sin^2\alpha_i\sin^2\beta_i$$
$$K_{yzi} = K_{zyi} = -\sin\alpha_i\cos\alpha_i\sin\beta_i$$
$$K_{zxi} = 1 - \cos^2\alpha_i = \sin^2\alpha_i$$

当研究区内有 m 组裂隙时，渗透系数张量为

$$K = \sum_{i=1}^{m} K_i = \sum_{i=1}^{m} \frac{gb_i^3}{12v_w S_i}\begin{bmatrix} K_{xxi} & K_{xyi} & K_{xzi} \\ K_{yxi} & K_{yyi} & K_{yzi} \\ K_{zxi} & K_{zyi} & K_{zzi} \end{bmatrix} \tag{6}$$

由于渗透系数张量为二秩张量，按照二秩张量性质，可求得渗透系数张量的主值及对应的主渗透方向。

其中

$$\overline{K}_0 = \begin{bmatrix} K_1 & & \\ & K_2 & \\ & & K_3 \end{bmatrix} \tag{7}$$

称 K_1、K_2、K_3 为渗透张量的主值,简称渗透主值;按矢量运算法则,把主渗透方向矢量(渗透主值对应的特征矢量)变为以产状要素表示的倾向 β_j 和倾角 α_j:

$$\begin{cases} \alpha_j = \arctan\left(\dfrac{P_{2j}}{P_{1j}}\right) \\ \beta_j = \arcsin\left(\dfrac{P_{3j}}{\sqrt{P_{1j}^2 + P_{2j}^2 + P_{3j}^2}}\right) \end{cases} \quad (j = 1,2,3) \tag{8}$$

综合渗透系数 K_0 是一个各向同性化了的数值,表征该岩体裂隙系统的综合渗透能力,计算公式为:

$$K_0 = \sqrt[3]{K_1 K_2 K_3} \tag{9}$$

1.9.2.3 基于裂隙测量的校正系数法

实际应用中,首先对测点的裂隙进行统计分析,将岩体中的裂隙概化成几组典型的裂隙面,应用式(6)求得渗透张量。由于天然裂隙的隙壁一般都比较粗糙,且裂隙并不是无限延伸,因此需考虑裂隙的粗糙度和有限延伸对式(6)进行校正。主要有以下方法。

1)考虑裂隙粗糙度对隙宽的修正

式(6)中裂隙的渗透系数与隙宽的立方成正比,因此隙宽对渗透张量的影响最大。影响裂隙隙宽的因素有裂隙隙面粗糙度、裂隙的充填程度以及岩体所处的应力状态。人们对粗糙裂隙水流规律已进行了大量的研究,主要有裂隙面粗糙性修正系数,隙宽函数,隙宽密度分布函数修正法,节理粗糙度系数修正法和面积接触率修正法。根据各自对粗糙性的描述方法不同而得到了不同形式的近似经验公式,在选用这些公式时,既要考虑到公式中所包含的粗糙性描述参数是否容易获得,也要考虑近似公式是否合理(王媛,2002)。

2)考虑裂隙网络连通性

田开铭和万力认为不同延伸的裂隙在地下水渗流过程中的作用是不同的,在式(6)中加进一个能反映裂隙切穿性因素的"权",以链系数表征每对方向裂隙组之间的连通程度,得到了一个考虑裂隙的尺寸有限性、连通性和偏流效应的渗透张量公式:

$$\bar{\bar{K}} = \frac{1}{A_n^2}(1 - \prod_{i,j=1}^{n} E^{(\varphi_{i,j})} \sum_{i,j=1}^{n} C_{i,j} \sum_{i=1}^{n} W_i(\bar{\bar{K}})_i)(i,j = 1,2,\cdots,n \quad i \neq j) \tag{10}$$

这里,W_i 为第 i 方向裂隙组与裂隙切穿程度有关的"权";$C_{i,j}$ 为链系数;$1 - \prod_{i,j=1}^{n} E^{(\varphi_{i,j})}$ 为偏流因子。但在实际应用中,这些系数较难获取。

Oda(1985)提出了按裂隙几何形态统计理论求渗透张量的方法,公式中引入裂隙概率密度函数和连通系数,公式十分严格,但难以应用。张有天在此基础上建议仅用连通系数来修正式(6)。

3)压水试验校正系数法

Rocha and Franciss 提出的一种校正系数法,对 Snow 的分析加了一个修正系数。首先从钻孔中取得完整岩芯,然后从岩芯上测量裂隙的几何要素,利用式(6)求得渗透张量的初值,最后在同一钻孔中进行压水试验,求得校正系数,对渗透张量初值进行校正。该法的中心思想是把裂隙的连通性、粗糙度、有限性等影响因素通过一个校正系数来体现。田开铭和万力对 Rocha 的方法进行了改进，用平硐裂隙测量资料代替 Rocha 的灌浆取芯裂隙测量，不要求压水段与主轴平行，扩大了该方法的应用范围。

校正系数法的核心是把各向异性的裂隙介质转化为各向同性。利用裂隙测量法，求得综合渗透系数 K_0；运用单孔压水试验资料，求取均质各向同性渗透系数 K，按照下式计算修正系数 ρ：

$$\rho = \frac{K}{K_0} \tag{11}$$

代入式(7)，校正后的各向异性渗透系数 K' 为：

$$K' = \rho\overline{K_0} = \begin{vmatrix} \rho K_1 & & \\ & \rho K_2 & \\ & & \rho K_3 \end{vmatrix} \tag{12}$$

此方法综合了单孔压水试验和裂隙测量法的优点，在工程中广泛使用(王鹏，2003)。

4)反演法

反演法是一种优化方法，按照模拟地下水位与实测地下水位最为接近的原则来决定各岩体分区的渗透参数(刘迎曦，2000)。先根据式(6)得到渗透张量初值，需要校正的仅是矩阵的系数。如果能反算出每组裂隙的渗透张量的矩阵系数，通过式(6)就可以确定渗透张量。这种方法在地下水渗流模型构建时常用来识别模型参数(张奇，1994；朱岳明，1997；王锦国，2002，2004；Tristan P.，2005)。

反演法可分为直接法和间接法两大类。由于直接法计算稳定性差，对实测资料要求过高，通常采用间接法。但由于渗透张量具有 6 个独立参数，参数较多，所以应用反分析的方法来决定渗透张量可能会遇到不唯一和不稳定问题，同时渗透参数初值及一些优化系数的选定在很大程度上依赖于经验，选择不好不仅影响计算速度，甚至影响结果的收敛性。

在大型工程中，前期均会进行大量的地质勘探、压水试验以及地下水水头的观测等工作，有时尽可能对地质平硐等洞室中的地下水突逸点和天然泉水的出露点进行认真的观测记录。可以认为这些现场观测资料是岩体中各种实际渗流影响因素综合影响结果的集中体现。因此，按某种或某些算法，依据尽可能多的观测点的原始观测数据来反演岩体中的各个渗透系数张量与边界条件等参数的工作，当前在国内外运用较多。

但是，裂隙岩体渗透张量反演的基础是要事先知道渗透张量的初始值或者说其可能的变化范围，这就还建立在压水试验及裂隙几何测量的基础上。此外岩体渗透系数初始分区也很重要，因为裂隙岩体具有高度非均质性和各向异性，必须有精度足够的参数分区才能刻画这种非均质性，才能进行地下水位拟合。

1.9.2.4 离散裂隙网络渗流数值试验法

1982 年，Long 提出利用离散裂隙网络渗流数值试验法确定裂隙岩体典型单元体和等效渗透张量。首先根据野外裂隙测量数据构建一个大尺度的离散裂隙网络，然后从网络中心点开始，依次从小尺度到大尺度，取不同尺度的子裂隙网络。在每一个尺度的子裂隙网络中，通过离散裂隙网络渗流模拟程序，在给定人为水力边界条件下求解地下水运动差分方程，求出岩体在水力梯度方向上的渗透系数；旋转裂隙网络，最终求得岩体在各个方向上的渗透系数。通过对不同尺度不同方位上渗透系数的计算,绘制不同尺度上裂隙网络的渗透椭圆,从而可以确定典型单元体(REV)尺寸和渗透张量(杨天鸿,2003)。2002年,Wang通过单井压水试验和离散裂隙网络渗流数值试验法,确定研究区域REV尺寸为15 m,裂隙平均迹长为0.98~2.5 m。2004年,Min随机生成10个300 m×300 m的裂隙网络模型,从中提取尺度为0.25 m×0.25 m到10 m×10 m的一系列子模型,得到REV尺度为5~8 m,裂隙迹长绝大部分小于2 m。

离散裂隙网络渗流数值试验法可以获得REV尺度,并确定渗透张量,前提是裂隙几何要素的准确测量和岩体裂隙均质区的概化。由于裂隙发育规模具有多级次性,REV是一个与测量尺度有关的值。在实际工程中野外露头尺度有限,仅能获得少量样本点和小尺度的渗透张量值,应用并不广泛。

综上所述,每种测量方法均有自己的适用性和测量尺度。压水试验的尺度一般为5 m,抽水试验的尺度一般比压水试验大。裂隙测量法取决于露头的大小,平硐一般高度只有2 m;钻孔揭露的裂隙几何要素测量有很大的误差,需要进行校正,或结合水力学试验来确定渗透系数。基于裂隙测量的单孔压水试验校正系数法最为常用。

由于裂隙岩体中裂隙的发育并不是毫无规律的,一般可以分为几组。因此,渗透系数测试点的分布位置必须科学合理。如平硐开挖一般遇到缓倾角裂隙的几率比较小,遇到高倾角裂隙的几率比较大;而钻孔则相反。因此,对于倾向比较分散的中倾角裂隙较发育的地方,采用压水试验或平硐裂隙测量均可。但对于倾向比较集中的研究对象,应该考虑平硐走向或钻孔剖面线尽量垂直于倾向的方向,以免揭露裂隙非常少。另一方面,对于缓倾角比较发育的裂隙岩体,平硐开挖通常碰到裂隙的概率比较小,碰到陡倾角裂隙概率大;对于陡倾角比较发育的裂隙岩体,平硐开挖碰到裂隙几率比较大,但是钻孔揭露裂隙的几率比较小。此时,如何将不同的测量手段结合起来获得裂隙岩体三维空间真实的渗透系数还需要进一步研究。

1.9.3 裂隙岩体渗透系数尺度效应

在裂隙岩体研究中,人们常发现渗透系数随着试验测量尺度的增加而增大,这一现象称为尺度效应。尺度效应在很多介质中都存在,在裂隙介质中尤其显著。1999年,Dirk得出在非均质介质中K随着测量尺度的增加而增大的结论,这种关系可以用一个指数关系式$K=C(V)^m$来描述,这里C是一个与介质有关的参数。2004年,M. NasteV在裂隙岩体含水层中,通过不同的试验手段,得到渗透系数与测量尺度之间的关系式为$K=10^{-7.3}V^{0.92}$。

渗透系数的空间尺度效应研究对于低渗透性介质场的流体流动和溶质运移的数值模拟具有重要意义。现有研究表明,介质场渗透性越低,则其空间尺度效应越显著,局部测量数据与数值模拟之间的差异越大(陈刚,1998;钱家忠,2003)。目前对于渗透系数尺度效应产生的原因,甚至于尺度效应是否存在,还有很大争议;但这却是在进行裂隙岩体渗流模拟研究时如何选取合适的测量方法,如何选择合理的模型网格剖分尺度都必须要面对的问题。

1.9.4 裂隙岩体渗流模型渗透系数场随机模拟

由于模型的可靠性依赖于渗透系数数据密度和测量尺度,使用特定模型来预测地下水流特征就具有明显不确定性，从而使模型的结果具有多解性，反映了由于掌握信息有限所引起的不确定性。传统的渗透系数分区法和插值法不能刻画裂隙岩体渗透系数的非均质性，而野外实际条件下的含水介质却表现出强烈的空间变异性，这使得我们必须把含水介质作为一种随机变量处理(陈彦，吴吉春，2005)。目前，将渗透系数处理为随机变量构建渗透系数场主要有以下几种方法：①离散独立参数法；②连续相关参数法；③离散相关参数法；④条件模拟(杜强，1996，2001)。其中，前三种方法共同的不足之处在于，随机生成的渗透系数在实测点上可以不与实测值相同，条件模拟更全面地考虑了非均质的随机性、规律性和各向异性特征，考虑已知值的可靠性和空间位置来研究参数的方法，是研究参数非均质问题理想的方法。应用随机模拟法模拟在多孔介质地下水流及污染物运移方面在国外发展迅速，在国内也已开始运用，但用于裂隙介质中解决实际问题的还比较少(杨金忠，2000；张仁铎，2005；杜强，2001；胡小荣，1999；Desbarats A J，1994；Rubin Y，1999；Barla，G，2000；A. F. Hernandez，2003；Kenichi Ando，2003；Frederick D，2006)。

1.10 多重介质地下水流及其溶质运移理论和方法研究现状

1.10.1 多重介质溶质运移数学模型

空隙介质中溶质迁移过程必须考虑流速和介质等因素的影响，由此出现了多种空隙介质中溶质运移理论的研究方法。具有代表性的是(Bear，1972)利用流体中组分的线性动量平衡方程，采用表征体元的空间平均方法，得到包含分子扩散和机械弥散的宏观组分动力弥散通量的 Fick 定律形式。其特点是：不考虑温度和压强的变化对组分运动方程的影响。Hassanizadeh，1979 年根据微观组分流体热力学理论，采用多相体系的空间平均化方法提出了 Fick 定律的改进形式，并探讨了温度和压强变化对组分运移的影响(Hassanizadeh，1986)。

溶质运移机理研究近年来主要是将现有的模型进一步合理化，偏重于模型理论的数学处理。由早期采用以对流—弥散方程为控制方程的确定性模型（如 Warrick 等，1971；Bresler，1973；Yang，1989）到随机理论或随机分析研究(杨金忠，1998)。杨金忠应用随机场的谱分析方法，研究了吸附性溶质在非饱和、非均匀土体中运动时平均浓度所遵循的基本方程（杨金忠，1997）。研究结果表明，含水量变化对于横向弥散度几乎没有影响，但纵向弥散度随含水量减少而增大。特别在含水量较小的条件下，含水量对纵向弥散度的影响更为显著。另外，滞留因子的变异特征对于纵向弥散度的影响也较大。宏观上，纵向弥散随滞留因子的增加而增大。

多重介质含水系统中的溶质输运问题一直是很热门的前沿课题。这一问题不仅有理论上的意义，而且有重要的实际意义，但由于存在一些实质性的困难，至今尚无好的解决办法。

多重介质系统中溶质浓度分布取决于介质微观和宏观的几何结构，在裂隙、洞隙中，溶质的输运一般也受对流—弥散作用的控制，而且是以对流为主。目前已有的对多重介质系统溶质运移概化方法及数学模型主要有以下几种(周志芳等，2004；王锦国，2004；王锦国等，2005)。

1.10.1.1 等效连续介质模型

该模型是将整个研究区域的孔隙、裂隙和洞隙介质看做是一个假想的连续体，在孔隙、裂隙和洞隙介质中有水量和溶质充分交换作用下,系统中的每一个点的各物理量都处于局部平衡状态。这种模型只能重点研究系统整体所表现出来的宏观溶质运移特征,在等效参数模型中,实质上是利用多孔介质中溶质运移理论来建立溶质运移方程。例如Josselin(1972)提出了将裂隙介质等效为连续介质的各向异性弥散理论,Schwartz(1988)利用上述理论模拟了不同裂隙特征情况下等效为连续介质后溶质运移的变化规律。

等效连续介质模型的优点是不需要弄清楚裂隙、洞隙的结构,其影响是通过非均质和各向异性来表现的,可以直接应用较成熟的孔隙介质溶质运移分析方法来求解裂隙介质溶质运移问题,具有较好的可操作性。

等效连续介质模型的缺点是平均效应实际上是对裂隙和洞隙介质空间结构和渗流特征、溶质运移特征的歪曲,并不能刻画出裂隙、洞隙中的真实水流和溶质运移规律。另外,即使我们知道了裂隙和洞隙结构的细节,也不知道怎样求得等效的参数,当裂隙和洞隙的作用很强烈时,可能根本就和孔隙介质不等效,因此利用等效连续介质模型时,应特别小心。

1.10.1.2 离散裂隙网络模型

对于含水层系统中具有大规模裂隙和溶洞,且孔隙介质渗透率很低的情形,相对大裂隙和洞隙的渗透率来说,可以认为孔隙介质不透水,如果将其概化成连续介质就会与实际情况偏离很大。对于这种情况应该用离散裂隙、洞隙网络模型来处理。离散裂隙网络模型是以裂隙网络中的裂隙和洞隙个体为研究对象,认为基质岩块本身不透水,整个地下水和溶质运移是通过裂隙网络来实现的,建立裂隙和洞隙个体中水流、溶质运移方程,将所有方程组合在一起求解,从而可以确定裂隙网络中溶质运移的特征。

该模型优点是充分考虑了裂隙介质的非均匀性、非连续性等特征,能较好地刻画出裂隙中水流和溶质运移的特征。缺点是在现有的技术条件下很难被应用于实际问题中。仅适用于体积有限、裂隙网络简单且清楚的裂隙介质溶质运移问题。对于这种问题,曾经有许多学者(Johan 等,1984;Y. W. Tsang 等,1987;Cacas 等,1990 ;Dershowitz 等,1999)利用随机理论模拟了裂隙网络,建立了网络裂隙模型,对网络裂隙介质中的溶质运移进行了数值模拟。

1.10.1.3 双(多)重连续介质模型

双重连续模型的概念最早由 Barenblatt 和 Zheleor (1960)等提出,许多学者对其进行了不断的完善和改进(Dykeuizen,1990;Gerke 等,1993)。

双重连续介质模型认为裂隙介质是由储水性差而导水性很强的裂隙系统和储水性好而导水性差的基质系统共同组成的统一体。假设裂隙介质为两个重叠的连续系统,即裂隙网络系统和基质系统。

双重连续介质模型的优点是能在一定程度上刻画出优先流的现象,模型考虑了裂隙系统和基质系统的物质交换,较符合实际。缺点是丝毫没有涉及介质中导水裂隙具体的空间展布,并不能表现出裂隙介质的各向异性、不连续性等特征,模型仍建立在多孔介质渗流理论的基础上。(陈崇希,1995;成建梅和陈崇希,1998)。近年来,双重介质模型已被用来解决核废料处置场地示踪剂运移问题。

1.10.1.4 离散裂隙网络—等效连续介质耦合模型

离散裂隙网络—等效连续介质耦合模型的主要原理是:用离散裂隙网络模型描述主干裂隙、洞隙中水流和溶质的运移;用等效连续介质模型描述次要(微小)裂隙、洞隙和孔隙中的水流和溶质运移;由次要裂隙和孔隙等效成的连续介质充满整个研究区域;离散的主干裂隙按产状分布于连续介质中。离散介质与连续介质域间的水量和溶质量交换作为二者的耦合项。

该模型优点是吸收了双重连续介质模型的建模思想,并将非连续介质模型和等效连续介质模型有机地结合在一起,既能充分体现水及溶质在主干裂隙中所表现出来的非均质性、不连续性和各向异性等特征,又能反映出小裂隙和基质中表现出来的连续介质的特性,更符合一般地质条件下裂隙介质中溶质运移的特征。缺点是因描述连续介质的水流、溶质运移方程与离散区域的方程不同,给数学处理带来了不便。此外,该模型也存在水量、溶质量交换系数等难以确定的问题(Tom,1997 年提出了裂隙网络分级模型,来模拟裂隙介质中的溶质运移)。

1.10.1.5 随机模型

为了获得宏观范围内介质的非确定性特征,随机理论成为地下水溶质运移研究中的重要工具。由于不可能测得含水层每一点的介质特征和水动力特征,引入了含水层空间随机场的概念,(Dagan,1986;Gelhar 等,1983; Yang 等,1996)研究了大范围内溶质运移的随机理论,将溶质的浓度分布视为随机函数,推导出了大尺度范围内污染物的平均浓度所遵循的基本方程;(Vomvoris 和 Gelhar,1990;Kapoor 和 Galhar,1994)研究了浓度方差的分布特征和所遵循的基本方程。

优点是溶质运移的随机理论可以较好地描述区域尺度的溶质运移(杨金忠,1998)。国外在裂隙介质溶质运移随机理论方面的研究进展较快,国内还处于起步阶段,但总体上看,仍然处于理论研究阶段。

1.10.1.6 黑箱模型

黑箱模型对于研究物质在很复杂的大尺度体系中运移问题是很适合的。黑箱模型不需要知道溶质在介质中运移的具体过程,只要知道这种过程的综合效应就可以来预测或反求输出或输入信息。

黑箱模型的优点是并不涉及系统内部的状态和机制,而仅关心溶质的输出效应。它对于复杂大尺度系统中溶质运移有一定的应用价值。在溶质运移的野外试验观测资料还不够丰富的情况下,黑箱模型是目前模拟大范围溶质运移规律的有效模型之一。目前,国内外有不少学者采用黑箱模型对污染物通过地下水系统总的变化值作了定量研究,并取得了较好的效果(Fried,1975;A. Refsgaard,1991;朱学愚等,1996)。

1.10.2 多重介质地下水溶质运移模拟方法

1.10.2.1 解析法

尽管解析法仅适用于一些特殊条件下较简单的问题,但解析法仍是分析水动力弥散现象的一种基本手段,首先解析解可以用来验证数值方法的正确性,另一方面常根据解析解的实用条件设计室内或野外试验,并用解析解拟合观测资料以求得水动力弥散系数。关于多重介质体系溶质运移问题的解析解很少,原因是多重介质本身就是一个极为复杂的介质结构,很难用数学方法去描述,因此这种介质结构上的溶质运移方程就更难求得解析解。也有很多学者,在对问题进行一定简化,对裂隙—孔隙介质和洞(管道)—孔隙介质中地下水水流和溶质运移问题导出了一些解析解。如 Sudicky 和 Frind 1982 年提出平行板裂隙系统模型的解析解,Tang et al. 等 1981 年提出单裂隙溶质运移的解析解。Rowe 和 Booker 1988 年也提出了溶质运移的半解析解。Zhan et al. 对水平井—含水层系统水流和溶质运移问题推导了一些有意义的解析解,Park, E. , Zhan, H. (2001)推导出无限大含水层中一维、二维和三维污染源溶质运移的解析解。Sawyer 等(1998)对水平井和垂直井的恢复治理含水层效果进行了比较研究。Zhan, H. (1999)提出了一个解析模型用于分析水平井捕获污染物的时间。这些解析解虽然只是在特殊的条件下导出的,其应用受到一定的限制,但对于定量分析地下水流场和浓度场具有一定的意义,尤其是解析解直接表述了函数与变量之间的关系,使得函数与变量之间的关系更加明确。不过,一些研究表明,在一些特定假设条件下,还是求得了其解析解(Brown,1987;Barkholder,1976)。

1.10.2.2 数值法

由于解析法一般仅限于条件比较简单、理想的情况下,因此数值方法成为实际问题中求解输运方程最常用的手段和方法。Moreno(1988)用数值迁移试验研究了裂隙网络中的溶质运移,发现可以用裂隙的平均隙宽来代替阻滞方程中隙宽。Dverstorp(1992)使用数值迁移试验来研究大裂隙网络中隙宽变化对溶质运移的影响,当用考虑表面吸附的一维对流—弥散方程来分析研究区下游边界处的浓度穿透曲线时,发现裂隙隙宽的方差越大,介质的阻滞时间比用阻滞因子模型预测的时间要长。王锦国和周志芳等(2002)采用实数编码遗传算法优化反演地下水污染物运移,获得了弥散系数和地下水运动速度。崔凯和杨国伟等(2004)采用叉熵正则化方法求解了土壤溶质迁移非线性参数。李功胜和李研琛(2005)考察了一个受补于污染河水的均质含水层地下水模型参数的反演问题,借助 MATLAB 优化函数进行搜索计算,获得了弥散度与平均流速的数值结果。

总结各种方法(孙讷正,1989)可归纳为三类:欧拉类型、拉格朗日类型以及二者的混合。纯粹的欧拉法或拉格朗日方法分别适用于弥散占优势和对流占优势运移问题的求解,反之则会导致数值困难。属于欧拉法的有有限差分法、有限元法、有限分析法、边界元法等。属于拉格朗日法的有特征线法(MOC)、随机步行法、引入人工扩散量法。在实际应用中最为常用的方法是混合欧拉—拉格朗日方法,即用拉格朗日方法求解对流项,用欧拉方法求解弥散项。这类方法均以质点追踪为基础,因此计算效率非常低下,尽管逆时间方向追踪质点的改进特征线法仅需要追踪有限个质点,但它常会引进数值弥散或数值振荡。

根据混合欧拉—拉格朗日方法中用于求解对流项的拉格朗日技术的不同,可以分为顺时针方向追踪质点的特征线方法(A. O. Garder 和 D. W. Peaceman 等,1964)和逆时针方向追踪质点的改进特征线方法(R. T. Cheng 和 V. Casulli 等,1984),以及二者的结合或混合特征线方法(A. O. Garder 和 D. W. Peaceman 等,1964;G. T. Yeh 和 J. R. Chang 等)。

特征线方法是使用传统的质点追踪方法来求解对流项(A. O. Garder 和 D. W. Peaceman 等,1964)。根据质点的初始布置方案,又可以分为均匀布置和动态布置。后者基于一个相对浓度梯度指标来动态布置质点,因此较之前者能大大提高计算效率而不会产生明显的精度损失(C. Zhang,1993)。特征线方法适用于浓度梯度较大的运移问题的求解,其最大的缺陷是当需要追踪大量质点时,计算效率非常低下,同时作为混合欧拉—拉格朗日方法的通病,在某些情况下会导致较大的物质均衡误差。

改进特征线法则通过在网格节点上放置一个质点然后逆时针方向追踪来求解对流项。因此,这种方法仅仅需要追踪有限个数目质点,但它可能会引进一些数值弥散和数值振荡。Roache(1992)等就这个问题提出了新的处理方法(P. J. Roache,1992)。

特征线法(MOC) 实质上是一种在固定网格上运用拉格朗日观点求解溶质运移问题的方法。Garder(1964)首先应用特征线法(MOC 法)求解了可溶混溶质的迁移。水质模拟的早期研究者 Konikow 和 Bredehoeft(1987)建立了 MOC 法的通用程序,并发展成二维溶质运移模拟软件,后被美国地质调查局(USGS)推广使用。此后演化成目前的多种方法,如 MMOC 法、HMOC 法等。后来,Kinzelbach(1988)还开发出与 MODFLOW 配合使用,求解三维溶质运移问题的 MODWALK 软件。Leisman 和 Frind(1989)也提出了引入人工扩散量和加权法。该方法的优点是能够有效地减少数值弥散,其概念简单,也能处理各种复杂条件。

近年来,还出现了一系列溶质运移求解方法,多数情况下是指总变量消减法(Total Variation Diminishing,或简记为 TVD),主要用于计算流体动力学(Computational Fluid Dynamics,或简记为 CFD)方面。TVD 是指这类方法所具有的特性:邻近结点间的浓度差值随迭代过程的进行而减小,另外一个条件是溶质运移的求解方法能否最大限度地避免解的振动。TVD 法是高阶有限差分(或有限体积)方法,因此 TVD 法仍属于欧拉法的范畴,且满足质量守恒。一种高阶方法为减小数值弥散,通常都会引起解的振动。TVD 方法中通过应用相应的数值以避免或消除解的振动,同时又能保留浓度锋面。与标准有限差分法相比,TVD 方法中用上游加权法或结点中心加权法对对流问题进行计算时通常更精确,且能承受更大的计算负荷。与一些拉格朗日法或混合欧拉—拉格朗日法(如特征值法)相比,TVD 法在保留浓度锋面的同时,不能有效地消除数值弥散问题,但是考虑到 TVD 方法的质量守恒性,对内存需求也较小以及其他一些优点,TVD 方法毫无疑问仍是标准有限差分方法和基于拉格朗日法或混合欧拉—拉格朗日法之间最好的折中方法(R. A. Cox 和 T. Nishikava,1991;Christopher 等,1995)。

随机步行法也是质点追踪法中最常用的一种方法,通常运用在统计物理和溶质运移问题中。其基本思想是将溶质运移视为大量示踪剂特征点运动的平均结果,每个特征点做两种运动:一种是对流,即特征点按平均流速运动;一种是弥散,即特征点围绕着平均运动的起伏,具随机性。当模型中考虑的特征点足够多时,能够大体上刻画出溶质运移过程。随机步行法中,只有被污染的特征点在流场中运动,每个特征点都给定一个不变的污染物质量,此质量的和等于进入含水层的总污染物质量。弥散是通过叠加的对流运动和一个与弥散过程的性质相当的、具有流动特性的随机运动来模拟。取许多单个特征点轨迹(随机步行)的平均值,就可以得到一个网格的特征点分布,便是代表污染物在整个区域上浓度分布的图景。

该方法的优点是特征点在研究域中连续运动,计算浓度时,可在感兴趣的部分上进行统计特征点的数量,无需在每一个时间步长内计算所有区域上的浓度;程序编制简单,容易实现。Kinzelbach 将随机步行法分别与有限差分法、有限元法及特征值法进行了详细的比较研究，发现该方法的精度基本取决于动点的个数，精确模拟时常需要非常庞大的示踪质点数目，若数目不够多，统计出的浓度解会出现粗糙跳动等，也无法保证局部的质量守恒。

随机步行法与溶质运移方程的关系如下：

将体积为 V_o、浓度为 c_o、质量为 M 的污染物看作是由大量不可见的示踪剂质点组成。质点的质量为 Δm，浓度为 Δc，则：

$$\Delta c = \frac{\Delta m}{n}\delta(X - X_t)$$

式中 n——有效孔隙度；

δ——狄利克莱函数；

X——质点位置矢量；

X_t——质点运动的轨道方程，由对流速度和"布朗运动"速度构成。

通常质点浓度 Δc 不易求得，可借助质点的概率密度函数 $f(X_t)$ 来求出，即浓度的期望值。

1.10.3 多重介质体系地下水溶质运移物理模拟研究

物理模拟是指用物理的方法，即相对于原型按一定比例做成模型在实验室中再现某种现象变化过程的技术。通过物理模型试验研究地下水中溶质运移是探索岩体地下水溶质运移规律、获取水动力参数的重要手段。试验分为室内试验和现场试验。由于现场水文地质条件以及岩体的复杂性，开展现场试验工作需要大量的人力和财力，因此大部分试验通过室内的小尺度模型进行。

示踪剂试验分为室内试验和现场试验两种。示踪剂试验是一项控制迁移过程、建立预测和设计补救措施的非常有效的技术，而控制污染物的迁移、迟滞和隔离，以及地下水迁移的过程是证明处置库能否安全处置废物的过程，是对污染物进行补救的关键。因此，示踪剂试验对评价处置库的安全具有重要的意义。目前，物理模拟试验可以分为两类，一是室内试验，二是现场试验。

1.10.3.1 室内试验

室内试验主要是针对单裂隙的，从微观的角度探讨了裂隙—基质系统溶质运移机制。主要研究裂隙粗糙度、弯曲度、隙宽变化、表面吸附等方面对示踪剂或放射性元素运移的影响以及获取弥散系数（Brown 和 Scholz，1985；Pyrak，1985；Neretniek，1982；Vandergraaf 和 Drew，1988；W. R. Haldemman，1991；李春江等，1999；苏锐等，2000；Edson，2002；王锦国，2005）。近年来，有些学者研究发现裂隙、管道中非达西流立方定律不适用。（陈崇希等，2004；jiazhong. Qian 等，2005；Kolditz，2001；Berkowitz，2002）。Laurence 等（1987）设计了二维裂隙网络的溶质运移试验，首次在室内用网络裂隙试验模拟了溶质运移过程。目前还没有针对多重介质溶质运移问题进行室内试验研究的。

1.10.3.2 现场试验

Rasmason 和 Neretnieks（1986）在瑞典一个废弃的 Stripa 矿里进行了现场试验，该试验是裂隙岩体中最典型的示踪剂迁移现场试验之一，它揭示了裂隙岩体中水流和运移的主要特征。Heath(1985)和 Bourke (1987) 也在康沃尔做了现场试验,他们的研究发现,水流很大程度上在裂隙岩体中被隔离的管道里面流动,并没有大面积的水流发生,水流仅仅在5% ~20%的裂隙面内流动。在安大略的白恶纪石灰岩和伊利诺斯州东北部的志留纪白云岩中,Novakowski (1985)、Raven(1988)、Shapiro(1989)、Fogend 等(1993)、Novakowski 等(1994)分别对现场单裂隙中示踪剂运移特征进行了研究,发现裂隙面的平行板模型假定并不适用,水流和溶质运移只在裂隙形成的管道或沟槽中发生。虽然现场试验是非常重要的,但是很多情况下,由于条件所限,无法开展现场试验工作。

1.10.4 存在问题

根据国内外研究现状,在多重介质体系地下水流动问题及溶质运移问题研究方面,主要存在下述问题:

(1)多重介质系统渗流参数定量研究不够,等效参数与各介质参数关系不明确,各介质参数理论模型计算值与实际参数值不一致,对此问题研究不够。

(2)目前多重介质系统溶质运移物理模拟研究不够深入,很多现象没有深入分析,停留在一般理论解释上,如目前被使用的多重介质渗流—裂隙流—管流耦合模型,建立统一的地下水流数学模型,利用统一的渗透系数描述其渗透性,当管道内为层流时,渗透系数为:

$$k_l = \frac{d^2}{32} \cdot \frac{\rho g}{\mu}$$

而当管道内为紊流时,渗透系数为:

$$k_n = \frac{2gd}{fv}$$

式中 k_l——管道内为层流时的等效渗透系数;

k_n——管道内为紊流时的等效渗透系数;

d——管道的内径;

μ——流体的动力黏滞系数;

v——管道概化为圆柱形非均质孔隙介质的渗透流速;

g——重力加速度。

而实际应用中,上述的理论公式计算值与实际值差别很大,因此这样的理论公式是否可以应用于实际,存在多大误差,还需研究。

(3)等效参数法是多重介质地下水流数值模拟研究的常用方法,此外,多重介质地下水流渗流 - 管流模型基本上是用等效参数法确定其模型参数,然而,当网格尺寸比洞(管)径尺寸大得多时,利用等效参数计算的流场与实际是否基本一致?这些问题值得进一步研究。目前实际应用中,多数文章没有讨论等效系数法计算结果的校正问题,实际上,与开采井一样,当利用数值方法求解出井中水头值后,应进行校正。

(4)多重介质中溶质运移问题中的对流作用涉及地下水实际流速场,如何确定多重介质体系中各介质中流体实际速度,也需进一步研究。

1.11 水文地球化学模拟研究现状

水 - 岩相互作用(Water - Rock Interaction,缩写为 WRI)这个术语,是水文地球化学学科的奠基人之一苏联 A. M. 奥弗琴尼柯夫在 20 世纪 50 年代末提出的。水–岩相互作用即水与岩石之间的物理、化学作用。

在地下水地球化学演化由定性研究到定量研究的发展过程中,水文地球化学模拟起到了重要的推动作用。水文地球化学模拟的研究对象为水–岩之间相互作用的地球化学过程,目前主要以化学热力学为理论基础。它可以定量模拟各种天然过程和人类活动影响下的水–岩相互作用,研究地下水系统在不同时间尺度上的演化过程,也可以模拟地下水中污染物的运移过程,分析地下水污染的产生原因与发展趋势(陈宗宇,1995)。水文地球化学模拟方法可分为物理模拟与计算机模拟两大类。其中物理模拟通过试验条件来恢复现实水–岩反应系统中化学组分的迁移和转化,并可在不同的模拟条件下实现一系列特定的水岩反应,以分析实际地下水化学组分的形成机理。近几十年来,人类活动强烈介入地下水化学组分的形成过程,地下水地球化学环境的研究渐趋复杂化,控制水–岩相互作用的因素也趋于多样化,物理模拟已经难以再现复杂的水岩反应,于是基于计算机数值模型的水文地球化学模拟应运而生。自 1962 年 Garrets 等建立海水的离子缔合模型以来,水–岩相互作用的计算机模拟技术得到了迅速发展,已经先后出现了几十种模拟软件。

迄今为止,地球化学模拟模型的发展经历了离子缔合模型与水相化学平衡模型两个阶段。上述两种模型的支撑理论尚不完善,因而它们各自有其局限性。离子缔合模型假定地下水中的各种组分以自由离子、络阴离子、络合物等形式存在,并根据络合离子的质量作用方程与平衡常数对每种元素均建立其物质平衡方程,进而求解各元素的不同存在形式及含量。离子缔合模型是其他所有水化学模型的基础,它考虑了多种地下水组分,并建立了改进的、大温度范围的热力学数据库,但由于许多微量元素、稀土元素的离子缔合模型数量有限,该模型仍有待进一步发展。水相化学平衡模型又称为质量平衡模型,用于模拟天然水溶液体系中的化学平衡,最早于 20 世纪 80 年代在 Pitzer 电解质理论的基础上引入地下水化学系统。该模型考虑水组分平衡、碱度平衡、元素及其价态的摩尔平衡、摩尔电子与电荷平衡、同位素平衡等,包括如下反应类型:液相离子络合反应、固相表面的吸附反应、固相的溶解和沉淀反应。目前,该模型广泛用于地下水系统中水–岩相互作用的研究,在使用该模型前,需对地下水系统水化学场的地球化学条件进行详细分析,以确定模型中参加反应的物相。

经历了几十年的发展后,水文地球化学模拟的几个研究方向如正向地球化学模拟、反向地球化学模拟已经日臻完善。正向地球化学模拟是研究水–岩相互作用的一种有效方法,其理论框架于 1968 由 Helgeson 提出,它依据假定的水–岩反应来计算水溶液的化学组分和质量迁移,可用于分析地下水溶液中离子、分子及络合物的物质分配形式,矿物相—地下水之间反应的质量迁移等。反向地球化学模拟则根据已有的水化学和同位素资料来确定地下水系统中所进行的水–岩反应,用以解决地下水流场中的地球化学演化路径问题,即了解某一水化学系统中发生了哪些水–岩反应,其理论基础由 Garrels 等(1962)奠定。水文地球化学模拟的另一个前沿发展方向为反应性溶质运移模拟,它把地球化学过程的研究与流体溶质迁移过程的研究相结合,可视为地球化学模拟与水文迁移模拟的耦合。反应性溶质运移模型所考虑的因素比正向与反向地球化学模拟模型更接近于实际情况,将成为水文地球化学模拟中最有前景的模型。

水文地球化学模拟软件在几十年来已经得到了长足的发展,其中用于正向地球化学模拟的典型软件为 EQ3/6 (Wolery 1992)、SOLMINEQ. 88、SOLCHEM 等;反向地球化学模拟的典型软件为 BALANCE、NETPATH(Plummer)1994 等;反应性溶质运移模拟软件的典型软件则为 MT3DMS、RT3D、SEAM3D 与 PHAST 等。而若论正向与反向地球化学模拟最有代表性的软件,则非 PHREEQC 莫属。PHREEQC 是 PHREEQE 的 C 语言版本,现在已兼容了 PHREEQE 和 NETPATH 的全部功能,既可进行反向模拟,也可用于正向模拟,还可应用于反应性溶质运移研究。该模型中加入了离子交换、表面络合、定压气相平衡、对流运移等模块,其最新功能还包括动力学控制反应模拟、固液相平衡模拟、定体积气相平衡模拟、一维耦合运移模拟以及同位素在反向模拟中的平衡等。

水文地球化学模拟一般通过对地下水水化学组分总量及常量组分进行分析而完成。如 Sasamoto 等(2004)对日本 Tono 铀矿的矿物相组成与水文地球化学概况进行了研究,并利用 PHREEQE 软件模拟了地下水中的 HCO_3^- , SO_4^{2-} , Na, Ca, K, Si 等组分的形成过程,取得了令人满意的结果。近年来,对微量元素的水化学模拟也逐步发展起来。Igarashi 等(1999)对日本中部 Kanto 区北部的一个水库进行了研究,并对水库水中铝元素的地球化学成因进行了模拟。Geelhoed 等(2002)研究了苏格兰格拉斯哥的一个铬渣堆,对其中 Cr(III)与 Cr (VI)向地下水系统的淋滤过程进行了试验研究与水文地球化学模拟,二者的结果拟合得很好。Tempel 等(2000)利用 EQ6 软件对美国 Humboldt 县一个由矿坑形成的湖的砷浓度进行了预测。Sracek 等(2004)则对近年来学者们对微量元素砷开展的水文地球化学模拟工作进行了总结。同位素在水文地球化学模拟方面的应用也时见于文献。如 Plummer(1990)曾利用稳定同位素分析判断地下水循环年龄及流动速率,并模拟水 - 岩相互作用的质量迁移情况。Murphy 等(1998)在美国东南部的 Middendorf 含水层利用 NETPATH 软件对稳定碳、硫同位素(^{14}C 、 ^{34}S)地球化学进行了模拟,并由此评价地下水系统中微生物的呼吸作用。

2 国内外工程地质研究现状

2.1 地面沉降机理研究现状

人类利用地下水已有悠久的历史,随着抽水时间的延长、抽水量的增加,人们逐渐觉察到过量抽水引起地面沉降的一些迹象。但直到 1924 年,日本为研究 1923 年的关东地震后地壳变动而进行的重复精密水准测量才肯定了地面沉降与抽取地下水之间的关系。此后世界许多国家的城市都陆续发现了这一问题,如意大利威尼斯、美国加利福尼亚圣华金(San Joaquin) 谷地、中国上海、泰国曼谷等。

最初,由于地下水的取用量较少,地面沉降的速率和数量都不大,对过量开采地下水引起地面沉降的认识主要局限于现象的描述,而对沉降的形成机理、沉降量及其沉降发展过程预测的研究基本没有开展。随着城市化、工业化的发展,对地下水的需求量急剧增加,在 1950 ~ 1970 年,地面沉降的发展达到了顶峰,如圣华金谷地的沉降量达到 9 m,沉降的影响范围达到 9 900 km^2。地面沉降给人们的生产和生活造成了极大的不便,引起了各国政府和学者的重视,一方面努力控制地下水的抽水量,一方面积极开展地面沉降的研究，分别于 1969 年、1976 年、1984 年、1991 年、1995 年、2000 年、2005 年召开了 7 届地面沉降国际讨论会，进行了专门的交流和探讨。地面沉降模型是地面沉降研究的重要内容，我国的上海、天津均进行过有关地面沉降模型的研究。近年来，随着我国经济建设的发展，地下水的需求量激增，伴随着过量开采地下水引发地面沉降的地区日益增多，成为制约当地可持续发展的一个重要因素。因此，建立合理的数学模型，对地下水开采可能引起地面沉降的大小和分布做出预测，为制定合理的地下水开采规划提供可信的理论依据是非常有意义的，也是迫切需要解决的一个问题。

2.1.1 地面沉降机理研究

对由于抽汲地下水引起地层压密而产生的地面沉降机理的研究，目前普遍采用太沙基有效应力原理进行解释。

作用于饱和土体内某截面上总的正应力 σ 由两部分组成：一部分为有效应力 σ'，它作用于土的骨架（土颗粒），其中由土粒自重引起的即为土的自重应力，由附加应力引起的称为附加有效应力；另一部分为孔隙水压力 u_w，它沿着各个方向均匀作用于土颗粒，其中由孔隙水自重引起的称为静水压力，由附加应力引起的称为超静孔隙水压力，抽水前饱和土中诸力满足下述关系式：

$$\sigma = \sigma' + u_w \tag{13}$$

抽水引起地下水位下降，地层内孔隙水压力降低，地层内部总应力保持不变，根据有效应力原理，下降了的孔隙水压力值转化为有效应力增量，有下式成立：

$$\sigma = (\sigma' + \Delta u_w) + (u_w - \Delta u_w) \tag{14}$$

孔隙水压力对各个方向的作用是相等的，因此它只能使土颗粒产生压缩，而土颗粒本身压缩量是微小的，在研究中不予考虑。只有通过颗粒接触点传递的有效应力，才能引起土的变形和影响土的强度。抽水造成的饱和土孔隙水压力消散将引起粒间有效应力的增加，是土层发生压缩变形的基本机理。由此可见，土层内的应力转移总是伴随并决定着地面沉降过程。

Terzaghi 首先根据有效应力原理提出了饱和土体的单向固结理论，但其建立在许多简化假设的基础上：土体是均匀和完全饱和的；土粒与水均不可压缩，土体变形仅由孔隙水排出和超静孔隙水压力消散所致；土中渗流服从达西定律，土的渗透性不随时间、应力改变，渗透系数为常数；在应力变化范围内，土体为理想弹性材料，应力与应变关系是线弹性的。

目前，Terzaghi 一维固结理论的解析解仍然是地基沉降计算的主要依据。但是从其假设就可以看出其重要缺陷，即是不满足土的实际特性。

为使固结分析贴近黏性土的实际特征，需借助于非线性的渗流固结模型。完整的非线性渗流固结模型，应包括两个部分，即有效应力与应变的非线性模型和孔隙水渗流的非线性模型。有效应力与应变的非线性模型刻画土骨架本构关系的非线性，既包括非线性弹性、弹塑性，也包括流变性。孔隙水渗流的非线性模型刻画土体渗透系数的非定常特征，包括渗透系数随孔隙比变化的特征和可能出现的黏性土非 Darcy 流特征。

2.1.2 地面沉降模型研究

地面沉降是土层中孔隙水承担的孔隙水压力和土骨架承担的有效应力发生变化的结

果。处于平衡状态的含水系统，当地下水被抽出后，孔隙水压力减小，原先的土—水平衡状态被破坏，有效应力发生变化，土体产生变形。由于土体的非线弹性及其多孔性，土体的力学性质、储水性和透水性都将随之变化。地面沉降是土和水相互作用、内部应力发生变化的外在表现。它与土的变形特性和水的渗流情况密切相关。因此，地面沉降的数学模型应包括水流模型和土体变形模型两大部分。

2.1.2.1 水流模型

水流模型要求有再现地下水系统的能力，能真实地刻画实际地下水系统中发生的物理过程，如由抽、注水引起的系统内水压力的变化情况。地面沉降计算中采用的水流模型主要有下列几种：

(1)含水层中的地下水在水平面内作二维渗流，将含水层上、下的黏土及亚黏土层视为绝对不透水层。这样只能分析含水层内的孔隙水压力变化，并根据与黏土及亚黏土层相邻的上、下含水层内的孔隙水压力的变化来估算黏土及亚黏土层的压缩量。

(2)含水层中的地下水作水平方向渗流，将黏土、亚黏土层中的压密释水概化为水流模型的源汇项。

(3)拟三维(准三维)模型，即含水层中的地下水作水平渗流，黏土、亚黏土层中的水流作一维垂向渗流处理。

(4)三维模型，即含水层和弱透水层中的地下水流均作三维渗流处理。

显然，三维水流模型能较好地刻画地下水系统内真实的水流状态，特别是黏土、亚黏土等弱透水层因相邻含水层抽水而导致的压密释水状况。而这些弱透水层的压密释水恰恰是造成地面沉降的主导因素。我国一些地面沉降严重的城市，如上海、天津、无锡、苏州等地，它们的弱透水层还有个特点，即水平状微层理发育，一层粉砂，一层黏土、亚黏土，如此重复，单层厚度小于1 cm，因此具有明显的各向异性，水平方向的渗透系数远大于垂直方向的渗透系数。弱透水层中水流作垂向流处理的准三维模型以及压密释水量作源汇项处理的第二种模型是无法刻画这类问题的，只有采用三维模型。其他模型在真实刻画弱透水层内水头的变化上也是有困难的或不可能的。

2.1.2.2 土体变形模型

土体是松散的多孔介质，其组成特点和结构形式决定了它具有不同于一般固体材料的特性。其变形具有显著的非线性、非弹性及各向异性特征。同时其变形量的大小不仅取决于土体最终所处的应力状态，而且取决于土体所经历的应力路径和应力历史。但目前在土的变形模型中对土体的变形特性反映不够全面。根据土体的应力与应变关系，地面沉降计算中土体变形模型主要有：

(1)线弹性模型：一般假定含水层(组)骨架的压缩变形与孔隙水压力减小成比例。这样处理问题，仅考虑了土层的主固结现象，忽视了由于含水层(组)骨架的黏滞特征引起的次固结作用。通常采用下述公式计算土层的压缩变形量：

$$\Delta b = \frac{\Delta\sigma'}{\gamma_w} b_0 S_{ske} \qquad (15)$$

式中 γ_w——水的容重；

b_0——含水层的初始厚度；

S_{ske}——弹性储水率；

$\Delta\sigma'$——有效应力变化量。

这一模型主要用于含水层的变形，即将含水层的变形作为弹性的、可恢复的。

（2）弹塑性模型：虽然土力学家根据材料的弹塑性变形特征提出很多弹塑性本构方程，但这些本构方程都涉及多个参数，而在区域地面沉降计算中确定这些参数非常困难。因此，一般都采用非线性弹性来表示这种弹塑性应力与应变关系，此时的模型与上述弹性变形条件下的模型类似，只是土层的储水率在弹性变形和塑性变形条件下取不同的值：

$$S_{sk} = S_{ske}(\sigma \leqslant \sigma_P) \tag{16}$$

$$S_{sk} = S_{skv}(\sigma > \sigma_P) \tag{17}$$

σ_P 为 Jorgenseng 等于 1983 年提出的土层预固结水头（Preconsolidation Head），预固结水头是指该夹层先前曾经历过的最低水头。当水头值大于预固结水头时，压缩率很小，如果水头恢复，夹层的厚度也随之恢复，压缩是弹性的；如果水压降低超过了预固结水头，压缩率增大，并且压缩是非弹性的，水头恢复只能使压缩层出现很少量的回弹。式中，S_{ske} 为土层的弹性储水率，S_{skv} 为土层的塑性（非弹性）储水率，σ 为有效应力，所以采用非线性弹性表示弹塑性本构关系时，沉降模型与弹性本构关系下的沉降模型具有相同的形式，但参数不同，前者有两组值，而后者只有一组值。这也是目前 MODFLOW 中地面沉降子程序包土体应力与应变模型中所采用的计算方法。

（3）流变模型：弹性模型和弹塑性模型属于与时间无关的非线性本构模型，因此尚不能反映黏性土骨架变形的流变性。在黏性土渗流固结理论中，一直有主固结和次固结之分，一般认为次固结部分就是土体骨架的流变引起的。研究流变主要采用的是黏弹塑性理论。

Merchant 在 1939 年提出了计算次固结的黏弹性固结方程，单纯的黏弹性模型并不能够反映黏性土变形的塑性特点，完善的做法是把弹性、黏性、塑性同时结合在本构模型中，修正的 Merchant 模型是目前一种应用于固结问题最复杂的本构模型。

其应力与应变关系为：

$$\frac{\partial \varepsilon}{\partial t} = (1 + e_0)\gamma\alpha_1 \frac{\partial H}{\partial t} - \mu[(1 + e_0)\gamma(\alpha_1 + \alpha_2)(H_0 - H) + (e - e_0)] \tag{18}$$

式中 α_1、α_2——主、次体积压缩系数；

γ——水的容重；

μ——牛顿黏壶黏滞系数 λ 的倒数；

H_0——每一时段初始水头。

其变形计算公式为：

$$\Delta L = \int_0^L \frac{\gamma\alpha_1 \Delta H + \mu\gamma\Delta t(\alpha_1 + \alpha_2)\Delta H}{1 + \mu\Delta t} \tag{19}$$

2.1.2.3 组合模型

按照水流模型和土体变形模型的结合形式，确定性模型可分为 3 大类：即两步计算模型、部分耦合模型和完全耦合模型。

（1）两步计算模型。最初由 G. Gombolati 和 R. A. Freeze 于 1973 年研究威尼斯的由多层含水层与弱透水层组成的地下水系统抽水引起的地面沉降问题时提出，模型由水流模型获得各土层的水头变化后再根据水头情况计算土层的变形，主要限于计算一维垂向变形，而不考虑在抽水过程中土体变形导致土的渗透性和储水性的改变。

(2)部分耦合模型。假设总应力不随时间变化，土体仅发生垂直方向的变形而无水平变形。在两步模型的基础上，考虑了垂直方向上变形与孔隙水压力的变化情况，通过孔隙比与渗透系数之间的关系实现土体变形和渗流的耦合。

(3)完全耦合模型。假定土骨架本构关系为线弹性，渗流符合达西定律，土颗粒和孔隙水均不可压缩。采用 Biot 固结方程，比较准确地反映孔隙压力消散与土骨架变形相互关系，即孔隙水压力的变化对土体变形的影响以及土体变形对孔隙水压力的影响。该模型的地下水流和土体变形既可以是一维的，也可以是二维或三维的，不仅能反映地面沉降，而且能反映地层的水平位移。

以上部分为有关地面沉降产生的微观机理研究现状及模拟模型的研究，本文将根据研究区的现实资料情况建立三维渗流——一维沉降数值模型对研究区的地面沉降进行模拟及预测。

2.1.3 地面沉降因素在水资源量评价中的研究

目前我国的水资源评价研究最基本、最广泛的方法就是水均衡法，而河北地区进行开采水资源评价时，鉴于浅层承压水大部分为咸水的原因，于是将深层承压含水层作为封闭研究对象，建立的也是拟三维流模型，并不考虑弱透水层的水头变化，这样的计算结果单纯地将黏性土的释水量归入可开采资源来计算是不科学的。

抽水后，含水层水头降低，相邻黏性土层与抽水含水层之间产生水头差，黏性土层中的水便向含水层释放，增大了黏性土骨架的有效应力，导致黏性土层压密，地面相应沉降，如果含水层水位恢复到原始水平，黏性土层却回弹的很少，黏性土层压密造成的地面沉降是永久性的、不可恢复的。所以，必须考虑地面沉降的因素，重新审视这一部分水量的水资源属性。

郭永海等(1995)计算出黏性土压密释水量占了整个开采资源量的 36.45%，这部分是无法得到补偿的，该研究虽然应用的模型极简单，其结果也值得商榷，但是它却阐述了地面沉降因素在水资源量评价研究中的重要性。

目前，国内外诸多的水资源管理模型都将地面沉降因素作为限制条件考虑，来寻求合理的水资源开采方式以及开采量，可见地面沉降因素在水资源管理中的重要性。

2.1.4 基于 GIS 的地面沉降管理信息系统及专业模型的研究

如何能将 GIS 运用到地质科学当中，这对研究者各方面的综合素质要求较高，各部门、各学科的交叉使得 GIS 在地质科学领域中的应用相对来说还属于起步阶段，尤其在地面沉降研究方面，GIS 应用的系统成果并不多见，而只是一些方法上的应用研究。例如，美国内华达州的拉斯韦加斯就利用 GIS 进行过地面沉降的预测研究；日本 S. Murakami 领导的研究小组，利用 GIS 技术描述了日本关东平原北部地区的地面沉降现状，并预测了其发展变化趋势，且在图上实现了可视化成果。

GIS 应用的模型化发展又是今后 GIS 在地质科学应用中的一个重要发展方向及研究重点。目前，应用模型的开发已受到较大的重视，比较引人注目的是：

(1)引进空间化的数理统计和系统分析方法。

(2)通过实例研究,建立专业模型,如水土流失、森林火灾预报、土地评价、地貌分析、地质勘探分析、环境污染评价等,作为模型工具提供用户使用。

目前,我国在这方面的研究尽管已取得了相当成效,但是由于华北平原在地质基础信息数据库的建设方面还存在以下问题,导致了许多基于 GIS 的专业模型难以在该地区得到实际应用。

(1)数据库建设分散,基础数据的信息化积累仍显不足。与国外先进国家相比,华北平原的数据库系统建设在规模和技术手段上均有一定的差距,尤其是在数据集成和管理方面,信息技术先进国家的地学空间信息与其他信息一起,已经进入到大型分布式 GIS 系统与 Internet 网络上的应用阶段,实现了空间信息的集成管理和信息共享,而在我国的地学领域则起步较晚,没有集中统一的数据管理体系和一体化综合应用模式。

(2)标准化进程缓慢,宣传贯彻力度不强。尽管信息标准化工作已经具有了一定的基础,但是没有一个完整的水工环地质信息标准化体系,尤其是在地质灾害领域尚没有统一完善的领域数据模型。各个标准是在不同的历史条件下和不同的项目中制定的,无法对水工环地质信息进行综合、集成管理。实现信息综合、共享的关键技术标准依然落后。信息化建设的标准没有完全融入到整个地质灾害防治工作的过程中。

(3)数据传输网络不健全。目前,用于地质灾害防治的信息传输网络尚很薄弱,没有形成覆盖全国的地质灾害防治信息网,地质灾害监测数据的自动传输也没有得到普遍应用,因此地质灾害的灾情信息、应急调查信息以及预警预报信息无法快速传递,使地质灾害防治工作受到了一定程度上的制约和限制。

(4)信息获取渠道不顺。信息化建设和各类地质项目的实施明显脱节,造成信息化建设滞后,没有真正达到信息化工作在地质工作全过程中的积极促进作用。

(5)低水平重复性工作多。在信息化人才缺乏的情况下,在很多信息化建设项目中,缺乏统一规划和部署,信息复用技术也没有很好地应用,造成很多低水平的信息化工作重复建设、重复开发。

2.2 软土固结沉降机理及其沉降预测方法研究现状

软土工程作为一门实用性很强的技术工程,其工程实践的发展往往领先于理论上的探索,这一点已成为工程师和科研人员的共识。回顾软基加固的历史,我们可以清楚地看到:在持续不断的工程实践中,工程师对软土固结沉降本质的认识不断加深,而经验认识不断积累又升华成为理论,这些理论又成为指导工程实践的有力武器。目前与软土固结沉降预测研究有关的热点主要有软土沉降固结模型、机理及预测方法研究。

2.2.1 软土沉降固结模型

最早对固结进行理论研究的是 Terzaghi,他于 1923～1925 年间提出了有效应力原理并建立了以他名字命名的渗流固结理论,得到一维渗流固结问题的解析解(Duncan,1993;陈仲颐等,1994),该解析解只适用于均质饱和土瞬时加载的情况。1935～1936 年,Rendulic 将 Terzaghi 固结理论扩展到多维条件,建立了 Terzaghi - Rendulic 渗流固结理论(Atkinson 等,1981;黄文熙等,1983)。上述理论特点是假定土体总应力不会因渗流固结的发生而变化,仅用超静孔压建立描述固结的偏微分方程。

比较严格的固结理论，是 Biot(1941,1956)提出的三维耦合渗流固结理论，不仅抛弃了总应力恒定的假设，而且考虑了动力固结问题。特点是同时考虑孔隙水的渗流和土骨架的变形以及它们的耦合作用，根据有效应力原理、静力平衡条件、土骨架的有效应力与应变关系和变形协调条件以及孔隙水的渗流连续性条件建立描述固结的偏微分方程组，其中有效应力与应变关系既可以是线弹性的，也可以是非线性的。对于 Biot 理论，国内外许多学者对 Biot 固结问题的解析法作了许多探讨(Biot,1941;Gibson,1958;Schiffman,1969;黄传志等,1996;胡亚元,1998;张华等,2000;陈开旭等,2000)。

上述固结理论均假定土体为线弹性体，而黏性土的形变具有显著的非线性特征，因此不少学者(陈宗基,1958;Davis,1965;李冰河,1999;冉启全,1998;殷建华和 Graham 等,1989,1994,1999)提出了考虑土体非线性的渗流固结理论。

非线性渗流固结模型的另一个发展方向是考虑大变形，因为黏性土是高压缩性介质，在普通的荷载作用下应变即可达到5%以上，如果仍然沿用小变形假设，势必带来不可忽略的误差。Gibson 等人(1967,1981) 和 Mikasa(1965,1998)相继提出了一维大变形固结理论，其中 Gibson 等人的理论更完善、更具普遍性。Xie Y L 等(1993)、谢新宇等(1997)对大变形固结理论进行了较为系统的分析。

长期以来，渗流固结理论在黏性土—砂井地基中的应用是发展了单井固结理论，即有限轴对称封闭的圆柱形隔离体中心为一砂井，作用垂向荷载情况下的渗流固结模型。广大学者主要致力于解决单井固结理论的水平径向渗流固结问题(Barron,1948;Hansbo,1977;Atkinson,1981)、垂向及水平径向组合渗流理论问题及其计算方法(谢康和,1987;钱家欢和赵维炳,1988;刘兴旺,1998;王旭升,2002 等)。这些单井固结理论已经广泛应用于实际工程中，主要用来分析黏性土—砂井地基固结度随时间的变化，指导工程设计。

2.2.2 土体微观结构研究

宏观力学现象与微观结构有着本质的联系。近年来，随着电子显微镜技术的发展，微观结构研究取得了长足的进步，为了进一步了解软黏土固结沉降的本质，目前土力学领域从宏观结构角度转向微观结构的角度来研究渗流固结过程中土体微观结构变化与其各种性质的关系。

2.2.2.1 微观结构定量化研究

在工程黏性土微观结构研究历史上，Terzaghi(1925)首次提出土体微观结构的概念，并提出了黏土的蜂窝结构(胡瑞林,1995);其后，Goldschmidt(1926)和 Casagrande(1932)注意到了微结构的土力学价值，并发展了 Terzaghi 的结构模式。在微观结构的研究中，学者主要研究黏土微观结构特点及其与宏观力学性质之间的联系。

1)微观结构的定性分析

由于土体微观结构的复杂性和测试手段的限制，早期对微观结构的研究多以定性研究为主。在这个阶段的主要成果是对微观结构的定性描述和微观结构与工程性质之间关系的探讨。例如，Terazghi(1925)提出了土的蜂窝结构;Popov(1944 ~ 1949)利用光学方法研究压缩下黏土的微结构的变化，提出了隐结构概念;Lambe(1953 ~ 1958)从胶体化学和双电层理论出发提出了边—边、边—面接触的开放式非盐絮凝结构，面—面和边—面接触的“盐絮”结构以及面—面接触的分散排列结构;陈宗基(1957)将黏土片状颗粒的接触形式分为点—面、边—面和面—面接触，并将黏土片状颗粒的相互作用形象地绘制成三维网络模型（王常明，1999）。20世纪60年代末期，扫描电子显微镜引入微观结构研究领域，使得土体微观结构研究更加深入，Pusch和Bowles等（1966～1973）提出了“集聚体”的概念，将其看做一个组构单元；K. Collins和A. Megown（1973～1974）、Mitchell（1976）、Gillott（1976，1977，1980，1983）等也提出了许多结构模型，并介绍了各自的结构特征；朱春润（1994）采用结构图像分析系统等手段研究黏性土微结构定向性、孔隙的平面特征及几何特征。此外高国瑞（1980，1997）、文江泉、王贵清（1995）、谭罗荣、王梅（2001）、齐吉琳、谢定义（1999，2001，2002）、顾成权、石玉成等（2003）、邵生俊等（2004）等人从微观结构的角度对黄土和红土的工程性质展开了一系列的探讨，并为微观结构的研究积累了丰富的经验。

这些微结构模型的提出，为土结构的定性分类及解释土体的某些工程性质作出了重要贡献。但其也有不足之处：一方面，其受主观因素影响大，不同的研究者对同一种土得出的结论各不相同，有时甚至是相互矛盾的；另一方面，通过微观技术手段观察到的土体微结构范围很小，而土的微结构均匀度很差，宏观尺度上看似相同的点在微观上很可能毫不相似，从而易造成研究时“以点代面，以偏赅全”，难以全面反映土体微观结构的真实面目。

2）微观结构的定量化研究

70年代以后，随着工程实践和测试技术的迅速发展，人们已不满足于根据微观形态定性地描述土的某些宏观力学性质，这就导致了微结构研究向定量化方面发展。早在20世纪50年代，国外学者如Birdley（1953）就利用X射线衍射仪对土中扁平顺较定向度进行测定，此后不断有人对这种方法进行改进，如Sankarn.和Venkaleswar（1975）、谭罗荣（1981，1982）等。此后，Sridharan等（1971）研究了土中孔隙的分布；Osipov（1972，1973）对黏土微观结构的定向性进行了研究；Mitchell（1976）对黏土微观结构及其控制因素的定量化进行了系统的分析研究；Tovey（1973，1990，1992）应用计算机图像处理系统对土体微观结构进行了定量化分析；C. A. Moore和C. F. Donaldson（1995）采用分形几何的方法研究土的微观结构，取得了很有价值的成果。国内也有以胡瑞林、施斌、吴义祥为代表的许多学者在此领域取得了一些有价值的成果：

（1）微观结构基本概念、研究基础及研究方法介绍（胡瑞林、王思敬、官国琳等，1999）。①基本概念，黏性土的微观结构主要有三个方面：形态学特征，即结构单元体的大小、形状、表面特征及数量比例关系；几何学特征，指的是结构单元体的空间布局；能量学特征，指结构连接类型和结构总能量。②研究基础，重叠片和微滑面模型；颗粒模拟模型。③研究方法，包括土体的物质成分研究方法；结构形态定量分析方法；结构要素量化方法；物理力学性质研究方法等。

（2）黏土微结构要素的定量信息提取方法研究。胡瑞林（1995）、施斌（1997）、王宝军、施斌（2004）等学者的研究主要介绍了黏性土微观结构简易定量分析法、微结构图像处理系统（MIPS）以及利用图像处理技术结合地理信息系统（GIS）软件的数据提取技术，并借助于分形理论解决了结构要素定量化信息。此外涂新斌、王思敬等（2003）在研究香港风化花岗岩细观结构过程中介绍了微观结构处理软件Qwin。

（3）微结构定量化合理描述方法的探索。

在利用先进技术的同时,研究者也不断为定量化寻找合理的描述方法,其中具代表性的有两种:

①从系统论的角度出发,引入结构熵的概念来研究:吴义祥(1988)认为黏土之间存在的是一种混杂的联系,某一时刻各要素的混杂联系叫做结构状态,通过引入结构熵的概念可反映结构在排列、粒级和能级上的混乱程度,即:

$$E = E_0 \& E_g \& E_e \qquad (20)$$

式中 E——土的结构熵;

E_0——排列熵;

E_g——粒级熵;

E_e——能级熵。

胡瑞林等、施斌和李生林也都从该角度出发对结构定量化进行了详细深入的研究。

②利用分形理论进行研究:在土体中引入分形理论进行研究始于 20 世纪 90 年代初期,Tyler 和 McBrathney 研究了粒子和集合体分布的分形特征与规律;刘松玉研究了红土、膨胀土、下蜀土的粒度分布特征,表明粒度分布具有分形结构,并认为分维可作为黏性土工程分类的指标;胡瑞林、徐永福等对土粒表面、颗粒分布、土的孔隙表面和分布的分形特征进行了综合研究,获得了参数与土的工程性质之间的关系。

利用上述的新方法无疑比原来根据试验结果定性地解释土的工程性质前进了一大步,因为根据这些研究结果,已经有可能将微观结构参数与宏观力学参数建立一些半定量的关系,但由于土微观结构的复杂性,要建立能定量描述土宏观力学性质的微结构模型仍需更多的积累。

(4)发展目标及热点问题探讨(施斌,1997;胡瑞林、王思敬、官国琳等,1999)。①建立微观力学模型;②微观结构研究的尺寸效应;③岩土体微结构的动态观察;④土体微结构力学理论及其在地基稳定性分析、土体地质灾害预测中的实践。

(5)微观变形机理研究及工程实践。研究主要从微观孔隙、结构的角度对改性膨胀土、黄土、黏性土进行了定量研究,初步揭示了黄土宏观变形的微结构控制机理、湿陷性控制机理、地基强夯过程中的结构控制规律(胡瑞林,1998;胡瑞林、官国琳,1999;王立朝、胡瑞林等,2004)以及建立了各向异性黏性土蠕变的微观力学模型(施斌,1997),同时提出了固结变形的阶段性变化是由微观结构变化引起的(王立朝、胡瑞林等,2004)。此外姚环、温耀霖(1995),冯晓腊(1996),白冰、刘祖德(2000),孔令伟、熊传祥、龚士良(2002)等通过研究黏性土的矿物组分与微结构特点来探讨结构对土的物理力学特性的影响,同时求取相关结构参数探讨在实际工程中如何考虑微结构的影响(张诚厚,1995;王盛源、关锦荷等,1999)。

2.2.2.2 土结构性本构模型的研究

工程实践和试验均表明软土具有结构性。土结构性是指土体颗粒和孔隙的性状和排列型式及颗粒之间的相互作用,是土生成条件、环境的自然历史产物。绝大多数天然土都有一定的结构性,有些黏土还具有很强的结构性,如湛江黏土、日本的有明黏土和瑞典黏土等,结构性是软土的一个重要特性,对土的工程性质有强烈的影响,土结构性是决定软土力学特性的一个最为根本的内在因素。尽管目前的研究深度不足以使我们弄清结构性的真正机理，但是岩土工程的实践迫切需要能反映这种特性的本构模型，因此一些学者已开始尝试建立包含土结构性的本构模型。土的结构性本构模型的建立在理论上可以有效地摆脱连续介质力学的长期束缚，引起某些传统观点的改变（1999，胡瑞林）。沈珠江院士（1996）认为对土体结构性的研究已成为土力学研究的主要方向之一，将它作为“21世纪土力学的核心”。

目前，比较有影响的微观结构模型主要有两类：一类是由 Batdorf 和 Budiansky（1949）创立的经典塑性滑动理论发展形成的重叠片和微滑面模型。第二类为 Cundall（1971）、Cundall 和 Strack（1979）建立的颗粒模拟模型。沈珠江（1993，1999）基于土体非连续的结构提出了散粒体模型和结构性模型；何开胜、沈珠江（1993，2002）在土体结构模型的基础上提出了结构性黏土的弹黏塑损伤模型和非线性损伤力学模型；沈珠江（2000）认为天然黏土一般都具有结构性，其变形过程必然伴随着结构的破坏，提出了一种新型的堆砌体模型，用以描述这种结构破坏现象；周成、沈珠江、陈铁林（2003）提出结构性黏土的边界面砌块体模型；陈铁林、李国英、沈珠江（2003）将结构性黏土看做由结构体和结构面双重介质组成，其流变分为滑移流变和损伤流变。在堆砌体模型的基础上，采用应力理论，建立了结构性黏土的流变模型。

在建立上述模型的过程中，沈珠江、陈铁林（2002，2004）介绍了一种新的能反映细观和微观结构的宏观力学分析理论——岩土破损力学（分宏观、细观和微观 3 个层次）。何开胜、沈珠江（2003）从大变形的角度出发，定量研究结构性黏土颗粒的微观变形机理，增强对土体变形机理的认识和理解，从而更好地建立结构性土的本构模型。

此外，邓若宇、王靖涛等（1999）改变传统的数学建模方法，运用神经网络方法，建立一个黏土的非线性本构关系模型。刘勇军、朱岳明、丰土根（2001）基于土体微观几何结构及其力学性状，提出了随机土体结构模型。

总而言之，这些模型的提出很大程度上推进了土力学的发展，为人们认识土体变形破坏提供了理论基础，但是，就目前条件而言，要完整精确地模拟土体微观几何结构及各种力学性状是不可能的，也是不必要的；各类理论模型均处于试验探索阶段，广泛运用工程实际还需待工程实践的进一步检验。

2.2.2.3 软土变形微结构控制机理研究

软土地基变形在宏观上表现为土的压缩沉降，而土体的压缩必导致其内微结构的变化，这种变化主要靠自身结构要素的整体性变化和部分结构参数的微观调整加以实现。弄清楚土在宏观现象下的内在本质及控制机理，从而建立正确、可靠的物理、力学和数学模型就显得格外重要。国内以肖树芳教授为代表的学者在软黏土宏观变形的微结构控制机理研究方面做了大量有建设性的工作。

王常明、肖树芳等（2001）基于海积软土一维固结蠕变的宏观力学性状与微观结构定量分析相结合的方法，提出了软土在外荷作用下微观结构的演变模式，由此建立了一个含结构参数的固结变形本构关系，并用建立的模型预测多级加载条件下海积软土的变形规律。王清、肖树芳等（2001）在不同类型黏性土的研究基础上，通过 SEM 图像处理技术，提出了黏性土微观结构中结构单元体形态、定向性、孔隙特征等结构要素的定量评价指标，并结合工程实例证明了黏性土微观结构定向性的定量评价指标的实用性。

雷华阳、肖树芳(2002)通过对天津市海积软土进行的固结试验,从微观的角度出发,结合净势能曲线解释了固结曲线上拐点的意义,研究了次固结系数的变化规律,同时建立了次固结系数与时间、固结压力和压缩指数的关系。

刘莹、肖树芳(2003)根据吹填土沉积固化后的压缩试验,提出了吹填土结构强度的概念,从微观结构的角度,以微观结构定量化数据为基础,系统地分析了吹填土结构强度的增长机理。

雷华阳(2004)通过三轴压缩试验和微结构参数定量分析,研究了饱和软黏土在压力作用下的微结构参数变化规律以及结构参数调整的差异性等问题,初步揭示了软土宏观变形的微结构控制机理,并指出土的宏观变形在微观层次上主要表现在孔隙大小和形状的改变两个方面,其他一些结构要素(如定向性、颗粒形状等)的变化对其变形量的影响并不大。同年通过对天津地区软土进行的结构性试验研究表明,结构性对土的特性有很大的影响,在固结过程中,压力使得土骨架发生变形,导致了结构单元体的重新排列,颗粒相互靠拢、镶嵌,使得大孔隙逐渐减小,颗粒之间的水膜变薄,排水固结的速率降低。

此外,谢东等(1999)从分析软土的物质组成及微结构制约软土固结变形特性的有关机理入手,着重论述了固结过程中孔隙的变化规律及固结压缩的微观机制、孔隙压力的消散机制及结合水在固结过程中参与渗流的有关微观机制。

总之,软土宏观变形微结构控制机理的上述研究对我们了解软黏土体宏观变形本质有了进一步的认识,研究中明确指出微观结构的变化是宏观变形的本质,且宏观变形在微观层次上主要表现在孔隙大小和形状的改变两个方面,为本文进一步研究软土固结沉降机理缩小了范围,目标更加明确。

2.2.3 软土沉降预测方法研究

软土沉降固结理论的不断发展推动了软土沉降预测方法的研究。地基的沉降计算方法自 1923 年 Terzaghi 固结理论问世以来已有很大的发展,从简单的半经验公式图表法到应用计算机的数值分析方法,可谓种类众多。尽管地基沉降的计算方法有很多种,但根据其应用原理,基本可以分为两大类:一类是基于土体固结压缩原理的纯理论计算法;另一类是基于实测沉降资料的沉降预测方法。这两类方法都有其实效性和可操作性,回顾这些方法的发展和目前对软土沉降计算的研究现状对实际问题的解决有着重要意义。

2.2.3.1 基于土体固结压缩原理的纯理论沉降解析计算方法

建立在各种物理力学模型上的解析计算方法在近几十年来发展很快,细分起来又可以分为两类:以分层总和法为代表的经典计算方法、以有限元为代表的数值离散化方法。

1)以分层总和法为代表的经典计算方法

该类方法根据土体的固结压缩原理,将压缩试验中应力与应变的关系转换为应力与孔隙比的关系,得出 $e \sim p$ 或 $e \sim \lg p$ 曲线,再根据该压缩曲线进行沉降计算。

分层总和法以弹性理论为基础,假设土体受力变形服从一维压缩规律,公式所用参数通过常规室内试验即可获得,试验容易,试验费用低,现阶段仍在工程中被普遍应用。但实际上,地基中的土体受竖向附加应力后,变形并非纯弹性,也并不像在固结仪中那样仅有竖向的变形,侧向变形对固结沉降的影响甚大,尤其当软土地基中的淤泥质黏土厚度超过基础的平面尺寸时,此种影响更大,仅考虑弹性变形和一维压缩显然不能满足工程的实际需要。

为了解决工程实际问题,何思明(2003)提出了基于弹塑性理论的分层总和法;此外,结合 Biot (1941)的固结理论,有多位学者研究了三维固结对竖向沉降的影响,先后提出的相关沉降计算方法有:黄文熙(1957)、费罗林、魏汝龙(1979)三维沉降法,龚晓南(1984)建议的三维压缩非线性模量法等。这些方法的原理可归纳为:取一个修正系数乘上单向固结变形量,就得到考虑侧向变形的固结沉降量。

显然,上述方法考虑了三维应力条件下固结所产生的土体体积变化。但此类方法在将三维压缩条件下的体积变化与竖向沉降量联系起来时,仍按照一维压缩条件下测出的压缩系数进行简单的修正,从逻辑上而言仍无法避免一维压缩沉降计算方法存在的弊端,应用此类方法解决工程实际问题显然仍有不足。

为了更好地考虑侧向变形对竖向沉降的影响,近年来学者们又进行了大量的相关研究。如 Lambe(1967)提出的应力路径法;D'appolonia (1971)提出的沉降计算方法考虑了梯形荷载作用下产生的应力场对地基竖向沉降发展的影响;Mesri (1985,1987)考虑到孔隙比是有效应力和时间的函数,分别求得主、次固结过程中的孔隙比变化,从而求得沉降。

2)以有限元为代表的数值离散化方法

解析分析法在缺乏有效计算技术的早期是人们研究固结沉降问题的主要工具,随着数值分析理论和计算机技术的提高,数值模拟才逐渐成为固结沉降问题的重要研究工具。固结沉降计算的数值方法有差分法、有限元法、边界元法、加权余量法、有限层法、无单元法。目前,常用的主要有差分法、有限元法和边界元法。

(1)差分法。

对于 Terzaghi - Rendulic 固结理论,特别是一维渗流固结问题,通常用有限差分法。Poulos 在 1972 年曾用有限差分法解扩散方程计算各种条件下地基的渗流固结,Schiffman 等(1969)则认为扩散方程的差分解在地基宽度大于地基深度时与 Biot 的数值解相近(黄文熙等,1983)。赵维炳、钱家欢(1985)采用中心差分的形式对比奥固结问题进行了求解。陈环(1987)曾用有限差分法计算真空预压地基的固结问题。李映晖、杨天行(1998)还提出用广义差分法即有限体积法求解 Biot 固结问题。陈崇希等(2001)在用数值法研究地面沉降规律时,将固结模型与三维地下水流模型相结合,建立了可变的土体压缩系数与地下水储水系数的转换关系,考虑了黏性土渗透性在固结过程中的变化。王旭升(2002)采用一维有限差分法对 K_0 固结进行了模拟,得出半对数模型的渗流固结过程不仅与渗透系数和变形模量的变化快慢有关,还与荷载的水平有关。但要指出的是,由于差分法要求网格的规则性等,目前在固体力学领域应用受到了一定的限制,主要集中在对时间域的处理上。但在近年,任意网格划分的优点使得差分法又有了新的进展。

(2)有限元法。

有限元法是以研究区域的变分形式,离散所研究的区域,成为有限数目的单元。用有限元求解 Biot 固结方程,首先是由 Sandhu 等人(1969)提出的。Sandhu 等应用变分原理推出了 Biot 固结理论的有限元方程,终于使冷落了近 30 年的 Biot 固结理论重新引起人们的注意,使其在实际工程中发挥作用。Christian 等人(1970)应用虚功原理也推出了 Biot 固结理论的有限元方程,拓展了研究思路和有限元的应用深度。J. C. Small 和 J. R.

Booker 等采用拉普拉斯变换推导了 Biot 固结理论的有限元方程(1975),并证明了该方法的收敛性(1977)。S. Nishizaki, L. Saito, A. Ohiro 等(1982)对有限元计算时所采用的各种单元形态进行比较,得出采用四边形单元可使得孔压和位移计算均较高的结论。剑桥大学的 Simpson 于 1973 年研制了一个用修正剑桥模型计算黏性土固结变形的程序,该程序参加了 1974 年在麻省理工学院举行的地基变形预测讨论会。此后,剑桥大学的 Gunn 和 Britto 进一步开发了具有商业价值的 Biot 固结有限元模拟软件,包含多种模型(包括修正剑桥模型),可以处理平面应变和轴对称课题,也可以模拟砂沟地基的固结,该软件被许多研究者使用(Almedia,1982;Hird,1992;Loganathan,1993)。在国内,沈珠江(1975,1977)首先把 Biot 固结理论的有限单元法应用于固结分析,应用变分原理得到 Biot 固结理论的有限元方程,用以计算软土地基的变形。后经过多年应用和改进(沈珠江,1984,1985;张道宽,1986;蒋明镜等,1998),已经包含了"南水"模型、剑桥模型、蠕变模型等非线性本构模型,并用于解决"砂墙"的有限元模拟。龚晓南(1984)采用等价结点流量等于等价结点压缩量的黏土饱和条件推导出 Biot 固结理论的连续方程,并与考虑 K_0 固结的非线性本构模型结合起来分析了油罐地基的沉降。谢康和(1987)用 Biot 固结理论对砂井地基的平面变形和空间渗流问题进行了有限元分析,揭示了砂井地基的沉降、侧移和孔压性状。1990 年以来,国内外发表了大量的固结模拟实例,应用了包括弹—黏塑性模型在内的各种本构模型,如 Loganathan 等(1993)、佘志顽等(1995)、赵维炳(1998)、李世军等(1999)、王旭升等(2002)。总之,近几年来,国内外根据 Biot 固结理论,应用有限元法求解地基固结问题得到愈来愈越广泛的应用,产生了很好的社会效益和经济效益,有力地推动了土力学这一技术学科的发展。但由于三维问题的复杂性(网格复杂、自由度成数量级的增加)和计算机容量、耗时的限制等,目前三维比奥固结问题虽有些报道,但离实用尚有很大的距离,主要是参数选择困难。顺便指出的是,大连理工大学在固结问题有限元求解方法上,提出了参数二次规划理论和异步并行计算方法等,为有限元求解比奥固结问题提供了新的求解途径(张洪武等,1995;王希诚等,2000)。

(3)边界元法。

边界元法是把物理课题所属区域上积分转化为区域边界上的积分,并利用离散技术求解边界积分方程的数值解。国外,20 世纪 80 年代以来,Prededeanu(1981)C. Graeia-Suarea(1982)等在土体固结理论的边界元求解方面作了许多的工作;Banerjee(1982)的研究集体在边界元求解固结问题上,作了系统的研究工作,开发并不断完善二维和三维程序。国内,林丰、陈环等(1987)以土体的位移平衡方程及孔隙水体的连续性方程作为边界元的控制方程,应用直接列式法建立土体的孔隙水压力、位移及有效应力积分方程,从而推导了线性平面应变比奥固结理论的边界积分方程,并应用于真空和堆载作用下砂井地基固结分析。赵维炳、施建勇(1996)对边界元求解黏弹—黏塑性固结问题进行了理论上的探讨。但由于边界元的系数矩阵是满阵,导致计算存储量较大,未必能节省时间,以及处理非线性问题的不方便性等,致使目前边界元法在处理固结问题上进展不大。

(4)其余各种数值法。

加权余量法:是求解微分方程的一种数学方法,它可以从微分方程直接得到定解的近似数值解。Zhang Jingde 等(1996)采用加权残值法对二维和三维 Terzaghi 固结问题进行了分析求解。

有限层法：从某种程度上讲是在有限元法基础上的进一步完善和发展。由张佑启在1972年提出，国内梅国雄（2002）在宰金珉的指导下，将有限层法推广到了横观各向同性比奥固结问题的求解、三维基坑开挖问题的计算，较好地预测了基坑的回弹变形。

无单元法：也称无网格法，该法可彻底或部分消除网格，而采用基于点的近似，因此可以完全抛弃网格重构，从而保证了计算的精度。从产生到现在仅有20年的时间，国内对无单元法的研究是始于1995年，王志亮（2004）在前人研究的基础上，采用无单元法——不等阶多项式基的径向点插值无单元法（URPIM），对平面应变下的Biot固结问题求解做些探讨，接着利用该法对软基路堤沉降等的计算进行一定的尝试。此法共同的特点是：摆脱单元的束缚，采用节点信息，并通过配点法或伽辽金法来求解偏微分方程。

总的来说，这些解析计算方法都具有很明确的物理意义，最大的优势是有利于研究探讨软土的变形机理；但由于软土本身的复杂性和各种力学模型的局限性，再加上计算参数繁多，对于一般工程实际来说难以获得，这些都造成了这类计算方法到目前为止距离“准确、实用”的要求还有相当大的差距，只能在某些特定场合运用才能收到较好的效果。

2.2.3.2 基于实测沉降资料的沉降预测方法

大量的工程实践表明，利用部分实测沉降数据来预测短期沉降及最终沉降更为准确可行。经验曲线模型法以实测沉降数据为基础，能够得到比较合乎实际的预测结果，所以被广范应用于生产实践。该类方法研究的程度较高，但还远远没有达到完美的地步，还可以进一步挖掘。

1）静态预测方法

工程中常用的各种预测方法都属于静态预测方法。如双曲线法、指数曲线法、三点法（固结度对数配线法）、Asaoka法、沉降速率法、星野法。下面一一加以介绍。

（1）双曲线法：该法认为沉降与时间关系符合双曲线式。孙更生、郑大同（1984），Sridharam（1987），Tan. T. S（1991），吴心怡（1995），周焕云、黄晓明（2002）等均对双曲线法原理作了介绍，并在实际工程中加以运用。李国维等（2003）对双曲线模型进行了进一步的讨论，并加以修正。工程人员在工程实践中总结出：采用双曲线法推算最终沉降值，要求有较长时间的沉降观测资料，实测沉降时间一般要求至少在半年以上。在分析过程中应该剔除反差的数据，否则将造成最终沉降推算值的严重偏差。

（2）指数曲线法：该模型是从土层平均固结度为时间的指数函数出发，依据固结度方程和固结度定义而得到。孙更生、郑大同（1984），李镜培、何长根（2001），刘晓（2002）等对指数曲线法原理作了介绍，并在实际中加以运用。工程人员在工程实践中总结发现：指数曲线模型在后期确实拟合较好，但对前期沉降拟合不够稳定。

（3）三点法：该模型是曾国熙（1959）以地基一维固结度方程为理论基础推导出来的，该法由于具体应用时只需从实测沉降曲线上选取三个点代入简单公式计算即可得到沉降预测值；同时该方法的应用对实测数据无过高要求且往往能够得到较理想的沉降预测结果，其简单、实用的特点使得三点法在工程实践中得到了广泛的应用。吴心怡（1995）、周焕云，黄晓明（2002）、刘晓（2002）等在实际中对该法加以运用。李磊（2004）针对三点法的样本点选取过于随机、预测结果不稳定的特点，通过大量的工程实例分析，对三点法预测结果的不稳定性现象进行了细致的探讨；对造成三点法预测结果不稳定性的原因进行了分析探讨；提出了采用三点法进行地基沉降预测的稳定性控制条件并在此基础上对传统三点法进行了改进；提出了三点法预测结果的可靠度评价准则。

(4) Asaoka法：该模型是日本学者Asaoka(1978)在Mikasa(1963)推导出来的一维固结方程的基础上推导出来的，该法属于作图法。吴心怡(1995)、刘晓(2002)、李磊(2004)等对此法进行了论述，并加以运用。刘松玉等(2003)在传统Asaoka法研究的基础上，提出了软土地基上分期施工的路堤沉降预测方法，该方法对软土地基的主固结沉降和次固结沉降区分开来分别加以考虑，并得到了一些有用的结论。实践表明，该法预测结果与实测结果拟合较好，是一种值得推荐的软基沉降预测方法，但等时距的数据时间序列使得该法在实际工程运用中受到了限制。

以上四种方法在工程实践中得到了较为广泛的运用。

(5)沉降速率法：该模型同样是在一维固结方程的基础上推导出来的。刘吉福、陈新华(2003)采用此法对软土路基剩余沉降量进行了分析，王铁儒(1986)，赵常、李粮纲(2005)运用此法对地基沉降进行了探讨。

(6)星野法：王立忠(2000)、刘晓(2002)、李磊(2004)等对此方法作了介绍，其中刘晓(2002)在分析模型线性拟合求解参数不足的基础上对模型进行了非线性拟合求参数，使得预测结果与实测结果拟合精度提高。

2)动态预测方法

动态预测方法区别于静态预测方法的最大特征在于：其原始数据处理系统可以根据沉降观测数据的变化趋势不断调整，能够及时将实测数据的变化纳入系统，由此得到的沉降预测值也更为合理。

(1)灰色模型：灰色系统理论属于系统科学，它提供了在贫信息情况下求解系统问题的新途径。近年来，在岩土工程领域科技人员的努力下，灰色理论在沉降预测领域的应用取得了很大的发展：石世云(1998)研究了多变量灰色模型GM (1,N)在变形预测中的应用，将单点的GM (1, 1)扩展为多点的MGM (1,N)模型，通过对建筑物沉降实例的分析，表明MGM (1,N)模型精度高于分别单独使用GM (1, 1)模型的精度。张仪萍(1999)阐述了灰色理论在沉降预测中的应用，并于2002年指出沉降灰色模型预测法与Asaoka法是一致的，从而为灰色理论在沉降预测中的应用提供了坚实的理论基础。陆少伟(1998)、韩汝才(2000)利用灰色理论对地基进行不等时距预测，建立了不等时距的地基沉降预测GM (1, 1)模型。郭红梅(2001)探讨了灰色模型对复合地基的沉降预测。曾超等(2002) 讨论了灰色系统理论在软土路基沉降量预测中的应用，以京珠高速公路灵山试验段沉降观测数据为例，建立了沉降量灰色预测模型，并与三点法、双曲线法的预测结果以及实测结果进行了对比，结果表明，灰色预测模型的预测沉降量与实际沉降量更接近。刘晓(2002)采用建立了神经网络——灰色系统的联合模型预测软基沉降。总之，灰色模型反映出原始数据列呈指数规律变化的总趋势。这说明GM(1,1)预测模型对呈指数规律变化趋势的系统进行预测是合适的。即灰色预测的几何图形变化为指数型，是一条较为平滑的曲线。因此，对于时间短、数据资料少、波动性不大的预测问题，这种短期预测精度较高。另一方面也要看到，由于指数型变化是单调的(单调上升或下降)，因此随着时间的推移,未来一些扰动因素对系统的影响,使得作长期预测时预测精度降低,这是灰色预测的不足之处。

(2)神经网络法:利用神经网络较强的非线性映射能力,根据实测沉降资料,通过神经网络进行建模,具有很强的客观性和适应性。人工神经网络模型在软土沉降预测领域中的应用已取得了一些进展:刘勇键(2000)建立沉降影响参数与沉降之间的非线性关系,提出基于人工神经网络的高速公路软土地基最终沉降量预测新方法;张慧梅、李云鹏、毛成(2002)将人工神经网络应用于软土地基路基填筑施工中的沉降预测,提出了一种有效的预测方法,并构造了预测路基沉降的神经网络模型;刘晓(2002)分别建立了基于径向基函数(RBF)的长、短期沉降预测神经网络模型;王志亮等(2004)采用神经网络对高速公路软基沉降进行了预测。但神经网络用于软基沉降预测仍然存在大量问题有待解决:隐层数较难确定;网络节点作用函数选择性很大;样本数量的确定只能凭经验;不具有外延性。在实际应用中,可对神经网络模型最大值进行处理或采用其他方法处理后仍可用神经网络模型进行递推式预测(徐新跃,2003)。

由此可见,神经网络模型不能进行长期预测,只能作短期递推式预测。

(3)遗传算法:李磊(2004)对遗传算法作为软土沉降预测的全新方法作了简明论述。

3)其他一些新兴方法

关于基于沉降实测资料的沉降预测方法,除了上述提到的方法,近来又有新的方法:

(1)宰金珉、梅国雄(2000,2001,2002)从数学角度证明软土沉降曲线呈"S"形,并把加载过程中的软土沉降分为沉降发生、发展、成熟及极限四个阶段,利用泊松曲线描述整个沉降过程,并用工程实例加以检验。

(2)李磊、王立忠(2004)将地基沉降发展过程特征与化学基元反应过程特征进行对比,以地基沉降过程对比发生在密闭容器中的基元反应过程;以地基地表沉降量对比基元反应产物浓度值;以地基地表沉降速率对比基元反应产物浓度增长速率。用"质量作用定律"描述地基沉降过程的发展过程,并与一维固结理论进行了对比分析,同时用工程实例加以验证。

(3)刘晓(2002)、刘煜(2004)采用时间序列分析对软土路基变形进行预测,并用工程实例加以验证。

3 国内外环境地质研究现状

3.1 水环境污染研究现状

水环境污染已成为全球性问题,可以分为点源污染和非点源污染。有关非点源污染的定义,有多种提法。美国《联邦水污染控制法(修正案)》(The Water Pollution Control Act Amendment)(1972)对非点源作了如下解释:非点源是一种分散的污染源,其污染物的构成来自一个大范围或者大面积,故早期一些中文文献称非点源为面源,实质上非点源包括线源和面源。美国《清洁法》(Clean Water Act,简称 CWA,1987 年)的第 502(14)条款中对点源进行了明确的规定,即任何可识别的、限定的和不连续的输送途径,包括但不限于管道、沟渠、集中养殖场、汽车或其他流动交通工具等,不包括农业暴雨及农业灌溉回水。并认为不符合以上点源定义的污染源,便是非点源。这是目前国际较为公认的说法。

从上面定义可以看出，即使在美国点源与非点源的区分界定也不是十分清楚。由于非点源包括很多小的点源，所以美国科学家提出了扩散污染（diffuse pollution）的概念，既包括非点源也包括一部分特定点源。也有定义非点源是指由于土地利用活动产生溶解的或固体的污染物（地面的各种污染物质，如城市垃圾、农村家畜粪便、农田中的化肥、农药、重金属及其他有毒物或有机物），从非特定的地点随着降水产生的径流，进入受纳水体产生的污染。本人认为以下定义比较准确：非点源污染是指由于人类活动引起溶解的或固体污染物从非特定的地域，在降水和径流冲刷作用下，通过径流过程而汇入受纳水体（如河流、湖泊、水库、海湾等）引起的水体污染。其主要起源于土壤侵蚀、农药与化肥的施用、农村家畜粪便与垃圾、农田污水灌溉、城镇地表径流、林区地表径流和大气干湿沉降等污染源。

非点源污染在具体研究中常按发生区域、土地利用方式或污染源进行细分。按其所发生的区域可以分为城市非点源污染和农村非点源污染。城市非点源污染包括地表径流污染、大气的干沉降和湿沉降、城市水土流失、底泥二次污染等。农村非点源污染主要是指农业生产活动中，溶解的或者固体污染物（土壤颗粒、盐分、化肥、农药、除草剂、畜禽粪尿以及生活垃圾等有机和无机污染物质）在降雨或灌溉条件下，通过地表径流、农田排水和渗漏淋洗的途径，使大量污染物质进入受纳水体（如江河、湖泊、水库、地下水等）而引起的水体污染。按土地利用类型可分为林地、农田和建筑用地等。不同土地利用类型的非点源负荷也明显不同。按来源可分为水土流失、化肥农药、农田污水灌溉、城镇地表径流、林区地表径流、大气沉降等。

由于非点源污染受自然条件的突发性、偶然性和随机性的影响，因此它具有以下几方面特征（李怀恩，1996；王晓燕，2003）：

（1）随机性。因为非点源污染主要受水文循环过程（主要是降雨以及降雨转化为径流的过程）的影响和支配，而降雨径流具有随机性，所以由此产生的降雨径流污染必然具有随机性。

（2）广泛性。随着世界经济的发展，人工生产的化学物质逐年增多，使自然环境难以承纳，并且这些物质在地球表层分布广泛，随着径流进入水体，其产生的生态环境影响更是深远而广泛的。

（3）滞后性。农田中农药和化肥施用造成污染，在很大程度上与降雨和径流密切相关，同时也与农药和化肥的施用量有关。当施用化肥后，若遇到降雨，造成的非点源污染将是十分严重的。农药和化肥在农田中存在的时间长短也将决定非点源污染形成的滞后性长短，通常一次农药或化肥的使用所造成的非点源污染将是长期的。

（4）模糊性。影响非点源污染的因子复杂多样，由于缺乏明确固定的污染源，在判断污染物的来源时存在一定的难度。以农业非点源为例，化肥的施用是非点源污染的主要来源，但不同的化肥施用量在生长季节、农作物类型、使用方式、土壤性质和降水条件不同时，所导致的养分的流失将会有很大差异，而不同因子之间又相互影响，因而使得非点源污染的形成机理具有很大的模糊性。

（5）污染负荷在时间和空间上的变化幅度大。非点源污染负荷量受降雨量、降雨强度、灌溉量、排水量、土地利用、土壤性质等因素影响，这些因素在时空分布上的变异性决定了非点源负荷量在时空分布上的变异性。

由于非点源污染来源的复杂性、机理的模糊性和形成的滞后性,在研究和控制非点源方面具有很大的难度。

非点源污染的危害是多方面的,主要表现在以下几方面:①以营养型污染物污染水环境。由水体富营养化引起的水质恶化、水资源紧缺、生态环境破坏等结果,严重制约着经济的可持续发展。②以毒害型污染物污染水土环境。③以一般无机盐类污染水体。无机盐离子使水体矿化度增加,同时可能引起盐效应,使水体硬度升高,影响水体的使用价值。④泥沙淤积水底,降低水体的使用价值。

从世界范围来看,非点源已成为水环境的一大污染源或首要污染源。美国受非点源污染量占受污染总量的2/3,其中农业占75%(吕耀,1998)。在奥地利北部地区,据计算,进入水环境的非点源氮量远比点源多。丹麦270条河流94%的氮负荷、52%的磷负荷是由非点源污染引起的(Kronvang,1996)。荷兰农业非点源提供的总氮、总磷分别占水环境污染总量的60%和40%~50%(Vighi,2000;Kronvang et al.,1996;Boets,1996)。我国20年来的研究表明,63.16%的河流、湖泊富营养化(鲍全盛,1996)。在太湖、巢湖和滇池流域,由于人口密集,农业生产集约化程度高,流域总氮、总磷比20年前分别提高了10倍以上,其中50%以上的污染负荷是由农业非点源引起的(曹文志等,2002)。

3.1.1 国内外农业非点源污染研究进展

非点源污染的发展过程可分为三个阶段:第一阶段是20世纪60年代到70年代前期,这一时期是非点源污染的探索阶段;第二个阶段是70年代中后期到80年代,这一时期是非点源污染的发展阶段;第三个阶段是从20世纪80年代到现在,这一时期是非点源污染的成熟阶段。各个阶段中发展的侧重点及使用的方法有所不同,成果也就不同了。具体的情况见表2。

表2 非点源污染研究的各个阶段

阶段	研究对象	研究方法	重要成果
探索阶段(20世纪60~70年代前期)	非点源污染特征、影响因素、单场暴雨和长期平均污染负荷输出	因果分析和统计分析	最优管理措施、农药输移和径流型(PTR)、城市暴雨水管理模型(SWMM)、土壤流失方程(USLE)等
发展阶段(20世纪70年代中后期~80年代)	与非点源污染控制密切相关的主控因子和源区(危险区域)空间分析;污染物的迁移	机理型研究、与3S技术的结合	STORM、ARM、流域模型ANSWERS、HSPF、CREAMS、EPIC、GLEAMS、大型流域非点源污染负荷的SWAT、中小流域非点源模型AGNPS、流域侵蚀和泥沙模型SEDIMOT Ⅱ和WEPP、大型流域水文和泥沙演算的ROTO
成熟阶段(20世纪80年代中后期至今)	微生物的迁移;地下水的反补给	与3S进一步结合	BASINS、AGNPS、平均浓度法等

国外农业非点源污染研究起步于20世纪60年代，首先美、英、日等一些发达国家率先开展，这一时期的研究主要是由水体富营养化引起的。20世纪70年代初，由于点源污染控制技术的进一步提高，使非点源成为水环境污染的重要因素之一，从而受到了世界各国的重视，尤以美国研究的历史最长。这一时期研究范围主要是非点源污染特征、影响因素、单场暴雨和长期平均污染负荷输出方面的研究（杨爱玲，1998）。使用的方法主要是因果分析和统计分析，直接模拟非点源污染发生、发展及影响的数学模型在这一时期已经出现。非点源污染负荷定量化模型研究仅有早期的农药输移和径流模型（PTR）及城市暴雨水管理模型（SWMM）（李怀恩，1996）。当然，土壤侵蚀的定量化研究这一时期相当成熟，只是当时研究的对象是土壤流失问题。

20世纪70年代中后期农业非点源污染研究有很大进展，影响因素和宏观特征研究由相关因素分析和时空分异分析转向与非点源污染控制密切相关的主控因子和源区（危险区域）空间分析（阮晓红，2002），有关非点源污染物的迁移和化学研究也有初步进展。机理模型和连续时间序列响应模型，如农业化学品运输模型（CTMO）也在这一时期提出，只是大部分供小区域研究用，大范围推广应用价值不大。美国水土保持局花了40多年时间现场观测调查得出的通用土壤流失方程（USLE）广泛应用于各类非点源污染负荷定量计算，径流和水质模型的对接方法也开始探讨。

20世纪80年代，非点源污染模型在建立新的应用型模型的基础上，重点加强了3S（RS、GPS、GIS）在非点源污染定量负荷计算、管理和规划中的应用研究。在这一时期非点源污染研究地域范围广、类型多样，因素分析和污染物迁移机理研究更加深入。著名的农业管理系统中的化学污染物径流负荷和流失模型（CREAM）、用于农业管理和政策制定的农业非点源污染模型（AGNPS）（Baginska，2003）、农田尺度的水侵蚀预测模型（WEPP）、流域非点源污染模拟模型（ANSWERS）均在这一时期提出并应用。非点源污染的负荷定量计算、控制措施效果评价、营养元素在土壤、地表的迁移规律研究等得到了进一步的发展。

20世纪90年代有研究认为全球30%～50%的陆面受到非点源污染的影响（Jghi，1998）。1994年美国“国家水质评价”报告指出，农业非点源污染是导致地表水、地下水污染和湿地生态环境退化的主要原因，为此，美国先后启动了一系列控制非点源污染的国家行动。在欧洲，农业活动造成的氮、磷污染占全部污染负荷的70%～85%和30%以上。微生物的迁移成为非点源污染物迁移、转化研究的新增长点，地下水的反补给也被列为地表水源的重要非点源（杨爱玲，朱颜明，1999）。美国水土保持局在对过去非点源污染模型应用经验进行总结的基础上对几大模型的预测能力进行了客观的评价，杀虫剂模型、融雪径流侵蚀指数等相继建立。与非点源污染负荷估算相关的流域开发方向、非点源污染风险评价为本时期应用模型研究的最新突破点。

我国从环境保护的角度研究农业非点源污染是从20世纪80年代初开始的。在这一时期，农业非点源污染研究结合水体富营养化开展了一系列工作。如先后在于桥水库、滇池、太湖、巢湖、晋江流域等地方开展了工作。研究内容涉及非点源污染的宏观特征与污染负荷定量计算模型的初步研究。基于受纳水体水质分析，计算汇水区农业非点源污染输出量的经验统计模型在这一时期发展较快。通用土壤流失方程首次在我国用于非点源污染的危险区域识别研究。

进入20世纪90年代,我国的非点源污染研究更加活跃。农药、化肥污染的宏观特征、影响因素研究和黑箱经验统计模式继续在农业非点源污染研究中占重要席位。但总的来讲,我国农村非点源污染还主要侧重于对河流、湖泊、水库等地表水的污染研究,而对地下水的污染相对较少。将农业非点源污染负荷模型与3S技术结合、与水质模型对接用于流域水质管理成为农业、城市非点源污染研究的新生长点。这一时期的首要成就当推李怀恩等的机理型流域暴雨径流响应模型,它要求参数少、应用范围广,适合我国目前资料短缺的非点源污染研究现状,但其应用、推广有待接受后期检验(李怀恩,1996)。上海环境保护科学研究所和华东师范大学于1991年对上海市淀山湖农业非点源污染进行了调查分析,其主要对农业非点源污染的形成机制和污染物变化规律进行了研究(吴月华,阮仁良,1991)。1997年上海农学院对上海市郊区主要的非点源污染进行了调查并提出了防治对策(张大弟,章家骐,1997)。此外,鉴于非点源污染监测难度大,费用高,以及重视不够,我国几乎没有系统的长系列非点源污染监测资料,因此李怀恩教授(2000)提出了一种简便易用的流域非点源污染负荷估算方法——平均浓度法,该方法的优点是能根据有限的监测资料估算非点源污染负荷量,特别是多年平均及不同频率代表年的年负荷量。该方法存在的问题是多年平均和平水年的结果比较合理,而枯水年的结果可能偏大,丰水年的结果可能偏小。该方法已成功应用于黑河流域,西安市黑河引水工程的田峪、沣峪和石砭峪流域,以及陕西省丹江和汉江流域的非点源污染负荷研究中(李怀恩,2000)。这个时期由非点源造成的湖泊富营养化已经成为我国水环境研究的重点。

近几年来,我国农业非点源污染首要因素是大量施用化肥造成的氮、磷流失而引起的地下水硝酸盐污染和地表水的富营养化。农业非点源污染规律及其控制研究是目前国内外的研究热点,已开展了许多工作。化肥的氮污染研究成果较多,有机磷污染问题近几年也取得了一定进展,但由于其形成机理和运移规律不太清楚,导致在控制非点源污染上存在较大难度。我国是一个农业大国,化肥施用量已达1亿t,施用化肥水平比世界化肥施用水平高出2.6倍,而化肥利用率仅有20%~50%的水平,大量氮、磷成分通过各种途径进入水体,农业非点源污染是我国已污染湖泊的主要污染源(朱亮,1998)。

3.1.1.1　一般无机盐、营养盐迁移转化规律研究进展

农业非点源污染物主要是来自土壤圈的农业化学物质,因而其形成、迁移过程实质上是污染物从土壤圈向其他圈层尤其是向水圈扩散的过程。由于农业非点源污染物的迁移转化机理是进行模拟和治理的基础,国外20世纪80年代后对农业非点源污染物迁移转化机理研究更加深入。

盐污染是指在人类活动影响下,各种盐分进入水体,使水质变化朝着恶化方向发展的现象。通常是指水体受硬度、Cl^-、SO_4^{2-}、NO_3^-、总可溶性固体等常规组分的污染,由盐污染引起的水质问题很少受到重视,其系统的研究很少(沈振,2003)。本文为了研究方便,将盐污染分为一般无机盐污染和植物营养盐污染。盐分迁移转化主要通过室内试验和数值模拟两种方法进行研究。研究的尺度也随着监测技术和电子计算机的发展从室内试验到田间到区域。盐分运移中物理化学的定量化描述也取得了进展,Grove 和 Strollenwerk(1987)对地下水盐运移化学过程作了系统总结。随着土壤水盐运移机理的深入研究,各

种定量描述土壤水盐运移的模型也相继问世。Bresler(1982)总结了有关盐分运动的原理和模型,代表了当时国际上在盐分运移方面的主流观点和研究方向。近年来,盐分运移化学变化过程是盐分研究的热点。

由于电子计算机的迅速发展使人们对复杂的田间情况下的水盐运动进行定量化研究成为可能,生产实践中存在的排水、灌溉、盐碱地改良等问题也促使水盐运动的研究转向田间。Neuman(1975)、Bersler(1972,1975)等学者经研究发现,田间模拟结果与实测结果相差甚远,特别是对非饱和流水盐运动研究结果更是如此。其原因是由于土壤物理性质在空间上的不均匀性、土壤水盐运动过程的复杂性与输入水盐运动系统各种激励变量的随机性造成的。在盐分运移方面,主要通过盐分运移的动力学理论进行模拟计算,并把取得的成果应用于盐碱地改良实践中。大规模的区域性旱涝和土壤盐碱化综合治理,推动了区域水盐运动研究的进展。van Herpe,Torch(2000)研究了湿润气候条件下混合土地利用流域中硝态氮浓度的时空变化,对河流补给量、气候、高程、土地利用方式、地形和土壤类型对硝态氮浓度的影响进行了初步分析,结果表明,土地利用方式对其影响是明显的。

从20世纪50年代开始,国内主要围绕黄淮海平原的开发与利用展开了盐污染研究。许多研究者对盐碱土的可溶盐分布、聚积、迁移规律及盐碱土的次生盐渍化进行了大量的卓有成效的研究。国内对土壤水盐运动的研究公开发表论著起始于20世纪80年代。张蔚榛(1982)提出了土壤水盐运移模拟的初步研究成果。李韵珠(1985)运用动力学模型研究了非稳定蒸发条件下夹黏土层的土壤水盐运动。刘亚平(1985)应用土壤水盐运动模型进行了稳定蒸发条件多方案计算,提出了潜水蒸发和水位埋深关系分式和用潜水蒸发量近似估算土壤盐分的方法。杨金忠(1987)、陈研(1991)在饱和-非饱和土壤水盐运动的计算方法上取得了进展。杨金忠(1987)、贾大林(1987)、黄康乐(1988)、张效先(1990)对土壤盐分扩散-弥散系数等方面进行了研究。陈文林(1988)等研究了多种离子在土壤中饱和流情况下的行为,并建立了多离子耦合模型。

虽然国内外对营养盐(主要是氮素)的迁移转化做了多方面的研究,但对一般无机盐与营养盐之间的相互作用机理研究还是很少的。Park(2001)通过室内试验探讨了不同盐度对脱氮剂的影响。Scharler(2003)研究了盐分、营养盐和浮游植物生物量对流域管理的影响,探讨了营养盐与溶解氧的关系。Min 等(2002)研究了河岸冲积含水层中硝态氮的化学行为的地质控制作用。结果表明:在 Yangdang,由于有机碳含量高,其反硝化作用较强。Cl^- 在 Wolha site 表现出与 NO_3^- 具有相关性,而在 Yangdang 却没有。考虑到传统的 Cl^- 行为,Cl^- 与 NO_3^- 无关条件下表明了生物地球化学过程正在稀释硝态氮。冯兆忠等(2005)研究了秋灌后土壤氮和盐分的淋滤和它们对河套灌溉区地下水的影响。结果显示:①盐分流失主要出现在土壤上部 60 cm 处,而 NO_3^- 流失出现在土壤上部 40 cm 处。②最高的盐分和 NO_3^- 流失率出现在春小麦,最低的流失率出现在春小麦与玉米间播种。龙爱民、陈绍勇和田正隆(2004)研究了珠江口及近海水体中铜的含量和形态及其与营养盐的空间分布关系,结果显示:水体中 Cu 的总浓度和各营养盐之间存在着对数分布的函数关系,其相关性为 $N > Si > P$;水体中游离态 Cu 与养分的相关性顺序为 $NO_2^- > SiO_3^{2-} > PO_4^{3-} > NO^3 > NH_4^+$,说明珠江口及近海水体中铜的生物有效性与营养盐,特别是 NO_2^- 的分布及再生循环过程存在着一定的内在联系。盐分和营养盐迁移转化过程中的相互作用研究,可以给干旱内陆盆地农业非点源污染定量化模型和污染物控制研究提供理论基础。

3.1.1.2 农业非点源污染定量化研究进展

非点源污染定量化研究的方法从发展至今主要有以下几种:径流试验场法、类型源试验法、研究受纳水体的水质水量变化、应用数学模型(王晓燕,2003)。非点源污染定量化研究需要同步监测降雨、径流和水质变化过程,其费用昂贵,并且短期监测资料也不可能满足水质控制和管理工作的需要,所以数学模拟是研究非点源污染定量化最常用的方法。农业非点源污染模型化研究的发展大致分为以下三个阶段:初期统计模型阶段、以机理模型为基础的定量化研究阶段和实用模型阶段。

目前,在实地监测降雨径流水质、水量的基础上,应用现有流域水文模型或与水文模型紧密相关的模型来模拟和估算非点源污染负荷和盐分、营养物等的迁移与转化机理,已成为非点源污染研究的主要方法之一。非点源污染模型主要描述水文的降雨径流转换过程与有关的水质成分,具体包括降雨径流模型、侵蚀和泥沙输移模型、污染物迁移转化和水质模型,以下对比较流行的几个模型进行介绍和比较。

1)BASINS 模型(Tong,Susanna,Chen,Wenlia,2002;王晓燕,2003)

BASINS(Better Assessment Science Integrating Point and Nonpoint Source)为美国环保局开发的流域多目标环境分析系统。此系统结合地理信息系统、流域数据库及多种水质模拟评估工具,能在不同范围内应用,适合对环境和生态问题进行流域规划和水质研究。

BASINS 模型包括以下内容:环境数据库、水质及点源污染评估工具、工具箱(包括数据汇入、子集区划分、数据管理、数据输出等功能)、河流水质模型 QUAL2E、流域模型(包括模型(HSPF、SWAT、TOXIROUTE、PLOAD)和数据输出后置处理工具)。这些模块整合在一起能进行基于流域的特征分析,具体包括以下几方面:

(1)判断水质的好坏并分级;

(2)总结点源、非点源的特点,评价它们在流域中的重要程度和潜在的影响;

(3)综合分析点源和非点源污染负荷量及其迁移转化过程;

(4)评价和比较各种控制策略对流域的影响;

(5)能将数据以表格、图形、地图的可视化方式表现出来。

BASINS 包含了 SWAT(Soil and Water Assessment Tool)模型(Grizzetti,2003)。SWAT 偏重于水文过程模拟,是一个连续空间分布的流域模型,能模拟 100 年以内某个流域的总径流量、营养物负荷和泥沙流失量,但不能模拟单场降雨侵蚀的发生过程。SWAT 水文模型包括:地表径流、横向流、地下水流、蒸发、渠中水流路径等在内的水文平衡及相互作用,主要考虑了土地管理和水质负荷,既可应用于土地利用以农业为主的流域模拟,也可帮助水资源管理者评价水质、营养物和杀虫剂等非点源污染和管理措施、进行规划和决策,但是不能模拟单个事件的洪水路径,并且该模型需要大量的参数。

BASINS 中的 PLOAD 模型是一个简单的、基于 GIS 用来计算流域污染物负荷的模型。对于使用者指定的任何污染物,PLOAD 能够估算非点源的年平均负荷量。使用者可以使用输出系数法或者 EPA 的简单方法计算非点源污染负荷,用来减少非点源负荷的最优管理措施和点源负荷,也可以包括在总的流域负荷中。

BASINS 模型与 ARCVIEW 相结合,使 BASINS 系统和应用模型在 Windows 环境下运行，利用 GIS 使流域数据以可视化方式呈现出来，使用者可直接在 GIS 地图上选取准备模拟的区域，利用非点源负荷模型和水质模型进行各项模拟和数据评估，并可以提供流域在 TMDL 方面的分析，数据的展示、整合、模拟、结果输出均可在 BASINS 中完成。

2）AGNPS 模型（Baginska，Milne – Home，2003；曹文志，2002）

AGNPS（Agricultural Nonpoint Source）模型是由美国农业部农业研究署和土壤保护署以及明尼苏达州的污染控制处联合开发的。它是基于降水事件的分布式参数模型，可以模拟农业区内径流、泥沙和化学径流（氮、磷），模型适用面积为 1 万 ~ 5 万 hm^2。其主要模型组件有 4 个（其中包括化学传输模型），此模型采用格网离散化并与 GIS 进行了集成，该模型在美国被广泛应用于评价非点源污染。但此模型不能模拟杀虫剂污染，而且营养物的传输和河道内过程不在模型模拟的范围之内。

3）平均浓度法（李怀恩，2000）

平均浓度法是我国李怀恩教授在 2000 年提出的。该模型从非点源污染的机理出发，是一个简便易用的流域非点源污染负荷估算方法。该模型的思路如下，流域出口断面（或其他控制断面）年总负荷量（W_T）可表示为：

$$W_T = \int_{t_0}^{t_e} C(t)Q(t)\,\mathrm{d}t \tag{21}$$

式中 $C(t)$——年内浓度变化过程；

$Q(t)$——年径流量；

t_0, t_e——年初和年末时刻。

该模型适用于具有连续多年流量和浓度的同步监测资料，则多年平均或不同频率代表年的年负荷量就可以计算出来。

年径流包括地表径流过程和地下径流过程，而非点源污染主要是由地表径流引起的。因此，年总负荷量可以表示为：

$$W_T = \int_{t_0}^{t_e} [C_S(t)Q_S(t) + C_B(t)Q_B(t)]\,\mathrm{d}t \tag{22}$$

若得到地表径流和地下径流的平均浓度，即可由式（23）算出年负荷量：

$$W_T = C_{SM}\int_{t_0}^{t_e} Q_S(t)\,\mathrm{d}t + C_{BM}\int_{t_0}^{t_e} Q_B(t)\,\mathrm{d}t = C_{SM}W_S + C_{BM}W_B \tag{23}$$

式中 C_{SM}、C_{BM}——地表径流和地下径流的平均浓度；

W_S、W_B——年地表和地下径流总量。

该模型适用于只测有几次径流过程和水质水量同步资料，以求得年负荷。

平均浓度法所需资料较少，适合于我国非点源污染监测资料少的实际情况。模型也有不足之处，模型中主要考虑了暴雨产生的径流，而在我国西北干旱内陆盆地，非点源污染主要是通过灌溉引起的，如何改进模型有待进一步研究。

此外，还有很多用于模拟营养物输移和估计营养物负荷的模型。Ketelsen 以地下水监测数据为依据，发展了一个概念性的水文地质模型，解释了德国北部 Foehr 岛上含水层氮的空间分布；Tufford 以土地利用和接近溪水区为基础，发展了一个经验模型，模拟了非点源污染引起的河水中总磷和总氮的浓度，提出了管理水质的重点；由于用交叉区数据发展的模型可用性差，而使用单个潮湿土壤区的数据噪音高且范围有限，Qian 用 Bayesian

分析将交叉区域和单个潮湿土壤区模型组合在一起,预测了营养物的截获量,为水质管理提供了依据;Krysanova 提出了一个一般性的模拟营养物从土壤迁移到亚表面水中的方法,并用分布式水文水质耦合模型 SWIM 对模拟的水文过程和氮的动力学过程进行了验证,该模拟可作为评价管理方案的依据,同时还可用来控制非点源污染;Winter 使用 20 世纪 90 年代改进的输出系数模拟法建立了安大略省南部流域磷的输出系数模型,为依据磷负荷预测将来市区发展规划的影响提供了一种简单的工具,此外,还评价了几种最佳管理方案;Schoumans 对荷兰的方法进行了综述,该法根据磷的吸附和解吸动力学,模拟了土壤中磷的累积和土壤溶液中的无机磷浓度,证明可用土壤测试磷指示农业污染风险和估计磷的损失、预测和评价营养物管理措施对减少磷的损失和土壤测试磷的影响。

3.1.1.3 农业非点源污染控制和管理措施研究

对非点源污染的控制与管理包括三个方面,其一是对污染源的控制,将非点源污染物的排放控制在最低限度;其二是对污染物扩散途径的控制,通过研究非点源污染的扩散机理,采取适当的措施,减少污染物排入地下或地表水体的数量(贺缠生,1998);其三是非点源污染的终端处理,对已污染的水体和土壤进行治理和污染。

美国对非点源污染进行了研究,并结合研究进展,积极立法,1972 年联邦水污染控制法(FWPCA)首次明确提出控制非点源污染,倡导以土地利用方式合理化为基础的“最优管理措施”(Best Management Practices,简称 BMP)。BMP 是保护水环境免受污染的一种措施,通过采用清洁生产或提供水污染预防措施来达到水环境保护的目的,也可以理解为各种具有特定设计标准和操作系数的措施或操作程序或非工程措施。现已提出的最佳管理措施有免耕法、少耕法、综合病虫防治、灌溉水的生态化、防护林、人工湿地、植被过滤带、草地缓冲带、岸边缓冲带、地下水位控制等方法和措施(韩秀娣,2000)。1977 年的清洁水法(CWA)进一步强调非点源污染控制的重要性。美国在 1987 年的国会上首次声明了非点源污染问题转变为行动计划的意愿,但是这个计划尚未被很好执行。在欧共体,第一个明确提出非点源污染的官方文件是 1989 年欧盟委员会提出的一个直接建议,提出水质问题是由农田与城市硝酸盐的释放引起的。

近年来,对非点源政策方面也有了进一步的研究。Gloria 和 Helfand(1995)认为非点源污染监测需要投入资金多,效果差,控制管理主要集中于输入量和一些间接的措施。目前,非点源控制措施主要有:①直接管理途径。即采取经济手段,像“非点源税”,依赖于总环境污染浓度的观察值与理论值之间的差值。运用于每一个部门而不考虑其个人贡献。②非点源“锦标赛”排序法(ROT)。这是一个基于比赛排序的方法。原理是:管理者需要监测整个区域的污染情况,根据减少污染和投入情况对污染单位进行排序。如果整个区域的环境浓度超过了理想值,那么就惩罚一个或多个排在最后的单位;相反,如果环境浓度低于理想值,就奖励排名最前的单位。

水体富营养化的主要营养物来源、过程、影响因素及水体的生态修复技术在我国研究得较多,但非点源污染控制与管理措施除了一些水土保持方法和尹澄清的“多塘系统”,其他成就不是很多。

3.1.2 发展趋势及存在问题

随着农业集约化的不断发展,农业非点源污染越来越引起各国的重视,其发展趋势主要表现在以下几方面：①模型与 GIS 技术的集成。由于 GIS 技术在数据处理中特有的优点，因此在农业非点源模型的发展中得到了广泛的应用，模型与 GIS 的紧密耦合方式是未来研究的趋势。②农业非点源污染毒理学的研究。由于农业非点源污染在时间、空间上的广泛性，污染物的复杂多样性和目前非点源污染监测方法、技术的有限性，使农业非点源毒性污染物优先筛选成为必不可少的内容，应加强农业非点源毒性污染物（含本身无毒，但可诱发其他污染物毒性的物质）的毒理学研究。③微生物在农业非点源污染迁移与转化中的作用将得到进一步的研究。由于农药、氮素、磷素以及盐分和牲畜粪便的分解都与微生物有关，对其进行研究可以在过程中对农业非点源污染进行控制。④管理控制措施与经济手段的融合。农业非点源污染控制措施是一个具有挑战性的研究内容。目前有提议采用“非点源税”、“锦标赛”排序法等经济手段，但由于农业非点源污染信息的不确定性，使得其效果不明显，今后农业非点源污染控制政策的制定必然要与经济手段相结合。⑤农业化学品对环境的长期效应及农业非点源污染对人类健康的效应。

总的来说，水环境农业非点源污染已经引起了国内外的重视。在污染物负荷计算、污染物的迁移与转化机理和对农业非点源污染控制和管理等方面都取得了一定的成果，但仍旧存在许多问题。主要有以下几个方面：

(1)非点源污染物的迁移转化特征研究较少。已有对氮素的研究大多是以农业为出发点，以环境保护为出发点的很少，特别是对其污染机理以及微生物在其迁移转化中作用的研究。对于盐分的迁移与转化机理的研究，多着眼于盐分的地球化学，而对其物理化学机理则很少注意。

(2)农业污染物从发生源到受纳水体的流失率需要更为深入的研究。国内外从农田非点源到土壤、地下水、排水渠，河流湖泊的迁移转化机制的系统研究还很不够。

(3)一般无机盐与氮素迁移转化之间的相互作用研究较少。已有研究多是从农业的角度出发，对农田中氮素迁移转化进行了研究，而对干旱盐渍区条件下氮素迁移转化研究较少。

(4)地下水非点源污染研究较少。由于非点源污染对地表水影响明显，现有非点源污染多从地表水富营养化的角度出发，探讨其污染特征和生态效应等问题，而较少研究其对地下水的影响。

(5)对农业非点源污染的控制和管理研究较少。近年来有许多研究与经济措施相结合，但一直没有很好的进展。自美国 1972 年提出“最优管理措施”后，从流域出发，开展盐分、营养物、泥沙总量控制成为非点源污染控制研究的一个重要突破点，但至今尚未见到专门用于农业非点源污染的管理模式。在我国非点源污染目前尚未延伸到管理政策方面的研究。

(6)测试技术困难，信息的不确定性和模糊性。由于非点源污染的形成受到各种自然因子和人工因子的影响，形成机理和运移规律不太清楚，导致在测试技术上存在较大难度。陆上监测点位代表性的不完全与监测技术上的困难又造成了污染因子转移规律研究上的困难。非点源污染监测由于起源于分散的多样化区域，且地理边界与发生位置难以识别与确定，而测试技术上诸如湖泊中颗粒物中的磷的测试方法尚未有更成熟的快速测试方法，使得非点源污染的定量化研究进展缓慢。农药及重金属和其他对环境具有高毒性的痕量元素的测试技术有待进一步的研究。

(7)农业非点源污染模型多,但都有一定的限制性。按不同类型的流域特征建立农业非点源污染负荷模型和参数是模型化的一个趋势。考虑暴雨的模型多,而干旱内陆盆地以灌溉为主要原因引起的非点源污染负荷模型很少研究。研究多属于应用型,对模型改进不大。从模型类型上来看,负荷估算模型的应用和开发一直是我国非点源污染模型化研究的重点,而非点源污染的规划与管理模型尚属少见。由于农业非点源污染的发生过程十分复杂,受到外界各种因素的影响,而数学模型是将现实中的各个因素进行简化,所以每个模型都有其适用范围和前提条件。

(8)研究非点源污染的目的是要分析它对河流、湖泊水质产生的影响。因此,要想了解降雨对河流、湖泊水质产生的影响,只估算非点源污染的负荷还不够,必须开展非点源污染负荷与受纳水体水质模型接口的工作。

(9)对大气引起的干沉降和湿沉降污染研究很少,方法不成熟。农业非点源污染在大气中的迁移与转化研究深度明显不够。

3.2 遥感与地理信息系统技术结合监测矿山环境研究现状

卫星遥感技术(RS)随着空间技术和计算机技术的不断革新经历了30多年的发展,目前正进入一个能快速、及时提供多种对地观测及测量数据的新阶段。卫星遥感图像的空间分辨率和时间分辨率都有很大提高。利用CCD阵列传感器可达到1 m的分辨率,军用卫星的空间分辨率甚至达到10 cm。合成孔径雷达除了全天候及影像纹理信息丰富,基于空间重复轨道的雷达干涉测量技术(INSAR)可以导出±3 m精度的数字高程模型(DEM),差分干涉雷达技术(DINSAR)测定相对位移量可达到厘米甚至毫米级精度,在地表移动、土地利用状况、环境污染和环境破坏监测方面都很实用。

遥感信息具有多源性,弥补了常规野外测量所获得数据的不足和缺陷,而遥感技术获得的巨大成就,使人们能够从宏观到微观的范围内,快速而有效地获取和利用多时相、多波段的地球资源与环境的影像信息。应用遥感技术于环境调查和监测,指导环境评价和管理,是环境研究的一种新的信息源和新的技术方法。目前,有几十种空间和地面遥感器或遥感系统在运行,从而构成一个多手段、多层次的全球性立体探测系统,为环境研究发送各种自然的和社会的信息资料,如自然条件、自然资源、环境状况、城市发展、灾害现象等,开辟了研究全球或区域能量和物质的分布及其变化的新途径。

遥感应用技术的发展,是以传感器、遥感平台、信息传输、图像增强和数据处理等科技的重大进步为支撑的,并使遥感技术具有一系列的优点,富有应用和发展的潜力。对环境研究来说,这些优点可归结为“高、远、多”三个字。

“高”——是指用高空鸟瞰的形式进行探测。因而帮助人们跨越交通的阻隔和视野的限制,可洞察地面调查的禁区和死角,把大面积的环境状况尽收眼底,提高了调查的全面性和彻底性。

“远”——是指以远离观察对象的方式进行探测。由于它不接触研究对象本身,因而也不损害研究对象及其环境条件,保证了获取信息资料的客观性、可靠性。这一点对动态环境监测尤为重要和宝贵。

“多”——包括“多点位”、“多波段”、“多时相”、“多高度”的遥感资料获取和“多次增强”的遥感信息处理。

由于遥感技术对环境系统中能量信息的考察是基于对目标能量流的成分、结构及其时空状态的，且通常以三维数据或几何模型影像表示，因此更能全面反映环境信息的综合性本质特点，依据这类数据或影像建立的衍生信息，显然能反映客观信息的内涵，能够提高环境研究的调查能力、效率和详尽程度，尤其是能提供在空间和时间上连续的区域性同步或准同步信息。

GIS 是一种以采集、存储、管理、分析和评价全球或区域与空间地理分布有关数据的空间信息系统。它是随着计算机科学、空间科学、地球科学、测绘遥感学、环境科学、信息科学和管理科学的发展而兴起的一门边缘交叉学科。GIS 可以为矿山的土地测量、环境规划、管理和治理走向定量化、数字化、科学化开辟广阔的前景。在地球科学、环境科学领域有许多现象、过程或问题是难以用具体的数值模型描述或模拟的空间问题。以 GIS 为基础，以模型库驱动为核心，由数据库、模型库、方法库及其管理系统构成基础框架的空间决策支持系统（SDSS），或者专家系统（ES）将是 GIS 的发展方向之一，并将在地学和环境科学研究及工程中发挥重要作用。

矿山环境研究中要涉及和处理大量复杂的地理空间信息，如地形地貌、地质条件、土壤、水文数据、气候、矿产资源条件等，引入 GIS 技术将带来巨大的优越性：

（1）GIS 便于对空间信息的管理，其空间数据模型和数据库便于对各种类型的空间数据分别存储和处理。例如，利用 GIS 中“层”的概念和功能，可对不同类型或来源的空间地理数据、环境数据分层存储，以及进行投影、比例尺变换、旋转、叠加等运算处理。

（2）GIS 的空间分析评价功能有利于解决传统方法难以完成的数值计算或空间模拟问题。例如，矿山大气污染的扩散，开采沉陷规律的空间模拟，水资源的破坏或污染等。

（3）对空间和环境数据及研究结果的表示形式直观、形象，能够可视化、图形图像化、专题图化、立体化。比传统的文件、报表形式实用、优越得多。

3.2.1　研究现状

3.2.1.1　国外研究现状

中低分辨率卫星数据方面：Legg 利用遥感技术对地表采矿引起的环境问题和矿山土地复垦做了定性评价，并实现了采矿区和土地复垦范围的定量分析。Venkataraman 等借助利奥波德矩阵法、因子分析法和聚类分析法利用遥感数据和有限的基础数据对露天开采矿山的环境影响做了研究，定性分析了矿山植被、土地利用、地表水、地下水和土质受矿产开发的影响程度。Almeida 和 Shimabukuro 用多时相 TM 遥感数据做了矿山的土地覆盖精确变化图，并推算如果按目前的土地退化速度，到 2019 年那些退化的土地将无植被覆盖。研究中由于遥感图像的空间分辨率较低，对于矿山开发中的小型矿点特别是地下开采，往往无能为力。

高分辨率卫星数据应用方面：James I Sams III 研究中采用图像处理与 GIS 结合的方法，在研究区提出 70 个可能的酸性矿山废水的排放点，GIS 技术的引入大大提高了圈定可疑点的速度和精度，通过现场实地勘察，最后在 70 个可能点中，验证其中 24 个点确实为酸性矿山废水的排放点。Kali E. Sawaya 等研究认为，运用高分辨率卫星数据 IKONOS 和 QuickBird 与 GPS 以及野外计算机技术结合，把卫星影像导入电脑进行土地覆盖类型的验证和确认,可以为资源管理人员提供实时可靠的局部地区尺度上的土地和水资源评估。在研究中同时发现高分辨率卫星数据影像的光谱辐射测量存在比较大的相似性,在同一分类级别内的混合像元体现出较大的变异性,黑色特性地物的混淆可能包括开放的水域、各种阴影、遭到破坏的森林,亮色特性地物的混淆可能包括混凝土构筑物、裸地和休闲娱乐场所。John M. Kovacs 在研究中发现,IKONOS 图像虽然相对于传统的卫星数据源比较昂贵,但是由于其可以达到 1 m 级的空间分辨率,在红树林调查中,可以用于大部分林木茂盛而有少部植被稀疏地区的植被监测（这种情况用传统的中低空间分辨率卫星如 TM（ETM）等卫星数据是无法辨别的)。高分辨率卫星数据的较高的空间分辨率为解译较小的地面目标提供了可能,在矿山应用中对于小型矿点和地下开采也有一定的解译,但是高空间分辨率卫星数据的光谱波段比较窄,限制了在矿山等复杂环境条件下,对地物的解译精度。

多种遥感卫星数据融合使用方面:Schmidt 和 Glaesser 运用多种遥感数据(主要是 Landsat-TM 和 ERS-1)对德国西部的矿山环境作了研究,半定量分析了露天采矿区的水体、污染区、土地利用和植被变化。Le Wanga etc. 在研究中比较了 IKONOS 和 QuickBird 数据在遥感解译中的差异,得出的结论包括:在多光谱数据方面 IKONOS 比 QuickBird 有更好的光谱可区分度,IKONOS 图像的纹理特征在提高分类精度方面比 QuickBird 要好。Masato Katoh 在日本北部混合树种的森林区,运用空间分辨率为 1 m 的 IKONOS 卫星数据对树种进行分类,总体分类精度可以达到 62%。Xuexia Chena 等综合运用 IKONOS、Landsat 7 ETM + 和航空激光雷达等手段进行解译研究,结果表明:IKONOS、Landsat 7 ETM + 都可以在夏季植被茂盛的时候解译林木和阴影,航空激光雷达可以用于验证卫星图像未混合像元的结果。多种遥感卫星数据在环境监测中的应用已取得一些进展,但是系统分析基于多源遥感数据矿山环境监测的方法研究依然未见相关研究成果。

3.2.1.2 国内研究现状

中低分辨率卫星数据方面:金学林、郭达志等分析了以 3S 技术为主体的地球信息科学技术在矿山环境保护中应用的优越性,并对晋城、铜川、开滦等矿山作了实际应用,对矿山的大气、塌陷进行了遥感调查分析。陈云浩等利用遥感技术作了矿山城市(山西晋城市)的城市热场图,分析晋城热污染问题。陈华丽等采用 Landsat TM 卫星数据应用于矿山环境动态监测,初步确定满足 TM 与 ETM 图像遥感解译的矿山人为扰动场的面积应不小于 100 m × 100 m。TM 卫星数据的波段比较丰富,但是空间分辨率偏低,限制了对较小研究对象的解译能力。

高分辨率卫星数据方面:牛宝茹等对宁夏碱沟山地区的 SPOT 卫星图像进行了计算机处理、分析和煤矿解译,由图像可以确定煤矿的位置、相对生产规模、生产井或关闭井等问题。杜培军在研究中提出高分辨率卫星遥感在矿山中的应用具有广阔的前景,优越性明显。今后 5 年高分辨率卫星遥感将获得长足的进展,将为解决传统遥感技术应用所面临的空间分辨率低的问题提供技术手段的支持,形成新的遥感技术应用体系。史仁灯等利用卫星遥感影像对青海省德尔尼铜矿区的区域地质做了判识性研究,研究中根据矿山已知的地质背景在卫星影像上所反映的特征来判识未知的地质背景,利用 SPOT 卫星影像对德尔尼铜矿区进行尝试性研究,进而指导找矿。雷利卿等在山东肥城矿区应用遥感技术进行矿山环境污染研究，通过对矿山受污染植被和水体信息的提取，提出适合矿山环境研究的遥感图像处理方法。宁宝坤等在 IKONOS 卫星影像上，可以轻易分辨出城市防震减灾工作中需要的基本要素、如建筑物、构筑物、道路和桥梁。利用遥感图像处理软件可以从 IKONOS 数字影像中自动提取地物的形状、位置和属性等信息，从而节省大量的人力和财力，还可取代航空相片用于地震现场调查。王晓红等以著名钨矿生产基地——江西省崇义县为实验区，对 QuickBird 和 SPOT-5 数据在南方高植被覆盖山区矿产资源开发状况及其引发的环境问题的监测效果与性能作了系统比较，为类似地区矿山监测时数据源的选择提供参考。国内的高空间分辨率卫星数据的解译还是以单纯的目视解译为主，在解译方法方面有待进一步的研究。

多种遥感卫星数据融合和解译技术方面：陈德超等以 Landsat 和 SPOT 数据为例，为了充分利用 TM 丰富的光谱信息和 SPOT 较高的空间分辨率，研究中引入了 4 种影像融合算法：加权融合、K-L 变换、K-T 变换、基于信息特征的融合。通过信息量和分类精度的比较，表明基于信息特征的融合效果较好。潘耀忠等利用遥感信息融合技术，对不同时相的 TM 和 SPOT 多源遥感数据进行融合，提出了变异特征监测法，并以城镇居民点的动态变化监测为例进行了验证。结果表明：与其他方法比较，利用该方法进行监测可以获得更高的位置精度和面积精度，具有很好的时效性和可继承性，且不受传感器类型影响，宜于推广应用。张定祥等研究表明，以高分辨率原始影像建立土地利用本底数据库，较低分辨率图像做动态变化的方法是切实可行的，达到了 1∶5万专业制图的要求。不同分辨率影像的精确配准不仅提高了低分辨率图像利用率，而且通过对比分析提高了判读精度，可以实现土地利用数据库快速更新。杜培军等提出了小波 - IHS 集成融合算法、主成分综合融合方法和加权特征 IHS 融合算法，能够更好地综合多源遥感影像的优点。所提出的算法在工矿区陆面演变分析中取得了较好的应用效果。当前遥感解译的融合方法和算法是研究的热点，各种新方法不断推出，但是具体结合矿山环境监测应用，针对不同矿山研究对象的多源卫星数据的解译方法和综合的技术流程，在国内研究尚是空白。因此，多源遥感卫星数据监测矿山环境的技术方法和技术流程的研究很有意义，也很有必要，可以为矿山环境保护、监控和管理提供准确、客观、实时的技术保障。

3.2.2　发展趋势与存在问题

传统的矿山环境监测技术与方法，具有范围小、准确性差、信息不及时等缺点。以遥感和地理信息技术为主体和核心的空间信息技术与传统调查监测技术相结合，可以实现：①利用遥感技术，对矿山的综合、动态、实时监测，获取丰富全面的信息；②利用 GIS 进行数据处理与空间分析，克服了分析方法的不足，实现了信息分析的空间与属性一体化，并增强了分析与综合处理的功能，提高了分析与监测的精度；③运用多种遥感卫星数据监测与分析的效率高、成本低、精度高、用途广，较传统方法在各方面都有较大的优越性；④多种遥感卫星数据的综合运用，可以充分利用各种数据的优势，实现节约高效的研究目的。因此，无论是从监测自身的发展来说，还是从空间信息技术的发展来看，必须建立一体化的多源遥感数据监测矿山环境的技术方法和技术流程。

矿山环境的监测由于目的不同，监测的技术手段和调查方法有比较大的差异。基于遥感卫星数据并结合 GIS 手段，可以解决常见的诸如植被破坏、越界开采、水体污染等环境监测问题。我们所拥有的卫星数据的空间分辨率、光谱分辨率、时相分辨率差异很大,不同的 GIS 平台也各有特点;我们面临着如何选择并充分有效利用现有数据和技术资源的问题。综观国内外对矿山环境问题的研究,虽然取得了一定的进展,但还存在很多问题。主要表现在以下几个方面:

(1)复杂的矿山环境与研究手段和研究数据单一的矛盾。矿山开采引发的环境问题多种多样,研究对象的光谱特征和影像特征也十分复杂,在利用遥感数据识别地物目标时,主要通过其光谱特性来间接反映出地物的差异。这样,常常发生"同物异谱"和"异物同谱"的现象,影响了分类精度。而目前研究主要采用单一数据源,缺乏不同空间分辨率和不同光谱分辨率之间的对比分析,得出的结果缺乏对比验证,更为重要的问题是,单一的数据源导致许多对象根本无法识别,限制了遥感手段在矿山环境监测中的应用。

(2)高空间分辨率卫星数据应用中的问题。高空间分辨率卫星数据在国内仅以试点进行,如何充分利用卫星数据的较高空间分辨率与高光谱分辨率数据的互补性特点,在国内外的研究中尚不充分,高空间分辨率图像的增强与解译算法等问题一直是研究的热点和难点。

(3)针对矿山环境监测的数据融合技术问题。数据融合的技术是当前遥感研究领域的热点与难点之一,如何在多种多样的遥感数据源和不断更新的众多融合技术方法中选择合适的(技术上可行,经济上合理)融合技术方案,实时与动态地监测矿山环境,一直是实际工作中的难题。综观国内外研究成果,关于矿山环境监测的系统的融合方法仍不完善,存在诸如融合中数据信息的保持与增强、融合分析结果的精度确定等研究课题。

(4)解译方法与技术方面需要改进。由于各种遥感卫星数据的特点各异,针对不同的卫星遥感数据的解译技术方法的研究尚不系统和完善,特别对于高空间分辨率数据,传统的基于像素的分类提取方法,比较多地考虑了图像增强和融合的技术方法,忽略了相关联的邻近信息分析,导致解译结果难以与实际情况对应。

(5)遥感数据与非遥感数据的结合问题。通过遥感手段获取信息仍感到不够,不能解决遇到的全部问题,因此将地形、气象、水文等专题信息,行政区划、人口、经济收入等人文与经济信息作为遥感数据的补充,可有助于综合分析问题,发现客观规律,提高解译的效果,因此遥感数据与地理数据的复合也是遥感分析过程中不可缺少的手段。当前矿山环境监测研究中,对于非遥感数据问题的组织与信息挖掘的重视还不够,需要给予更多的关注。

(6)矿山环境遥感监测系统性建设问题。当前,遥感作为技术手段研究矿山环境缺乏系统性,没有充分考虑矿山环境的特殊性——综合性、空间性、动态性、后效性、不确定性,急需进行矿山环境监测体系的研究,建立多源遥感卫星数据从选取到后处理解译的整个技术流程,充实完善矿山环境遥感动态监测的技术手段和方法。

3.3 区域地质灾害危险性区划的研究现状

3.3.1 危险性区划理论

美国、西欧国家自 20 世纪 60 年代末、70 年代初就开始了以滑坡灾害为主体的地质灾害危险性区划研究:60 年代末,美国西部多滑坡的加利福尼亚州的滑坡敏感性预测区划及县行政级别的斜坡土地使用立法研究;70 年代初法国提出的斜坡地质灾害危险性分区系统(ZERMOS)等。进入80年代,世界大部分国家和地区都开始了区域地质灾害危险性分区及预测问题的研究,如意大利、瑞士、美国、法国、澳大利亚、西班牙、新西兰、印度等。从90年代起,围绕国际减灾十年计划行动,北美及欧洲许多国家在原地质灾害危险性分区研究的基础上开展了地质灾害危险性与土地使用立法的风险评价研究,把原来单纯的地质灾害危险性研究拓展到了综合减灾效益方面的系统研究。由于GIS技术的空间分析、制图功能和可视化特点,GIS技术在地质灾害区划研究方面正得到快速发展,以GIS软件为技术平台的地质灾害危险性、易损性和风险评价的系统研究则逐步成为本领域研究的发展方向,并有可能在不远的将来与网络技术相结合。

地质灾害危险性分区在国内外早就得到深入研究与报道(Nilsen,1977;Sheko,1977;Carrara,1983;Brabb,1984;Brand,1988;Cross,1988;P. Aleotti,2000;Martin Cross, 1988; 晏同珍,殷坤龙,1989;殷坤龙,雷明堂, 2002等)。地质灾害危险性分区归纳起来有两种方法:一是以地质灾害分布图和各因素图的叠加、定量、半定量化确定地质灾害敏感性指标,然后对各敏感性指标进行叠加处理,高敏感性指标区代表地质灾害易发区,一般用红色标注,低敏感性指标区代表地质灾害不易发生区域,用绿色标注。另一种方法是以地质灾害影响因素与地质灾害关系的理论分析,采用打分或评级的方法赋予每个因素以权重系数,再对各权重系数进行相关数学运算,从而得到地质灾害危险性区划的定量依据。

Sheko A. (1977)认为区域性滑坡灾害预测应被理解为空间位置、时间以及运动方式的一种科学预测,这种预测基于滑坡的分布规律以及滑坡的发展状况。有关预测的因素可分为四类:①基本因素,它限定了滑坡运动的条件,如降雨、人类工程活动;②派生因素,它直接影响滑坡的活动,但归因于基本因素,如河岸下切、岩体的含水量和强度;③缓变因素,如现代构造运动,海平面上升;④衡定因素,如地质构造、地貌条件。地质灾害影响因素的选取根据比例尺的大小和区域的具体情况有所差异,但总体都要考虑下面三个方面的条件:成本问题、获取指标的可能性及因素间的相关关系(Matin Cross,1998)。

国内外大量研究成果表明,地质灾害危险性区划可通过地质灾害危险性制图(Hazard Mapping)来实现。对于大区域的风险评估,危险性分区图的原则是"类似原则",即类似的地质、自然环境具有类似的地质灾害问题。遵循类似原则开展地质灾害危险性区划,首先要充分全面调查已发生的地质灾害信息与资料,编制地质灾害分布图。地质灾害危险性的等级可以用定性也可以用定量方式来描述,如高、中、低等定性术语,也可以用信息量值(殷坤龙,1988,1996;阮沈勇、黄润秋,2001)、敏感性指标(Brabb,1984)或影响因素的权重系数指标(张梁、张业成,1998;柳源,2000)等来表示。

3.3.2 危险性区划数学模型

综观发展历程,地质灾害危险性区划经历了从定性—半定量—定量,从确定性—非确定性—概率论的过程。可以把地质灾害危险性区划方法分为四大类:定性分析法、定量分析法(又可称为数学模型法)、模型试验方法和监测分析方法。

数学模型法的预测思路是:在进行定性分析的基础上,建立预测对象的地质模型,通过合理的假设或简化,将复杂的研究对象抽象成可以求解的数学模型,进而选取合理的参数,进行预测计算,获取最后的预测结果。预测模型的建立、预测方法的选取是地质灾害危险性区划的核心过程,如图4所示。目前,预测数学模型可以分为两大类:非确定性方

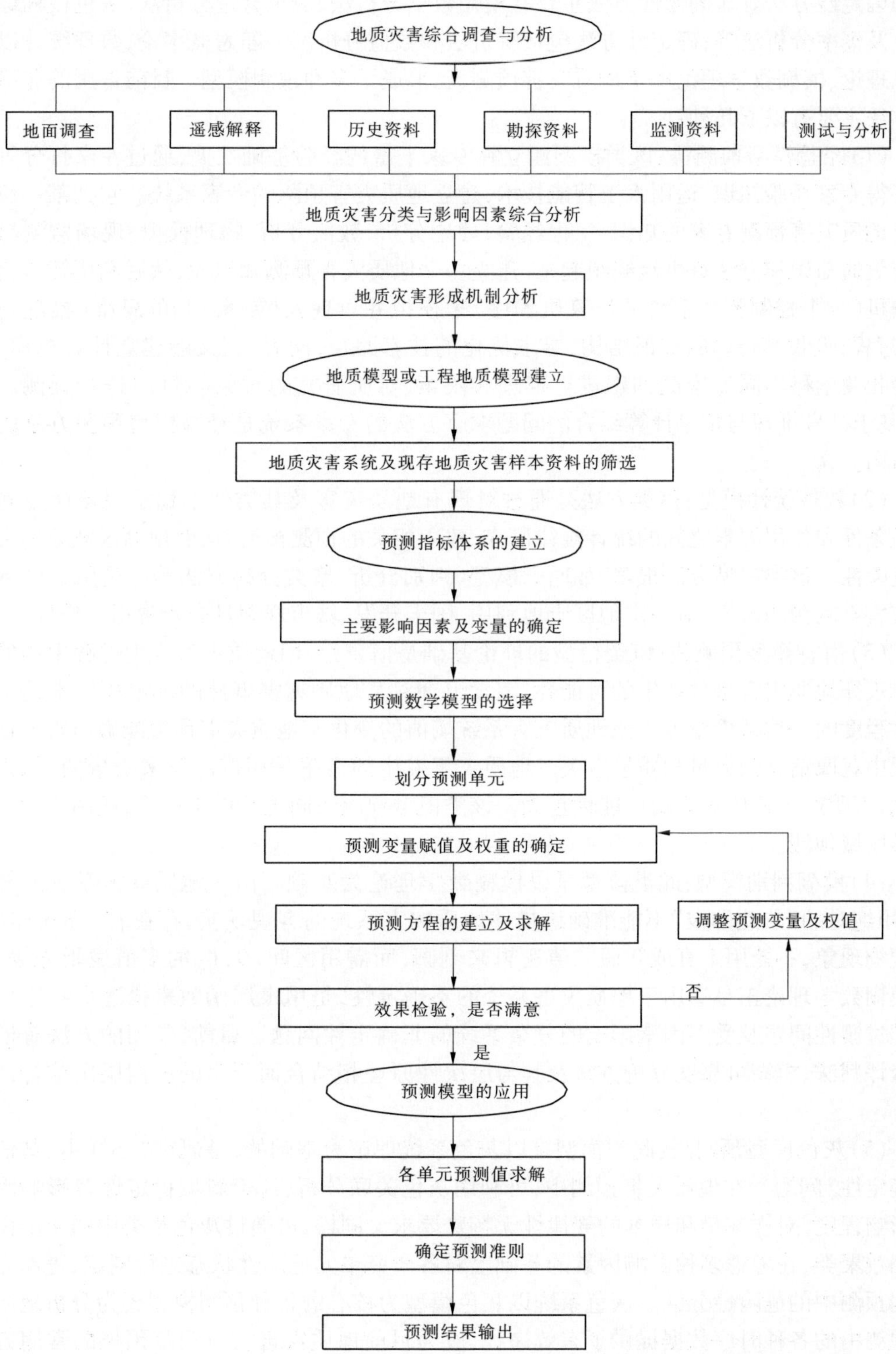

图4　地质灾害危险性区划的主要流程

法和确定性方法。非确定性方法主要有模糊数学分析法、灰色理论分析法、灰色模糊综合法以及概率分析法等；确定性方法包括解析法和数值分析法。随着概率论、数理统计以及信息理论、模糊数学理论用于地质灾害预测，已形成了多种预测模型。目前常用的非确定性方法主要有以下几种：

（1）经验模型预测法：该类模型建立在专家丰富的经验基础之上，通过专家打分等途径获得专家经验知识，运用人工智能技术，建立地质灾害预测的专家系统。它把某一位或多位地质灾害预测专家的知识、工程经验、理论分析、数值分析、物理模拟、现场监测等行之有效的知识和方法有机地组织起来，建立一个地质灾害预测知识库，然后利用智能化的推理机（一个控制整个系统的计算机程序）来模拟并再现人（专家）脑的思维（推理与决策）过程，吸收其合理的知识结构，寻求优化的技术路径，同时，它又能建立计算机模型，结合相关学科不同专家的知识进行推理和决策，对所研究的对象（斜坡）进行预测。目前，基于符号推理与定量计算结合的问题求解方法的专家系统是经验模型预测方法的发展方向。

（2）数理统计模型：该类方法是通过对现有地质灾害及其类似不稳定现象所在地质环境条件和作用因素之间的统计规律研究，建立相关的预测模型，从而预测区域地质灾害的危险性。该类模型方法很多，如回归模型、判别分析、聚类分析方法等。适用于区域地质灾害空间预测研究，对一定地区土地利用、国土开发、城市规划具有宏观指导作用。

（3）信息模型预测法：该类模型的理论基础是信息论，用地质灾害发生过程中熵的多少来表征地质灾害事件产生的可能性，因素组合对某地质灾害事件的确定所带来的不肯定性程度的平均减少量等于该地质灾害系统熵值的变化。地质灾害预报准确与否与预测过程中获取信息的数量和质量有关。地质灾害发生的概率是用信息量来衡量的，信息量越大，表明产生地质灾害的可能性越大。该类模型预测法同统计模型一样，适用于大小比例尺区域预测。

（4）模糊判别模型：此类模型是以模糊数学理论为基础。由于地质灾害系统的复杂性，用绝对的“非此即彼”不能准确地描述地质灾害系统的客观现实，存在着“亦此亦彼”的模糊现象，不能用1真或0假二值逻辑来刻画，而需用区间[0,1]的多值逻辑来表达。而模糊数学理论正是适用于地质灾害系统的不确定性，是用隶属函数来描述那些边界不清的过渡性问题及受多因素影响的复杂系统的非确定性问题。目前，常用的方法有模糊综合评判法、模糊可靠度分析方法及其与层次性原理相结合而派生的模糊层次综合评判法。

（5）灰色模型预测法：此类模型是以灰色系统理论为基础的，是研究“小样本、贫信息不确定性”问题。在地质灾害预测中，可利用灰色关联分析，评价斜坡稳定性各影响因素的影响程度，对样本量和样本的规律性无特殊要求。同样，可通过灰色聚类中的灰类白化权函数聚类，在考虑多种影响因素的基础上对各研究单元危险性状态进行判定，进而完成空间预测中的危险性分区。灰色系统以灰色模型为核心的各种预测模型还为分析地质灾害预测中的各种时序数据提供了有效途径，成为目前地质灾害实时跟踪预报的常用方法之一。

（6）模式识别模型预测法：该类模型是建立在人工智能技术基础之上的，用计算机代替人类或帮助人类感知模式,是对人类感知外界功能的模拟。随着生物医学对人类大脑的初步认识,模拟人构造大脑计算机实验即人工神经网络开始出现并进入灾害预报领域,适用于有可借鉴样本区的地质灾害区域预测。

(7)非线形模型预测法:由于系统具有复杂性特点,很难用简单的线性方程表达,一批非线性预测模型迅速发展起来。如分形理论就是通过研究地质灾害系统的自相似来对地质灾害的运动规律进行研究。易顺民应用分形理论研究了区域性滑坡灾害活动的自相似性特点,发现在地质灾害活动的高潮期到来之前有明显的降维。吴中如、黄国明等,依据分形理论提出了滑坡变形失稳判据以及滑坡蠕滑的相空间模型,是地质灾害时间预报的一种全新思路。自组织理论探索地质灾害复杂系统如何从无序进化到有序的自组织过程;突变理论主要从定量的角度描述非线性系统在临界失稳时的突变行为,为地质灾害时间预报提供一种新途径;分形理论则从几何的角度探讨系统内各个层次间的自相似性,应用在地质灾害过程描述及过程预报中,化复杂为简单,化定性为定量;混沌动力学探讨非线性地质灾害系统在其演化过程中的不可逆性和演化行为对初值的敏感性。

3.3.3 滑坡灾害空间预测研究现状

在过去30年里,国内外多个学者开展了滑坡灾害空间危险性预测方面的研究。研究内容主要体现在两个方面:一是以滑坡灾害分布图和各因素图的叠加,定量、半定量化确定滑坡灾害敏感性指标,然后对各敏感性指标进行叠加计算与分析,分别用高敏感性指标和低敏感性指标代表灾害易发区和灾害不易发区;另一方面是以滑坡灾害影响因素与滑坡灾害关系的理论分析,采用打分或评级的方法赋予各因素以权重系数,再对各权重系数进行相关数学运算,从而得到滑坡灾害危险性区划的定量依据。

在开展滑坡危险性区划时,各国根据具体情况采用的评价指标不尽相同。美国滑坡专家进行危险性区划时主要采用与滑坡相关的地形因素和岩性因素,以及滑坡分布现状,将滑坡危险性划分为五个等级进行评价。瑞士国家水文局1995年以政府行文规定,对全国的坡地进行危险性评价,其中对滑坡危险度提出特殊评价标准,采用的评价指标主要为坡度和滑动速度,评价等级分为高、中、低三级。日本对地震区的滑坡危险性评价采用了地震震级、坡度、降雨量3项指标划分地震区的滑坡危险度。

Sheko A. 认为区域性滑坡灾害预测应被理解为空间位置、时间以及运动方式的一种科学性预测,这种预测基于滑坡的分布规律以及滑坡的发展状况。Hansen从地貌学的观点,提出了针对区域性的滑坡灾害区划分析的有关方法,认为灾害区划应考虑三个方面的因素:①确定灾害的类型,灾害程度不仅取决于滑坡自身特点,而且取决于灾害危险区的社会状况;②分清自然滑坡灾害与人工诱发的滑坡灾害;③从评价的区域大小和地理位置、财政方面的许可性、能够投入的时间和人力、交通运输及设备能够进入研究区的可能性等综合方面,选择滑坡灾害的评价方法。Hansen实际上已经提出了不仅要预测研究滑坡灾害的自然属性,而且要研究滑坡的后果(损失、伤亡等),即风险研究。Einstein对滑坡灾害的危险性及风险评价进行了系统分析,提出了事件先验概率和后验概率的统计评价方法,从滑坡灾害图的角度提出了五个层次的滑坡灾害评价过程:滑坡灾害影响因素图、滑坡灾害现象分布图、危险性图、风险图、滑坡灾害管理图。A. Ragozin研究了当前地质灾害及风险评价中的危险性、易损性和风险三个基本概念,提出考虑危险性预测目标有效期限在内的单个地质灾害危险性指标,可用其主要控制因素的概率乘积来表示。

20世纪80年代开始在国内也相继开展了大量滑坡灾害空间危险性预测模型的研究。杨顺安、殷坤龙等基于对滑坡、崩塌灾害影响因素的统计分析,通过建立各影响因素的分级与分类,以及与滑坡灾害之间发生频率的关系曲线,然后进行综合分析评价,提出了滑坡灾害危险性评价的系统模型法;晏同珍系统地研究了滑坡灾害空间预测的理论问题,提出了滑坡灾害空间预测的理论基础在于滑坡发生的工程地质条件的类比,通过在我国西北、西南以及长江三峡地区的滑坡灾害综合研究,认为滑坡灾害的空间分布具有丛集性规律,并采用数学模型定量地研究了我国易滑岩组的特征,提出了易滑地层的概念;殷坤龙、晏同珍等就滑坡灾害和斜坡不稳定性空间预测与区划进行了深入系统的研究,先后提出了信息分析模型、多因素回归分析模型、聚类分析模型、判别分析模型等,通过在秦巴山区、三峡库区区域滑坡灾害预测的实例研究,探索了信息分析模型的理论基础,认为特定地区的滑坡影响因素不是简单的与单个因素有关,而更重要的是与多因素组合有关,从而提出了信息熵分析模型。张梁、张业成、殷坤龙、柳源等提出了基于历史地质灾害发生特点的危险性指标评价方法,对地质灾害采用其空间分布密度、活动频率或发生规模等指标,运用层次分析法建立危险性评价模型。乔建平认为在滑坡危险度区划应将相关性很强的因素进行系统归类,他将之分为三类:①滑坡的主控因素类(包括地形、地层岩性、地质构造、切割密度等);②滑坡的诱导因素类(包括降雨强度、人为破坏、地震强度、侵蚀强度等);③滑坡的危害因素类(包括滑坡分布密度、发生时代、规模、受灾程度等),并给出了危险度评价中主控因素、诱导因素和危害因素之间的关系。

滑坡灾害预测因子的选取在某种程度上说是预测成功的关键。不同预测层次、不同预测目的,预测指标的选取原则是不同的。近年来,国外一些学者开始定量地研究一些单个环境因子与区域滑坡的关系。如Lumb分析了不同类型坡积物及下伏岩性与自然滑坡的相关性;Ruxton统计了风化层与滑坡的关系,得出风化对滑坡影响的重要性;Fourie研究了降雨渗透与其引起的浅层崩塌的关系;Collison对热带地区的植被与斜坡稳定性关系进行了研究,得出植被根系的生长,将使植被透水性增加,降低土壤强度;Evans对高程和降雨量的关系进行了研究,得出降雨量与高程有一定的关系;Mark RK利用GIS数据库中的1 500个滑坡研究了浅层滑坡频度与地形的关系,结果显示陡峭地形与滑坡具有很好的统计相关性;Brabb以坡度为权重,计算了2 000多个滑坡与12个因子的百分比,最后确立了地质、土壤和坡度是影响滑坡稳定性的主要原因。这些成果为定量分析区域滑坡与环境因子的关系以及区域滑坡预测模型的建立提供了良好的研究基础。

在确定滑坡灾害空间预测因子方面,国内一些学者也开展了相关方面的研究。殷坤龙对重庆市崩塌、滑坡两类灾害的形成机制及相互关系进行了研究,通过对不同类型的滑坡分析其形成机理和诱发因素,在此基础上确定了进行滑坡灾害空间预测的因子。该篇文献在对滑坡机理和诱发因素进行综合分析的基础上选择和筛选预测因子可以做到有的放矢,选出对滑坡的发生贡献大的指标,以排除某些指标对预测结果的干扰。谢全敏、朱瑞赓认为岩体边坡稳定性受多种因素影响,不同的边坡,各影响因素的影响程度不一。为评价多种因素对边坡稳定性的影响,提出了岩体边坡稳定性灰色聚类空间预测方法。文中认为主因子的选择和确定是空间预测最关键的一环,提出了基于优势分析的主因子筛选方法。单新建、叶洪、李焯芬利用人工神经元网络(AI)及地理信息系统(GIS)技术,在香港大屿山岛中部研究区,将多元空间信息分析与非线性理论相结合,建立了基于环境因子的区域滑坡非线性预测模型。据此最终确定研究区下伏岩性是决定滑坡稳定性的重要内在因素;坡度是决定因素;降雨量是触发因素;植被、侵蚀、地形、坡向是辅助因素,据此采用BP人工神经元网络对区域天然滑坡进行了危险性分区。

3.3.4 降雨与滑坡关系研究

大量的统计资料表明,大多数的滑坡是发生在降雨期间或降雨之后,一个地区的滑坡发育程度有随降雨量增多而增强的规律。钟立勋在《中国重大地质灾害实例分析》一文中所列举的27例中国重大地质灾害中有15例是由于暴雨引起的。《中国典型滑坡》一书中列举的90多个滑坡实例,有95%以上的滑坡都与降雨或地下水渗流有密切关系,其中有相当一部分滑坡发生在雨季。

目前,一般认为降雨诱发滑坡的机理,是在降雨时期,雨水下渗在渗透障(在多数情况下是覆盖物的基底)之上的一个饱和带内积累,导致斜坡组成物内的孔隙水压力增大。孔隙水压力增大将引起有效荷载应力增大,使斜坡组成物的剪切强度减小,从而导致滑坡发生。

国内外一些学者从不同的角度或方面对降雨与滑坡灾害进行研究,取得了不少成果。

在国外,山田刚二等通过对山阴干线小田—田仪间403 km、400 km附近的滑坡研究,结合日有效雨量、滑坡位移速率、地下水压力随时间变化曲线开展滑坡灾害预警预报工作。Guidicini G. 通过对巴西9个地区滑坡记录和降雨资料的分析,建立了降雨与滑坡事件之间的统计关系。这些地区的一次降雨量超过250~300 mm时,降雨与滑坡之间存在很好的对应关系。据此关系,对每个地区绘制了危险图,图中划分了滑坡产生的4个危险等级。一定的降雨量以及先前的降雨历史过程,可以对应于图中不同的危险等级区,采用绘制的降雨量与滑坡危险性等级图为依据进行滑坡灾害发生时间的预测预报。Rahardjo通过对1995年2月因持续的降雨在新加坡南洋理工大学校园发生的20多个浅层滑坡进行研究,并采用数值模拟技术模拟了由于不同的降雨模式而导致孔隙水压力的变化,得出前期雨量对边坡失稳起着重要作用的结论。

在国内,曲焰通过长期观测,发现滑坡蠕变滑动与降雨量具有明显的关系,并经过回归分析建立了蠕变位移(y)与月降雨量(x)的指数函数关系。李明华以四川北部1981年暴雨滑坡为例,分析了该地区滑坡发生的地质地貌和降雨条件,得出了不同地质地貌条件下触发滑坡的降雨量不同,同时通过统计该区域不同地貌区触发滑坡的累积降雨量和日降雨量的结果,得出了不同地貌区触发不同数量滑坡时的降雨参数。谢守益根据对长江三峡库区典型滑坡的分析,得到几个典型滑坡降雨诱发的阀值,认为降雨诱发的滑坡是降雨三个基本变量(降雨量、降雨强度、降雨时间)综合作用的结果,并利用阈值分析了典型滑坡降雨诱发的概率。

殷坤龙、张桂荣、谢剑明等在浙江省开展的地质灾害预警预报研究中,对浙江省降雨型滑坡进行了研究,将浙江省分为台风区和非台风区两个区域,分别确定了适合区域滑坡灾害预测预报的有效降雨量临界值和当日雨强临界值,并结合浙江省地质灾害发生的地质条件,建立了区域地质—气象信息耦合的地质灾害预测预报模型。

国内外在滑坡与临界雨强关系的研究方面也取得了不少的成果。Brand，Au 等在详细分析了 1963～1983 年的滑坡数目与 1～30 d 的累积降雨关系之后，认为香港地区的日均滑坡数量和滑坡伤亡人数与前期降雨量之间基本无关系可循，结论是香港地区的绝大多数滑坡是由短时高强度的降雨引发的。70 mm/h 的降雨强度被看做是可能发生滑坡的临界雨强，若降雨量超过 100 mm/d，滑坡失稳数量显著增加。Malone 等指出预警系统制定的临界降雨强度不适于大型深层滑坡（深度大于 5 m），这类滑坡明显与前期降雨量有关。Pun 等人重新评定了以 Brand 结果为依据建立的滑坡预警系统的有效性，得出结论：①75 mm/h 临界降雨量不宜作为有居民的山坡地区的临界降雨量；②滑坡发生概率与 15 d前期降雨量有关，相关程度随滑坡规模而变。Murry 和 Olsen 建议 70 mm/h 的降雨强度可以作为巴布亚新、几内亚滑坡发生的有效标准，在 24 h 降雨量超过 125 mm 时滑坡大量发生；在日本累积雨量超过 150～200 mm，或每小时降雨强度超过 20～30 mm 时，大量滑坡将发生滑动；美国 SarzBertlto 和 Alameda 认为在过程降水量累积超过 180～250 mm 时为滑坡发生的临界值；加拿大滑坡发生的临界累积雨量值超过 250 m；巴西滑坡的暴雨强度临界值为 250～300 mm。

在国内，三峡库区滑坡研究认为，当雨强大于 6 mm /h，日降雨量大于 30 mm，一次降水过程累计雨量大于 100 mm，即可能使浅层堆积体出现初滑迹象。柳源通过对中国几个重要暴雨滑坡集中区的临界暴雨强度进行研究得出四川盆地红层分布区临界暴雨强度可确定为 200 mm /d，陕南则大致为 70 mm/d，鄂西为 100 mm/d，且前期降雨对滑坡滑动是否有明显影响，取决于滑体的岩土性质、滑坡形成机制等多种因素，不可一概而论。文宝萍等通过对陕南地区典型滑坡的数值模拟得出临界暴雨强度为 75 mm /d。但需要指出的是，这一地区的暴雨滑坡与前期雨量有较为明显的关系，这一点与四川盆地的暴雨滑坡是不一样的。

综观上述研究成果，均从降雨历时、降雨量、降雨强度及降雨形式等方面进行分析，得出的成果具有特定的应用范围，一般适用于本区域或相类似的地区。另外，对于不同物质组成的滑坡体，降雨过程对其影响也不同，这是因为不同的地质地貌条件有不同的渗透性和不同的排泄能力，因此不能一概而论。如在香港地区，大部分的滑体物质组成为非黏性土，渗透性很好，故滑坡和短时高强度的降雨相关性非常大，在 Brand，Au 的研究中得到了验证。在新加坡地区，滑体物质主要为粉砂质黏土和硬塑状砂质粉土等两类残积土，渗透性较差，故前期的累积降雨对滑坡的发生起着非常重要的作用，Rahardjo 的文章很好地反映了这一观点。国内杜榕桓、刘新民、袁建模等通过对三峡库区的暴雨滑坡的降雨资料调查，初步给出了不同类型滑坡的临界降雨强度。

3.3.5　滑坡灾害风险评价研究

地质灾害风险评价是当前国际地质灾害研究领域的前沿课题，是全面分析地质灾害与人类社会关系、定量化评价地质灾害的破坏效应的关键问题之一。

国外对滑坡风险的研究起步较早，20 世纪 60、70 年代开始，一些滑坡多发国家，如美国、法国、意大利、日本以及苏联等，开展了大区域的滑坡灾害规律研究，认为滑坡灾害的减少必须与国土开发规划结合在一起考虑，其预测研究对策取得了一定的成效。从 20 世纪 90 年代开始，围绕国际减灾十年计划行动，北美及欧洲许多国家在原滑坡稳定性分区研究的基础上开展了斜坡稳定性与土地使用关系的风险评价研究,把原来单纯的滑坡稳定性研究拓展到了综合减灾效益研究。在美国、加拿大、澳大利亚、意大利等国家已有不少滑坡风险相关研究,对滑坡灾害风险理论进行了风险定义、识别分类等方面的研究,对滑坡灾害风险的评估、风险图的编制、GIS及遥感技术的应用等方面都进行了探索性研究。

香港地区进行了基于风险的边坡控制管理和环境控制方面的系统研究,对防止和减少滑坡灾害的损失起到了很重要的作用。

相对而言,国内这方面的研究起步较晚,研究尚不系统。20世纪80年代以后滑坡灾害研究开始突破传统的研究模式,研究水平不断提高,研究内容日益丰富,开始向新的独立学科发展。马宗晋提出了用灾度表示自然灾害破坏损失规模的看法,高庆华提出了建立自然灾害评估系统的总体构想,张梁、张业成等对地质灾害属性特征、风险构成、易损性及其在灾害风险评价中的地位进行了研究,黄润秋等对在综合地学信息系统上进行滑坡灾害风险评价和风险管理进行了初步的探讨,刘玉恒等建立了土坝滑坡灾害风险计算模型,采用蒙特卡罗法计算了某水库土坝滑坡风险,殷坤龙等研究开发了基于GIS的区域滑坡灾害风险分析系统,对全国范围及陕西秦巴山区旬阳地区的滑坡灾害进行了危险性分析、易损性分析和最终的风险评价;汪敏等用滑坡灾害分析理论建立了香港和重庆两地的滑坡灾害风险评价系统,谢全敏以可靠性理论为基础,运用模糊数学理论对滑坡灾害风险评价及其治理决策理论方法进行了研究。

由于滑坡灾害受控于多种不确定性因素,如滑坡诱发因素、滑坡影响范围、滑坡过程的时间性、多种灾害同时发生的相互影响关系、破坏程度等,因此风险分析方法特别适用于滑坡问题,滑坡灾害的风险评价也就显得非常重要和迫切。目前的滑坡灾害风险研究还存在许多需要解决的问题,如:①用于滑坡灾害评价的定义及术语很不一致,以至于难以让公众甚至专业人员得到一致的理解;②现有的滑坡灾害风险评价指标体系不够完整;③对工程滑坡灾害风险评价研究还未涉及;④滑坡灾害可接受风险水平研究程度不够深入;⑤无论是滑坡灾害的危险性评价模型,还是滑坡灾害易损性评价模型,以及滑坡灾害破坏损失评价模型,其理论方法还需要不断完善和发展;⑥滑坡灾害风险管理及风险决策的研究较为薄弱,实用性较差,难以为决策部门制定相应的政策和法规,为减灾服务等。总之,在滑坡灾害风险评价这一领域的研究还远不成熟,滑坡灾害风险评价理论方法还没建立起来,国内在这一领域的研究尤其薄弱。

3.3.6 GIS技术在滑坡灾害预测预报中的应用研究

由于GIS技术的空间分析与制图功能和可视化的特点,GIS技术在滑坡灾害预测预报研究方面的应用正得到快速发展。从20世纪80年代至今,GIS的应用已从数据管理、多源数据数字化输入和绘图输出,到数字高程(DEM)或数字地形(DTM)的使用、GIS结合灾害评价模型的扩展分析、GIS与决策支持系统(DSS)的集成技术的应用,GIS已逐步发展成熟并深入应用。WEBGIS是指工作在WEB网上的GIS,是传统GIS技术在网络上的延伸和发展,具有传统GIS的特点,可以实现空间数据的检索、查询、制图输出、编辑等GIS基本功能,同时也是Internet上地理信息发布、共享和交流协作的基础。

国内外GIS技术在滑坡灾害研究领域中的应用比较成熟的地方主要体现在以下几个

方面。

（1）建立基于 GIS 的滑坡灾害信息管理系统。如 Keane－James－M，Richard Dikau，F. C. Dai，C. F. Lee，Corbeanu－Horatiu－V，Bliss－Norman－B，戴福初等将 GIS 运用到灾害历史数据的管理及预测成果成图表达中。陈植华、关学峰、胡成，徐振宇、娄径、马众模等，殷坤龙、张桂荣等基于 WEBGIS 开发地质灾害数据管理系统，实现地质环境和地质灾害空间信息的集中管理、远程浏览查询、信息共享等功能。

（2）GIS 技术与各种评价模型相结合运用到滑坡灾害危险性预测中。如 Matula，Gao，Lekkas－E，Randall，Larsen and Torres－Sanchez，Dhakal－Amod－Sagar，Meei－ling Lin，Chi－Che Tung，G. Zhou，T. Esaki，Y. Mitani，M. Xie，et al.，沈芳，单新建、叶洪、李悼芬等，李彦荣，殷坤龙、吴益平、朱良峰、张桂荣利用 GIS 的空间分析功能与预测模型的结合完成灾害预测因素的空间叠加，进行危险性预测，得出相应的预测分区图和灾害敏感图。

（3）进行基于 GIS 的滑坡灾害分析预测与管理。如 Carrara，Ellene，Leroi，Bunza，Atkinson，Robert L. Schuster，Castaneda－Oscar－E，Michael，Aleotti，李焯芬，殷坤龙、朱良峰、张桂荣等从影响地质灾害风险的因素出发，利用 GIS 的空间分析功能进行因素叠加，实现风险评估并结合 GIS 的信息管理功能，对灾害信息进行管理，最终进行管理决策，达到防灾减灾的目的。

成都理工大学和全国地质环境监测总站及国土资源部长江三峡地质灾害防治指挥部合作进行了“地质灾害信息系统及防治决策支持系统”开发试验工作，试图建立一个全国地质灾害调查与综合评价系统。殷坤龙、张梁等在全国地质灾害风险区划研究项目中，基于 GIS 平台，采用信息量模型和专家评分模型，以 1∶6 000 000 的比例尺成功实现了全国崩塌滑坡和泥石流灾害危险性、易损性和风险的区划。三峡库区在监测预警工程中，在建立了专业队伍与群测群防相结合的综合监测系统和基于网络的信息系统的基础上建成了基于地理信息（GIS-based）地质灾害预警系统。为各级政府部门提供了有效的预警信息，使对库区地质灾害的防治由被动转为主动，最大限度地减少了库区地质灾害造成的损失。

（4）基于 WEDGIS 的地质灾害预测预报系统研究。殷坤龙、张桂荣等在浙江省重大科技攻关项目“浙江省突发性地质灾害实时预警预报系统与应用示范” 研究过程中，在传统 GIS 技术的基础上，构建了基于 WEBGIS 的浙江省突发性地质灾害信息管理系统，实现了浙江省地质灾害信息的开放和共享；并运用二次开发技术实现了滑坡灾害空间预测模型与气象信息的耦合，在国内率先研制了基于 WEBGIS 的地质灾害预测预报系统。该系统建立了实时气象信息与地质灾害空间信息的时空耦合模型，可以实现地质灾害预警预报信息的实时 WEB 发布。

（5）GIS 技术与 RS、GPS 技术相结合，应用于滑坡灾害监测预报，目前在滑坡预测领域已基本实现了 RS 与 GIS 的紧密结合，个别项目达到了 3S 技术整体结合，如 Soeters，Corbeanu－Horatiu－V，何满潮、崔政权等探讨了 3S 技术结合在滑坡识别、分析、预测评价中的应用。

今后，GIS 技术在地质灾害研究领域中的应用将主要集中于以下几个方面：①GIS、GPS、RS 集成技术的进一步发展与应用；②在运用 GIS 技术获取地质信息时，各种地质调查方法的相互结合及补充；③实现真正的三维甚至四维信息的存储、管理与再现；④地质模型与 GIS 技术的耦合。

应该指出的是,GIS 在地质灾害研究领域中的应用并不意味着完全取代基础资料的收集、必要的野外调查及室内分析试验;相反的,只有在全面深入地认识地质灾害的发生机理和条件的前提下所进行的 GIS 技术分析才是可靠的。

3.3.7 滑坡灾害预警预报研究

自 20 世纪 80 年代末起,随着联合国"国际减轻自然灾害十年(INDR)"计划的启动,包括滑坡在内的自然灾害引起了国际社会的空前重视,许多国际和区域性自然灾害合作研究计划相继实施,极大地推动了全球范围内包括降雨滑坡在内的自然灾害预测预报研究。1995 年,为提高全球对包括滑坡在内的各类自然灾害的早期预警能力和研究水平,在"减灾十年"行动中期"国际减灾十年秘书处"成立了包括地质灾害专家小组在内的 6 个专家工作小组。1998 年的《波茨坦宣言》中强调"早期预警应该是各国和全球 21 世纪减灾战略中的关键措施之一。"1999 年联合国成立了国际减灾战略秘书处,该秘书处随后成立了跨国际组织的特别工作小组,2000 年该小组决定将推动灾害早期预警作为工作时间表上的首要任务,并将着重致力于协调全球的早期预警实践、促进和推广,将早期预警作为减灾的主要对策之一。

目前,香港、美国、日本、委内瑞拉等多个国家和地区都已经开展了面向公众的区域性降雨滑坡实时预报,预报精度可以达到以小时衡量。这些国家或地区的共同特点是:拥有长期、比较完整的降雨资料,具有布置密度比较合理的降雨遥控监测网络和先进的数据传输系统,完成了详细的灾害调查和深入的灾害发育特征、灾害易发区或危险区分区评价研究。在这些国家和地区中,以香港和美国预警系统的发展过程最具代表性。

在滑坡灾害预警方面,主要体现在将 GIS 技术应用于空间预测与时间预报理论的研究。从全世界范围来看,美国是世界上开展滑坡灾害预警最早的国家,先后于 1985 年、1992 年、1993 年、1997 年、2000 年在旧金山海湾地区、夏威夷州、加勒比海的波多黎各、俄勒冈州和佛基尼亚州建立了滑坡实时预报系统。在理论上主要致力于滑坡启动的临界降雨强度与降雨持续时间关系的研究,针对不同滑坡区对气候的敏感性程度的不同,分别采用 Cannon - Elleon 模型和 Wieczoic 模型确定旧金山海湾地区一般敏感滑坡区和非常敏感滑坡区滑坡启动的临界降雨判据。1985 年,美国地质调查局和美国国家气象服务中心联合建立了一套滑坡实时预报系统,该系统是基于 1982 年 2 月 3 ~5 日在该地区发生的一次特大暴雨所引起的滑坡灾害数据,根据这次灾害建立了滑坡与降雨强度和持续时间的临界关系曲线,该曲线作为后来滑坡实时预报的经验曲线。该系统于 1986 年 2 月 12 ~21 日在旧金山海湾地区的另一次特大暴雨灾害中被用于滑坡预报,并得到检验。目前,美国地调局研究人员已经或正在加勒比海其他国家,如委内瑞拉、萨尔瓦多、洪都拉斯等国建立滑坡灾害实时预报系统。

日本也是滑坡灾害多发的国家之一,已建立了灾害预警机制,针对 80% ~90% 的泥石流开展了预报工作。首先,日本的 6 000 多条泥石流沟都建立了档案库;其次,用卫星遥感监测天气变化,在地面,沟源、中部、沟口都安装了遥感雨量计,同电脑数据库相连,一旦降雨量达到某个临界点,遥感器就会自动发出警报。警报发出后,有关部门就会及时疏散人口,封锁道路,划定危险区,最终实现了灾害发生后最大限度地减少灾害损失。

1984 年印度尼西亚公共工程部设在日惹市的防砂技术中心为了收集水文资料和监测泥石流的发生,安装了雷达雨量计和雷达遥测装置系统,在 Merapi 山上进行降雨观测。预警信息通过无线电通知印度尼西亚自然灾害防治执行协调局,再由协调局以省长名义向下逐级传达,直至传达到村以及居民点的代表。

韩国于 1995 年开始引入滑坡预防系统,1998 年 CSMS(滑坡管理系统)正式贯彻实施,并建立了滑坡数据库,从 2002 年起,滑坡实时监测系统正式运行。滑坡实时监测系统主要运用光纤传感器、压力传感器、测斜仪和雨量计等对边坡进行实时监测。

乌兹别克斯坦目前已经在开展滑坡空间预测与时间预报研究。其中,空间预报主要靠各种信息填图综合分析,划分易发区,考虑诱发因素,划分危险区;时间预报主要是根据监测的滑坡体的蠕动速度,建立滑坡的位移时间模型,根据滑坡的性质确定其黏度系数和"蠕变界限",从而进行滑坡时间预报,同时,乌兹别克斯坦在滑坡时间预报理论方面还开展了滑坡发生的周期性研究,根据气候因素(气温、降水)、太阳活动性(沃里夫数值)和斜坡充水条件(地下水水位和流量)来判断滑坡发育周期。

1984 年香港启动了滑坡灾害预警系统。在危险性区划方面采用雷达图像解译小范围地质构造,从而确定滑坡发生的潜在区域。在降雨方面主要致力于滑坡与降雨之间统计方法的研究以及降雨入渗的水文地质模型研究,目前正根据该地区是火成岩风化层高渗透性的特点,从研究滑坡规模与滑坡启动的临界降雨强度的关系的角度不断修正该预警系统。1999 年该地区利用自动雨量计组成监测网络,将资料定时传给管理部门,如果预测 24 h 内降雨量达到 175 mm 或 1 h 内市区降雨量超过 75 mm,则认为达到滑坡预报阀值,即由政府发出通报,平均每年发布 3 次。为了不断修正和完善滑坡预警系统,1984 年以后,香港政府加大了对降雨滑坡的研究力度,除每年进行降雨滑坡调查、出版降雨滑坡调查报告,还特别加强从更深层次上研究滑坡、降雨关系,降雨滑坡分布发育规律,降雨入渗的水文地质模型,以及应用概率统计和其他数学方法以建立更精确的滑坡、降雨关系。根据 Pun 等人的评定结果,香港土力工程处于 1999 年重新修正了滑坡预警系统的临界降雨强度。目前,更深入的滑坡、降雨关系研究仍在继续。

2001 年台湾研发完成了泥石流防灾应变系统,借助因特网发布。整个系统包括实时雨量数据与泥石流警戒基准值自动分析、泥石流观测示范站现场信息、泥石流潜势流调查资料和疏散路线规划等。

在国内,1999 年云南省各地国土资源管理部门与民政、气象、水利等部门,共同构建起了省、地、县、乡、村五级地质灾害群测群防体系,对辖区内的地质灾害隐患点明确责任人,进行监测、预警。2003 年,三峡库区建立了专业队伍与群测群防相结合的地质灾害监测体系,建成了库区监测预警系统。该监测预警工程分为三个子系统,分别为以基于综合监测获取现场信息为核心的地质灾害监测系统,以基于网络数据分析和管理为核心的地质灾害信息系统和以基于地理信息系统减灾防灾决策支持为核心的预警系统。2003 年山东省国土资源厅与省气象局联合开展了"山东省地质灾害气象等级预报"工作,于 2003 年 6 月投入正式运行。2001 ~ 2005 年期间,中国地质环境监测院开展了国土资源大调查地质灾害预警工程计划设立的《典型地区突发性地质灾害时空预警示范(试验区)建设》项目。该项目选择了四川省雅安市雨城区作为西南地区地质灾害预警试验区,通过 2003

年8月25~26日的典型降雨事件，反演模拟了试验区内确定时间段的地质灾害发生的“危险度”分布情况，共划分出5级危险区，结果精度达到50%。

2003~2005年期间，殷坤龙等在国内开展了基于WEBGIS的地质灾害实时预警预报研究。通过对浙江省地质灾害与降雨量、降雨历时、降雨强度等关系的研究，结合地质灾害的特点和空间预测成果，建立了适合于浙江省的突发性地质灾害预警预报等级的科学划分依据，开展了地质灾害预警预报模型的理论研究。研究成果经在示范县的实际验证，表明了模型较好的实用性和可靠性。

2003年4月7日，中国国土资源部和中国气象局签订了《国土资源部和中国气象局关于联合开展地质灾害气象预报预警工作协议》。该协议提出气象预警的总体思路。根据斜坡岩土体的含水量必须达到某一极限值时才可能在一次降雨过程中产生崩塌、滑坡和泥石流等地质灾害的基本规律，基于地质环境条件、气象因素和人类活动因素，将全国划分为7个大区、28个预警区，根据全国地质灾害数据库资料制作了各项预警区的预报预警判据图，根据检索到的研究资料建立了部分预警区的判据校正图。据此，在每天收到中国国家气象中心发来的全国降雨预报数据半小时内，对所预报的次日降雨过程是否诱发地质灾害，诱发灾害的空间范围和危害强度进行预报预警。

由于气象预报精度有待加强，雨量站点与地质灾害点之间的距离存在误差，地质环境—气象因素耦合机制的研究尚很薄弱以及人类活动方式、强度和斜坡破坏模式尚缺乏科学界定等因素造成该研究的预警精度还有待提高。

从上述研究现状可以看出，近年来在滑坡灾害预警预报方面取得了长足的进展，但研究程度仅限于根据降雨情况预测灾害可能发生的区域，尚未和预报区域的风险评价及区划成果相结合，导致在制订减灾防灾预案时缺少针对性。因而滑坡灾害预警预报研究的发展趋势是滑坡灾害预警预报同风险评价模型相结合，从而建立起具有减灾防灾决策功能的时空预警预报系统，据此管理部门可以制定相应的减灾防灾对策，部署实施减灾防灾功能，使减灾管理做到有的放矢。

3.4 岩溶环境与古气候再建研究现状

3.4.1 基本机理研究

岩溶动力系统理论指出：岩溶作用发生于开放的$CaCO_3$(固)—CO_2(气)—H_2O(液)三相不平衡系统，包括碳酸盐岩的溶解作用和沉积作用。CO_2气体在岩溶动力系统中起着重要的驱动作用，如下述反应所示：

$$CO_2(g) \Leftrightarrow CO(aq)$$

$$H_2O + CO_2(aq) \Leftrightarrow HCO_3^- + H^+$$

$$CO_3^{2-} + Ca^{2+} \Leftrightarrow CaCO_3$$

当较多CO_2进入岩溶动力系统时，就发生碳酸盐的溶蚀作用，表现为水中Ca^{2+}和HCO_3^-浓度增加。反之，若CO_2由该系统中逸出，将发生碳酸盐的沉积作用，水中Ca^{2+}和HCO_3^-浓度降低；洞穴化学沉积物的形成与CO_2的逸出和水的饱和浓度有关，Ca^{2+}浓度升高至饱和状态促进$CaCO_3$沉淀是岩溶沉积作用在洞穴环境中的建造。

用石笋重建古气候的思想源于同位素地质温度计这一特性，当沉淀的碳酸钙和母液水两相达到氧同位素交换的平衡条件时，就构成了 $CaCO_3$—H_2O 的地质温度计，其反应式为：$1/3\ CaC^{16}O_3 + H_2{}^{18}O = 1/3\ CaC^{18}O_3 + H_2{}^{16}O$

H. C. Urey(1947)最早注意到同位素交换平衡时分馏系数与温度的依赖关系，并提出通过测量海洋沉积的碳酸钙与海水的同位素组成来确定古海水的温度。O' Neil 等(1969)通过试验提出在同位素沉积平衡条件下，碳酸钙和水的 $\delta^{18}O$ 之间的分馏系数与温度存在一个较好的相关关系，即：

$$1\,000\ln\alpha_{cw} = \delta^{18}O_C - \delta^{18}O_W = 2.78\times10^6/T^2 - 2.89$$

式中 α——分馏系数；

T——介质水的绝对温度；

δ——样品的同位素比率相对于标准物质的同位素比率的千分偏差(‰)。

例如氧同位素：

$$\delta^{18}O_{样品} = \frac{({}^{18}O/{}^{16}O)_{样品} - ({}^{18}O/{}^{16}O)_{标准}}{({}^{18}O/{}^{16}O)_{标准}} \times 1\,000$$

式中 $\delta^{18}O_C$——碳酸钙与100%的磷酸在25 ℃反应生成的 CO_2 的 $\delta^{18}O$ 值；

$\delta^{18}O_W$——在25 ℃时与介质水平衡的 CO_2 的 $\delta^{18}O$ 值。

这一经典方程至今仍被广泛引用。

Hendy(1971)发表了其经典论文，从理论上对利用洞穴次生化学沉积物的同位素组成来作为古气候指标进行了一系列模型研究，并提出了经典的判定洞穴次生化学沉积物形成时同位素是否处于沉积平衡的 Hendy 准则，碳酸钙与母液达到同位素平衡分馏的判别依据：

(1)同一生长纹层，洞穴碳酸盐的 $\delta^{18}O$ 应基本一致，且向外侧无富集现象；

(2)同一纹层，洞穴碳酸盐的 $\delta^{18}O$ 和 $\delta^{13}C$ 值之间无相关关系。

由于测年技术和同位素测试技术上的一些问题，这一研究未能深入和广泛开展，但也相继有一些研究，Schwarcz 等(1976) 为了克服初始水的 $\delta^{18}O$ 值变化而给利用 O′Neil 方程计算温度带来的困难，提出了通过测试洞穴沉积物中包体水 δD 值，进而换算成 $\delta^{18}O$ 值来代替原始水的 $\delta^{18}O$ 值的方法，但这种方法的前提仍是想通过 O′Neil 方程来定量计算古气温。近年来，越来越多的国内外学者重视洞穴石笋在古气候重建过程中机理的研究。Baker 等(1998)研究 30 ~160 年前到现在形成石笋的生长速率及形成过程中方解石化学沉淀的动力学机理，发现观测值与理论计算值有很好的一致性，对石笋年层机理研究有重要意义。Baker 等(2003) 对英格兰洞穴滴水滴率的长期观测，发现滴水序列都存在非线性的关系，这种关系主要取决于降水输入季节的非线性以及岩溶动力系统的非线性，而与滴率无关。Kaufmann 等(2003,2004) 通过数学模型模拟石笋形成的环境条件及与石笋沉积特征、生长速率的关系，主要影响因素包括：温度、滴率、降水、CO_2 浓度以及土壤覆盖情况等，研究表明，通过数学模型可以反算石笋过去形成过程中 CO_2 浓度和滴率的变化情况，但古温度很难用单一的石笋沉积学特征变化来解释，主要因为不清楚石笋形成过程中最主要温度变量和滴率及 CO_2 浓度变量之间详尽的关系，另外，洞外降水的具体入渗途径也不清楚。Mickler 等(2004) 研究现代石笋形成过程中，平衡条件和动力学分馏条件下碳、氧同位素的变化特征。研究表明碳、氧同位素对季节变化反应敏感，主要取决于洞穴上覆植被和入渗条件的变化。

国内在洞穴石笋古气候重建机理研究方面也取得了不少成果，覃嘉铭(2000)等，李彬(2000)等对桂林地区降水及盘龙洞滴水和现代碳酸盐的氧碳同位素研究表明，$\delta^{18}O$ 值与地面年均气温之间呈反向相关，$\delta^{18}O$ 值与年夏季风降水量以及与年夏季风降水和年总降水量的比值之间呈显著的负相关。桂林地区石笋碳酸盐 $\delta^{18}O$ 值与降水及全球气候变化的响应关系，可以归纳为：①全球变暖→夏季风增强→夏季风降水与年降水比值增大→年降水 $\delta^{18}O$ 值偏轻→石笋 $\delta^{18}O$ 值偏轻；②全球变冷→夏季风减弱→夏季风降水与年降水比值减小→年降水 $\delta^{18}O$ 值偏重→石笋 $\delta^{18}O$ 值偏重。谭明(2005)在石笋微层重建古气候机理研究方面取得开创性的成果，2004 年获得国家自然科学基金(NO：40472091)支持研究"石笋微层气候学基本问题：信号与沉积简单关联条件"，指出大量的微层样品并不能作为记录使用，即(气候)信号与沉积之间存在复杂关联(complex connection)，致使在很多情况下噪音掩盖了信号。然而，现在毕竟有几个可信的序列做了出来，说明(气候)信号与沉积之间在某些条件下肯定存在简单关联(simple connection)，而信号强于噪音可在简单关联中实现，石笋微层气候学目前急需解决的一个重要而基本的问题就是要认识信号与沉积在何种条件下存在简单关联。班凤梅(2005)等通过对滴水有机质的长观分析，初步证明构成石笋年层层面的溶解有机质在北京地区形成于 7 月，主要来源于大的雨量对土壤中有机质的淋溶而北京石花洞一些石笋的层厚变化按统计分析与 5 ~ 8 月(热月)平均气温关系最好，似乎反映了沉积物质的量变对土壤 CO_2 放大的温度控制的月尺度滞后效应。王新中(2005)等，通过对北京石花洞滴水地球化学一个水文年的观测，发现滴水滴率、Mg^{2+} 和 SO_4^{2-} 含量的季节变化数据显示，雨季洞穴滴水主要来源于当季降水，滴水中 Mg/Ca 比值存在明显季节变化，旱季较低而雨季较高，但在雨季初期出现较大的波动，滴水中 Ca^{2+} 含量雨季较旱季有明显增加，即存在明显的热月温度效应。2002 年王世杰获得国家自然科学基金(NO：90202003)支持，研究洞穴次生化学沉积物环境替代指标形成的地球化学动力学，其合作者周运超(2005)等通过贵州荔波凉风洞滴水点进行为期 1 年的动态监测，示踪结果显示出凉风洞滴水对大气降雨的响应较快，滴水的物质组成直接源自于洞穴环境。2004 年何学贤获得国家自然科学基金(NO：40473039)支持，研究低温条件下碳酸盐沉淀过程中钙、镁同位素分馏作用。

我国在用洞穴石笋进行古气候重建过程中一直较偏重石笋记录的对比而较轻机理研究，不过近年来越来越多的国内学者开始重视机理的研究，这也是势在必行。国土资源部岩溶动力学重点实验室在机理研究方面起步较早，但由于种种原因没有坚持下来，反而落后于国内其他科研院所，不过近期刘再华研究员已经开始在桂林茅茅头大岩进行洞穴滴水及现代沉积物的水化学和同位素特征研究，岩溶动力学重点实验室在袁道先院士岩溶动力学理论指导下，充分利用其地质优势并结合地表岩溶系统长期连续观测的成果，将大气、地表和洞穴岩溶系统观测有机结合，正在进行这项很有意义的工作。

3.4.2 测年技术研究

石笋记录研究的进展与测年技术的发展是密不可分的，测年新技术的突破不断推动石笋重建古气候研究的飞速前进，所以，在利用石笋进行古气候重建过程中，建立精确的时标是首要条件。

Brecker(1960)首次用β记数^{14}C方法测定了洞穴碳酸钙的年代,但是^{14}C法受到测年精度及测定范围的限制,以后发展了AMS(Accelerator mass spectrometry)^{14}C法,使测年范围扩展至50～70 ka,但可能受新或老碳的影响,不平衡铀系方法却始终是洞穴碳酸钙年代测定中更有效的方法。在碳酸盐铀系法测年中^{230}Th测年是最重要也是应用最广的方法,其测年范围可以从3～600 ka。Boltwood(1907)最早发现^{230}Th,然而半个世纪后Isaac等(1953)才测量出了深海沉积物中^{230}Th的含量。Barnes等(1956)首先提出碳酸盐中^{230}Th可以测定年龄,并用α谱仪计数法进行了^{230}Th定年。20世纪60～70年代,α谱仪计数法^{230}Th定年技术广泛地应用于各个领域,包括洞穴碳酸沉积物的定年,20世纪60年代末,洞穴学家Derek Ford与地质学家Henry Schwarcz在加拿大Mcmaster大学建立了第一个对洞穴碳酸钙同时进行铀系年代测定和稳定同位素分析的实验室,Thompson(1973)在该实验室将$^{230}Th/^{234}U$方法从珊瑚礁年代测定发展到洞穴碳酸钙年代测定。由于α谱仪计数法有着难以克服的缺陷,如取样量大、精度不高等,限制^{230}Th定年技术的发展,一直到20世纪80年代TIMS(Thermal Ionization Mass Spectrometry) ^{230}Th定年技术的出现才发生改观。TIMS铀系法定年是Edwards等(1986,1987)首次研究成功的,TIMS方法使测年精度提高了1～2个数量级,所需样品量和测量时间也大为减少,α谱仪计数法逐渐被淘汰,TIMS－^{230}Th方法解决了距今50万年以来珊瑚、石笋、湖泊文石、年轻火山岩等样品的精确定年问题,是第四纪年代学方面的革命性突破。随着质谱技术的发展,^{230}Th测年技术也不断完善。Luo等(1997)首先将MC－ICP－MS(Multiple－Collector Magnetic Sector Inductively Coupled Plasma Mass Spectrometers)用于^{230}Th测年,随后Hinrichs等(1999)和Shen等(2002)将SC－ICP－MS(Single－Collector Magnetic Sector Inductively Coupled Plasma Mass Spectrometers)也用于^{230}Th测年。由于比TIMS方法具有更省时、省样和提高精度的空间,而且有进行微区测年的前景,现在国外已出现ICP－MS^{230}Th测年方法逐步替代TIMS技术的趋势。

我国从20世纪70年代也开展β记数^{14}C方法和α谱仪计数^{230}Th法,90年代引进了AMS－^{14}C方法,Yuan(1997)在PAGES计划下的PEP(极地—赤道—极地大断面)工作组会议(1994,北京)提交了一份研究桂林盘龙洞石笋古气候记录的成果采用AMS－^{14}C定年。20世纪90年代末,中国科技大学开始应用TIMS－^{230}Th测年技术,1998年王兆荣获得国家自然科学基金(NO:49872061)支持,研究洞穴碳酸钙高精度热电离质谱铀系年代学和古气候变化,然而,其早期采用的化学流程只用了^{233}U单稀释剂,对连续工作几年后的电子倍增器,因其效率的降低,导致转换系数变小,影响到分馏效应的校正。1999年他们引进了美国明尼苏达大学Edwards教授创立的流程,采用了$^{233}U－^{236}U$双稀释剂,进行了质量分馏效应的校正,显著地提高了U和Th测试的灵敏度。沈冠军(1997)等、夏明(1997)等、马志邦(1997)等对TIMS定年技术做了大量探索性研究工作。但由于种种原因国内TIMS定年不能满足洞穴碳酸沉积物古环境研究学者的要求,纷纷与国外铀系定年实验室合作,如美国明尼苏达大学、伯克利大学和英国牛津大学研究组分别和中国学者在南京葫芦洞、贵州董歌洞、北京石花洞、甘肃万象洞和湖北和尚洞等进行石笋气候记录研究合作。彭子成(2004)等报道了南海珊瑚高精度热电离质谱和多接收电感耦合等离子体质谱铀系年龄和古环境意义,进行了国内TIMS定年和美国密歇根大学地质科学系 MC－ICP－MS^{230}Th 法的对比，至今国内还没有学者取得 MC－ICP－MS 和 SC－ICP－MS^{230}Th 法定年研究的成功。国内石笋的精确时标的建立还主要依赖国外实验室，MC－ICP－MS 和 SC－ICP－MS^{230}Th 法定年技术国内研究还没有起步。质谱技术的发展是日新月异的，Stirling（2000），Gäbler（2002）和 Barefoot（2004）等提出 LA（Laser ablation）－MC－ICP－MS 的质谱分析技术，激光剥蚀结合 ICP－MS 技术初期适用基于四极杆（Quadrupole）的 ICP－MS（第一代），因为基于 Magnetic Sector 技术的 SC－ICP－MS（第二代）和 MC－ICP－MS（第三代）没有四极杆扫描速度快，但随着 Magnetic Sector 技术的改进，MC－ICP－MS灵敏度和扫描速度不断提高，可以使激光剥蚀（LA）技术和 MC－ICP－MS 技术很好地结合，相信在不久的将来 LA－MC－ ICP－MS 技术可促进石笋原位微区测年技术的突破，为建立更精确的石笋时标做出贡献。表 3 为 U 系法各种现有测试技术的对比。

表 3　U 系法核素分析方法对比

项目		α 谱仪	TIMS	MC-TIMS	ICP－MS	MC－ICP－MS	LA－ICP－MS	LA－MC－ICPMS
样品量	U	1～100μg	100～2 000 ng	10～1 000 ng	10～450 ng	10～450 ng	1 ng	1 ng
	Th	1～100 μg	100～2 000 ng	10～1 000 ng	10～600 ng	10～600 ng	1 ng	1 ng
精度（2σ）	^{238}U	2%～10%	0.1%	0.1%	0.1%～5%	<0.1%	5%	<0.2%
	^{235}U/^{238}U	2%～10%	0.5%	0.1%	0.5%	0.01%	4%	<0.2%
	^{234}U/^{238}U	2%～10%	0.5%	0.1%～0.2%	0.1%～10%	0.05%～0.2%	1%～2%	0.4%
	^{232}Th	2%～10%	0.3%	0.3%	0.5%～5%	<0.1%	10%	—
	^{230}Th/^{232}Th	2%～10%	0.5%	0.1%～0.4%	0.5%～10%	0.1%～0.3%	1%～12%	0.8%
测试时间	U	1～28 d	4 h	1～2 min	1～10 min	15～30 min	1～5 min	5～10 min
	Th	1～28 d	4 h	2 min	1～10 min	15～60 min	1～5 min	5～10 min
检测器	U，Th	半导体检测器	单个离子计数器	多个法拉第杯和单个或多个离子计数器	单个离子计数器	多个法拉第杯和单个或多个离子计数器	单个离子计数器	多个法拉第杯和单个或多个离子计数器

注：据 Goldstein 和 Stirling，2003[175]。

3.4.3　*石笋记录在过去全球变化研究中的进展*

Hendy（1968）等首次利用^{14}C 定年对新西兰北岛的洞穴碳酸钙所做的氧同位素序列及其温度转换分析，标志着从洞穴碳酸钙检索古气候信息工作的开始。随着测年技术的发展，特别是 TIMS 测年技术的出现，直到 20 世纪 80 年代末到 90 年代初，洞穴沉积物重建古气候的工作才得到第四纪科学界的重视，由 Winograd（1988，1992）等研究美国内华达州 Devils 洞方解石脉重建古气候等经典论文的发表，在 Devils 洞取到的一段 14 cm 长的方解石脉（DH2），用铀系法确定沉积年代为（51±2.8）～（308±10.2）ka。把该方解石脉的氧同位素变化曲线与深海及南极冰心的氧同位素变化曲线进行对比发现，末次间冰期（相当于海洋氧同位素第 5 阶段）在方解石脉记录中起始于（147±3）ka，比海洋记录至少提前 17 000 年，而比南极冰芯提前 7 000 年。由此提出海洋氧同位素年代学需要修正、天文轨道动力并非更新世冰期产生的主要原因。Winograd（1992）等继续研究 Devils 洞另一段 36 cm 长的方解石脉（DH11），设计了 21 个 TIMS 年代控制点。方解石脉（DH11）记录了 60～566 ka 的气候变化，时间跨度是 DH2 的两倍。与标准的海洋记录 SPECMAP 对比，DH11 提供了第 7 阶段 δ^{18}O 峰高随年代减小而降低的证据，与非洲西北海岸外第 658 地点的海洋记录吻合，也与其他海洋记录相印证。而标准的海洋记录

SPECMAP 在第 7 阶段 $\delta^{18}O$ 峰高随年代减小而增高。DH11 记录中从 410 ~ 120 ka 期间可看出间冰期气温缓慢上升，而海洋记录 SPECMAP 中却看不出这种趋势。更重要的是，DH11 记录揭示了气候变化主要是非周期性的，特殊气候事件出现的时间表明，由轨道控制的日照变化并非引起冰消的主要因素。Berstad(2002)等研究挪威北部接近北极圈的一洞穴石笋，通过 TIMS 铀系法测年发现其最老年龄达到了 630 000 + 73 000/ − 47 000 a BP，几乎达到了 TIMS 铀系法测年极限，虽然这个年龄的分辨率不是很高，但可以说此石笋记录可能已经达到了 MIS15 阶段，这是到目前为止世界上有报道的记录年限最长的一根石笋；在 MIS9 阶段石笋记录的结果类似于全新世的气候特征；石笋记录 MIS11 阶段有大量的降雨并且也比现在间冰期温暖，在 MIS11 早期降雨具有较重的 $\delta^{18}O$ 值主要是北大西洋洋流向北运移加强的缘故。Serefiddin(2002) 的博士论文研究美国南达科他州 Reed 洞三根石笋沉积记录，记录年限从 550 000 ~ 150 000 a BP，石笋记录表明 MIS13 阶段要比 MIS11 时期温暖，与理论上认为的 MIS11 是第四纪最温暖的间冰期相反。Fleitmann (2003)等利用阿曼北部 Hoti 洞 8 根石笋及一个流石样品，年限从 330 000 ~ 6 000 a BP，通过研究石笋和流石碳、氧同位素以及包裹体中的氢氧元素，表明在全新世中期、MIS5a、5e、7a 和 MIS9 时期，阿曼北部地区 ITCZ(Intertropical Convergence Zone)的位置比现在要偏北，季风降雨是地下水的主要补给来源，而来自北部地中海水汽的降水减弱或者停止。

总的来讲，对于石笋记录的研究还主要集中在 MIS5e(约 129 300 a BP)阶段以后，也就是终止点 II 以后，特别是对于全新世石笋的研究成为一个热点。SpÖtl(2002)等研究奥地利 Kleegruben 洞穴石笋记录，发现在 57 000 ~ 46 000 a BP，即在 MIS3 阶段 D/O 旋回事件的存在。Holmgrena(2003)等研究南非洞穴石笋，发现 YD 事件和 H 事件在该地区石笋中都有记录存在，并指出这些气候变化与南半球极地附近西风环流有关。Denniston (2001)等在美国，Niggemanna(2003)等在德国，Williamsa(2005)等在新西兰的洞穴石笋都有对 YD 冷事件的记录。Baldini(2002)等利用洞穴沉积物中微量元素(Mg/Ca、Sr/Ca、P、H 和 Si)和氧同位素的变化成功指示了 8200 冷事件，P 的含量是随着温度和降水的减少而减少的，所以在 8200 冷事件时 Sr/P 的比率突然升高，而在冷事件前后此比率基本是一致的，所以 Sr/P 可以作为一个较好的气候指标进行古气候重建。Smith(2002)等通过研究南非全新世石笋中氧、碳同位素的变化，也发现石笋记录中 8200 冷事件的存在。McDermott(2001)等通过研究爱尔兰洞穴石笋氧、碳同位素高分辨率记录，可以发现对中世纪暖期(MWP)和小冰期(LIA)的清晰记录。Lingea (2001)等在挪威石笋记录中发现 MWP 和 LIA 事件，Repinski(1999)等发现南非 Cold Air 洞石笋中有 LIA 事件的记录。

国内对于用洞穴石笋沉积重建古气候起步于 20 世纪 80 年代，汪训一(1985) 在桂林 20 个洞穴中采集了 35 个石钟乳、穴珠和钙板样品，用 ^{14}C 定年制作了第一张桂林地区洞穴沉积物 $\delta^{18}O$ 变化曲线图。陈跃(1986)等分析了北京周口店地区两个石笋的氧、碳同位素，取样间距 15 mm，并用铀法测定了石笋包裹体中的 δD 值，用 δD 值根据 Craig 公式计算了古温度。这些学者在我国利用洞穴石笋沉积重建古气候研究中走出了开创性的一步，但由于受到测年技术的限制而没得到更好发展。20 世纪 90 年代初随着 AMS^{14}C 和 TIMS 测年技术的发展，我国洞穴石笋沉积重建古气候研究进入了飞速发展时期，1994 年袁道先获得国家自然科学基金(NO: 49472170)支持，研究桂林 20 万年石笋高分辨率古环境重建,采用 AMS^{14}C 和 TIMS 技术进行精确测年。随着 10 年的发展,进入 21 世纪我国洞穴石笋沉积重建古气候研究进入了收获的季节,特别是 Wang(2001,2005)等和 Yuan(2004)等在《SCIENCE》杂志上等高质量论文的发表,我国石笋古气候重建研究者在国际古气候领域占有重要一席。Wang(2001)等通过研究南京葫芦洞高分辨率氧同位素记录,重建了该地区 75 000 ~ 11 000 a BP 东亚季风的变化情况,并记录了 YD 和 H 事件。1999 年和 2002 年汪永进得到国家自然科学基金(NO: 49972055)和国家杰出青年科学基金(NO: 40225007)资助分别研究末次盛冰期南京石笋气候年序和 20 万年来典型东亚季风区高分辨率洞穴气候记录。Yuan(2004)等通过对贵州董歌洞 D3、D4 石笋精确 TIMS 和 ICP - MS 铀系定年以及碳、氧同位素的分析,重建了该地区 160 000 a BP 亚洲季风和低纬度降水的变化特征,并确定末次间冰期开始年龄为(129.3 ±0.9) ka BP,此时氧同位素比值下降,结束的年龄为(119.6 ±0.6)ka BP 并伴随氧同位素比值升高。以袁道先为首的学术团队近年来也发表了不少高质量的论文,如:覃嘉铭(2004)等用贵州茂兰石笋氧同位素记录揭示该地区 YD 事件和 8200 冷事件的发生;Zhang(2004)等对贵州南部七星洞和董歌洞石笋精确定年以及氧同位素分析,确定终止点 II 的时间为(129.28 ±1.10) ka BP;覃嘉铭(2004)等, Zhang(2004)等发现贵州南部七星洞石笋对 H 事件的记录;Zhang(2004)等对桂林响水洞全新世石笋精确定年以及氧同位素分析,重建了该地区 6 000 年来东亚季风活动频率及对植被和人类活动的影响。2005 年张美良获得国家自然科学基金(NO: 90511004)支持,研究中国西南 2 万年来高分辨率的石笋记录与全球变化的响应。胡超涌(2001,2005)等和黄俊华(2001)等研究湖北长江中游洞穴石笋记录,并重建了该地区20 000年以来的古气候及生态植被变化,也记录 YD 冷事件在该地区的发生。2001 年和 2004 年胡超涌获得国家自然科学基金(NO: 40172060;NO: 40472150)支持,利用石笋流体包裹体惰性气体研究长江中游 2 万年以来的古气温演变以及通过利用钙、镁、锶元素研究季节分辨的年层石笋并重建 9 000 年以来的大气臭氧序列。1997 年和 2002 年黄俊华获得国家自然科学基金(NO: 49772171;NO:90211014)支持,用激光探针质谱研究长江中下游 3.5 万年以来古气候演变研究及长江中游洞穴石笋记录的世纪尺度古气候古生态演化。Tan(2003)等通过研究北京石花洞石笋的年层变化特征,并重建了北京地区 2 650 年以来的热月温度变化,该文的发表使中国石笋微层研究在国际石笋微层研究界占有一席之地。Qian(2002)等通过研究北京石花洞石笋年层厚度及对应历史文献记录,发现石笋可以记录小冰期事件(LIA)在北京地区发生的情况。蔡演军(2001)等通过研究贵州七星洞全新世石笋氧同位素记录,重建了该地区 7 700 年以来西南季风的变化特征。2004 年蔡演军获得国家自然科学基金(NO: 40403001)支持,研究洞穴石笋记录的高分辨率全新世气候变化。张平中(2004)等揭示了青藏高原和黄土高原过渡带甘肃武都万象洞滴水与现代石笋同位素的特征变化的环境意义,平衡条件下沉积的现代石笋同位素组成可以反映洞外大气平均温度变化。2004 年张平中获得国家自然科学基金(NO: 40471137)支持,研究青藏高原东部高海拔全新世石笋记录的气候变化。最后,还要指出海外华人学者对我国洞穴石笋重建古气候研究的贡献,例如:程海和李红春等,他们为我国洞穴石笋精确定年提供了大量的帮助,也在我国广大岩溶地区进行古气候重建工作研究。

3.4.4　存在问题

通过对国内外学者在洞穴石笋古气候重建研究现状的综述，发现研究中还存在不足，也是可能突破创新之处：

（1）测年技术：①国内石笋的精确时标的建立还主要依赖国外实验室，MC－ICP－MS 和 SC－ICP－$MS^{230}Th$ 法定年技术国内研究还没有起步，特别是 ICP－MS 铀系测年核心技术、拓展时段和提高精度的关键方法或思路；②目前较老石笋（>30 万年）的测试精度较差（误差大于 2%～5%），较老石笋的测试精度的提高是国内外铀系实验室共同面临的一个难点问题；③对于^{230}Th 石笋测年数据中出现倒序问题没有进行深入的研究，特别是文石石笋形成后向方解石转化过程中出现的年龄偏差现象，需深入探究年龄倒序问题与石笋矿物岩性、化学特征及沉积学地质背景变化的关系。

（2）高分辨记录：①我国现有的洞穴石笋记录年限在 25 万年左右，国外最长记录已经突破 60 万年，要加强国内 50 万年或更长时段标准石笋记录序列的研究，建立标准精确时标。②末次冰期以（7.5 万年）来石笋连续高分辨记录尤其是全新世以来达年际变化的石笋高分辨记录研究还不够，要加强此时段内的石笋高分辨率记录研究，对未认知的地质、气候事件进行探索研究，为其他地质记录提供标准气候变化时标序列。

4　GIS 技术在水工环中的应用现状与发展趋势

地理信息系统（Geographic Information System，简称 GIS）自 20 世纪 60 年代初加拿大测量学家 R. T. Tomlinson 博士提出以来，经历了近 40 年的发展，在全球得到了空前的发展，广泛应用于各个领域。发达国家和新兴工业化国家大多已经建立了本国同一、规范和广泛共享的国家基础地理信息系统，积累了相当规模的数字化专业空间信息，多种形式的数字化地理信息产品广泛进入市场。GIS 技术在水工环领域也得到了广泛应用。下面讨论 GIS 在水工环（主要是水文水资源、水文地质和与水有关的环境问题）工作中的应用现状和发展趋势。

4.1　GIS 基本技术及发展趋势

地理信息系统是在与地理相关领域的科研生产中发展起来的，是人们用来描述和处理空间信息的基于计算机技术的软件系统。经过 30 多年的发展，地理信息系统已经成为一门跨学科的新兴边缘学科，集计算机科学、地理学、环境科学、经济科学、城市科学、空间科学、信息和管理科学于一体。从计算机系统的角度看，它包括硬件、软件、数据三大部分，具有数据采集、编辑，数据管理和分析、空间数据管理、数据输出几大功能；从用户的角度看，它具有空间规划、管理和决策支持等功能。地理信息系统的产生改变了传统的信息处理方式，使人们处理信息由数值领域进入到了空间领域。

4.1.1　GIS 基本技术简介

4.1.1.1　地理信息系统概念

地理信息系统作为一个专门的科学术语最早出现于 1968 年，是 Tomlinson 在联邦科学与工业研究组织（CSIRO）一次学术会议中提交的一篇题为《区域规划中的地理信息系统》论文中最早提出的。现在，地理信息系统（GIS）这一术语已被广为使用。对于地理信息系统的定义，目前没有统一的说法，或定义它为“一种处理空间数据的系统”，或是“一

种对空间数据进行采集、存储、提取、分析和显示的工具”,但是,无论哪种地理信息系统的定义,都须具有下述特征:

(1)地理信息系统是计算机软件系统;

(2)地理信息系统是基于数据库系统的,随着地理信息系统技术研究和数据库技术的发展,当今的地理信息系统具体来说是基于多媒体数据库系统的;

(3)地理信息系统处理的数据既不是我们在一般数据库看到的无空间概念的属性数据,如人事档案管理系统、财务管理系统等,这些系统所处理的数据是由文本组成的统计属性数据,也不是CAD/CAM软件系统所处理的无地理特征的空间数据。地理信息系统所处理的数据是具有地理特征的空间数据,既具有统计的特征又具有空间的特征。地理信息系统所处理的数据特征是我们区分一个软件系统是不是地理信息系统的重要因素之一。

4.1.1.2 地理信息系统原理

地理信息系统实际上由两个模块组成,即空间数据处理模块和属性数据处理模块,将两部分的数据连接起来的方式通常是在相应的记录中存储一个相同的关键字,如标识码ID。近年来,随着面向对象技术和图像处理技术的成熟,有的地理信息系统把属性数据和空间数据封装在一个对象中处理。

由于目前的数据库管理系统(DBMS),如ORACLE,SYBASE等,对属性数据有较强的处理能力,所以地理信息系统的属性数据处理模块的技术多采用这些DBMS。下面所谈地理信息系统的数据处理多指对空间数据的处理。

首先,地理信息系统完成对空间数据的采集。通过一些输入设备(如数字化扫描仪)将模拟量的数据(如纸介质地图数据)转化为计算机可读的二进制数据。

其次,地理信息系统对输入的数据进行编辑,如对数据的完整性和一致性检查,根据信息的表现媒体,把数据分为声音、图形、图像(静态和动态)、文字4种。

再次,根据不同的专用系统要求,地理信息系统对数据进行管理和分析。如东大阿派公司开发的电力配电网信息管理系统(CAMPUS),可根据用户报装容量及地址自动优化报装接电,同时做出报装工作预算并给出设计图纸。

最后,地理信息系统将生成的数据,按用户的需求进行组织并输出到打印机、磁盘或其他硬复制设备上。

4.1.1.3 地理信息系统软件模型

地理信息系统的建造是一项复杂的工作,涉及的数据量很大,并且涉及的介质媒体也非常多,还要对这些数据管理和分析,所以,构造一个地理信息系统的软件模型有着十分重要的意义,是设计地理信息系统重要的一步。

根据地理信息系统所具有的主要功能:数据输入、编辑、数据管理和分析、空间数据的存储、输出,可以构造出一个地理信息系统的基本软件模型。GIS的核心由3部分构成:

(1)数据库管理系统;

(2)计算机图像处理系统;

(3)空间分析工具。

另外,目前大多数GIS还具备遥感信息处理功能。具体模型如图5所示。

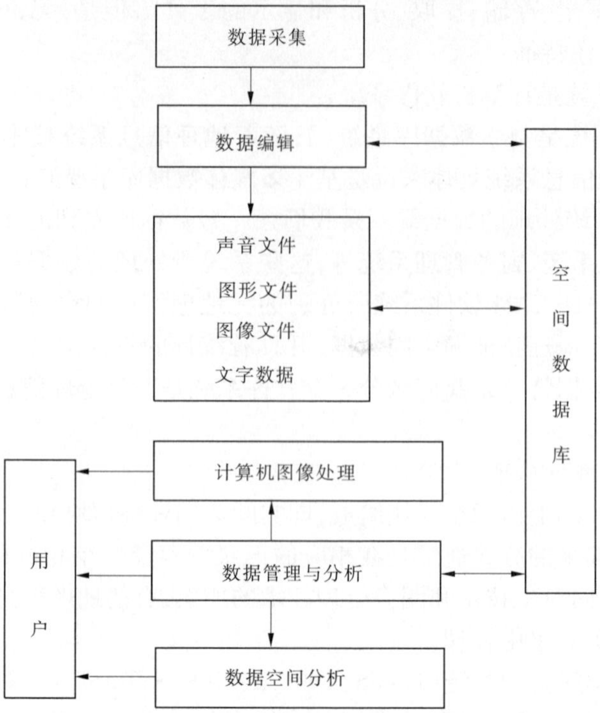

图5　地理信息系统软件基本模型

4.1.1.4　常用 GIS 软件的功能

虽然,目前正在使用中或研究中的 GIS 系统多种多样,但其都是一种收集、处理、分析大量空间数据的实用性工具,基本功能可归纳为:

(1)空间资料、数据的存储与管理。GIS 是在比较成熟的数据库管理系统基础上建立的,因此它具有一般数据库系统的数据存储、调用、更新等管理能力。此外,在计算机其他软、硬件的支持下,可以存入各种已经完成的专题图件。

(2)收集、处理空间数据的能力。GIS 具备处理航天、航空技术获取的大量空间数据的能力并转换成可供用户使用的有效信息,从而能充分、有效地利用遥感资料这一重要的信息源。

(3)具有实时综合、分解、计算等空间分析的能力。

(4)图形处理功能可以将分析结果以二维或三维的图像显示,便于用户随时分析结果,进而加以修正、评价。

(5)分析结果可以用数字表格形式输出或转换成图形输出。

4.1.2　地理信息系统发展

4.1.2.1　地理信息系统发展现状

地理信息系统发展至今,已经走过了近 40 年的历程。20 世纪 50 年代,由于计算机技术的兴起及在探测和地图制图学中的应用,使人们有可能利用计算机采集、存储和处理各种与空间和地理分布有关的空间及属性数据,并希望通过计算机对数据的分析直接为管理和决策服务,这样就导致了地理信息系统的问世。

1963年,世界上第一个地理信息系统(加拿大地理信息系统)问世,这是由加拿大测绘学家R. T. Tomlinson博士提出并建立的。

20世纪70年代以来,随着计算机其他方面技术的成熟,地理信息系统得到了较大的发展,也得到了非常广泛的应用,地理信息系统不再只单纯地应用在与地图相关的领域中,而应用于与国计民生密切相关的更广泛的领域,地理信息系统在国民经济建设中扮演着越来越重要的角色。这时,较为成熟的地理信息系统软件也应运而生,许多国外厂家推出了地理信息系统产品,如ERSI公司开发的基于拓扑结构的ARC/INFO、美国MapInfo公司开发的基于Windows的MapInfo、美国IBM公司的GDBS、日本富示通公司开发的ARISTOWN。

进入20世纪90年代,由于计算机网络的迅速发展,特别是INTERNET网络的出现,为地理信息系统将来应用于全社会提供了可能,地理信息系统将会贡献它的空间数据处理功能,特别是空间检索的功能将帮助用户处理大量的信息,广大公众可以利用地理信息系统了解他们的生存环境,了解一些问题的背景,使许多决策更公开、更客观,与各种社会调查和人口资料相结合,地理信息系统还可以作为一个度量公众政治态度的有力工具。

4.1.2.2 地理信息系统的发展趋势

地理信息系统技术的发展已经取得了巨大的成就,并对社会的发展做出了巨大贡献,但相对于人们的期望和要求来讲还远远不够,GIS的进一步发展应主要表现在以下几个方面:

(1)多媒体地理数据的管理与操作管理。现今,信息媒体多元化的新时代的一个突出问题就是如何实现各类数据的随意操作和有效管理,它比单一地图数据库的操作复杂得多。信息资源库应包括地理数据库、专业数据库、图像库、文件库和声音库等。

(2)数字制图技术。其核心是数字地图的自动制图综合技术,还应包括建立基于地图数据库和GIS技术集成的地图生产系统。

(3)3S集成技术。GPS、RS、GIS在学科性质上是相通的,即共同研究、表达和分析地球科学信息,在逐步发展过程中构成了相辅相成的关系,三者的结合覆盖了信息采集、处理和分析的全过程,使GPS、RS、GIS构成的卫星对地观测系统成为地球系统科学研究的重要手段。

(4)空间可视化技术与虚拟现实技术。可视化是指运用计算机图形图像处理技术,将复杂的科学现象或自然景观,甚至十分抽象的概念图形化,以便于理解现象、发现规律和传播知识。虚拟现实是一种由计算机生成的高级人机交互系统,构成一个以视觉为主的可感知环境。这两种技术可用于制作动态地图、地形环境防真、地图设计等方面。

(5)三维GIS和时态GIS。它们可以展示研究对象的三维空间分布和与时间有关的时空分布特征和规律,是目前需求比较迫切的。

(6)网络GIS和WWWGIS技术。

4.2 GIS技术在水工环中的应用现状

地理信息系统作为一种应用技术是以处理空间数据为基础的,而地质信息的特点决定了使用GIS技术的优越性,从而使该项技术在地学的各个领域得到了广泛的应用。从20世纪80年代以来,GIS技术的应用也从数据管理、多源数据集、数字化输入和绘图输出,到 DEM 或 DTM 模型的使用,到 GIS 结合灾害评价模型的扩展分析,到 GIS 与决策支持系统(DSS)的集成,到网络 GIS,逐步发展深入。GIS 在水工环中的应用是 GIS 应用的一个方面,在国外已经非常广泛,但在国内才刚刚起步。

4.2.1 GIS 技术在水文地质中的应用

1993 年 3 月 14 ~ 18 日,在美国亚拉巴马州莫比尔市举行了"地理信息系统和水资源专题讨论会",讨论内容除 GIS 软、硬件,遥感,扫描图像等技术方面的问题,在应用部分的地下水方面涉及地下水模型、水质和水资源管理等方面的研究。

1993 年 4 月 6 ~ 22 日,在奥地利维也纳召开了"地理信息系统在水文学和水资源管理中的应用"国际学术讨论会,分 8 个论题,其中涉及水文地质专业的有:决策系统和专家系统、遥感中 GIS 的方法学问题及其应用、GIS 在三维和四维问题中的应用、GIS 在水资源和环境管理中的应用、GIS 在地下水系统中的应用等 5 个论题。

另外,1995 年 7 月在美国科罗拉多大学召开水资源系统的模拟与管理专题学术讨论会,其中包括 GIS 的应用子题;1996 年 4 月在维也纳召开了 GIS 在水文学及水资源中的应用专题国际会议;1999 年 9 月在斯洛伐克召开的 29 届国际水文地质大会、2000 年 10 月中国武汉主办的水文地质与环境国际学术会议等均包含 GIS 专题会议。

根据笔者已了解到的有关资料看,GIS 在地下水方面的应用比较广泛,其中包括地下水管理决策支持系统、地下水规划与管理、地下水的模型研究、地下水水质监测、水文地质资料处理等。

4.2.1.1 GIS 与水文地质数据

水文地质数据空间分布相当复杂,GIS 应用于水文地质之前,水文地质数据的管理总是难尽人意。目前,GIS 对水文地质数据管理与分析包括建立空间数据库、临时数据库,对观测数据和基础数据进行录入,以及建立水文地质图集等工作,见图 6。

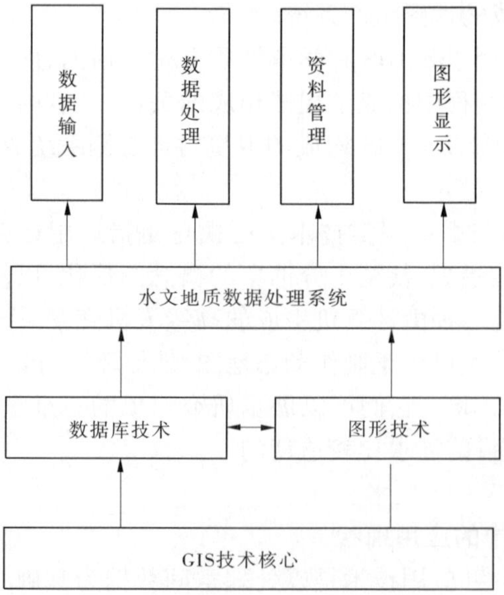

图 6　基于 GIS 的水文地质数据处理系统

1)资料管理

水文地质数据很多具有地理性质,具有空间属性。空间数据库与普通数据库有所不同,输入的数据首先需要定位,然后才是定性和定量。应用地理信息系统组织和储存水文地质空间数据,建立相应的空间数据库,有利于进行空间的管理、查询、显示和分析工作。

一般而言,水文地质空间数据库实现是建立在矢量数据的基础上的,用点、线、面图元表示:

点——表示一个物体符号,代表仅由一个坐标点确定的物体,如钻孔、泉、开采井等控制性水准点,或者小比例尺数据库的各级政府机构,如乡、村等。

线——由若干坐标组成的序列控制,可表示河流、构造、断层以及各类面图元的境界线。

面——由一条封闭的曲线构成,用来表示面状物体,如地层、水库、建筑等。

空间数据库一般建成矢量地图库的形式,首先要对数据进行矢量化。矢量化的方法有很多,如通过 GIS 的输入模块矢量化,还可以采用扫描图件,手工矢量化输入,也可以将其他格式(如 autoCAD 的 DXF 文件,ARC/INFO 的 LIN 文件等)。

在空间数据库的基础上,对数据的处理是很方便的,也是快速、准确的。例如,许多与空间区域有关的派生信息可以通过几何叠加和空间代数自动求算;可以利用空间统计功能对每个水文地质现象的各种影响因子进行相关分析;可以随时用图形显示空间信息,展示各种数据的空间变化。

2)友好界面有利于临时数据修改及增加

除了一些稳定性数据,如岩性、地形、构造、河流、泉、已有的钻孔或水井等,水文地质研究中还需要大量随时间不断变化的暂态数据,例如,降雨量、蒸发量、温度、地下水开采量、钻孔水位、地表植被变化等一些与时间有密切关系的数据。这些数据是四维的:3D + 时间。一般 GIS 系统只能处理三维信息,还不具有四维数据管理能力。因此,很有必要建立临时数据库,用来管理在时间序列中各个时段的暂态数据。

这些暂态数据大部分要靠系统用户来收集,为了便于用户的录入工作,应该创建比较友好的用户界面。创建友好用户界面,一方面要求其通俗易懂,使没有 GIS 专业知识的用户可以轻松操作软件;另一方面,界面友好使数据的录入和管理工作更加有效,减少数据输入的错误率。

3)水文地质图电子化实现资料共享

水文地质制图是水文地质工作的有机组成部分,在开展多学科、多途径的水文地质科研工作中,很多情况下运用制图方法表现它的研究成果。传统的水文地质制图过程,工艺烦琐复杂,成图周期长,劳动强度大。如水文地质区调图幅是水文地质图件中一种最为重要的类型,多年来其出版周期过长,编辑、出版、印刷过程需经十几道工序,中间要经历若干个成图步骤。一幅 1∶20 万或 1∶5万的图幅,从野外填图到提交成果,一般需要 4 ~ 5 年;另外,如前文所述,水文地质资料中还存在一些时间动态资料,如降水等。很显然在计算机技术越来越发达的今天,传统的制图方法在某种程度上已不能适应水文地质科学发展的需要,为此迫切要求尽可能提高地质制图过程的自动化。

1986 年美国地调所制订了旨在实现地质制图现代化的计划,命名为 MARK Ⅱ,它的任务是大规模地扩充和改进地图数字化设备,制定数据库信息交换标准,提高地图的数字修编能力,改革传统的制图工艺,形成现代化数字制图流程。GIS 的出现为水文地质制图提供了现代化的技术手段。GIS 应用于水文地质,可实现图件电子化,建立图形和属性两类地学数据相结合的数据库,资料信息全部存储于计算机中,实现对地图数据分层信息成片存储,易于管理和查询,可灵活地分幅检索、添加图幅、删除图幅。GIS 数字地面模型(DTM)使 3D 立体显示成为可能,并为分析应用开拓了新领域。

GIS 与多媒体、Internet 等结合,可实现地理信息共享及多用户多途径显示、输出、分析,实现动态化制图。如据 1991 年对美国 200 家水质部门调查结果显示,有 1/3 以上的地表与地下水管理部门使用 GIS 管理水质数据,满足了水质部门对数据共享的要求。随着水文地质工作者的深入研究,GIS 的交互式图形(像)处理和自动制图工具开始得到较好的运用,增强了数据管理与分析的可视性,将使水文地质数据管理和预处理的水平提高到一个新的高度。

4.2.1.2　GIS 与地下水模拟

地下水模拟是水文地质研究中一个很重要的组成部分。为了对研究区建立一个水资源水质水量方面的地下水模型,一般需要采取以下几个步骤去组织和处理数量庞大的数据:

(1)用一种易于存取和更新的格式去组织和存储数据;

(2)把数据转换成模型需要的格式;

(3)识别和检验模型;

(4)用建好的模型进行预测、预报;

(5)提交模型结果。

传统研究方法的每一步都包括了费时、费事的数据处理过程。首先,搜集到的数据资料要人工汇集成 ASCII 文件;其次,为了利用商业软件包或者自编程序对数据进行分区和估算每个剖分单元的数值,需要研制一系列 BASIC 和 FORTRAN 源程序以便把数据转换成为这些软件的输入格式。其中,经常用到的软件有 SURFER、GRAFTOOL、autoCAD 等;最后,一系列的源程序也需开发以便把软件输出的结果转换成模型输入文件。这些步骤给错误的产生提供了很多机会,需要在运算模型的前后采用相应的质量保证和质量控制措施。在识别模型时,由于牵涉到修复原始数据、转换数据格式、图形化显示、分析模型结果等工作,这个过程是费时而繁琐的。

GIS 应用于水文模拟,可方便用来获取、操作、显示与这些分配模型有关的空间数据和所得的成果,使水文地质模型进一步细化,从而深入认识水文地质现象的物理本质。GIS 应用与地下水模拟,主要有 3 个方面的优点:

(1)简化地下水模拟模型的参数,减少初始数据输入;

(2)对于模型识别过程,一方面直观显示模拟结果,便于发现模拟不妥之处;另一方面借助输入系统,方便参数的调整、修改等;

(3)友好界面使用户轻松操作,脱离专业水平上的使用;结果直接以表格、图形来显示,直观、易懂;另外,可以根据需要很方便地组建专题图。

然而 GIS 与地下水模拟系统(HMS)是两个分离的实体,需要耦合起来才能更有效地利用有关的地理信息,促进两个实体间的交流以改善地下水模拟;需要采用数据库技术在GIS与HMS之间传递数据,实现两系统之间数据共享,形成GIMS(GIS/Modeling System)(如图7所示)。

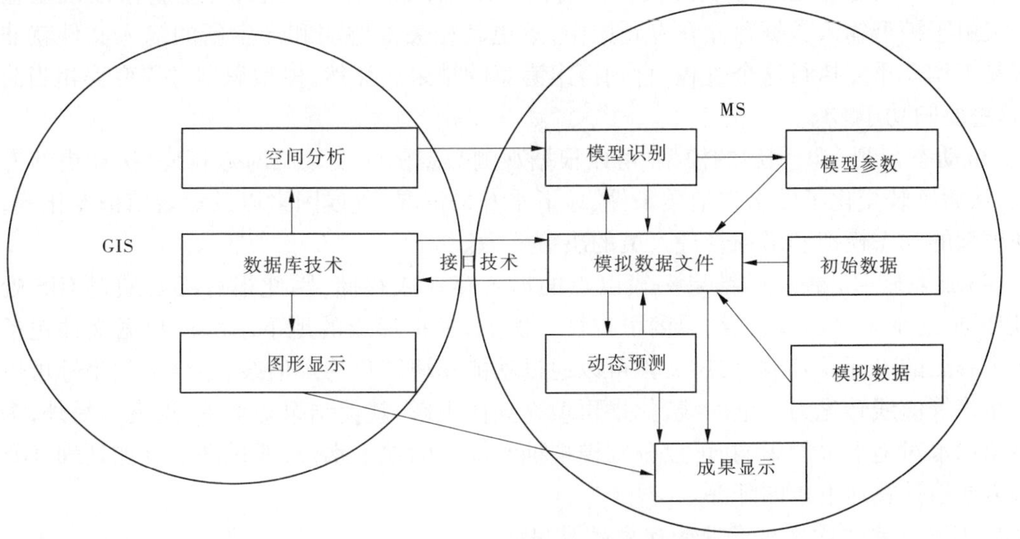

图7 GIMS系统结构

地理信息系统最初主要用做空间分析、显示和制图。随着地理信息系统新版本、新功能的推出和水文地质学家对地理信息系统的概念和功能越来越熟悉,它已渗透到地下水模拟发展的各个环节,成为水文地质模型建立过程中不可缺少的一部分。近年来,GIS应用于地下水模拟取得了较大进展,模型可以定量地模拟地下水补给量、流量和地下水位等方面。

GIS与地下水模型的结合主要有如下工作程序:

(1)自动生成模型的输入数据文件。上文已经说明,GIS可以建立水文地质基础资料数据库。调用数据库,生成模拟参数、初始值专题层;另外,应用GIS功能模块建立网络专题层,如应用ARC/INFO中的ARCEDIT编辑模块或ADS数字化模块,可以根据需要对研究区进行各种形状的剖分,并方便地加以修改。用建好的网络专题层和模型敏感的各个参数、初始数据专题层进行空间叠加,获取每个剖分单元的数据信息,然后再把数据转换成模型要求的输入格式,使得整个过程快速、简单、精确,取代了人工数据输入的费时及烦琐,也大大地减少了人为错误。

(2)识别模型。地下水模拟离不开模型的识别。识别模拟模型是一个不断试验和纠错的过程。这个过程需要反复地修改模型参数、运行模型、数量化和图形化地评估模型结果等。

图形评估是其中关键的一步,因为它能直观地反映模型特征,使错误分配可视化,故为如何修改参数提供了重要依据。地理信息系统具有图形化评估模型和识别模型质量的诸多工具。应用这些工具,通过比较实测水位专题图和模拟水位专题图之间的相似性并绘制各个监测井模拟水位与实测水位之间的水位拟合图,可以进行有效的模型识别工作。

一般,地下水模拟的输出包括地下水位、降落漏斗、单元之间的流量、圈定范围地下水水资源等数据,这些信息可以方便地转换为包括了网络中心点空间坐标与其相应值的数据文件。例如,地下水位,可用ARC/INFO中coverage操作和TIN模型化功能模块将数据文件转换为专题层并绘制在底图上。分析模型结果,如果不够满意,再重新修改模型输入。又由于模型输入数据存储在专题层中,故更新相关专题层和产生新的输入文件就非常容易工作。重复执行这个过程,直到得出满意的结果。显然,模型识别过程变得相当简单,这些要归功于GIS。

(3)动态预测。识别后的模型,可以根据观测数据随时变动临时数据库,按期更新专题层,从而反映变化了的水文地质条件、地下水开采情况、气候因素以及地表植被变化等,实现模型的动态模拟和增强管理人员的决策能力。

(4)成果显示。模拟的结果一般以点的形式存在或存储,因此很有必要通过GIS处理,以图形的形式显示,增强结果的可视性。例如,模拟形成的地下水水位数据文件包括网络中心点的坐标及其数值,该文件可以通过功能模块转化为等值线,结合空间坐标可以进一步将等值线转化为三维曲线,如果再填充立体山影,就使结果更形象、逼真。另外,为了显示抽水对地下水的影响,可以分别模拟抽水前后的地下水位,通过图层叠加处理,GIS能够方便地计算地下水的降深。

4.2.2 GIS在水文学及水资源管理中的应用

自20世纪70年代起,美国田纳西流域管理局利用GIS技术处理和分析各种流域数据,为流域管理和规划提供决策服务,GIS开始应用于水文学及水资源管理。进入80年代后,随着计算机技术的飞速发展,GIS在水文学及水资源管理领域的发展也非常迅速。美国测绘研究会(ACSM)及美国摄影测量与遥感学会(ASPRS)1986年年会,在GIS专题交流中已有一些GIS应用于水文学及水资源管理中较有实用价值的系统与理论研究成果;国际水文科学协会(I-AHS)于1993年4月在奥地利维也纳召开了GIS在水文学及水资源中的应用专题国际会议,并出版了论文集;1995年7月在美国科罗拉多大学召开水资源系统的模拟与管理专题学术讨论会,其中包括GIS的应用子题;1996年4月又在维也纳召开了GIS在水文学及水资源中的应用专题国际会议。这些会议为有关的研究和决策部门提供了实用的GIS。此外还对GIS在各部门的可用性作出评价。可以预见,随着计算机技术、人工智能技术、神经网络技术的发展,遥感等数据采集系统、远程通信系统及各种计算机输入输出设备的进步,GIS在水文学及水资源管理中的开发应用将具有重大的理论价值和实际意义。

4.2.2.1 GIS对水文数据信息的管理与分析

水文数据空间分布相当复杂,GIS应用于水文学和水资源管理之前,水文数据的管理总是难尽人意。目前,GIS对水文数据管理包括时空数据的综合、矢量与标量数据的综合、遥感数据处理以及作为水文模拟基础的GIS数据管理等。GIS应用于水文数据的管理,最常见的是对水质数据、供水部门数据及遥感数据的管理与分析等。1991年对美国200家水质部门调查结果显示,有1/3以上的地表与地下水管理部门使用GIS管理水质数据,而且由于水质部门对水质数据共享要求很高,GIS的使用使得数据资源共享具有很大潜力,因此未来的水质数据管理GIS的使用将更广泛。随着水文工作者的深入研究,

GIS 的交互式图形(像)处理和自动制图工具开始得到较好的运用,增强了数据管理与分析的可视性,将数据管理的水平又提高到了一个新的高度。

4.2.2.2 GIS 与水文模拟

大部分水文学问题具有明显的三维空间性质,因此水文模拟比较强调复杂的空间分配模型的运用。GIS 应用于水文模拟,可用来获取、操作、显示与这些分配模型有关的空间数据和所得的成果,使水文模型进一步细化,从而深入认识水文现象的物理本质。然而 GIS 与水文模拟系统 (HMS)是两个分离的实体,需要耦合起来才能更有效地利用有关的地理信息,促进两个实体间的交流以改善水文模拟。近年来,GIS 与统计分析技术及最新数学方法结合应用于水文模拟取得了较大进展,具体应用有水污染预测评估、洪水预报和水文分析计算等。

GIS 在水污染预测评估方面的应用主要是农业非点源污染评估、河流点源污染模拟评价和污水处理与利用地点选择等。S. W. Kienzle 在南非 Natal 省 Mgeni 流域进行的 GIS 和 ACRUHMS(ACRU 是农业流域研究单元的缩写)耦合的研究结果显示,对于水文模拟来说,决策支持系统有助于解释水文变量空间变化的平均状况,而 GIS 与 HMS 的耦合能够进一步分析其具体的时空分布,从而有助于水资源管理和土地管理的决策,使来自农地和临时居住区的非点源污染减至最小。类似的还有英国的 G. MORSE 等人研制的 GIS 和非点源污染模型耦合农业污染管理系统以及 Stephen J. V 等研制的 GIS 用于评价城市非点源污染和研究防治污染策略的系统。

GIS 在洪水预报中的应用主要有地面水资源与排水问题及城市雨洪管理,在水文分析计算中有流域水文模型参数估计和地下水模拟分析等。

4.2.2.3 GIS 与水资源和环境管理

近年来,水资源及其环境影响评估已成为一大热点,水资源以及与水有关的环境问题研究是其重要组成部分。与水密切相关的突出环境问题主要有:①水资源枯竭和污染;②土地资源的破坏;③地面变形与破坏;④对生物圈的影响效应。

水及其相关工程对环境的影响效应主要表现在:改变天然水的循环和均衡,破坏了原初生态平衡,产生了不利于生物发展的生态环境。研究水资源及其环境影响,可以用一些防护工程措施来预防或最大限度地降低其副作用。由于水与环境之间的关系复杂,作用途径众多,手工分析具有一定的难度;自从计算机技术引入水文学及水资源研究,这个问题就不断得到解决,特别是 GIS 强大的分析功能更是方便了水文学及水资源学工作者对此的研究。在水及其环境研究中,GIS 主要应用于水资源管理决策、地下水敏感性评价以及土地利用与地下水之间的相互关系等方面。

1)水资源管理决策支持系统

决策支持系统主要由 3 个部分组成,即信息管理人员、分析工具和计算机用户界面。它利用数据库、模型库和方法库及很好的人机对话(用户界面)部件和图形部件,帮助决策者进行半结构化或结构化决策的所有过程。GIS 对决策支持系统最主要和最有利的贡献是空间数据库的识别、空间数据的分析和图像显示。

基于 GIS 的地下水资源规划管理被认为是一种灵活的规划工具,能够克服传统的大尺度战略规划的缺点。突尼斯 EAU2000 控制计划基于 GIS 建立各种尺度和分辨率的计划应用于全国水资源规划管理中成效显著。南非水利林业部开发的国家水资源管理系统，利用GIS模拟发展前景方案，以便更好地把握国家水资源管理政策的方向。我国水文地质工作者也于90年代尝试将GIS应用于地下水资源管理。如陈佩佩、江东等开发的徐州市地下水资源信息系统在5个功能模块支撑下具有以下信息输入、维护、检索查询、应用分析以及信息输出等功能，该系统应用于生产实践后，效果较为理想。

(1)地下水开采情况调查。为了解市区1996年度地下水超采情况，欲调查年开采量3万m^3以上的取水井及其在1996年1～4月的开采量，用户可在选择对话框中输入2个查询条件，即年份=1996，年总计3万，确定后，系统自动在数据库中查找，并将结果在屏幕上显示出来。

(2)屏幕选择查询。为便于有关决策者了解城市地下水资源的空间展布，首先将城市的水系、含水层、水井等图层显示在屏幕上，然后用户可用鼠标点击感兴趣的目标，屏幕上即显示出该目标的一系列属性特征，为决策者提供直观的决策帮助。

2)地质灾害

前文已经分析，地下水是一种宝贵的资源，但受外界条件的影响，也可能引起一系列的地质环境问题，如岩溶塌陷、地面沉降、海水入侵、矿坑突水，以及盐渍化、沼泽化等一些地质灾害。

地下水导致的地质灾害，其环境非常复杂，附加因素种类繁多且相互制约。不同的空间位置、不同的地质环境背景条件和影响因素所起的作用各不相同，并与人为活动的强度大小密切相关，具有典型的时空变化特征。因此，对这些地质灾害成因的分析、主要制导因素的确定以及未来发展趋势的预测等，必须同时综合考虑众多的时空变化因素。庞大的数据信息获取、地质环境的初始条件和边界条件的难以确定以及巨大的运算量限制了定量预测理论在这些地质灾害研究中的应用。而GIS技术的基本特点决定了其可以很好地解决这些传统技术手段难以解决的问题，使问题研究定量化、灾害预测变为可能。

如目前研究较为成熟的地面沉降模型与GIS结合，可以实现根据地下水开采量直接计算地面沉降程度，并以专题图的形式形象、直观地显示计算结果。另外，在岩溶塌陷、海水入侵等灾害发展趋势研究上，GIS也从分析处理空间信息和以直观形式显示结果两个方面提供了技术基础。

3)地下水敏感性评价

自20世纪60年代后期，法国水文地质学家J. Magrat(1968)提出地下水敏感性一词以来，地下水敏感性评价与填图在许多国家(如法国、德国、捷克斯洛伐克)迅速成为土地利用规划及地下水保护和保持最有力的工具之一。与刻画地下水体单个定性、定量参数变量的水文地质研究相比，敏感性评价更重视基于权重分级体系筛选出的地下水敏感性参数的叠加。

地下水敏感性评价分为普通敏感性评价和专门敏感性评价。普通或天然敏感性评价用来评价不考虑具体污染物或具体污染源的地下水天然敏感性。天然敏感性只是自然条件下水文地质参数的函数，如补给、土壤、非饱和带及含水层性质(Vrba和Zaporozec，1994)。天然敏感性评价与填图在地区和国家的土地利用规划中极为有用。专门或综合敏感性评价用来评价某种特定土地利用方式或污染源对地下水的影响，该评价过程无疑要包括针对污染物性质以及地下水对一种或多种污染物稀释净化能力的评价。

GIS 在地下水敏感性评价上主要应用于农业非点源污染评估、河流点源污染模拟评价和污水处理与利用地点选择等。如 S. W. Kienzle 在南非 Natal 省 Mgeni 流域进行的 GIS 和 ACRUHMS（ACRU 是农业流域研究单元的缩写）耦合的研究使来自农地和临时居住区的非点源污染减至最小。类似的还有英国的 G. Morse 等人研制的 GIS 和非点源污染模型耦合农业污染管理系统以及 StephenJ. V 等研制的 GIS 用于评价城市非点源污染和研究防治污染策略的系统。

4.2.3 3S 集成技术在水工环中的应用

3S 技术就是指 GIS（地理信息系统）、GPS（全球定位系统）和 RS（遥感）技术，现在一般表示 GIS、GPS 及 RS 技术的综合，也称3S 集成，其定义可表述如下：通过各种非接触传感器，感知物体及其环境，并对所获取的信息进行存储、分析、解释和利用。随着“信息高速公路”的拟建及“数字地球”计划的进展，空间技术、信息技术、计算机技术得到更为广泛的应用，3S 技术也有了更大的发展机遇和前景，其在水工环学领域的应用也有了更为广阔的天地。

4.2.3.1 全球定位系统 GPS 简介

GPS（Global Positioning System）是美国20 世纪70 年代初开始研制的新一代卫星无线电导航和定位系统。它具有高精度、全天候实时定位能力，既可直接获取地理信息，也可用以确定各种传感器的位置，因而具有极高的应用价值。GPS 技术系统的空间部分由 24 颗卫星组成。这些卫星分布在6 个倾角为55°的轨道上，每个轨道有4 颗卫星。轨道平均高度为20 200 km，12 恒星时绕地球一周。这种布局可保证地球上任一点在任一时刻可收到4 颗以上卫星信号，从而实现瞬时定位。其静态定位精度可达毫米级，动态定位精度可达分米级。但由于 GPS 的巨大军事价值，美国政府采用了 SA（Selective Availability）技术和 AS（Anti - Spoofing）技术。前者人为地在广播星历和卫星钟频信号中加入误差，使实时定位精度降到 ±100 m；后者则在精码（P 码）中加入保密的 M 码而形成 Y 码，使非特许用户不能使用。美国的 GPS 政策严重损害了一般用户实时单点定位精度，限制了 GPS 的广泛应用，同时也给 GPS 地面技术系统特别是数据处理系统增加了复杂性。近年来，一般用户正在积极探求消除 SA 技术造成误差的方法。目前，广泛采用的基于载波相位测量的实时差分动态测量技术就是大幅度提高实时定位精度的有效方法。

实时差分 GPS 技术包括：①单差法，即 2 台分别位于两地的接收机对同一 GPS 卫星于同一时元所作载波相位测量之差；②双差法，2 台接收机在同一时元对 2 颗卫星共视所得载波相位测量之差；③三差法，2 台接收机在两个不同时元对 2 颗卫星作载波相位测量之差，即两个双差值之差。此外，根据差分改正的方法和数学模型还可分为：单基准站差分 GPS；多基准站局部区域差分和广域差分。上述方法成功应用，大幅度地提高了实时 GPS 定位精度。目前 GPS 静态定位精度在 35 000 km 长基线上的三维位置误差仅为 ±3 cm，而当用户 GPS 离基准站不太远的情况下，其动态定位精度可达毫米级。

GPS 技术的发展趋势仍是集中于消除 SA 技术对定位精度的影响；研究差分 GPS 系统中各项误差的估计方法等。而建立我国自己的 GPS 卫星跟踪网，则是消除 SA 技术影响的根本方法。

4.2.3.2　遥感技术 RS 简介

遥感(Remote Sensing)是20世纪60年代初由美国 Pruitt 提出的名称,1962年美国地理学会正式公开使用。1972年美国陆地卫星发射成功,MSS图像获得巨大效益,得到世界范围的认可和支持,使遥感成为一门高新技术并得以长足发展。其技术特点和发展趋势为:远距离至外层空间的遥感平台,极大地拓展了人们的视野,使人们可从更新的高度观测和认识地球上的资源与环境。它对地观测的空间分辨率从 $1\sim10^3$ m,形成了多级分辨率的数字影像金字塔序列,提供了从粗到精的对地观测数据源,以适应不同目的的应用需求。新型传感器不断涌现,它提高了人们对地物的认识能力。由于不同地物在不同波谱段具有不同的发射或反射能力,因而相应于各波谱段的高精度传感器的出现,使人们可根据地物在各谱段传感器上的响应,对地物性质进行综合判断,提高对地物的识别精度。当前发展的新一代传感器,有两方面的动向,一是为提高光谱分辨率,而加速研制成像光谱仪,如美国 EDS 地球观测系统空间站计划研制192个波段的高分辨率成像光谱仪(HIRIS)等;另一动向是合成孔径雷达(SAR)的应用。SAR具有全天候、高分辨率和一定穿透能力的特点,在海洋资源与环境研究、土壤含水量测定和地层探矿等方面具有显著的应用价值和应用潜力。20世纪90年代以来纷纷列入各国的航天遥感计划中。如美国在航天飞机上相继装备了 SIR-A、SIR-B、SIR-C;欧洲空间中心的 ERS-1 和 IERS-1 等卫星上也都装有 SAR;即将发射的加拿大雷达卫星上也装有 SAR。

重复对地观测的多时相性这一特点对于研究资源与环境的时间变化十分重要。它为人们提供了长期、系统和动态的对地观测数据,也是人们研究全球变化,进行荒漠化研究、洪水与旱情监测、作物估产等的重要信息源。遥感技术未来的发展方向,将是尽可能地集多种传感器、多级分辨率、多谱段和多时相于一个遥感平台,并将 GPS 等技术和快速数据处理系统结合成智能性传感器,从而以更快的速度、更高的精度和更大的信息量提供对地观测数据。

4.2.3.3　3S 集成

由3S各自的技术特点和发展趋势可见,它们相互依赖、相互需要、相互支持的趋势愈来愈明显,各技术的联合应用日趋增多,集成理论的探索也日益深化。到90年代初期,各技术系统逐步走向综合或集成,充分显示了学科发展从细分走向综合的规律。

3S集成是指 RS、GIS、GPS 三种独立技术领域中的有关部分与其他高技术领域的有关部分有机地构成一个整体而形成的一项新的综合技术领域。

3S 技术 $\neq$ GPS + GIS + RS

$$= P_1\mathrm{GPS} + P_2\mathrm{GIS} + P_3\mathrm{RS} + \cdots + P_i\mathrm{ITS}(P_i \text{ 为“权”})$$

就3S集成的方式来看,一般可有两种方式:

其一是以 GIS 为中心的集成系统,RS 和 GPS 作为系统的重要信息源和更新手段,充实系统的信息和加强系统信息提取功能,以不断保持系统的现势性;反过来,GIS 则为遥感的信息提取提供辅助信息和专家思维,提高遥感识别精度的可靠性,并为 GPS 定位点上所采集的各种数据提供管理、分析、制图等手段。

其二是以遥感图像处理系统为中心的集成。该集成系统的特征是数据处理和信息提取。GIS 和 GPS 是为遥感影像处理服务的,如 GPS 和 RS 结合,可提高遥感对地观测精度,实现对地动态监测等。

就3S集成的模式看,根据其集成类型和技术水平可以有以下几种模式:

(1)独立平行的结合模式。各技术系统拥有自己的用户界面、数据库和工具库,而在其内部通过数据通信实现相互结合。如河海大学的ERDAS和ARC/INFO系统;武汉测绘科技大学的ARIES图像处理系统+GPS+GIS等。

(2)三者合一、各取一部的结合模式。这里的合一,并非真正意义上的系统融合,而是三者具有统一的用户界面,但各自仍拥有自己的数据库和工具库。各取一部,是取各技术系统的特点,构成专题性实用型的集成系统。如"八五"国家科技攻关所建立的主要农作物估产系统、重大自然灾害的监测与评估系统等。

(3)整体结合的模式,即三者完全合一。这种结合要求集成系统具有统一的用户界面、统一的数据模型和统一的数据库管理系统及工具库,可同时实现对图形和图像数据的处理,GPS直接与系统相接,为实时动态监测提供定位和导航。如面向对象的数据模型和GPS研究即是一例。这种模式的研究刚起步,是目前该领域的科学前沿。

4.2.3.4 3S技术应用

RS和GIS互相渗透,形成一体,通过查询GIS中已储备好的信息可以使遥感活动有的放矢,而GIS已具有对RS数据(航片和卫片)进行后期加工的能力,这样可提供大量现势性好的地理信息。GPS的普及应用不仅大大提高了空间定位的精度,而且用GPS接收机采集的数据格式与GIS软件的数据格式兼容,并可直接成图,因此在大比例尺空间信息的更新方面提供了十分便捷的工具。总之,3S一体化技术的广泛应用,必将为水工环研究提供高效的手段和有力的工具。

在遥感水工环研究基础上,借助GIS对空间数据管理、分析的工具和手段,实现RS和GIS在水工环领域的结合。一方面,RS为GIS源源不断地提供及时、客观、准确的丰富信息,且可不断地更新其数据库的内容;另一方面,GIS支持RS的影像识别及改善精度。通过遥感数据,利用GIS研究地下水已经有了尝试性的应用,如含水层的识别,水工环灾害分布的识别和统计等。

如果将GPS的成果运用到综合系统中,必然会进一步改进RS对地观测质量,扩大GIS数据分析和管理的能力。如ERSI公司在ARC/VIEW中开发的CAVE TOOL就是将RS、GPS、GIS三者的信息进行综合处理的功能模块,该模块可以3D显示地下洞穴的规模、走向以及空间位置。

4.3 GIS技术在水工环中应用的发展趋势

地理信息系统经过近40年的发展,已经从信息存储、建立数据库、查询检索、统计分析和自动绘图等基本功能的实现,转向建立多功能、多目标、多层次的专业化评价分析模型,并可实现智能化的专家系统和空间决策支持系统。作为建立在信息技术之上的多学科集成的基础平台和综合环境,GIS已经成为协调不同领域信息和不同信息源的理想工具。

随着计算机技术的推广,GIS逐步开发完善并越来越广泛地应用于水工环、工程地质和环境地质领域。下面将从数据采集、信息处理、结果显示及具体应用等方面简要阐述GIS技术应用于水工环地质学领域的发展趋势。

4.3.1　计算机辅助制图

利用 GIS 技术不仅能轻而易举地选取所需要的资料编绘各类图件,而且可以在任何时候根据新的资料修改或重新编绘。原始资料与编辑的图件保存在同一系统内,可统一编目,便于查询,根据需要可以输出不同比例尺的高质量彩色图件,使其成为现代绘图的主要手段和工具之一。

4.3.2　数据采集多样化

随着现代采集技术的发展,水工环数据采集方式变得越来越丰富,越来越有效,基础数据由以前的手工资料收集发展到高级仪器自动采集,如很多水位自动观测仪、水化学自动观测仪等;空间数据由原先的手扶跟踪数字化和扫描光栅数据化拓宽至多种方式,如 GPS 技术,高光学分辨率、空间分辨率和时间分辨率的遥感图像、数字扫描技术,图形自动校正和数字摄像技术。

4.3.3　数据结构和数据模型合理化

面向对象的数据结构具有封闭性、数据抽象、多形性和继承性,支持多种语义联系,使 GIS 系统可获得更好的可靠性、易维持性、可扩充性和代码重用。面向对象技术的发展主要有两个方面:一方面是面向对象的程序软件建设,目前,已经有很多系统采用了面向对象式编程方法,如 ARC/INFO、ARC/VIEW、MAPGIS 等都是非常成功的例子;另一方面是面向对象的数据库设计或数据结构,由于缺乏公共模型,缺乏形式的基础,仍处于实验性研究阶段。

另外,现有的数据库还存在两个问题:一是,还没有出现能够表达时间序列的模型可以将不同时相的图件作为一个目标来处理;另外,现行数据库不能满足 INTERNET 的需要,GIS 的发展已经上升到网络的地步,开发研制满足 INTERNET 的数据库是实现 GIS 数据共享的前提。

4.3.4　软件界面友好化

借助 GIS 开发水工环应用软件,要注意软件界面的友好性。合理的用户界面既要满足用户工作的要求,如数据的录入、修改,数据库的查询、结果的显示等操作;又要注意界面的友好性,保证用户能够简单明了地操作。友好的用户界面既可以保证数据精度,也可以提高系统的处理速度。

4.3.5　应用功能专业化

在当今的 GIS 软件中,制图功能仅仅是众多功能中的一小部分,主要功能体现在各种空间查询、叠加、分析、检索等的基本工具模块上,以方便不同行业不同专业。水工环工作者应该结合水工环特点,有效地利用这些功能模块,为己所用,开发出专业化 GIS 系统,例如地下水敏感性评价系统等。

另外,GIS 系统还应该与专家系统、神经网络模型结合,使系统能够智能地分析和运用数据,提供科学的决策咨询,回答用户可能提出的各种问题。目前,一些大学和研究所已经开发出部分成果,如地面塌陷预测系统,海水入侵预报系统等,但还未达到商品化程度。

4.3.6　图件显示形象化

水文地质、环境地质的数据大部分具有空间属性,部分甚至具有 X/Y/Z/T 四维属性。

而现在GIS平台缺乏处理X/Y/Z/T的功能,因而现在的GIS在水工环领域的应用仍然受到很大限制:对于垂直方向上两个以上的采样值或界面无法处理,无法进行剖面切制、三维查询、三维分析等真三维操作。因此,真三维技术的实现对水工环领域来说将具有很重要的意义。

4.4 结语

水工环研究的内容在于水资源量和质的评价与管理,以及由水所引起的一切环境问题,但其每个方面都要处理复杂的三维空间数据,有时甚至是包含时间概念的四维数据,庞大复杂的数据体系给水文学和水资源以及环境科学的研究带来很多不便和困难,因此在水工环研究中开发和利用GIS是十分必要的。

利用先进的计算机信息管理技术,建立一个功能强大、实用性能良好的水工环研究信息系统,一方面,可以充分有效地处理和利用复杂的水工环数据(包括定量和定性资料),加强各种信息的可视化程度;另一方面,建立支撑水文模拟所需要的数据库,处理模型所需的各种资料(包括定量和定性资料),以及模拟结果的存放,并全景式地显示水资源、环境和社会经济系统特征的时空分布,以支持各种地下水管理方案的运行和及时正确地做出地下水管理的决策。

GIS支持下的水工环研究具有快速、准确、直观和管理科学化等优点,实现了多源数据的复合分析、多层次的模型分析和多种形式的结果输出,为水工环研究提供了必要的数据库技术,提高了分析工作的科学性和深度,并在各种水工环工作中得到了验证,为水工环数据处理、水文模拟与水资源的管理提供了一个方便、快捷的现代化工具。毫无疑问,因技术、经验等原因,GIS在水工环中的应用还存在十分广大的领域,还有一些需要改进和完善的地方,这有待GIS专家和水工环工作者的进一步努力,致力于GIS与水工环交叉研究。

(本文是作者在中国地质大学(武汉)攻读博士期间所完成的研究方向前沿报告和研究文献综述的基础上修改完成的,在修改过程中,刘延峰、马川明、孙蓉林、彭涛、林丽荣、曹英兰、余世勇、杨琰、张桂荣、田秋菊、郭琳等博士及甘东科、赵德山等硕士提供了大量的资料,也参阅了许多同行专家和学者的有关文献文章,在此向他们表示衷心的感谢。同时也感谢我的导师靳孟贵教授在我攻读博士期间对我的关心和支持。)

参考文献(略)